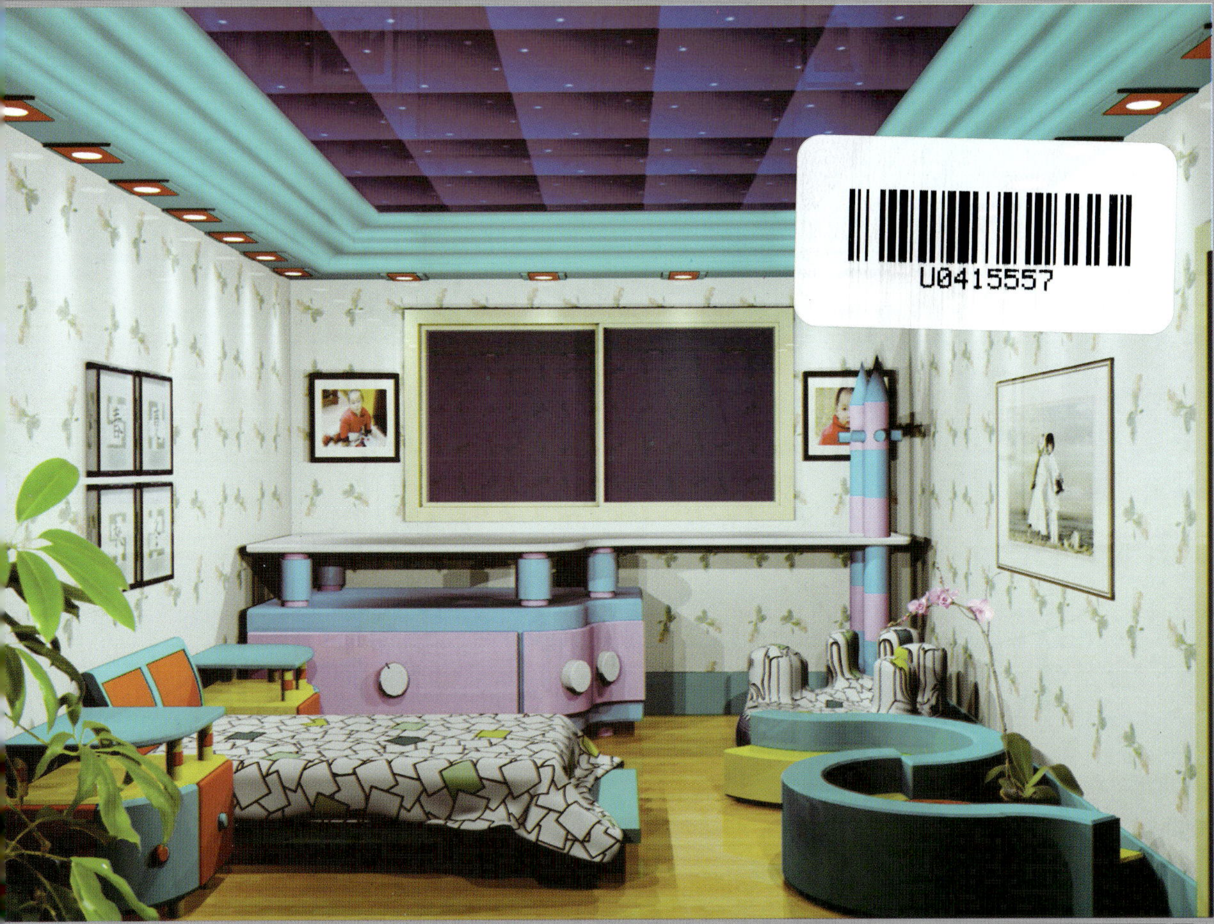

儿童房装饰设计效果图

儿童房装饰设计拓展训练2

儿童房装饰设计拓展训练2

书房装饰设计效果图

书房装饰设计拓展训练2

书房装饰设计拓展训练1

“十三五”职业教育规划教材
高职高专艺术设计专业“互联网+”创新规划教材
21 世纪全国高职高专艺术设计系列技能型规划教材

3ds Max 2011 室内设计案例教程

(第 2 版)

主　编　伍福军

副主编　张巧玲　沈振凯　柯秀文
　　　　张植桂　卢永平

主　审　张喜生

北京大学出版社
PEKING UNIVERSITY PRESS

内容简介

本书根据编者多年的教学经验和对高职高专、中等职业学校及技工学校学生实际情况(强调学生的动手能力)的了解编写而成，精心挑选了31个案例进行详细讲解，全面介绍了室内设计的基础理论、建模技术、材质贴图技术、摄影机技术、灯光技术、渲染技术、创建动画浏览技术和利用Photoshop进行后期处理技术等。

本书内容分为室内设计基础知识、客厅装饰设计、卧室装饰设计、儿童房装饰设计、书房装饰设计和餐厅装饰设计。编者将3ds Max 2011的基本功能和新功能融入案例的讲解过程中，使读者可以边学边练，既能掌握软件功能，又能快速进入案例操作过程中。

本书不仅适用于高职高专及中等职业院校学生，也适于作为短期培训的案例教程，对于初学者和自学者尤为适用。

图书在版编目(CIP)数据

3ds Max 2011室内设计案例教程/伍福军主编. —2版. —北京：北京大学出版社，2011.9

(21世纪全国高职高专艺术设计系列技能型规划教材)

ISBN 978-7-301-15693-3

Ⅰ. ①3… Ⅱ. ①伍… Ⅲ. ①室内装饰设计—三维动画软件，3DS Max 2011—高等职业教育—教材 Ⅳ. ①TU238-39

中国版本图书馆CIP数据核字(2011)第178054号

书　　名：3ds Max 2011室内设计案例教程(第2版)
著作责任者：伍福军　主编
责任编辑：郭穗娟
标准书号：ISBN 978-7-301-15693-3/J・0397
出 版 者：北京大学出版社
地　　址：北京市海淀区成府路205号　100871
网　　址：http://www.pup.cn　http://www.pup6.cn
电　　话：邮购部62752015　发行部62750672　编辑部62750667　出版部62754962
电子邮箱：pup_6@163.com
印 刷 者：北京鑫海金澳胶印有限公司
发 行 者：北京大学出版社
经 销 者：新华书店
787mm×960mm　16开本　20印张　彩插2页　468千字
2009年1月第1版　2011年9月第2版　2016年9月第7次印刷
定　　价：45.00元

第 2 版前言

本书根据编者多年的教学经验和对高职高专、中等职业学校及技工学校学生实际情况(强调学生的动手能力)的了解编写而成，精心挑选了 31 个案例进行详细讲解，全面介绍室内设计的基础理论、建模技术、材质贴图技术、摄影机技术、灯光技术、渲染技术、创建动画浏览技术和利用 Photoshop 进行后期处理技术等。编者将 3ds Max 2011 的基本功能和新功能融入案例的讲解过程中，使读者可以边学边练，既能掌握软件功能，又能快速进入案例操作过程中。

全书知识结构如下。

第 1 章 室内设计基础知识，主要介绍室内设计的相关理论、3ds Max 2011 的基础建模、贴图和灯光基础知识等。

第 2 章 客厅装饰设计，主要介绍客厅中相关家具的设计和客厅装饰。

第 3 章 卧室装饰设计，主要介绍卧室中相关家具的设计和卧室装饰。

第 4 章 儿童房装饰设计，主要介绍儿童房中相关家具的设计和儿童房装饰。

第 5 章 书房装饰设计，主要介绍书房中相关家具的设计和书房装饰。

第 6 章 餐厅装饰设计，主要介绍餐厅中相关家具的设计和餐厅装饰。

本书在结构上采用了案例效果→案例制作流程(步骤)分析→详细操作步骤→拓展训练“四步曲”的方法来写。第一步，让学生们观看案例效果，激起学生的兴趣和了解案例完成后的效果；第二步，对案例制作流程(步骤)分析，使学生在制作前了解整个案例制作的大致步骤，做到心中有数；第三步，详细介绍整个案例制作的步骤，学生可以按照书上详细步骤，顺利完成案例的制作；第四步，通过拓展训练，使学生巩固和加强前面所学知识点。老师在教学中也可以根据学生的实际情况指导学生进行拓展训练，培养学生举一反三的能力。

本书内容丰富，除作为教材外，还可作为室内设计者与爱好者的工具书。通过本书，读者可随时翻阅、查找需要的案例效果制作内容。本书的每一章都有建议学时供老师教学和学生自学时参考，同时配有每一章的案例效果文件。本书设计素材及源文件可通过扫描西面的二维码获取下载地址；教学视频可通过扫描正文中的二维码进行观看。

本书由伍福军担任主编，其他编写人员还有张巧玲、沈振凯、柯秀文、张植桂和卢永平，张喜生对本书进行了主审，在此表示感谢。

本书适用于高职高专及中等职业院校学生，也可作为短期培训的案例教程，对于初学者和自学者尤为适用。

由于编者水平有限，本书可能存在疏漏之处，敬请广大读者批评指正！联系电子邮箱：763787922@163.com。

编　者

2011 年 6 月

【maps 贴图下载】　【光域网下载】　【模型下载】　【贴图下载】　【动作库下载】

目　　录

第1章

室内设计基础知识

技能点

1. 室内设计理论
2. 室内和家具的基本尺寸
3. 室内效果图制作的基本美学知识
4. 3ds Max 2011 基础知识
5. 室内模型
6. 材质
7. 灯光与渲染
8. 效果图制作基础操作

【素材下载】

说　明

本章主要介绍室内家具设计的基本尺寸、室内设计与风水、室内设计理论、室内效果图制作的基本美学知识、3ds Max 2011 基础知识、室内模型的制作方法、材质、灯光与渲染与效果图制作相关基本操作。这章的内容对初学者来说是一个了解，便于后面章节的学习。

教学建议课时数

一般情况下需要 10 课时，其中理论 4 课时，实际操作 6 课时(特殊情况可做相应调整)。

室内效果图是装潢设计公司在装修之前向客户表达自己设计思想和设计意图的最好方法与途径，也是竞标的重要资料之一。它可以让客户在第一时间内直观地感受到装潢完成后的室内效果。随着科学技术的发展，国内设计效果图的制作水平得到了突飞猛进的发展，效果图的质量和从业人员的制作水平越来越高，再加上电脑软件功能的不断增强、房地产的迅猛发展，极大地推动了装潢设计行业的发展。制作效果图的软件非常多，如 3ds Max、AutoCAD、Lightscape、Photoshop、天正、Auto desk VIZ、Premiere Pro 等。其中以 3ds Max、Lightscape、Photoshop 相结合最为流行，制作出来的效果图可以达到照片级水平。

1.1 室内设计理论

1.1.1 室内设计的含义

室内设计是根据建筑物的使用性质、所处环境和相应标准，运用物质技术手段和建筑美学的原理，创造功能合理、舒适优美、满足人们物质和精神生活需要的室内环境。所以，现代室内设计也称室内环境设计。

由于人们长时间生活活动于室内，因此，室内环境必然会直接关系到人们室内生活和生产活动的质量，关系到人们的安全、健康、效率、舒适等问题。室内环境的设计，应该将保障安全和有利于人的身心健康作为首要前提。人们对于室内环境，除了使用安排、冷暖光照等物质功能方面的要求之外，还要考虑与建筑物的类型、性格相适应的室内环境氛围、风格等精神功能方面的要求。

1.1.2 室内设计的基本内容

现代室内设计也称室内环境设计，它所包含的内容和传统的室内装饰相比涉及的面更广、相关的因素更多、内容也更为深入。

室内环境的内容涉及由界面围成的空间形状、空间尺度和空间环境，室内声、光、热环境，室内空气环境(空气质量、有害气体和粉尘含量、放射剂量……)等室内客观环境因素。如果从人对室内环境身心感受的角度来分析，室内环境主要有室内视觉环境、听觉环境、触感环境、嗅觉环境等，即人们对环境的生理和心理的主观感受，其中又以视觉感受最为直接和强烈。客观环境因素和人们对环境的主观感受是现代室内环境设计需要探讨和研究的主要问题。

1.1.3 室内设计的基本观点

现代室内设计除创造出满足现代功能、符合时代精神的要求之外，还需要确立下述的

【参考视频】

一些基本观点。

1. 以满足人和人际活动的需要为核心

“为人服务，这正是室内设计社会功能的基石。”室内设计的目的是通过创造室内空间环境为人服务，设计者始终需要将人对室内环境的要求，包括物质使用和精神两方面，放在设计的首位。由于设计的过程中矛盾错综复杂、问题千头万绪，设计者需要清醒地认识到以人为本、为人服务，为确保人们的安全和身心健康、为满足人和人际活动的需要作为设计的核心。为人服务这一平凡的真理，在设计时往往会有意无意地因从多项局部因素考虑而被忽视。

从为人服务这一“功能的基石”出发，需要设计者细致入微、设身处地地为人们创造美好的室内环境。因此，现代室内设计特别重视人体工程、环境心理学、审美心理学等方面的研究，用以科学地、深入地了解人们的生理特点、行为心理和视觉感受等方面对室内环境的设计要求。

2. 环境整体观

现代室内设计的立意、构思，室内风格和环境氛围的创造，需要着眼于对环境整体的考虑。

室内设计的“里”，和室外环境的“外”，可以说是一对相辅相成辩证统一的矛盾，正是为了更深入地做好室内设计，就愈加需要对环境整体有足够的了解和分析，着手于“室内”，着眼于“室外”。

现代室内设计包括室内空间环境、视觉环境、空气质量环境、声光热等物理环境、心理环境等方面，在室内设计时固然需要重视视觉环境的设计，但是不应局限于视觉环境，对室内声、光、热等物理环境，空气质量环境以及心理环境等因素也应极为重视。因为人们对室内环境是否舒适的感受，总是综合的。一个闷热、噪声背景很高的室内，即使看上去很漂亮，待在里面也很难给人愉悦的感受。

3. 科学性与艺术性的结合

现代室内设计的又一个基本观点，是在创造室内环境中高度重视科学性，高度重视艺术性，及其相互的结合。社会生活和科学技术的进步，人们价值观和审美观的改变，促使室内设计必须充分重视并积极运用当代科学技术的成果，包括新型的材料、结构构成和施工工艺，以及为创造良好声、光、热环境的设施设备。设计者必须认真地以科学的方法，分析和确定室内物理环境和心理环境的优劣。

现代室内设计，一方面需要充分重视科学性，另一方面又需要充分重视艺术性，在重视物质技术手段的同时，高度重视建筑美学原理，重视创造具有表现力和感染力的室内空间和形象，创造具有视觉愉悦感和文化内涵的室内环境，使生活在现代社会高科技、高节奏中的人们，在心理上、精神上得到平衡，即现代建筑和室内设计中的高科技和高情感问题。

4. 动态、可持续的发展观

现代室内设计的一个显著的特点，是它对由于时间的推移，从而引起室内功能相应的变化和改变，显得特别突出和敏感。当今社会生活节奏日益加快，建筑室内的功能复杂而又多变，室内装饰材料、设施设备，甚至门窗等配件的更新换代也日新月异。总之，作为现代室内环境的设计者和创造者，不能急功近利、只顾眼前，而要确立节能、充分节约与利用室内空间、力求运用无污染的“绿色装饰材料”以及创造人与环境、人工环境与自然环境相协调的观点。

1.1.4 室内设计的依据和要求

1. 室内设计的依据

室内设计必须事先对所在建筑物的功能特点、设计意图、结构构成、设施设备等情况充分掌握，进而对建筑物所在地区的室外环境等也要有所了解。具体地说，室内设计主要有以下几项依据。

(1) 人体尺度以及人们在室内停留、活动、交往、通行时的空间范围。首先是人体的尺度和动作区域所需的尺寸和空间范围、人们交往时符合心理要求的人际距离，以及人们在室内通行时各处有形无形的通道宽度。人体的尺度即人体在室内完成各种动作时的活动范围，是人们确定室内诸如门扇的高宽度、踏步的高宽度、窗台阳台的高度、家具的尺寸及其相间距离，以及楼梯平台、室内净高等的最小高度的基本依据；涉及人们在不同性质的室内空间内，从人们的心理感受考虑，还要顾及满足人们心理感受需求的最佳空间范围。

上述的依据因素可以归纳为静态尺度、动态活动范围和心理需求范围。

(2) 家具、灯具、设备、陈设等尺寸，以及使用、安置它们时所需的空间范围。室内空间里，除了人的活动外，主要占用空间的内含物有家具、灯具、设备。对于灯具、空调设备、卫生洁具等，除了有本身的尺寸以及使用、安置时必须的空间范围之外，值得注意的是，此类设备、设施，由于在建筑物的土建设计与施工时，对管网布线等都已有整体布置，室内设计时应尽可能在它们的接口处予以连接、协调。对于出风口、灯具位置等从室内使用合理和造型等方面要求，适当在接口上作些调整也是允许的。

(3) 室内空间的结构构成、构件尺寸，设施管线等的尺寸和制约条件。室内空间的结构体系、柱网的开间间距、楼面的板厚梁高、风管的断面尺寸以及水电管线的走向和铺设要求等，都是组织室内空间时必须考虑的。有些设施内容，如风管的断面尺寸、水管的走向等，在与有关工种的协调下可作调整，但仍然是必要的依据条件和制约因素。

(4) 符合设计环境要求、可供选用的装饰材料和可行的施工工艺。由设计设想变成现实，必须动用可供选用的地面、墙面、顶棚等各个界面的装饰材料，采用现实可行的施工工艺，这些依据条件必须在设计开始时就考虑到，以保证设计图的可行性。

2. 室内设计的要求

(1) 具有使用合理的室内空间组织和平面布局，提供符合使用要求的室内声、光、热效应，以满足室内环境物质功能的需要。

(2) 具有造型优美的空间构成和界面处理，宜人的光、色和材质配置，符合建筑物性格的环境气氛，以满足室内环境精神功能的需要。

(3) 采用合理的装修构造和技术措施，选择合适的装饰材料和设施设备，使其具有良好的经济效益。

(4) 符合安全、防火、卫生等设计规范，遵守与设计任务相适应的有关定额标准。

(5) 随着时间的推移，考虑具有适应调整室内功能、更新装饰材料和设备的可能性。

(6) 联系到可持续性发展的要求，室内环境设计应考虑室内环境的节能、节材、防止污染，并注意充分利用和节省室内空间。

从上述室内设计的依据条件和设计要求的内容来看，想做一名设计师，或者说想做一名优秀设计师，应该按下述各项要求的方向，去努力提高自己。

(1) 具有建筑单位设计和环境总体设计的基本知识，特别是对建筑单体功能分析、平面布局、空间组织、形体设计的必要知识，具有对总体环境艺术和建筑艺术的理解和素养。

(2) 具有建筑材料、装饰材料、建筑结构与构造、施工技术等建筑材料和建筑技术方面的必要知识。

(3) 具有对声、光、热等建筑物理、风、光、电等建筑设备的必备知识。

(4) 对一些学科，如人体工程学、环境心理学等，以及现代计算机技术具有必要的知识和了解。

(5) 具有较好的艺术素养和设计表达能力，对历史传统、人文民俗、乡土风情等有一定的了解。

(6) 熟悉有关建筑和室内设计的规章和法规。

1.1.5　室内设计的发展趋势

随着社会的发展和时代的推移，现代室内设计具有以下发展趋势。

(1) 从总体上看，室内环境设计学科的相对独立性日益增强；同时，与多学科、边缘学科的联系和结合趋势也日益明显。现代室内设计除了仍以建筑设计作为学科发展的基础外，工艺美术和工业设计的一些观念、思考和工作方法也日益在室内设计中显示其作用。

(2) 室内设计的发展适应于当今社会发展的特点，趋向于多层次、多风格，即室内设计由于使用对象的不同、建筑功能和投资标准的差异，明显地呈现出多层次、多风格的发展趋势。但需要着重指出的是，不同层次、不同风格的现代室内设计都将更为重视人们在室内空间中的精神因素的需要和环境的文化内涵。

(3) 专业设计进一步深化和规范化的同时，业主及大众参与的势头也将有所加强。这是由于室内空间环境的创造总是离不开生活、生产活动于其间的使用者的切身需求，能使使用功能更具实效、更为完善。

(4) 设计、施工、材料、设施、设备之间的协调和配套关系加强，上述各部分自身的规范化进程进一步完善。

(5) 由于室内环境具有周期更新的特点，且其更新周期相应较短，因此在设计、施工技术与工艺方面优先考虑干式作业、块件安装、预留措施等的要求日益突出。

(6) 从可持续发展的宏观要求出发，室内设计将更为重视防止环境污染的“绿色装饰材料”的运用，考虑节能与节省室内空间，创造有利于身心健康的室内环境。

1.2 室内和家具的基本尺寸

1.2.1 各种家具的基本尺寸

(1) 衣橱。

深度：60～65cm 衣橱门宽度：40～65cm

(2) 推拉门。

门宽：75～150cm 高度：190～240cm

(3) 矮柜。

深度：35～45cm 柜门宽度：30～60cm

(4) 电视柜。

深度：45～60cm 高度：60～70cm

(5) 单人床。

宽度：90cm、105cm、120cm 长度：180cm、186cm、200cm、210cm

(6) 双人床。

宽度：135cm、150cm、180cm 长度：180cm、186cm、200cm、210cm

(7) 圆床。

直径：186cm、212.5cm、242.4cm(常用)

【参考视频】

(8) 室内门。

宽度：80～95cm　高度：190cm、200cm、210cm、220cm、240cm

(9) 厕所、厨房门。

宽度：80cm、90cm　高度：190cm、200cm、210cm

(10) 窗帘盒。

高度：12～18cm　深度：单层布 12cm、双层布 16～18cm(实际尺寸)

(11) 沙发。

① 单人式。

长度：80～95cm　深度：85～90cm　坐垫高：35～42cm　背高：70～90cm

② 双人式。

长度：126～150cm　深度：80～90cm　坐垫高：35～42cm　背高：70～90cm

③ 三人式。

长度：175～196cm　深度：80～90cm　坐垫高：35～42cm　背高：70～90cm

④ 四人式。

长度：232～252cm　深度：80～90cm　坐垫高：35～42cm　背高：70～90cm

(12) 茶几。

① 小型的长方形茶几。

长度：60～75cm　宽度：45～60cm　高度：38～50cm(38cm 最佳)

② 中型的长方形茶几。

长度：120～135cm　宽度：38～50cm 或 60～75cm　高度：38～50cm(38cm 最佳)

③ 正方形茶几。

长度：75～90cm　高度：43～50cm

④ 大型的长方形茶几。

长度：150～180cm　宽度：60～80cm　高度：33～42cm(33cm 最佳)

⑤ 圆形茶几。

直径：75cm、90cm、105cm、120cm　高度：33～42cm

(13) 书桌。

① 固定式。

深度：45～70cm(60cm 最佳)　高度：75cm

② 活动式。

深度：65～80cm　高度：75～78cm

(14) 餐桌。

① 一般的餐桌。

高度：75～78cm(中式)、68～72cm(西式)　宽度：120cm、90cm、75cm

② 长方桌。

宽度：80cm、90cm、105cm、120cm　长度：150cm、165cm、180cm、210cm、240cm

③ 圆桌。

直径：90cm、120cm、135cm、150cm、180cm

(15) 书架。

深度：25～40cm(每一格)　长度：60～120cm

(16) 活动未及顶高柜。

深度：45cm　高度：180～200cm

1.2.2 室内常用尺寸

(1) 墙面。

踢脚板高：8～20cm　墙裙高：80～150cm　挂镜线高：160～180cm(画中心距地面高度)

(2) 餐厅。

① 餐桌。

高：75～79cm

② 餐椅。

高：45～50cm

③ 圆桌直径。

4 人：50cm　4 人：80cm　4 人：90cm　5 人：110cm　6 人：125cm　8 人：130cm　10 人：150cm　12 人：180cm

④ 方餐桌。

2 人：70cm×85cm　4 人：135cm×85cm　8 人：225cm×85cm

⑤ 酒吧台。

高：90～105cm　宽：50cm

⑥ 酒吧凳。

高：60～75cm

(3) 浴室。

① 淋浴器。

高：210cm

② 化妆台。

长：135cm　宽：45cm

1.2.3 室内设计的其他尺寸

(1) 卫生间里的用具占地面积。

① 马桶占地面积一般为 37cm×60cm。

② 悬挂式或圆柱式盥洗池占地面积一般为 70cm×60cm。

③ 正方形淋浴间的占地面积一般为 80cm×80cm。

④ 浴缸的标准面积一般为 160cm×70cm。

(2) 浴缸与对面的墙之间的距离。

此距离一般为 100cm。想要在周围活动的话这是个合理的距离。即使浴室很窄，也要在安装浴缸时留出走动的空间。浴缸和其他墙面或物品之间至少要有 60cm 的距离。

(3) 安装一个盥洗池，并能方便地使用，所需要的空间。

此空间一般为 90cm×105cm。这个尺寸适用于中等大小的盥洗池，并能容下另一个人在旁边洗漱。

(4) 两个洗手洁具之间应该预留的距离。

此距离一般为 20cm。这个距离包括马桶和盥洗池之间，或者洁具和墙壁之间的距离。

(5) 相对摆放的澡盆和马桶之间应该保持的距离。

此距离一般为 60cm。这是能从中间通过的最小距离，所以一个能相向摆放的澡盆和马桶的洗手间至少应该有 180cm 宽。

(6) 要想在里侧墙边安装下一个浴缸的话，洗手间预留的宽度。

此宽度一般为 180cm。这个距离对于传统浴缸来说是非常合适的。如果浴室比较窄的话，就要考虑安装小型的带座位的浴缸了。

(7) 镜子安装的一般高度。

此高度一般为 135cm。这个高度可以使镜子正对着人的脸。

(8) 双人主卧室的标准面积。

此面积一般为 $12m^2$。在房间里除了床以外，还可以放一个双开门的衣柜(120cm×60cm)和两个床头柜。在一个 3m×4.5m 的房间里可以放更大一点的衣柜；或者选择小一点的双人床，再在抽屉和写字台之间选择其一，还可以在摆放衣柜的地方选择一个带更衣间的衣柜。

(9) 如果把床斜放在角落里，需要预留的空间。

此空间一般为 360cm×360cm。这是适合于较大卧室的摆放方法，可以根据床头后面墙角空地的大小再摆放一个储物柜。

(10) 两张并排摆放的床之间应该预留的距离。

此距离一般为 90cm。两张床之间除了能放下两个床头柜以外，还应该能让两个人自由走动，床的外侧也不例外，这样才能方便地清洁地板和整理床上用品。

(11) 如果衣柜放在与床相对的墙边，它们之间应该预留的距离。

此距离一般为 90cm。这个距离是为了能方便地打开柜门而不至于被绊倒在床上。

(12) 衣柜的高度。

此高度一般为 240cm。这个尺寸考虑到了在衣柜里能放下长一些的衣物(160cm)，并在上部留出了放换季衣物的空间(80cm)。

(13) 交通空间。

① 楼梯间休息平台净空：等于或大于 210cm。

② 楼梯跑道净空：等于或大于 230cm。

③ 楼梯扶手高：85～110cm。

④ 门的常用宽尺寸：85～100cm。

⑤ 窗的常用宽尺寸：40～180cm(不包括组合式窗子)。

⑥ 窗台高：80～120cm。

(14) 灯具。

① 大吊灯最小高度：240cm。

② 壁灯高：150～180cm。

③ 反光灯槽最小直径：等于或大于灯管直径的两倍。

④ 壁式床头灯高：120～140cm。

⑤ 照明开关高：130～150cm。

(15) 办公家具。

① 办公桌。

长：120～160cm　宽：50～65cm　高：70～80cm

② 办公椅。

高：40～45cm　长×宽：45cm×45cm

③ 沙发。

宽：60～80cm　高：35～40cm　靠背面：100cm

④ 茶几。

前置型：90cm×40cm×40cm(高)　中心型：90cm×90cm×40cm、70cm×70cm×40cm 左右型：60cm×40cm×40cm

⑤ 书柜。

高：180cm　宽：120～150cm　深：45cm

1.3　室内效果图制作的基本美学知识

1.3.1　色彩

人类在长期的生活实践中，对不同的色彩积累了不同的生活感受和心理感受，会产生不同的联想。例如：太阳、火焰都是红色的，红色给人以温暖、热烈、刺激的心理感觉；春天的田野、勃勃生机的植物呈现为绿色，绿色使人心中充满生机，感到宁静、平和、悠然；高天、浩海都是蓝色的，这种颜色能给人辽阔、深远、寒冷、神秘、梦幻般的感觉；云朵、霜雪、月光和一切白色的物体让人感到光明、纯真、圣洁、明朗；而黑色往往与黑暗、深洞、枯井相联结，叫人感到沉闷、压抑、严肃、不详、恐怖等。同时，色彩还有暖色和冷色之分。暖色给人视觉上的刺激力强；冷色给人视觉上的刺激力弱，具有收缩感。同样，不同的颜色也会使人产生不同的视觉感受和心理感受，因此，室内效果图的色彩一定要符合人们的审美观。在确定室内效果图的色彩时，除了遵守一般的色彩规律外，还应随着地域、民族的不同而有所变化。

一般情况下，家庭室内效果图多采用暖色调，而大型的公共场所空间多采用冷色调。

(1) 家装效果图的不同空间，读者可以参考以下建议。

① 客厅：客厅是家庭中的主要活动空间，色彩以中性色为主，强调明快、活泼、自然，不宜用太强烈的色彩，整体上要给人一种舒适的感觉。

② 卧室：卧室色彩最好偏暖色调、柔和一些，这样有利于休息。

③ 书房：书房多强调雅致、庄重、和谐的格调，可以选用灰、褐绿、浅蓝、浅绿等颜色，同时点缀少量字画，渲染书香气氛。

④ 餐厅：餐厅可以采用暖色调，如乳黄、柠檬黄、淡绿等。

⑤ 卫生间：卫生间色调以素雅、整洁为宜，如白色、浅绿色、使之有洁净之感。

⑥ 厨房：厨房以明亮、洁净为主色调，可以应用淡绿、浅蓝、白色等颜色。

注意：上面所提供的建议只是一个参考，应用到具体的设计中时，应根据实际情况区别对待。

(2) 在确定室内空间的色彩时，可以遵循以下基本步骤。

① 先确定地面的颜色，然后以此作为定调的标准。

② 根据地面的颜色确定顶面的颜色，通常顶面的颜色明度较高，与地面呈对比关系。

③ 确定墙面的颜色，它是顶面与地面颜色的过度，常采用中间的灰色调，同时还要考虑与家具颜色的衬托与对比。

【参考视频】

④ 确定家具的颜色，它的颜色无论在明度、饱和度或色相上都要与整体形成统一。

1.3.2 构图

构图是一门很重要的学科，需要长时间的积累，在室内效果图设计中也很重要，由于篇幅问题就不展开介绍，感兴趣的读者可以看一些关于构图方面的专业书籍。在此只从室内效果图设计的平衡、统一、比例 3 个方面作简单介绍。

1. 平衡

所谓平衡，是指空间构图中各元素的视觉分量给人以稳定的感觉。不同的形态、色彩、质感在视觉传达和心理上会产生不同的分量感觉，只有不偏不倚的稳定状态，才能产生平衡、庄重、肃穆的美感。

平衡有对称平衡和非对称平衡之分。对称平衡是指画面中心两侧或四周的元素具有相等的视觉分量，给人以安全、稳定、庄严的感觉；非对称平衡是指画面中心两侧或四周元素比例不等，但是利用视觉规律，通过大小、形状、远近、色彩等因素来调节构图元素的视觉分量，从而达到一种平衡状态，给人以新颖、活泼、运动的感觉。

2. 统一

统一是设计中的重要原则之一，制作效果图时也是如此，一定要使画面拥有统一的思想与风格，把所涉及的构图要素运用艺术创造出协调统一的感觉。这里所说的统一，是指构图元素的统一、色彩的统一、思想的统一、氛围的统一等多方面。统一不是单调，在强调统一的同时，切忌将作品推向单调，应该是既不单调又不混乱，既有起伏又有协调的整体艺术效果。

3. 比例

在进行室内效果图设计的构图中，比例是一个很重要的问题，它主要包括两个方面：一是造型比例，二是构图比例。

对于效果图中的各种造型，不论其形状如何，都存在着长、宽、高 3 个方面的度量。这 3 个方向的度量比例一定要合理，物体才会给人以美感。例如：绘制别墅效果图，其中长、宽、高就是一个比例问题，只有比例设置合理，效果图看起来才逼真，这是每位设计者都能体会得到的。实际上，在设计领域中有一个非常实用的比例关系，黄金分割——1∶1.618，这对人们设计建筑效果图有一定的指导意义。当然，在设计过程中也可以实际情况作相应的处理。

当设计的模型具备了比例和谐的造型后，将它放在一个环境之中时，需要强调构图比例，理想的构图比例有 2∶3、3∶4、4∶5 等，这也不是绝对的，只是提供一个参考。对与室内效果图来说，主体与环境设施、人体、树木等要保持合理的比例；对于室内效果图来说，整体空间与局部空间比例要合理，家具、日用品、灯具等的比例要与房间比例协调。

1.3.3　灯光

灯光是表现效果图最关键的一项技术，无论是表现夜景还是日景，都要把握好光线的变化。在设置灯光时要注意避免出现大块的光斑，也要避免出现大块的不合理阴影；还要注意表现光能传递效果。在进行布光时，切忌整个空间只设置一盏灯，使空间变得非常直白，而应该根据设计要求布置灯光，让画面出现层次感。光与影是密不可分的，因此，在表现室内效果图时对影子的处理应注意 3 个方面。第一，在一般的环境中不存在纯黑色阴影。第二，影子的边缘应该进行模糊处理。第三，如果室内不是一个光源，影子的方向会不一致。

在设计过程中要注意：不同的灯光与不同的颜色混合在一起会产生不同的色彩效果。当灯光照射到物体上时，会直接影响人们对该物品的颜色感觉。例如，一个红色的物体在红色的灯光照射下，可以强调该物体的色调，令它更为突出；相反，若将红色物体放在蓝色灯光照射下，物体色彩顿时显得沉闷黑暗。因此，对于室内环境设计来说，墙面、天花板和地板的色彩必须与灯光合理搭配，因为它们对灯光均有不同程度的反射效果，受灯光的影响很大。

一般情况下，浅颜色(如白、米白等)有助于反射光线，深颜色(如黑色、深蓝色等)会吸收光线。因此，在设计室内效果图时，如果设计深色墙面，宜用更多的灯光设计来弥补光线亮度；相反，如果设计成浅色的墙面，所需要的额外灯光可以相对减少。

灯光不仅提供照明，还是营造特别的光影效果的重要手段。在设计过程还要注意：灯光过分明亮会使空间变得平淡，失去深度感和立体感，因此要控制好光线，以此设计出丰富多彩的室内效果图。

1.4　3ds Max 2011 基础知识

3ds Max 2011 主要用于效果图的建模、赋材质、灯光布局、渲染输出等。3ds Max 2011 是功能非常庞大的三维设计软件，它的应用领域非常广泛，如影视制作、虚拟仿真、模型设计等，其中效果图设计仅仅使用了部分命令和功能。

启动 3ds Max 2011，工作界面如图 1.1 所示。默认状态下，工作界面可分为七大部分，分别是菜单栏、工具栏、视图区、命令面板、视图控制区、状态栏和动画控制区，其中视图区是制作效果图的主要工作区。

【参考视频】

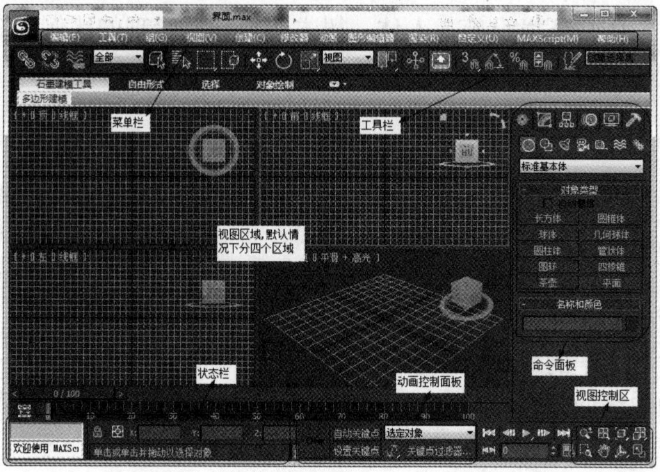

图 1.1

1. 工具栏

与其他应用软件一样，工具栏中以按钮的形式放置了一些经常使用的命令按钮。这些命令按钮可以在相应的菜单栏中找到，使用工具栏中的按钮更方便快捷。工具栏中的按钮只有在 1280×1024 分辨率下才能全部显示出来。如果在低于 1280×1024 的分辨率下使用，工具栏中的按钮就不能完全显示。如果要使用没有显示出来的按钮，就将光标移到工具栏的空白位置，此时，光标就会变成状，这时按住鼠标左键不放的同时左右移动即可，如图 1.2 所示。

图 1.2

2. 视图区

默认状态下，视图区主要有 4 个视图，即【顶视图】、【前视图】、【左视图】、【透视图】。通过这 4 个视图可以从不同方向和角度来观察物体。在 3ds Max 2011 中还有【右视图】、【底视图】、【后视图】、【用户视图】。在【视图区】中各视图之间可以相互切换，方法是在需要转换的视图左上角文字标签(该文字标明了当前状态是什么视图)上右击，弹出快捷菜单，在快捷菜单中选择 项，此时弹出下级子菜单，在下级子菜单中选择所需要的视图即可，如图 1.3 所示。也可以使用相应视图的快捷键来进行切换。例如：将【顶视图】切换到【前视图】，在【顶视图】中单击，再按 F 键即可(注意：在按 F 键时，必须确保文字输入法为英文输入法)。

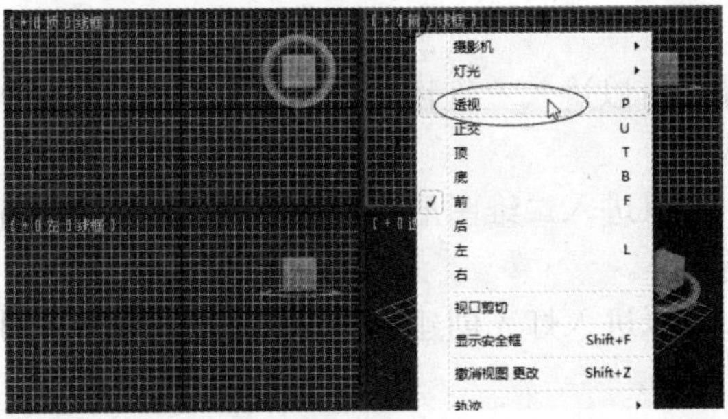

图 1.3

【顶视图】：显示物体从上往下看到的形态。
【前视图】：显示物体从前向后看到的形态。
【左视图】：显示物体从左向右看到的形态。
【右视图】：显示物体从右向左看到的形态。
【底视图】：显示物体从下往上看到的形态。
【透视图】：一般用于从任意角度观察物体的形态。

3. 命令面板

命令面板由多个标签组成，每一个标签页中又包含了若干个可以展开与折叠的【卷展栏】。3ds Max 2011 的命令面板包括(创建命令)面板、(修改命令)面板、(层级面令)面板、(运动命令)面板、(显示命令)面板、(实用程序命令)面板等。【创建命令】面板、【修改命令】面板、【层级面令】面板、【运动命令】面板、【显示命令】面板和【实用程序命令】面板，面板效果分别如图 1.4～图 1.9 所示。各命令面板按钮的详细介绍在后面章节使用时再作介绍。

图 1.4

图 1.5

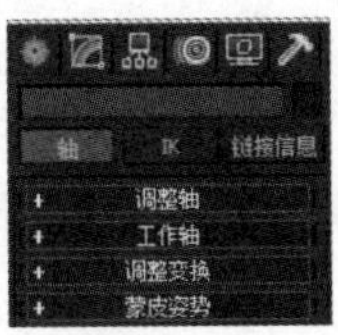

图 1.6

图 1.7

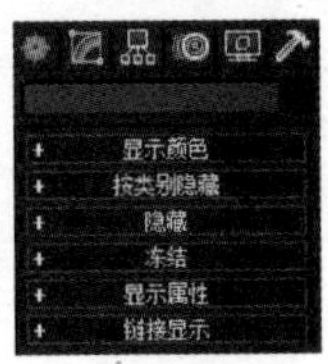

图 1.8

图 1.9

【创建命令】面板主要用于在场景中创建各种对象，它包括了 7 个子面板，分别用于创创建不同类别的对象。

(1) (几何体)按钮：可以进入三维物体创建命令面板，该面板主要用于创建各种三维对象，如长方体、球体等。

(2) (图形)按钮：可以进入二维图形创建命令面板，该面板主要用于创建各种二维图形，如线条、矩形、椭圆等。

(3) (灯光)按钮：可以进入灯光创建命令面板，该面板主要用于创建各种灯光，如泛光灯、平行光、聚光灯等。

(4) (摄影机)按钮：可进入相机创建命令面板，该面板主要用于创建相机。

(5) (辅助对象)按钮：可进入辅助器创建命令面板，该面板主要用于创建各种辅助物体，如指南针、标尺等。

(6) (空间扭曲)按钮：可进入空间变形命令面板，该面板主要用于创建空间各种变形物体，如风、粒子爆炸等。

(7) (系统)按钮：可进入系统创建命令面板，该面板主要用于创建各种系统，如阳光系统、骨骼系统等。

【修改命令】面板主要用于对场景中的造型进行变动与修改，其中汇集了 90 多条修改命令，但制作室内效果图常用的修改命令仅有 20 余条。

4. 视图控制区

在效果图设计过程中，随着场景中物体的增多，观察与操作就会变得困难起来。这时可以通过视图控制区中的工具调整视图的大小与角度，以满足操作的需要。视图控制区位于工作界面的右下角，其中的工具按钮随着当前视图的不同而变化。当视图为顶、前或左视图时，视图控制区中的工具按钮如图 1.10 所示；当视图为透视图时，视图控制区中的工具按钮如图 1.11 所示；当视图为相机视图时，视图控制区中的工具按钮如图 1.12 所示。

图 1.10

图 1.11

图 1.12

1.5 室 内 模 型

在制作室内效果图时，建模是最基本的工作。对于同一个室内效果图，可以使用多种建模方法。本节集中介绍常用室内模型的制作方法。

【参考视频】

1.5.1　墙体

制作墙体最常用的方法有 4 种：①积木堆叠法；②二维线形挤出法；③参数化墙体；④【编辑网格】命令单面建模。在制作过程中可以根据实际情况选用最适合自己的方法。

1. 积木堆叠法

积木堆叠是最简单的建模方法。整个墙体使用长方体、圆柱、切角长方体、切角圆柱体拼接而成。其优点是容易理解、操作简单；缺点是点面数太多，如图 1.13 所示。

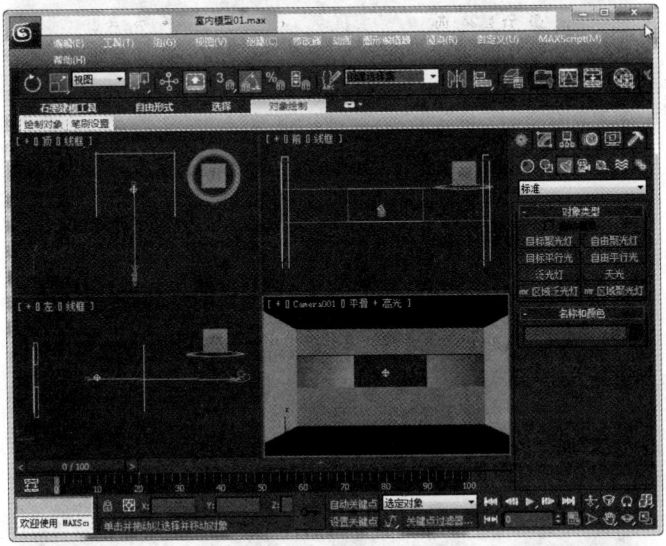

图 1.13

2. 二维线形挤出法

二维线形挤出法是一种最常用的制作墙体的方法。制作方法是先利用(图形)浮动面板中的线条绘制出墙体的截面或者导入 AutoCAD 中绘制的平面图，然后在(修改命令)面板中使用挤出命令将其挤出为三维造型，如图 1.14 所示。

3. 参数化墙体

3ds Max 2011 中提供了一种 “AEC 扩展” 建模命令，使用这种建模的方法速度比较快。单击(创建命令)面板中标准基本体右边的按钮，弹出下拉菜单，在下拉菜单中选择AEC 扩展项，单击墙按钮，在顶视图中拖动鼠标即可创建墙体，如图 1.15 所示。

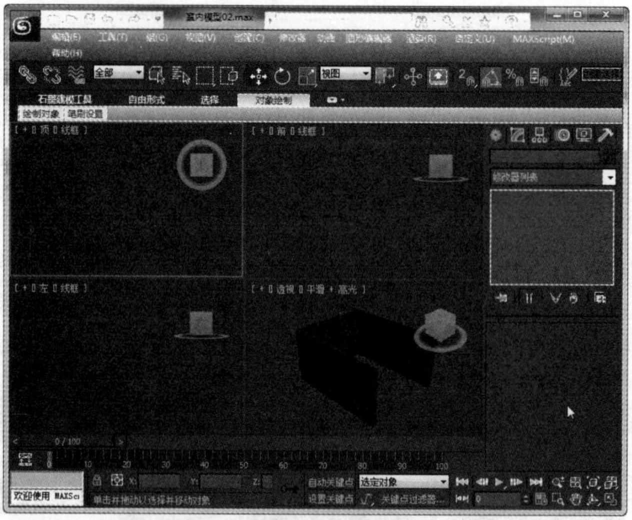

图 1.14

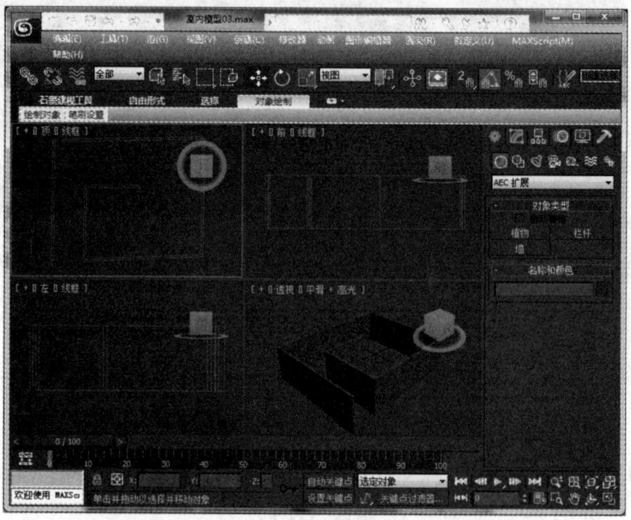

图 1.15

4. 【编辑网格】命令单面建模

使用【编辑网格】命令单面建模，建立的模型最简洁，但是，使用该方法建模操作步骤太多也很容易出错，建议初学者不要使用该方法建模。下面是使用【编辑网格】命令单面建模的详细步骤。

(1) 在(创建命令)面板中单击(几何体)按钮，再单击 长方体 按钮，在顶视图中创建一个长度为 4000mm、宽度为 6000mm、高度为 2800mm 的长方体，作为房间造型，如图 1.16 所示。

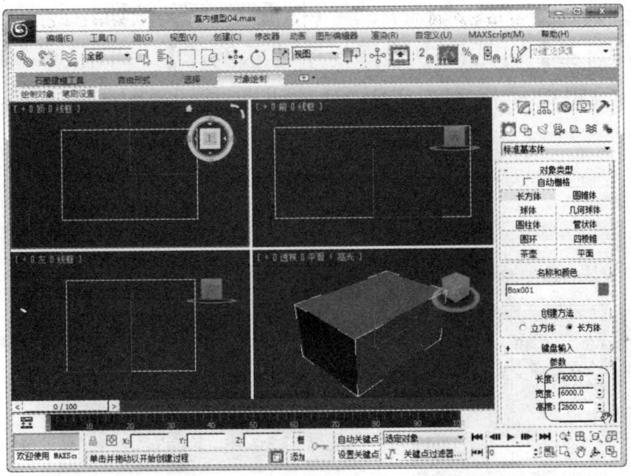

图 1.16

(2)确保长方体被选中，单击(修改)按钮，进入修改命令面板，单击 修改器列表 右边的向下小三角形按钮，弹出下拉菜单，在下拉菜单中选择 编辑网格 (编辑网格)命令，进入编辑网格编辑状态。在【编辑网格】面板中单击(多边形)按钮，在左视图中选择一个面，按 Del 键将其选择的面删除，如图 1.17 所示。

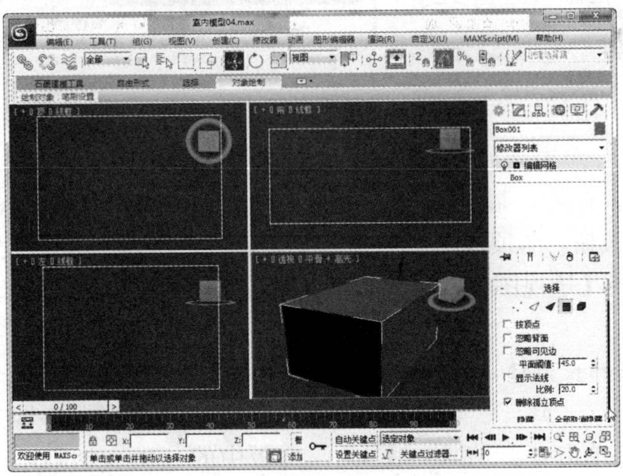

图 1.17

(3) 在 3ds Max 2011 中，三维造型默认状态下是单面的，因此，删除了长方体的一个面之外，从长方体的内侧向外看时，什么也看不到，此时可以通过赋材质的方法来弥补它的缺陷。

赋材质的操作步骤：单击工具栏中的(材质编辑器)按钮，此时，弹出【材质编辑器】对话框，在【材质编辑器】对话框中选择一个【示例球】，单击明暗器基本参数卷展栏中双面前面的小框，再单击 (将材质指定选定对象)按钮即可，如图 1.18 所示。

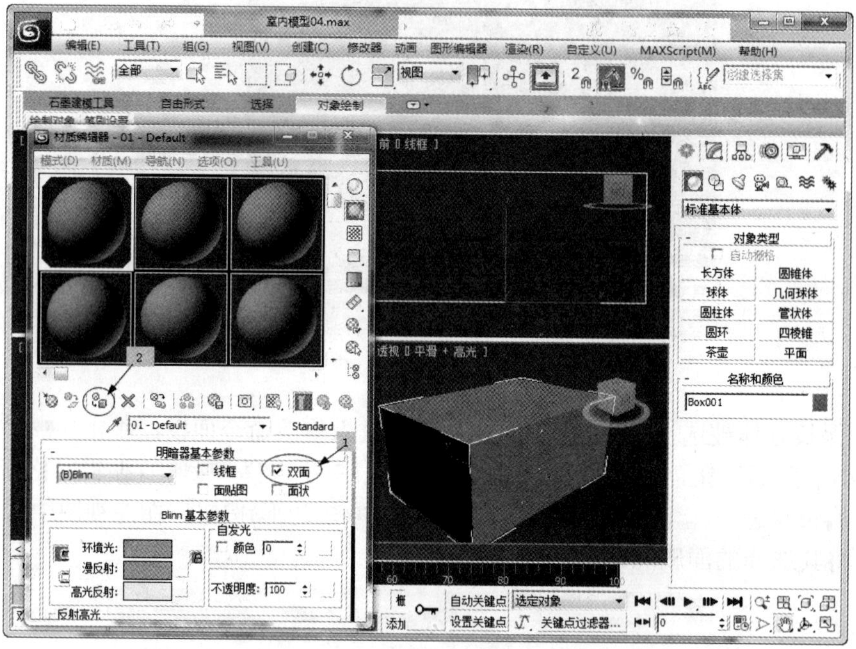

图 1.18

(4) 设置摄影机。单击 (创建)按钮进入【创建命令】面板，在【创建命令】面板中单击 (摄影机)按钮，此时，展开【摄影机】卷展栏，再单击 对象类型 (对象类型)中的 目标 (目标)按钮。在顶视图中创建一架摄影机。具体参数设置如图 1.19 所示。然后单击【透视图】激活【透视图】，再按键盘上的 C 键，将透视图转换到摄影机视图，如图 1.19 所示。

(5) 在视图中选择长方体，然后进入【修改命令】面板中，单击 选择 中的■(多边形)按钮，再单击 选择 中的 忽略背面 (忽略背景)左侧的 小四方块，此时，前面出现一个“√”。然后单击 编辑几何体 面板中的 切割 (切割)按钮，在前视图中拖动鼠标，对多边形进行分割，如图 1.20 所示。

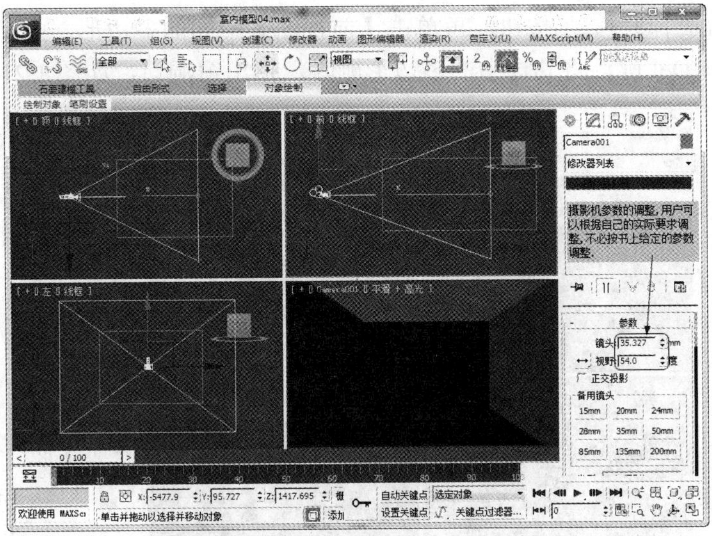
室内模型04.max
摄影机参数的调整，用户可以根据自己的实际要求调整，不必按书上给定的参数调整。
参数
镜头
视野
正交投影
备用镜头
15mm
20mm
24mm
28mm
35mm
50mm
85mm
135mm
200mm

图 1.19

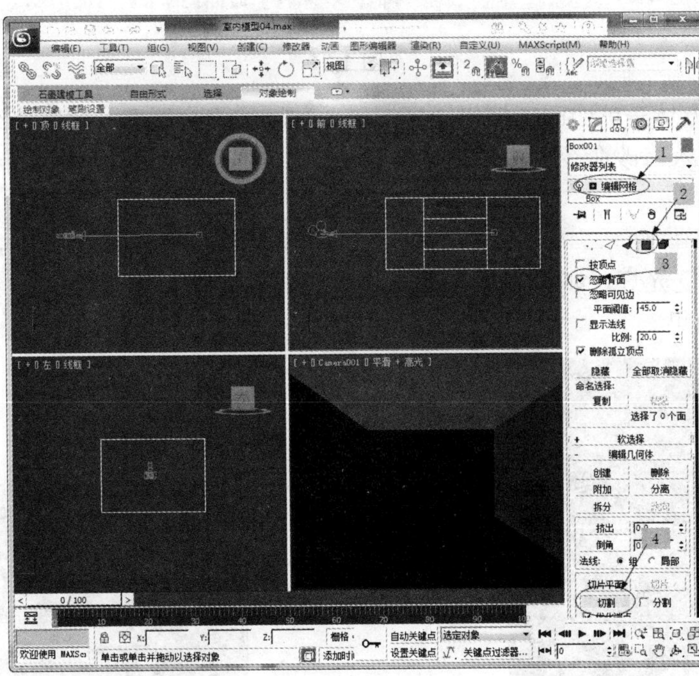
室内模型04.max
1
2
3
4
编辑网格
忽略背面
切片平面
切割

图 1.20

(6) 单击(选择并移动)按钮，再单击【前视图】中间的多边形，此时，中间多边形被选中，然后，按Del键，将其选中的多边形删除，抠出窗洞口，如图1.21所示。

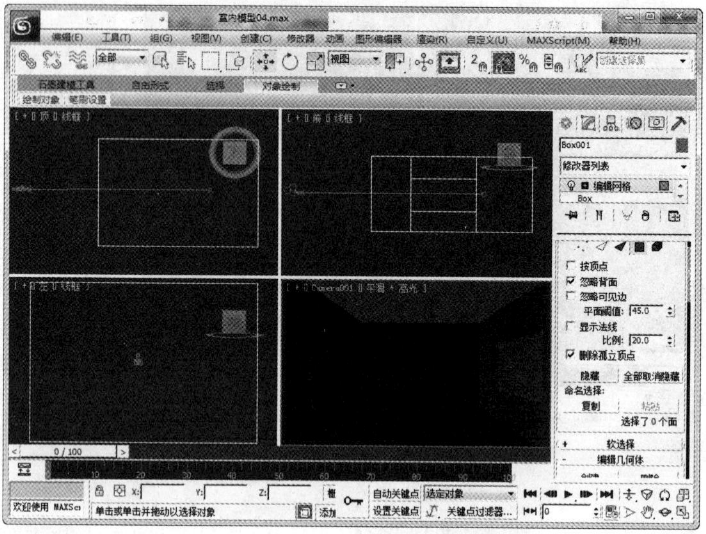

图 1.21

(7) 由于长方体是单面的，抠出了窗洞以后，墙体没有厚度，此时要给墙体制作厚度。制作方法是，进入修改命令面板，单击■(多边形)按钮，然后，在前视图中选择如图1.22所示的多边形。

(8) 在 编辑几何体 卷展栏中 挤出 按钮右边输入框中输入“200”，按Enter键，在视图中设置一盏泛光灯，如图1.23所示，然后单击工具栏中的(快速渲染)按钮，得到如图1.23所示的效果。

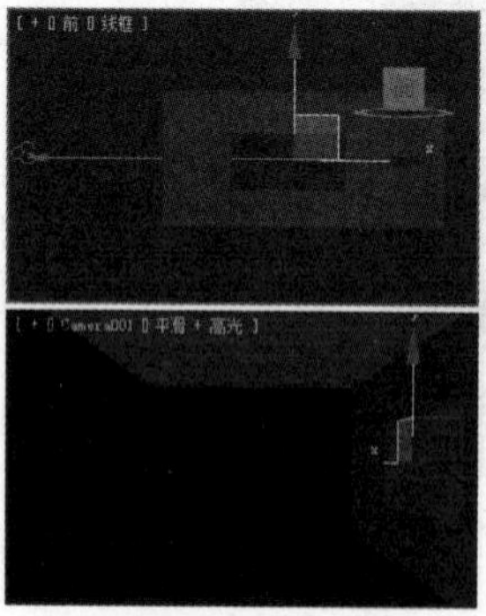

图 1.22

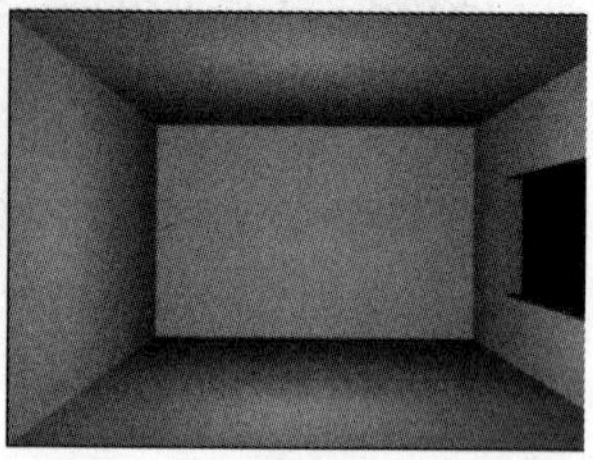

图 1.23

1.5.2　门窗的制作方法

门窗是室内模型中的重要组成元素，门窗效果的好坏直接影响室内效果图的整体效果。门窗的制作方法跟墙体一样，也有几种制作方法，在这里主要向大家介绍 3 种制作方法：①二维线形倒角法；②使用参数化门窗；③使用贴图快速建模。

1. 二维线形倒角法

二维线形倒角法是制作门窗的常用方法。如果门窗离视野比较远，可以使用【挤出】命令来创建门的造型，如果门窗离视野比较近，可以使用【倒角】命令来创建门窗的造型，这样可以使门窗的棱角具有倒角或圆角的过渡，不至于很生硬。下面详细介绍使用【倒角】制作门窗。

使用【倒角】制作门的步骤如下。

(1) 单击 (创建)按钮，进入创建浮动面板→单击(图形)按钮，进入图形浮动面板→单击浮动面板中的 矩形 按钮。

(2) 在前视图中绘制一个长度为 2000、宽度为 1000 的矩形。绘制 1 个长度为 800、宽度为 800、角半径为 60 的矩形。位置如图 1.24 所示。

(3) 单击前视图中最大的矩形，此时，最大矩形被选中→进入修改命令浮动面板→单击 修改器列表 右边的▾按钮，弹出下拉菜单，在下拉菜单中选择 编辑样条线 命令，进入【编辑样条线】浮动面板→单击【编辑样条线】浮动面板中的 附加 按钮，此时，弹出如图 1.25 所示的对话框→选择需要附加的对象，如图 1.26 所示→单击【附加多个】对话框中的 附加 按钮，此时，矩形被附加在一起。

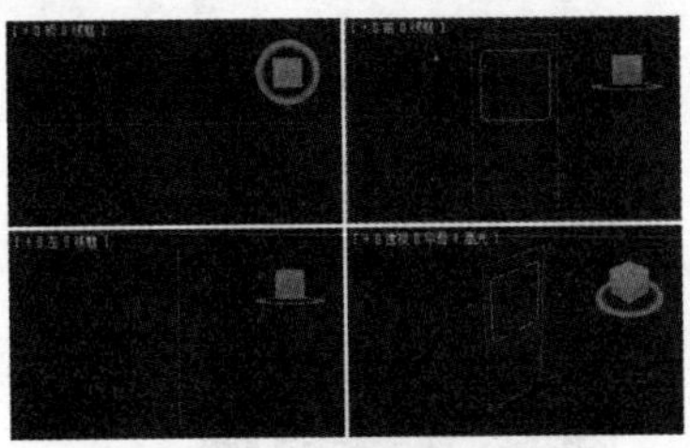

图 1.24

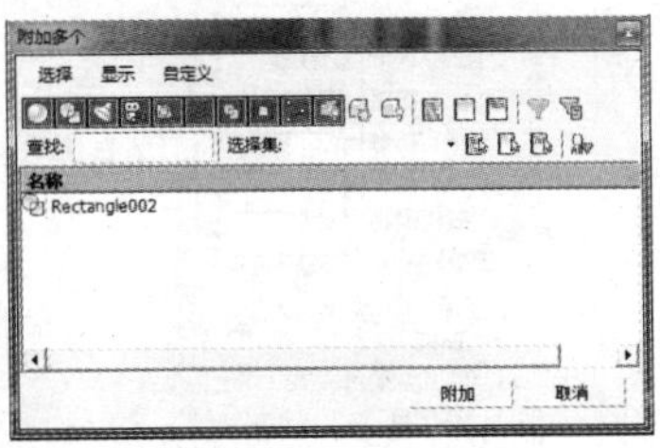

图 1.25

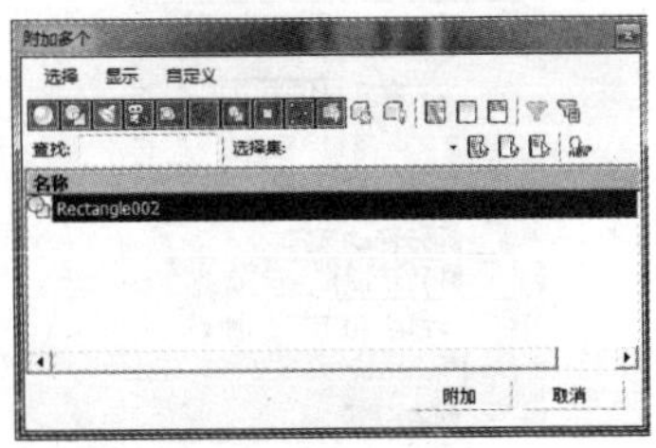

图 1.26

(4) 单击 修改器列表 右边的▾按钮，弹出下拉菜单，在下拉菜单中选择 倒角 命令，进入倒角浮动面板，倒角浮动面板具体参数设置如图 1.27 所示。

(5) 单击【透视图】，此时，透视图被激活→单击工具栏中的 (快速渲染)按钮，进行快速渲染，得到如图 1.28 所示的效果。

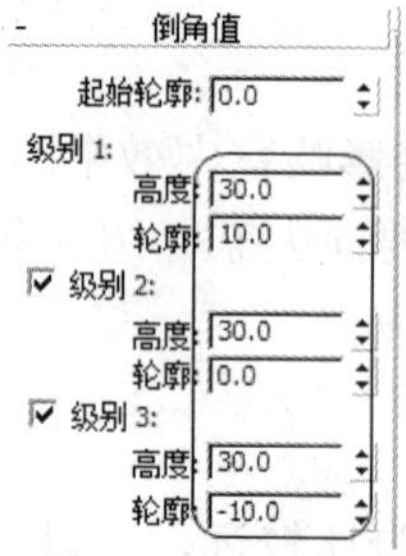

图 1.27

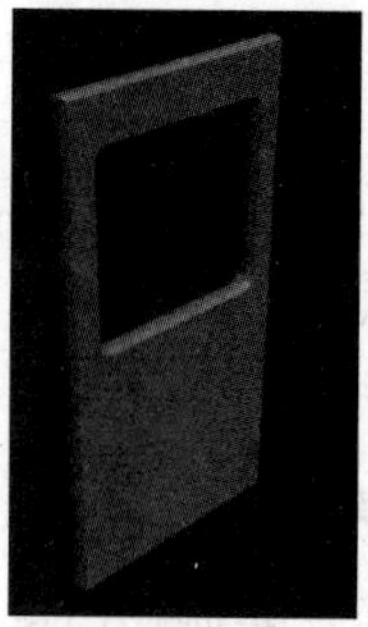

图 1.28

2. 使用参数化门窗

3ds Max 2011 中提供了很多门窗建模命令。使用 3ds Max 2011 中提供的建模命令可以大大提高建模的速度。在这里以“门”的制作方法为例，详细介绍使用参数化门窗的方法。

门的详细制作步骤如下。

(1) 单击 标准基本体 右边的▼按钮，此时，弹出下拉菜单，在下拉菜单中选择门命令，进入【门】浮动面板→在【门】浮动面板中单击 枢轴门 按钮→在顶视图中按住鼠标左键不放的同时向右移动到一定位置松开鼠标确定门的宽度→往上移动一定距离单击确定门的厚度→继续往上移动一段距离单击，确定门的高度。在浮动面板中设置门的具体参数。参数的设置如图 1.29 和图 1.30 所示。

(2) 单击工具栏中的 (快速渲染)按钮，进行快速渲染，最终效果如图 1.31 所示。

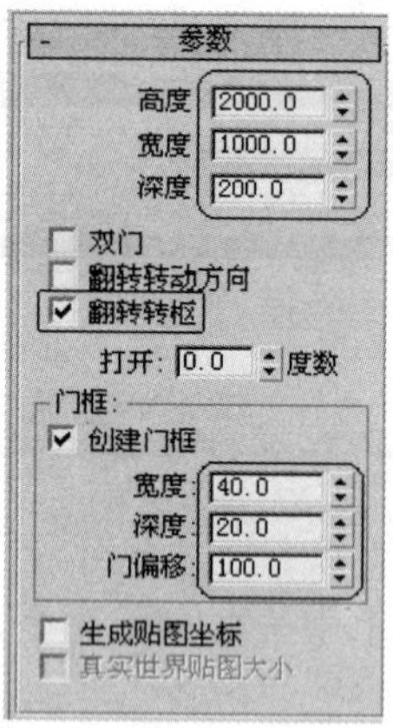

图 1.29

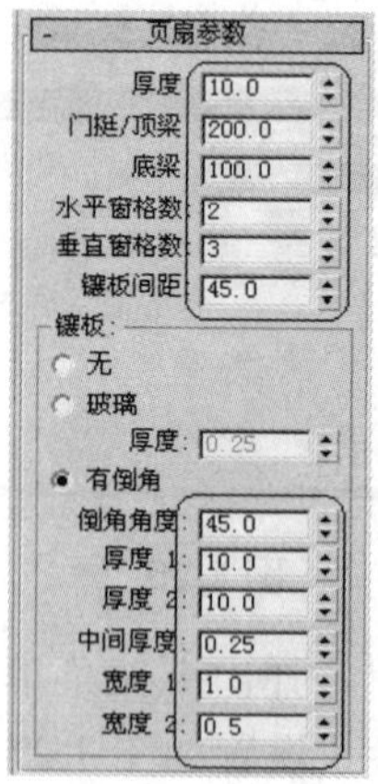

图 1.30

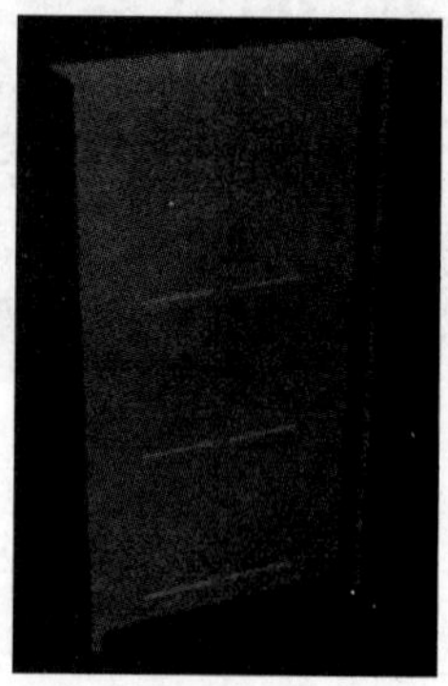

图 1.31

3. 贴图建模

所谓贴图建模法，是指通过贴图来模拟实际模型的方法，这种建模方法也叫"伪建模"。这种方法的优点是作图速度快，可以大大提高工作效率，渲染速度也比较快；缺点是太虚假，真实感比较差。因此，设计者在设计过程中应据设计的要求而定。这种建模方法比较简单，在这里就不再介绍，制作方法在后面章节中再详细介绍。

1.5.3　窗帘的制作方法

窗帘可以看作窗户的装饰品，在家装设计中起很大的作用，因为大多数家装中采用落地窗帘，窗帘占了很大的面积(差不多一面墙)。窗帘效果设计的好与坏直接影响到效果图的整体效果。

在 3ds Max 2011 中制作窗帘有两种方法，一是使用放样法建模，二是使用挤出法建模。

1. 使用放样法制作窗帘

放样(loft)是指将一个或多个二维图形沿着一个方向排列，系统自动将这些二维图形串联起来并自动生成表皮，最终将二维图形转化为三维模型。

在 3ds Max 2011 中，放样过程中至少需要两个以上的二维图形，其中一个作为放样路径，定义放样物体的深度；另一个作为放样截面。下面通过一个例子来详细讲解窗帘的制作方法。

步骤 1：启动 3ds Max 2011，单击→保存按钮，弹出【文件另存为】对话框，具体设置如图 1.32 所示。单击 保存(S) 按钮即可。

步骤 2：单击 (创建)浮动面板中的(图形)按钮，单击(图形)浮动面板中的 线 按钮，设置浮动面板中的相关参数，如图 1.33 所示。

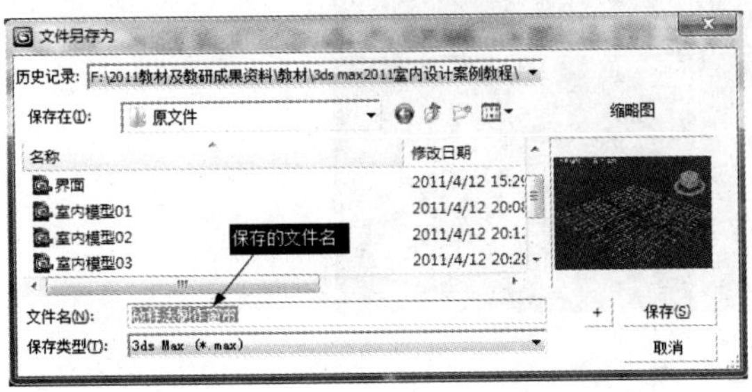

图 1.32

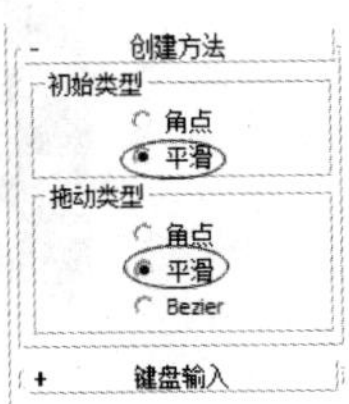

图 1.33

步骤 3：在顶视图中绘制一条曲线，在前视图中绘制一条直线，如图 1.34 所示。

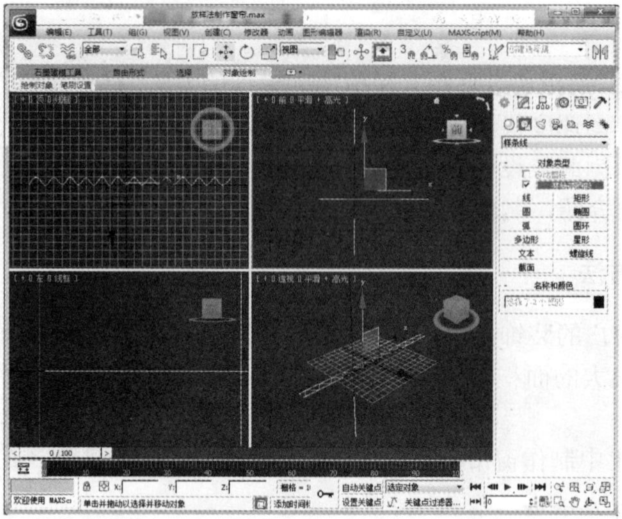

图 1.34

步骤 4：确保前视图中的直线被选中，单击(几何体)按钮→单击标准基本体右边向下的三角形，弹出下拉菜单。在下拉菜单中选择复合对象命令，转到符合对象浮动面板→单击浮动面板中的放样按钮→单击获取路径按钮→单击顶视图中的曲线。效果如图 1.35 所示。

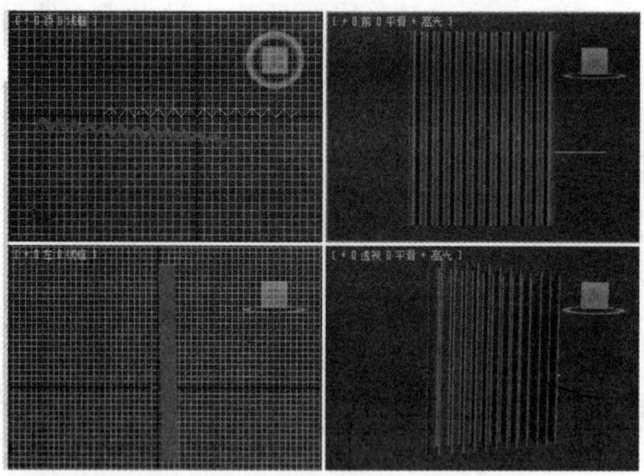

图 1.35

2. 使用挤出法制作窗帘

挤出法在制作窗帘中经常用到，容易理解、制作简单。详细操作步骤如下。

步骤 1：单击(创建)浮动面板中的(图形)按钮，单击(图形)按钮浮动面板中的线按钮，设置浮动面板中的相关参数，如图 1.36 所示。

步骤 2：在顶视图中绘制一条曲线，如图 1.37 所示。

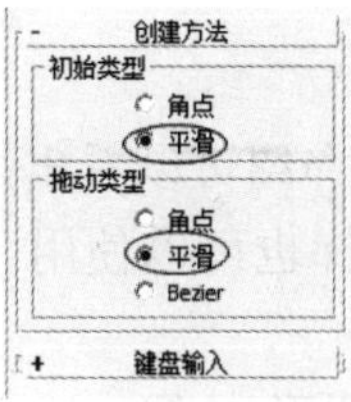

图 1.36

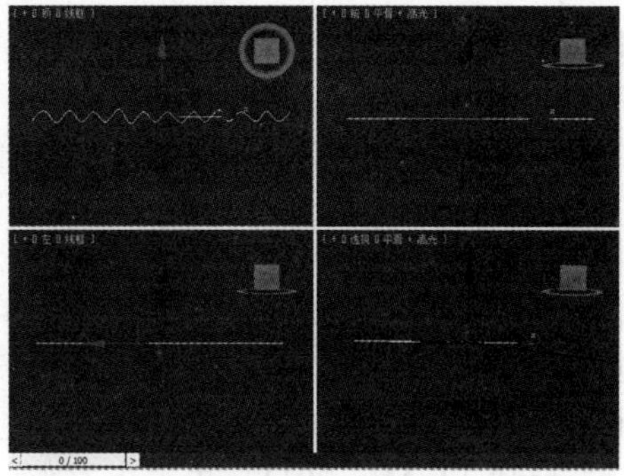

图 1.37

步骤 3：单击(修改)按钮→单击浮动面板中的(样条线)按钮，在浮动面板中的轮廓右边的输入框中输入“2”，并按 Enter 键。效果如图 1.38 所示。

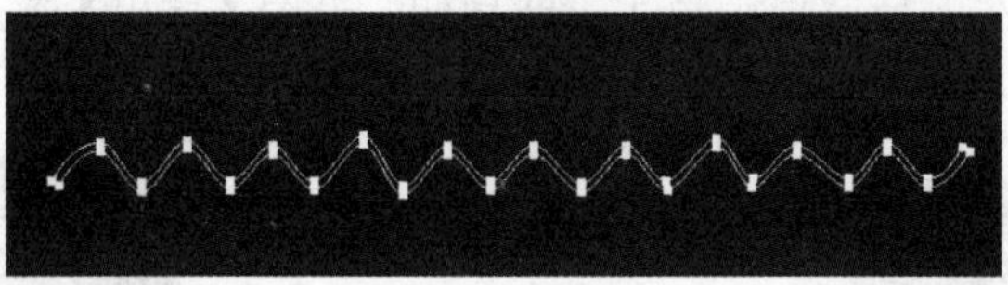

图 1.38

步骤 4：单击修改器列表右边的向下三角形按钮，弹出下拉菜单，在下拉菜单中选择挤出命令→【挤出】浮动面板的设置如图 1.39 所示。

步骤 5：最终效果如图 1.40 所示。

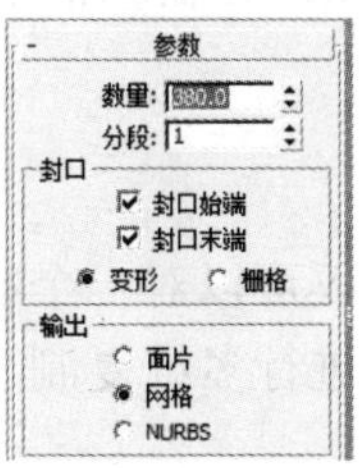

图 1.39

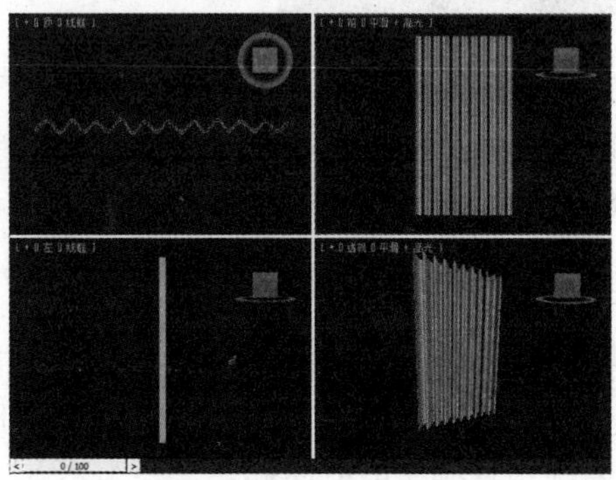

图 1.40

1.5.4 楼梯的制作方法

在室内设计中，楼梯也很重要，也是室内设计建模中的重要组成元素。楼梯的样式多种多样，制作方法也很多，在这里向大家介绍 3 种比较常用的方法。一是二维线形进行挤出修改，二是使用阵列的方法创建楼梯，三是参数化楼梯。

1. 二维线形挤出修改

【挤出】命令是室内效果图制作常用的修改命令。通过前面的介绍可以看出，不论是墙体、门窗还是窗帘，都可以使用【挤出】命令来建模，同样，楼梯也可以使用【挤出】命令进行建模。详细制作步骤如下。

步骤 1：启动 3ds Max 2011→单击 (创建)命令面板中的 (图形)按钮，进入图形命令面板→在图形命令面板中单击 线 按钮。

步骤 2：在前视图中绘制如图 1.41 所示的图形。

步骤 3：单击 (修改)按钮，进入修改命令面板→单击 修改器列表 右边的向下三角形按钮，弹出下拉菜单，在下拉菜单中单击 挤出 按钮。设置【挤出】浮动面板参数，如图 1.42 所示，最终效果如图 1.43 所示。

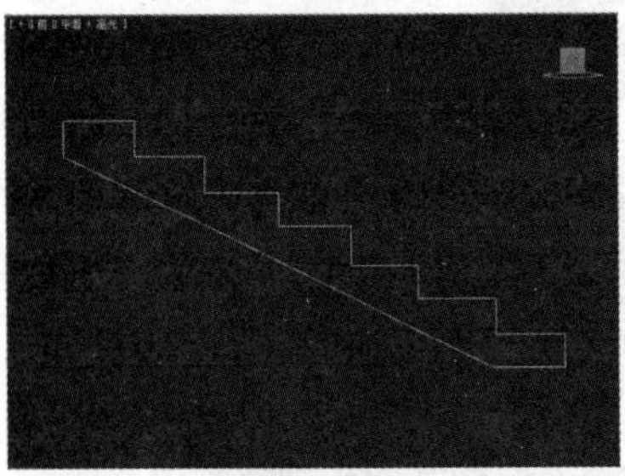

图 1.41

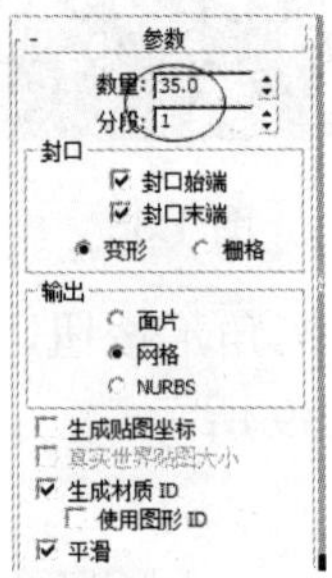

图 1.42

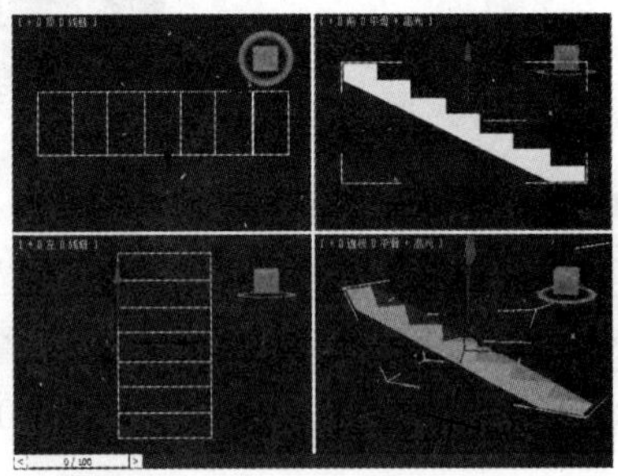

图 1.43

在实际设计中，数量值根据楼梯的实际比例输入，如楼梯为 1m，在输入框中输入 100；楼梯为 0.8m，在输入框中输入 80。

2. 使用阵列的方法创建楼梯

在 3ds Max 2011 中，阵列也是一种常用的建模的方法，它不仅可以对一个物体进行有规律的移动、旋转、缩放复制，还可以同时在两个或三个方向上进行多维复制，因此常用于复制大量排列有规律的对象。

使用阵列的方法创建楼梯非常简单。下面以楼梯的制作为例，详细讲解【阵列】的使用方法。

步骤 1：单击(几何体)中的 长方体 按钮，在【顶视图】中绘制一个长方体，浮动面板参数的设置以及在各视图中的形状和位置如图 1.44 所示。

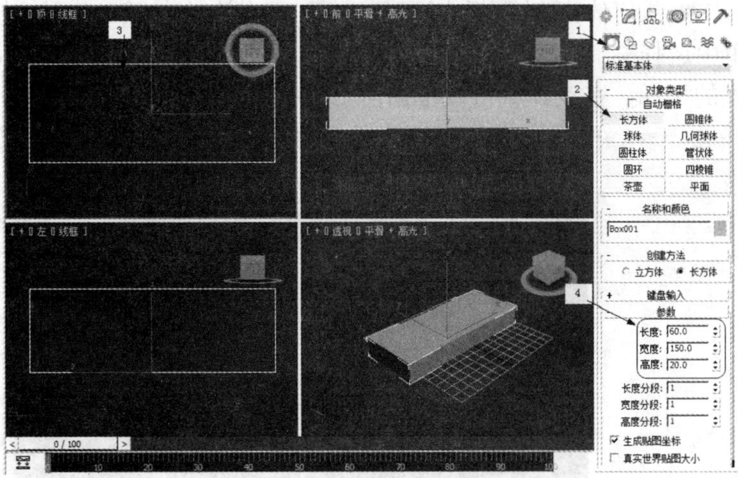

图 1.44

步骤 2：在确保绘制的长方体被选中的情况下，在菜单栏中选择 工具(T) → 阵列(A)... 命令，弹出【阵列】设置对话框，具体参数设置如图 1.45 所示。

步骤 3：单击【阵列】对话框中的 确定 按钮，最终效果如图 1.46 所示。

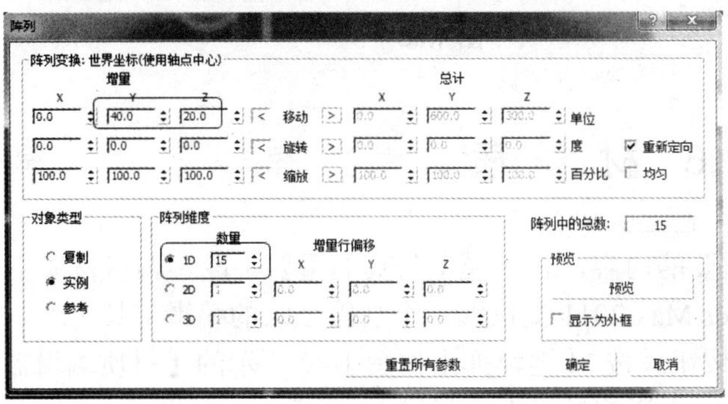

图 1.45

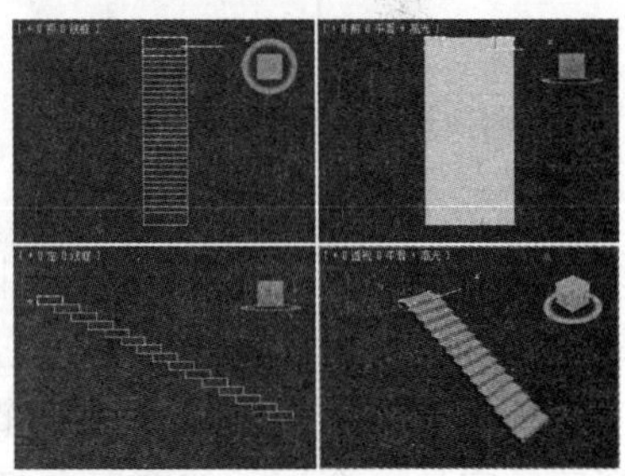

图 1.46

3. 参数化楼梯

一个完整的楼梯模型相对来说是较为复杂的。前面介绍的两种方法是制作楼梯的主体部分，其实，楼梯还需要制作扶手、栏杆等，所以，制作一个完整的楼梯需要花费很多的时间。3ds Max 2011 提供的参数化楼梯不仅提高了设计者的工作效率，还使制作的楼梯模型便于修改。在这里以“L”型楼梯的制作为例，讲解使用参数化楼梯的方法和步骤。

步骤 1：单击(几何体)浮动面板中右边的向下三角形按钮，弹出下拉菜单，在下拉菜单中选择命令，转到【楼梯】浮动面板，如图 1.47 所示。3ds Max 2011 中提供了 4 种类型的楼梯，在设计中可以根据需要选择样式。

步骤 2：单击按钮→在顶视图中绘制楼梯，楼梯具体参数设置和最终效果如图 1.48 所示。

图 1.47

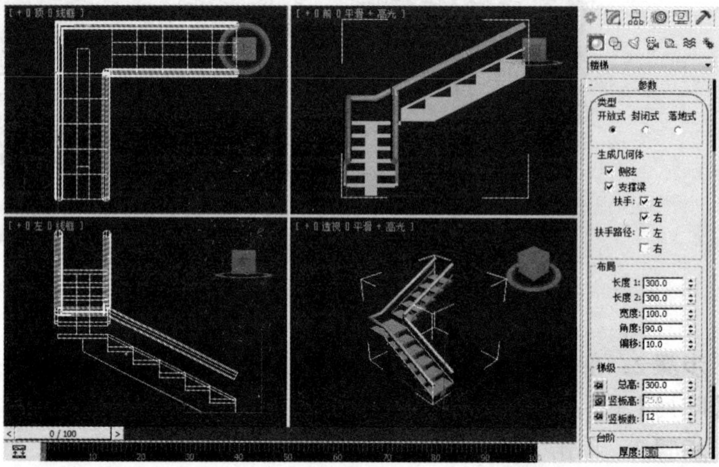

图 1.48

1.6 材　　质

材质是效果图制作过程中非常重要的内容，它是模型仿真的重要手段。编辑材质主要是通过材质编辑器来完成的。它是 3ds Max 2011 提供的一个功能强大的编辑工具。

单击工具栏中的(材质编辑器)按钮或按 M 键，弹出如图 1.49 所示的【材质编辑器】窗口。它是一个浮动的窗口，打开之后不影响场景中的其他操作。

下面对【材质编辑器】窗口中各组成部分作一个简单介绍，为后面的实例制作打基础。

1. 菜单栏

菜单栏位于【材质编辑器】的标题栏下面，共有【模式】、【材质】、【导航】、【选

【参考视频】

项】、【工具】5 个菜单选项。菜单栏采用了标准的 Windows 风格，其用法与 3ds Max 2011 的界面菜单一样。

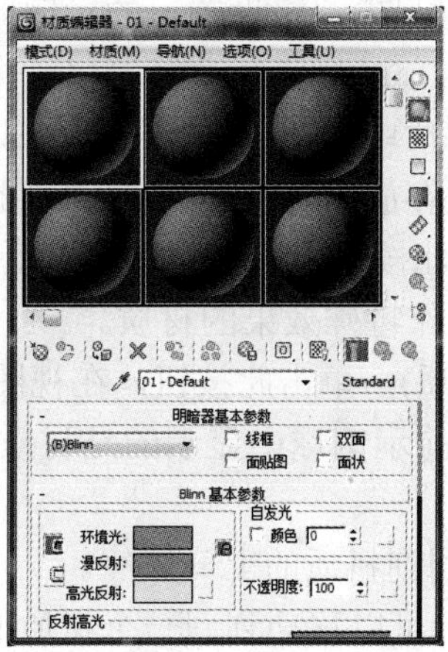

图 1.49

2. 示例窗口

在【材质编辑器】窗口中共有 24 个示例球对象，主要用于直观地表现材质与贴图的编辑过程。示例窗口中编辑好的材质可以通过鼠标拖动的方式复制到其他示例球中，也可以直接拖到场景中选定的对象上。

在 3ds Max 2011 中，默认状态下，示例窗口中显示 24 个材质示例球，用于显示材质的调节效果。读者可以根据示例球的状态近似地判断材质的效果。在【材质编辑器】窗口中，3ds Max 2011 提供了 3 种材质示例球显示方式。它们之间的切换可以通过 X 键来改变显示示例球的个数。

示例球的显示形状除了球体显示外，还可以改为圆柱体或立方体的显示方式。

如果示例窗口中的材质被指定给对象，则示例球的四角会出现白色的三角标记，表示该示例窗口中的材质是同步材质，编辑同步材质时，场景中使用了该材质的对象不论是否处于被选状态，都会动态地随编辑材质的改变而改变。

3. 工具行

在示例球的下方有一行工具，称之为工具行。下面对工具行中的各个工具作简单的介绍。

(1) (获取材质)：单击该按钮，弹出【材质/贴图浏览器】对话框，在该对话框中可以调用或浏览材质及贴图。

(2) (将材质放入场景)：在当前材质不属于同步材质的前提下，将当前材质赋予场景中与当前材质同名的物体。

(3) (将材质指定给选定对象)：将当前的材质赋予场景中被选择的对象。

(4) (重置贴图/材质为默认贴图)：将设置了的示例球恢复到系统默认的状态。

(5) (生成材质副本)：将当前的同步材质复制出一个同名的非同步材质。

(6) (使唯一)：将多种子材质中的某种子材质分离成独立的材质。

(7) (放入库)：将当前材质存放到【材质/贴图浏览器】对话框中。

(8) (材质 ID 通道)：按住此按钮不放，将弹出一组按钮，从 0～15 之间，这些按钮用于与【video post】共同作用制作特殊效果的材质。

(9) (在视口中显示标准材质)：单击此按钮，在视图中直接显示模型的贴图效果。

(10) (显示最终效果)：当前示例球中显示的是材质的最终效果；激活按钮时，则只显示当前层级的材质效果。

(11) (转到父对象)：将返回到材质的上一层级。

(12) (转到下一个同级项)：可以移动到同一个材质的另一层级去。

4. 工具列

工具列位于示例球窗口右侧。工具列中的工具按钮主要用于调整示例窗口的显示状态。工具列中的各按钮作用如下。

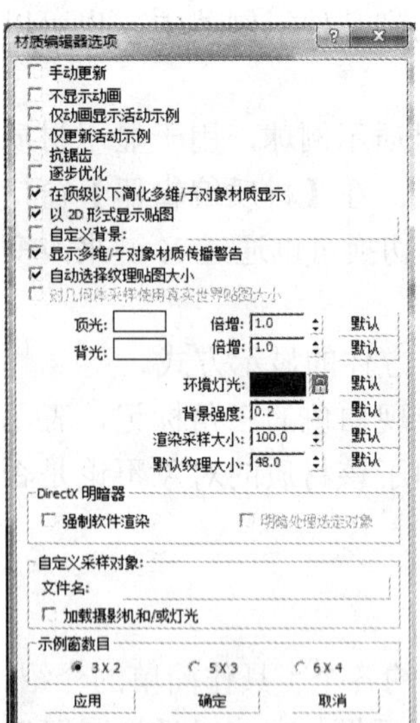

图 1.50

(1) (采样类型)：在该按钮上按住鼠标左键不放，显示出隐藏的其他按钮。其采样类型有 3 种：球体、圆柱体、立方体。要显示哪种类型，就将鼠标移到该类型上即可。

(2) (背光)：单击该按钮，将在示例窗的样本上添加一个背光效果，这对金属材质的调节尤其有益。

(3) (背景)：单击该按钮，将在示例窗内出现一个彩色方格背景。该项主要用于透明材质的编辑。

(4) (采样 UV 平铺)：在该按钮上按住鼠标左键不放，显示出隐藏的其他按钮。其采样 UV 平铺方式有 4 种，可以将采样平铺一次、两次、三次和四次，以此来观察贴图重复平铺的效果。

(5) (生成预览)：单击、和按钮，可以创建材质预览、播放预览和保存预览。

(6) (选项)：单击该按钮，弹出【材质编辑器选项】对话框，如图 1.50 所示。在该对话框中可以设置材质编辑器的基本参数。

(7) (按材质选择)：单击该按钮，可以选择场景中赋有当前材质的所有对象。

(8) (材质/贴图导航器)：单击该按钮，弹出【材质/贴图导航器】对话框。该对话框中显示了当前材质的层级结构，使用它可以在材质的各层级之间进行切换。

5. 参数控制区

材质类型和贴图类型不同，其参数内容也有所不同。它依据当前材质与贴图的不同而呈现不同的变化，但是，每一种材质都包含了 6 个参数卷展栏。下面具体介绍几个常用的【卷展栏】参数。

1)【明暗器】基本参数

阴影的基本参数主要分为两部分。

(1) 明暗方式，用于指定不同的材质渲染属性，确定材质的基本性质。其中 Phong 与 Blinn 是最常用的两种明暗方式，它们的调节参数几乎完全相同，一般的材质都可以使用这两种方式。“金属”明暗方式可以用来制作金属类材质。

(2) 渲染方式，用于确定以何种方式对材质进行渲染。

【线框】：以网格线框的方式来渲染物体，常用于制作地板压线。

【双面】：将法线面相反的面也进行渲染。在默认情况下，3ds Max 为了简化计算，通常只渲染物体的正面(物体的外表面)。这对于大多数物体都适用，但对于一些存在敞开面的物体，此时，就要选择该选项。

2) Blinn 基本参数

Blinn 基本参数主要用于设置材质的颜色、反光度、透明度和自发光等基本属性，参数随着明暗方式的变化而变化。

【环境光】：用于控制物体表面阴影区的颜色。

【漫反射】：用于控制物体表面过渡区的颜色。

【高光反射】：用于控制物体表面高光区的颜色。

【高光级别】：用于控制材质表面反光面积的大小，值越大反光面积越小。

【光泽度】：用于确定材质表面的反光强度。

【柔化】：用于对高光区的反光作柔化处理，使它变得模糊、柔和。

【颜色】：使用材质自身发光的效果。常用于制作灯泡、太阳等光源物体的材质。当颜色为纯白色时，表现为 100%的自发光效果。

【不透明度】：用于设置材质的不透明度。默认值为 100，即为不透明材质，降低值可以增加透明度，值为 0 时物体完全透明。

3) 贴图

3ds Max 2011 中，在标准材质中有 12 种贴图方式，可以为物体的不同区域指定不同的贴图，材质编辑器中的贴图参数如图 1.51 所示。

在每种贴图方式右边有一个 None 按钮，单击它可以打开【材质/贴图浏览器】对话框。该对话框提供了 35 种贴图类型，如图 1.52 所示。在需要选择的材质类型上双击，材质编辑器将自动进入到贴图层级中，可以进行相应的参数设置。设置完成后，单击(转到父对象)按钮，返回到贴图方式层级中，在 None 按钮上显示贴图名称，左侧的复选框中出现一个“√”，表示当前贴图处于有效状态。

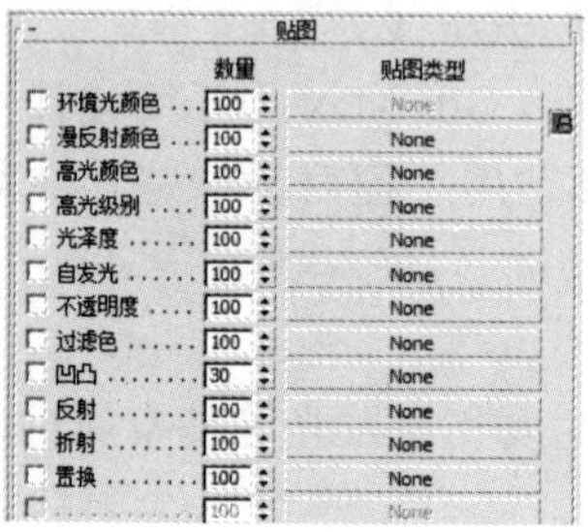

图 1.51

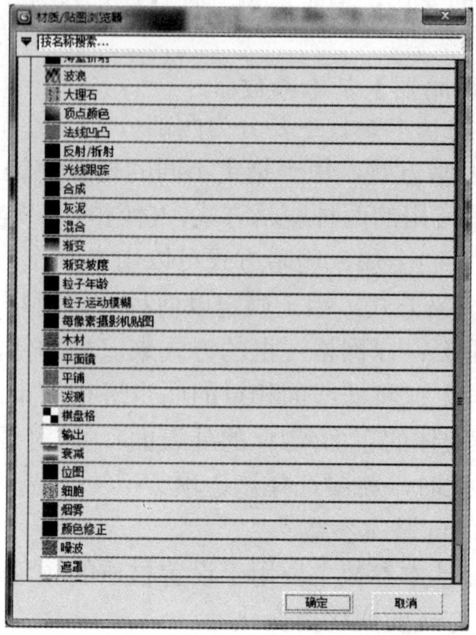

图 1.52

1.7 灯光与渲染

灯光是表现效果图气氛的重要手段。正确设置灯光可以增强效果图的视觉效果，所以，在制作效果图中设置灯光是重中之重。

1.7.1 3ds Max 2011 中的灯光

默认情况下，3ds Max 2011 为场景设置了一盏泛光灯，读者在建模期间不必考虑灯光的设置问题。只有设置了灯光以后，系统才会将默认灯光自动关闭。如果用户想改变系统默认的灯光，操作方法如下。

【参考视频】

在菜单栏中选择视图(V)→视口配置(V)...命令，弹出【视口配置】对话框，具体设置如图 1.53 所示。

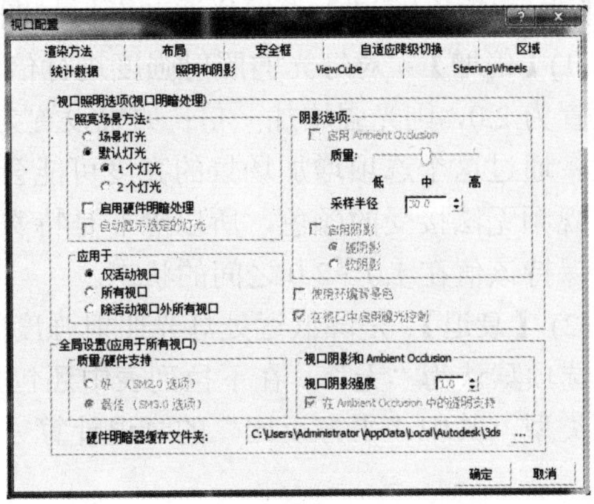

图 1.53

3ds Max 2011 中有两种类型的灯光，即标准灯光和光度学灯光。这两种类型的灯光有各自的特点。【标准灯光】在场景布光中操作比较复杂，但渲染速度比较快，工作效率高，而且可以灵活控制场景的冷暖关系。【光度学灯光】在场景布光中操作比较简单，但是，由于使用了真实的光照系统进行求解计算，所以必须顾及到尺寸问题；如果场景过于复杂，渲染速度特别慢。下面对这两种灯光设置时所涉及的有关参数作简要介绍。

1. 标准灯光

标准灯光主要有目标聚光灯、自由聚光灯、目标平行光、自由平行光、泛光灯、天光、mr 区域泛光灯、mr 区域聚光灯。下面以目标聚光灯为例介绍灯光的卷展栏参数设置。

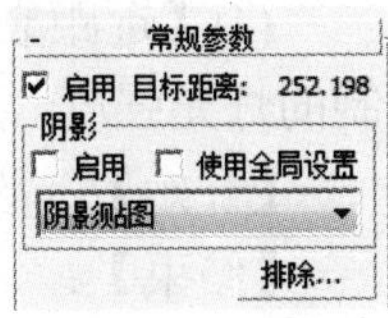

图 1.54

【常规参数】卷展栏浮动面板，如图 1.54 所示。

(1)【灯光类型】：用于选择不同的灯光类型。选择【启用】项，启用前面被打上“√”，在场景中开启灯光，否则，灯光关闭。取消【目标】，可以通过数值设定发光点与目标点的距离。

(2)【阴影】：用于控制阴影的选项。选择【启用】项，将在场景中开启灯光阴影(产生阴影)。选择【使用全局设置】项，在场景中使用全局设置，即场景中灯光的阴影参数设置相同。另外，在该选项组的下拉列表中提供了 5 种阴影类型(高级光线跟踪、mental ray 阴影贴图、区域阴影、阴影贴图、光线跟踪阴影)，在设计过程中可根据场景的需要来选择阴影类型。

(3)【排除】：允许指定对象不受灯光的照射影响，包括照明影响和阴影影响。通过对话框来选择控制。

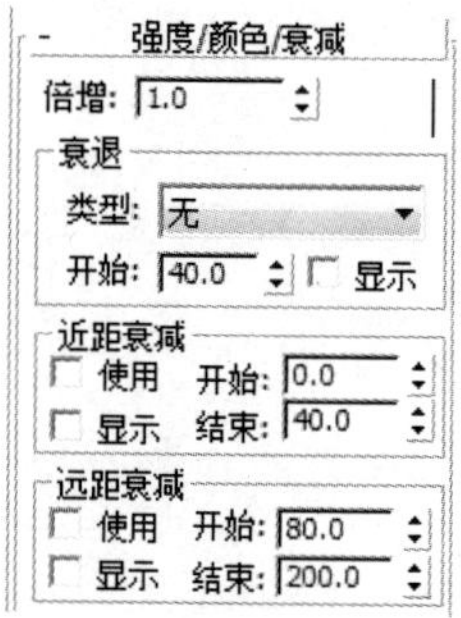

图 1.55

【强度/颜色/衰减】卷展栏浮动面板如图 1.55 所示。

(1)【倍增】：对灯光的照射强度进行倍增控制，标准值为 1.0。如果设置为 2.0，则光强增加一倍；如果设置为负值，将会产生吸收光的效果。通过这个选项增加场景的亮度可能会造成场景颜色过暴，还会产生视频无法接受的颜色，所以除非是特殊效果或特殊情况，否则应尽量保持该值在 1.0～2.0 之间的状态。

(2)【衰退】：是降低远处灯光照射强度的一种控制方式。其中【类型】选项默认为“无”，在下拉列表中还包括“倒数”和“平方反比”两种类型，其中“平方反比”的衰退计算方式与现实中的灯光衰退相一致。

(3)【近距衰减】：使用【近距衰减】时，灯光强度在光源到指定起点之间保持为 0，在起点到指定终点之间不断增强，在终点以外保持为颜色和倍增控制所指定的值，或者改变【远距衰减】的控制。【近距衰减】与【远距衰减】的距离范围不能重合。

【开始】：设置灯光开始淡入的位置。

【结束】：设置灯光达到最大值的位置。

【使用】：用来开启近距衰减。

【显示】：用来显示近距离衰减的范围线框。

(4)【远距衰减】：使用【远距衰减】时，在光源与起点之间保持颜色和倍增控制所控制的灯光强度，在起点到终点之间，灯光强度一直降为 0。

【开始】：设置灯光开始淡出的位置。

【结束】：设置灯光降为 0 的位置。

【使用】：用来开启远距衰减。

【显示】：用来显示远距衰减的范围线框。

【聚光灯参数】卷展栏参数浮动面板如图 1.56 所示。

图 1.56

(1)【显示光锥】：控制是否显示灯光的范围，浅蓝色框表示聚光区范围，深蓝色框表示衰减区范围。聚光灯在选择状态时，总会显示锥形框，所以这个选项的主要作用是使未选择的聚光灯锥形框显示在视图中。

(2)【泛光化】：选择该项，使聚光灯兼有泛光灯的功能，可以向四面八方投射光线，照亮整个场景，但仍会保留聚光灯的特性。

(3)【聚光区/光束】：调节灯光的锥形区，以角度为单位。对于光度学灯光对象，灯光强度在【光束】角度衰减到自身的 50%，而标准聚光灯在【聚光区】内的强度保持不变。

(4)【衰减区/区域】：调节灯光的衰减区域，以角度为单位。从聚光区到衰减区的角度范围内，光线由强向弱逐渐衰减变化。此范围外的对象不受任何光线的影响。

(5)【圆/矩形】：设置为圆形灯或矩形灯。默认设置是圆形灯，产生圆锥灯柱。矩形灯产生长方形灯柱，常用于窗户投影或电影、幻灯机的投影灯。如果打开【矩形】方式，下面的【纵横比】值用来调节矩形的长宽比，【位图拟合】按钮用来指定一张图像，并使用图像的长宽比作为灯光的长宽比，主要为了确保投影图像的比例正确。

【高级效果】卷展栏参数浮动面板如图 1.57 所示。

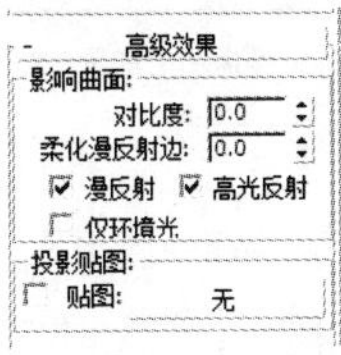

图 1.57

(1)【对比度】：调节对象高光区与漫反射区之间的对比度。值为 0.0 时是正常效果，对有些特殊效果如外层空间中刺目的反光，需要增大对比度的值。

(2)【柔化漫反射边】：柔化漫反射区与阴影区表面之间的边缘，避免产生清晰的明暗分界线。但【柔化漫反射边】会细微地降低灯光亮度，可以通过适当增加【倍增】来弥补。

(3)【漫反射/高光反射】：默认的灯光设置是对整个对象表面产生照射，包括漫反射区和高光区。在此，可以控制灯光单独对其中一个区域产生影响，对某些特殊光效果调节非常有用。例如：用一个蓝色的灯光去照射一个对象的漫反射区，使它表面受蓝光影响，而使用另一个红色的灯光单独去照射它的高光区，产生红色的反光，这样就可以对表面漫反射区和高光区进行单独的控制了。

(4)【仅环境光】：选择此项时，灯光仅以环境照明的方式影响对象表面的颜色，近似给模型表面均匀涂色。如果使用场景的环境光，会对场景中所有的对象产生影响，而使用灯光的此项控制，可以灵活地为对象指定不同的环境光。

(5)【投影贴图】：选择此选项，可以通过其下的【贴图】复选框选择一张图像作为投影图，它可以使灯光投影出图片效果。如果使用动画文件，还可以投影出动画。如果增加体积光效，可以产生彩色的图像光柱。

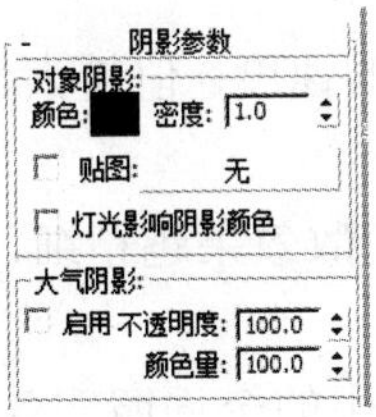

图 1.58

【阴影参数】卷展栏参数浮动面板如图 1.58 所示。

(1)【颜色】：单击颜色块，可以弹出色彩调节框，用于调节当前灯光产生阴影的颜色，默认为黑色。该选项还可以设置动画效果。

(2)【密度】：调节阴影的浓度。提高密度值会增加阴影的黑色程度，默认值为 1。

(3)【贴图】：为阴影指定贴图。左侧的复选框用于设置是否使用阴影贴图，贴图的颜色将与阴影颜色混合；右侧的按钮用于打开贴图浏览器进行贴图选择。

(4)【灯光影响阴影颜色】：选择此项时，阴影颜色显示为灯光颜色和阴影固有色(或阴影贴图颜色)的混合效果，默认为关闭。

(5)【大气阴影】：【启用】项用于设置大气是否对阴影产生影响。如果选择【启用】项，当灯光穿过大气时，大气效果能够产生阴影。

【不透明度】：调节阴影透明度的百分比。

【颜色量】：调节大气颜色与阴影颜色混合程度的百分比。

【mental ray 间接照明】卷展栏参数浮动面板如图 1.59 所示。

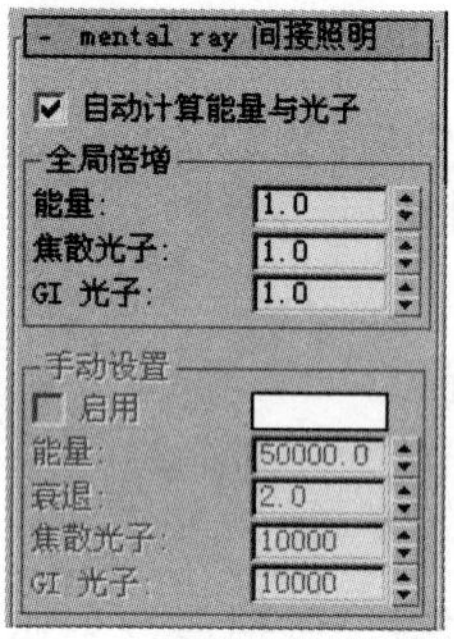

图 1.59

该卷展栏下的参数用于 mental ray 渲染器对间接照明(即全局照明和焦散)进行控制。通过设置光子的数量、能量等参数，可以调节全局照明和焦散的精度和强度。该卷展栏的参数设置在使用 3ds Max 默认扫描线渲染器以及跟踪器或光能传递进行渲染时不起作用。

(1)【自动计算能量与光子】：选择此项时，mental ray 使用全局间接照明设置进行渲染(全局设置位于渲染面板【渲染场景】→【间接照明】→【焦散和全局照明】→【灯光属性】下)，这便于统一调节所有灯光的间接照明设置。对于每一个灯光还可以通过下面的全局倍增系数进行单独调节。该选项默认为启动，当禁止此项时，灯光使用下面的【手动设置】参数组中的设置。

(2)【全局倍增】：只有在【自动计算能量与光子】项选中时，该参数组才有效。

【能量】：光子能量倍增系数，默认值为 1，即使用全局间接照明设置。

【焦散光子】：产生焦散光子数量倍增系数。

【GI 光子】：产生全局照明的光子数量倍增系数。

(3)【手动设置】：只有在【自动计算能量与光子】项禁用时，该参数组才有效。

【启用】：使灯光产生间接照明。

【能量】：定义间接照明中的光能强度。该参数与直接照明强度是相互独立的，它只影响全局照明和焦散强度。

【衰退】：距离光源越远，光子的能量越小。该参数定义光子能量衰退的速度。值越大，能量衰退越快。

【焦散光子】：灯光发射出用于产生焦散的光子数量。值越高产生的焦散效果越精细，但会增加内存占用的空间和渲染的时间。

【GI 光子】：灯光发射出的用于产生全局照明的光子数量。值越高产生的全局照明效果越精细，但会增加内存占用的空间和渲染的时间。

【mental ray 灯光明暗器】卷展栏参数浮动面板如图 1.60 所示。

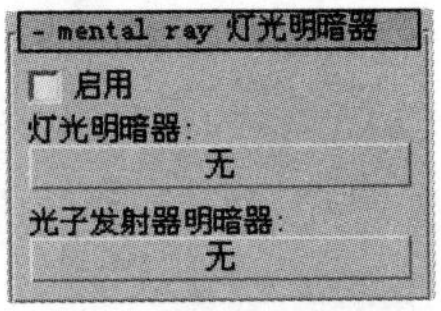

图 1.60

只有在【首选项】设置面板的 mental ray 选项中选中【启用 mental ray 扩展】项时，才会出现此卷展栏，而且，此卷展栏不出现在创建面板中，只出现在修改面板中。在用 3ds Max 默认扫描线渲染器进行渲染时，该卷展栏的设置不起作用。

当启用 mental ray 灯光明暗器和 mental ray 渲染器进行渲染时，灯光的照明效果(包括亮度、颜色、阴影等)将由灯光明暗器控制。如果要调节灯光的效果，可以将明暗器调入材质编辑器面板中进行编辑。直接用鼠标将明暗器按钮拖动到材质编辑器示例窗，弹出一个对话框询问选择【实例】还是【复制】，此时应该选择【实例】方式，这样在材质编辑器中所做的改动会立即应用到灯光明暗器中。

3ds Max 2011 中的标准灯光是模拟光，主要通过光线模拟出现实中的各种真实场景，制作出接近真实的画面效果。其他类型的灯光参数，可参考目标聚光灯的参数进行调整。

2. 光度学灯光

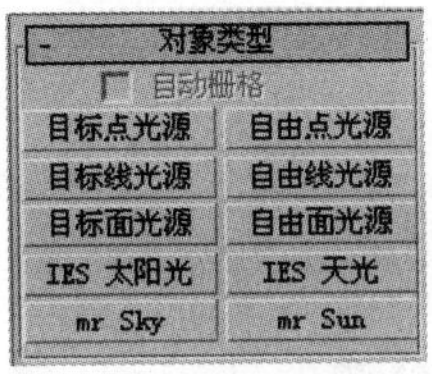

图 1.61

光度学灯光主要有 8 种灯光类型，如图 1.61 所示。

光度学灯光通过设置灯光的光度学值来模拟现实场景的灯光效果。用户可以为灯光指定各种各样的分布方式、颜色特征，还可导入从照明厂商那里获得的特定光度学文件。

光度学是一种评测人体视觉器官感应照明情况的测量方法。这里所说的光度学指的是 3ds Max 2011 所提供的灯光在环境中传播情况的物理模拟，它不但可以产生非常真实的渲染效果，还能够准确地度量场景中的灯光分布情况。在进行光度学灯光设置时，会遇到以下 4 种光度学参量。

(1)【光通量】：是指每单位时间抵达、离开或穿过表面的光能数量。国际单位制(SI)和美国单位制(AS)中的单位都是 lumen【明流】，简写 lm。

(2)【照明度】：是入射在单位面积上的光通量。

(3)【亮度】：就是一部分入射到表面上的光会反射回环境当中，这些沿特定方向从表面反射回环境的光称为【亮度】。【亮度】的单位为烛光/平方米或烛光/平方英寸。

(4)【发光强度】：是指单位时间内特定方向上光源所发出的能量，单位为烛光度。烛光度最初的定义是指一根蜡烛所发出的光强度。【发光强度】通常用来描述光源的定向分布，可以设置【发光强度】的变化作为光源发散方向的函数。

正是由于引用了这些基于现实基础的光度学参量，3ds Max 才能精确地模拟真实的照明效果和材质效果。

下面以【目标点光源】为例，介绍【光度学】灯光的主要参数。

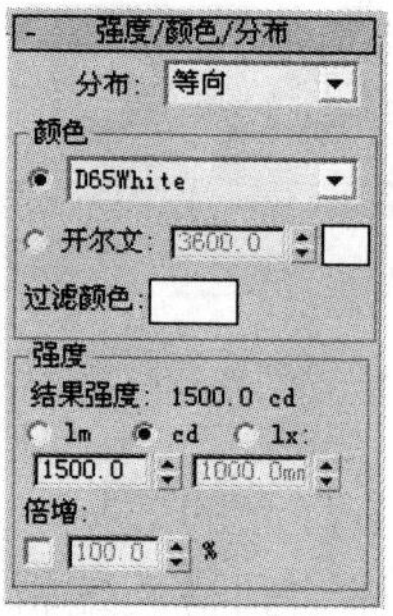

图 1.62

【常规参数】卷展栏中的参数与标准灯光相同，前面已经有详细的介绍，在这里就不再重复介绍。在此主要介绍【强度/颜色/分布】卷展栏中的参数。【强度/颜色/分布】卷展栏浮动面板如图 1.62 所示。

(1)【分布】：用于设置光线从光源发射后在空间的分布，内容包括【等向】、【聚光灯】、【web】等。

(2)【颜色】：在其下拉列表中可以设定灯光类型，如白炽灯、荧光灯等。

【开尔文】：通过改变灯光的色温来设置灯光颜色。灯光的色温用【开尔文】表示，相应的颜色显示在右侧的颜色块中。

【过滤颜色】：模拟灯光被放置滤色镜后的效果。例如：为白色的光源设置红色的过滤后，将发射红色的光。可通过右侧的颜色块对滤镜颜色进行调整，默认为白色。

(3)【强度】：【强度】下的选项用于设置光度学灯光基于物理属性的强度或亮度值。

【lm】(流明)：光通量单位，测量灯光发散的全部光能(光通量)。100W 普通白炽灯的光通量约为 1750 lm。

【cd】(烛光度)：测量灯光的最大发光强度，通常情况下沿目标方向。100W 普通白炽灯的发光强度约为 139cd。

【lx】(勒克斯)：测量被灯光照亮的表面面向光源方向上的照明度。Lx 为国际单位制单位，简写 lx，相当于 1 流明/平方米；相应的美国单位制单位为【尺烛光】，简写 fc,相当于 1 流明/平方英尺。从尺烛光换算为勒克斯需要乘以 10.76，例如：36fc=387.36lx。

【倍增】：通过百分比来设置灯光的强度。

在制作效果图时，如果使用了光度学灯光，则需要先进行光能传递计算，否则灯光不起任何作用。设置步骤如下。

在菜单栏中选择渲染(R)→光能传递...命令，弹出如图 1.63 所示的窗口，该窗口用于对光度学灯光进行计算。

图 1.63

1.7.2 渲染

渲染是制作室内效果图的最后一个步骤，通常将一个室内效果图的线架文件输出为*.tif 或*.jpg 格式的图像文件。如果设置了动画，也可以输出*.avi 视频文件格式。在 3ds Max 2011

工具栏的右侧提供了两个用于渲染的工具按钮。

(1) 单击(渲染帧窗口)按钮，可以按默认设置快速渲染当前场景。

(2) 单击工具栏中的(渲染设置)按钮，就会弹出【渲染场景】窗口，如图 1.64 所示。在该窗口中，根据输出的需要设置有关参数(如：图像的尺寸、保存位置、名称等)，设置完后，单击按钮即可渲染场景。

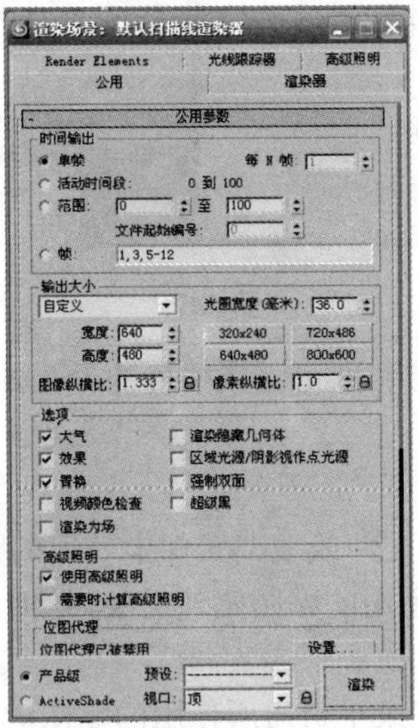

图 1.64

【渲染场景】窗口中各选项在后面的章节中再作详细介绍。

1.8　效果图制作基础操作

制作室内效果图虽然使用 3ds Max 2011 的功能并不多，但是有一些基础操作必须掌握，这样可以提高制作效果图的工作效率。

1.8.1　单位设置

在当今室内效果图设计行业中，大多数设计者使用“毫米”为单位。因此，要养成一个好的习惯，在制作前先设置单位。为方便以后文件的合并，在设置单位时最好设置为“毫米”。单位设置的详细步骤如下。

步骤 1：启动 3ds Max 2011 中文版软件。

【参考视频】

步骤 2： 在菜单栏中选择 自定义(U) → 单位设置(U)... 命令，弹出【单位设置】对话框，具体设置如图 1.65 所示。

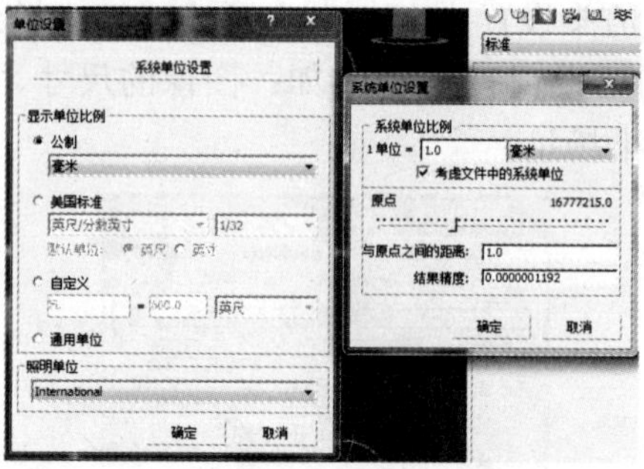

图 1.65

步骤 3： 依次单击 确定 按钮即可完成单位的设置。

1.8.2 打通贴图通道

在制作效果图时，当将线架文件或线架文件中使用的贴图文件改变路径后再打开该文件时，会发现所编辑的各项材质使用的贴图文件丢失，这时会弹出一个如图 1.66 所示的【缺少外部文件】对话框。

【缺少外部文件】对话框中记录了材质所使用的贴图的原始路径和名称，通过这个对话框可以了解线架文件中所使用的贴图文件。可以根据该对话框提供的信息，通过打通贴图通道的方式重新找到贴图文件。具体操作步骤如下。

步骤 1： 启动 3ds Max 2011 中文版。

步骤 2： 在菜单栏中选择 自定义(U) → 配置用户路径(C)... 命令，打开【配置用户路径】对话框，然后选择【外部文件】选项卡，如图 1.67 所示。

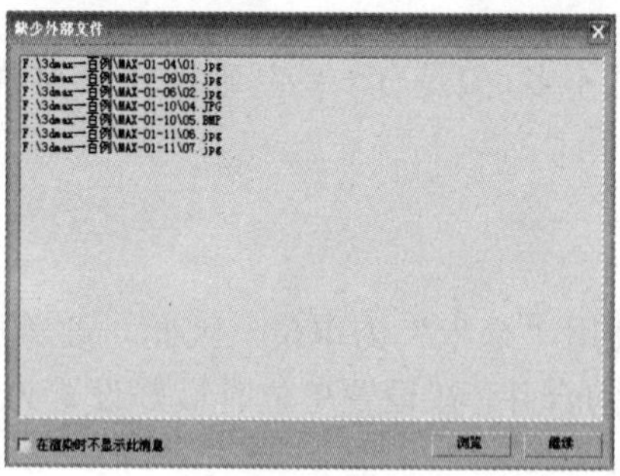

图 1.66

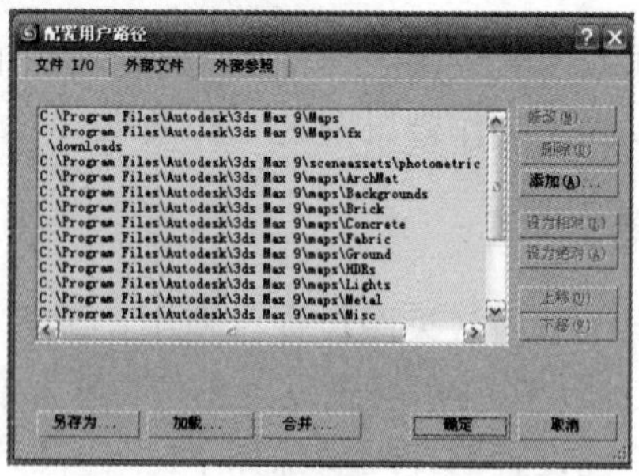

图 1.67

步骤 3： 单击添加(A)...按钮，弹出【选择新的外部文件路径】对话框，如图 1.68 所示，在该对话框中选择贴图文件所在的位置，单击使用路径按钮，则新的路径被添加到列表中，如图 1.69 所示。

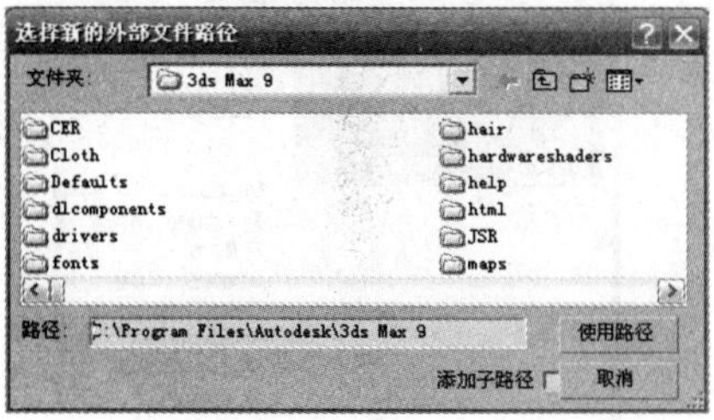

图 1.68

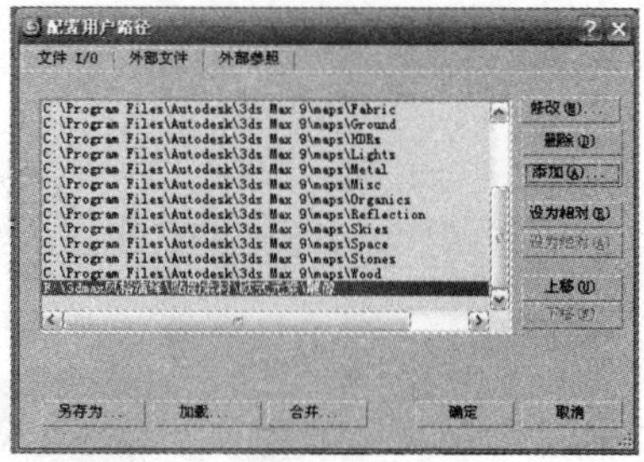

图 1.69

步骤 4： 单击确定按钮，贴图文件的路径被永久记录在 3ds Max.ini 文件中(该文件在 3ds Max 的安装路径下)，以后打开文件时会自动寻找该路径下的贴图。

1.8.3　线架库的使用

作为一个长期从事效果图的设计者，要注意积累一些常用的、好的模型线架文件，以便在以后设计中直接调用，这样可以提高工作效率、缩短工作周期。线架库实际上就是将一些常用的线架文件分门别类地组织起来，以便以后查询和调用。

下面以制作好的“沙发”模型合并到客厅模型中为例，详细介绍线架库的使用。

步骤 1： 启动 3ds Max 2011 中文版，打开一个室内效果图的基本线架模型，如图 1.70 所示。

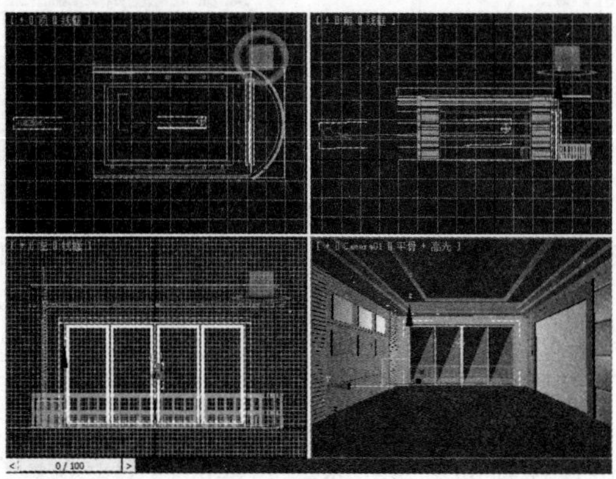

图 1.70

步骤 2：在菜单栏中选择 → 导入 → 合并 命令，弹出【合并文件】对话框，具体设置如1.71所示。

步骤 3：单击 打开(O) 按钮，弹出【合并】对话框，具体设置如图1.72所示。

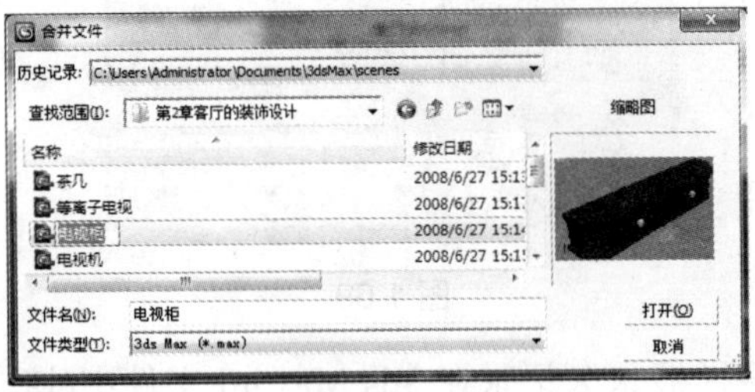

图 1.71

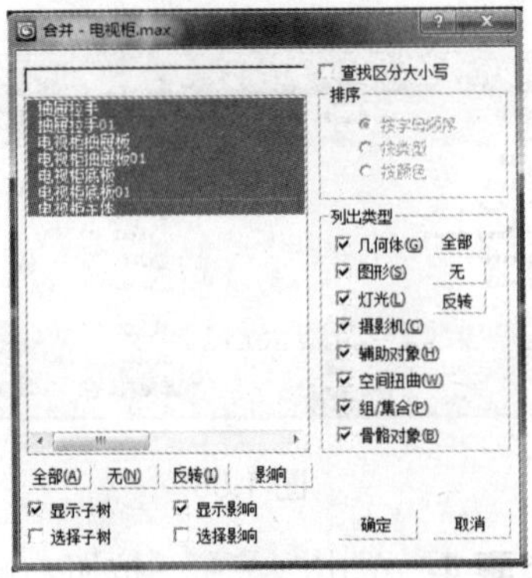

图 1.72

步骤 4：单击 确定 按钮，弹出【重复材质名称】对话框，如图1.73所示。单击 自动重命名合并材质 按钮，将文件合并到客厅文件中。

步骤 5：利用(选择并移动)、(选择并旋转)、(选择并均匀缩放)工具对合并进来的线架模型进行位置、方向、大小的调整。最终效果如图1.74所示。

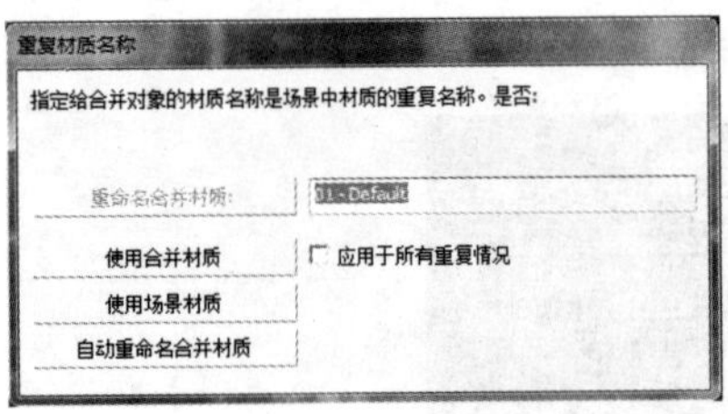

图 1.73

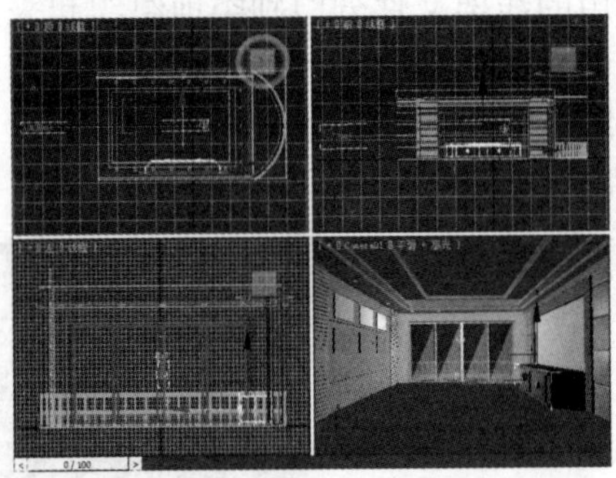

图 1.74

方法同上，继续导入其他模型即可。

1.8.4 材质库的使用

贴图与材质是模型仿真模拟的关键技术，同样的模型，所赋的材质不同，表现出来的效果将大相径庭。编辑材质是一项非常复杂的工作，编辑出一个好的材质要花费很多时间。

为了提高设计者的工作效率，3ds Max 2011 提供了保存材质重复使用的功能，这样就可以将平时编辑出来的好的材质效果和常用的材质效果保存到材质库，方便以后需要赋予类似的材质时调用。下面详细介绍建立材质库和使用材质库的方法。

1. 建立材质库的方法

建立材质库的方法很简单，将平时编辑好的材质保存到材质库即可，问题的关键是怎样编辑出高质量的材质。下面介绍建立材质库的方法。

步骤 1：启动 3ds Max 2011 中文版。

步骤 2：在菜单栏中选择渲染(R)→材质/贴图浏览器(B)... 命令，弹出【材质/贴图浏览器】对话框，如图 1.75 所示。

步骤 3：在【材质/贴图浏览器】对话框中单击▼→新材质库...命令，弹出【创建新材质库】对话框，具体设置如图 1.76 所示。

图 1.75

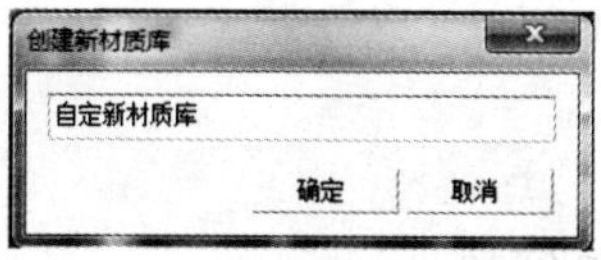

图 1.76

步骤 4：单击 确定 按钮完成新材质库的创建。

步骤 5：在新建的材质库上右击，弹出快捷菜单，如图 1.77 所示。在弹出的快捷菜单中选择关闭材质库命令，弹出【从磁盘中删除临时库】对话框，如图 1.78 所示，单击 是(Y) 按钮。

图 1.77

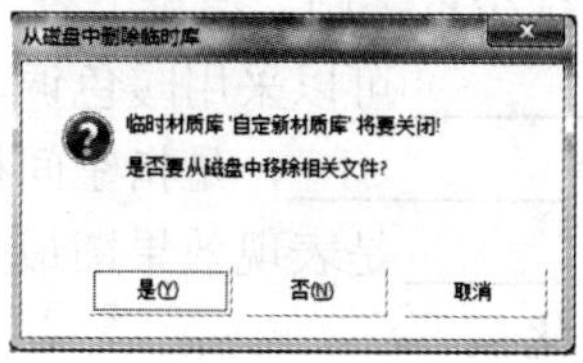

图 1.78

2. 使用材质库

使用材质库中的材质非常简单。打开场景文件和材质库，将材质库中的材质直接拖到场景中需要赋予材质的模型上松开鼠标左键即可。有时，在不同的环境中使用的材质可能存在差异，这时可以先将材质复制到【材质编辑器】对话框的材质示例球上，然后根据环境需要调整参数即可。

1.8.5 效果图制作的基本流程

电脑效果图的制作基本流程大致可以分为创建模型、调配材质、设置灯光和相机、渲染输出、后期处理5个步骤。各步骤的操作在后面章节中再详细介绍。

本章小结

本章主要介绍了室内设计理论、室内和家具设计的基本尺寸、室内效果图制作的基本美学知识、3ds Max 2011基础知识、室内模型的制作方法、材质、灯光与渲染、效果图制作相关基本操作。这章的内容对初学者来说是一个初步了解，便于后面章节的学习。

练习

一、填空题

1. 现代室内设计也称为__________，它所包含的内容和传统的室内装饰相比，涉及的面更广、相关的因素更多，内容也更为深入。

2. __________是家庭中的主要活动空间，色彩以中性色为主，强调明快、活泼、自然，不宜用太强烈的色彩，整体上更要给人一种舒适的感觉。

3. __________多强调雅致、庄重、和谐的格调，可以选用灰、褐绿、浅蓝、浅绿等颜色，同时点缀少量字画，渲染书香气氛。

4. __________可以采用暖色调，如乳黄、柠檬黄、淡绿等。

5. 所谓__________，是指空间构图中各元素的视觉分量给人以稳定的感觉。

6. __________是表现效果图最关键的一项技术，无论是表现夜景还是日景，都要把握好光线的变化。

二、选择题

1. 下面哪一项不属于室内设计的依据因素？__________
   A. 静态尺度　　B. 动态活动范围
   C. 心理需求范围　　D. 可扩展空间
2. __________色调以素雅、整洁为宜，如白色、浅绿色，使之有洁净之感。
   A. 客厅　　B. 卧室　　C. 卫生间　　D. 厨房
3. __________以明亮、洁净为主色调，可以应用淡绿、浅蓝、白色等颜色。
   A. 客厅　　B. 卧室　　C. 卫生间　　D. 厨房
4. 下面哪一项不属于理想的构图比例？__________
   A. 2∶3　　B. 3∶4　　C. 4∶5　　D. 6∶9

三、简答题

1. 室内设计的含义是什么？
2. 室内设计的基本观点主要有哪几点？
3. 室内设计的发展趋势是什么？
4. 楼梯的制作有哪几种方法？
5. 怎样建立自己的材质库？
6. 效果图制作的基本流程主要包括哪几个步骤？

四、上机实训

1. 练习启动 3ds Max 2011 软件。
2. 利用前面所学知识，创建一些基本的几何体图形。
3. 创建一条简单的推拉门。
4. 创建一个旋转楼梯。

第2章

客厅装饰设计

技能点

1. 抱枕和茶几的制作
2. 沙发的制作
3. 电视柜的制作
4. 等离子电视的制作
5. 客厅模型的创建
6. 窗帘的制作
7. 基本贴图技术
8. 文件合并
9. 场景灯光的设置
10. 利用 Photoshop 进行后期处理
11. 设置动画浏览

【素材下载】

说明

本章主要通过 7 个案例来介绍客厅中基本家具的制作方法、客厅模型的创建、基本贴图技术、文件合并、场景灯光的设置、利用 Photoshop 进行后期处理和设置动画浏览等相关知识。

本章主要要求掌握基础建模技术、标准灯光的设置、后期处理、动画浏览等相关知识点；了解客厅空间的设计思路、制作方法和表现技术。

教学建议课时数

一般情况下需要 16 课时，其中理论 4 课时，实际操作 8 课时(特殊情况可做相应调整)。

客厅是家庭成员在一起聚会、交流的主要空间。目前，大多数居民住房面积不大，往往将客厅根据自己的需要划分为会客区、休息区、学习与阅读区、娱乐等。在设计客厅时要注意 3 点：①视觉中心的设计，也称空间焦点设计，在客厅中一般电视机就是视觉中心；②客厅的动线与家具的配置要力求视觉上的顺畅感，避免过分强调区域的划分；③在色调的设计上，最好采用大众色调，也就是中庸色调(如乳白色、米黄色等)，以迎合多数人的喜好。本案例效果如下图所示。

客厅装饰案例图

一般客厅家具模型设计的基础造型主要包括电视墙、电视柜、装饰画、吊顶等。此外，在客厅中一般还要放置沙发、茶几、空调、电视造型等。为了方便初学者学习、理解，先学习单独制作沙发、茶几和电视等造型，保存为线架文件，接下来再学习制作客厅模型，最后将它们合并、渲染输出。

2.1 抱枕的制作

一、案例效果

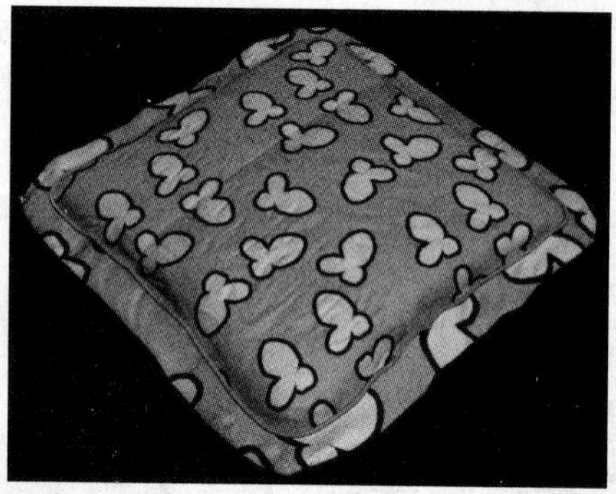

案例效果图

二、案例制作流程(步骤)分析

启动 3ds Max 2011，设置单位 → 制作抱枕大致模型 → 给抱枕模型添加细节 → 给抱枕模型添加材质贴图

三、详细操作步骤

1. 设置单位

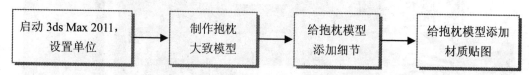

步骤 1：启动 3ds Max 2011。在桌面上双击图标即可启动 3ds Max 2011，或选择(开始)→Autodesk 3ds Max 2011 64 位项也可启动 3ds Max 2011。

步骤 2：定义单位。在工具栏中选择自定义(U)→单位设置(U)...命令，弹出【单位设置】对话框，具体设置如图 2.1 所示，设置完毕后，单击确定按钮即可。

步骤 3：保存文件名为“抱枕模型.max”。

【参考视频】

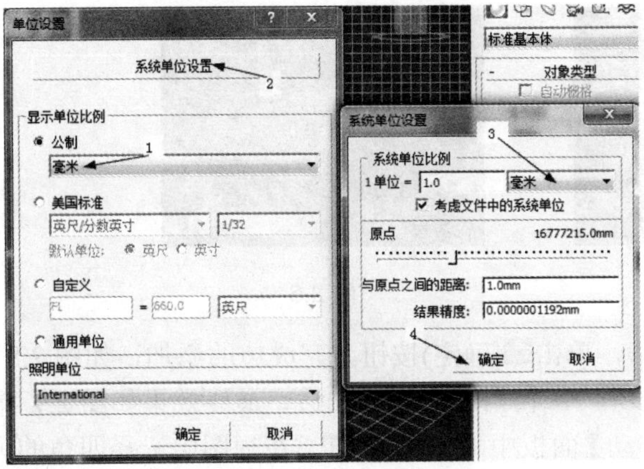

图 2.1

2. 抱枕大致模型制作

步骤 1： 创建一个长方体。在浮动面板中单击长方体按钮，在顶视图中创建一个长方体，具体参数如图 2.2 所示。模型在视图中效果如图 2.3 所示。

步骤 2： 按键盘上的 J 键，隐藏长方体的外边框。再键盘上的 F4 键，使长方体以边面方式显示，如图 2.4 所示。

图 2.2

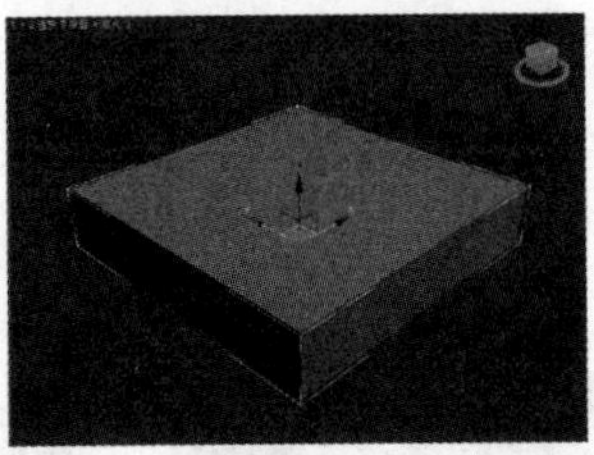

图 2.3

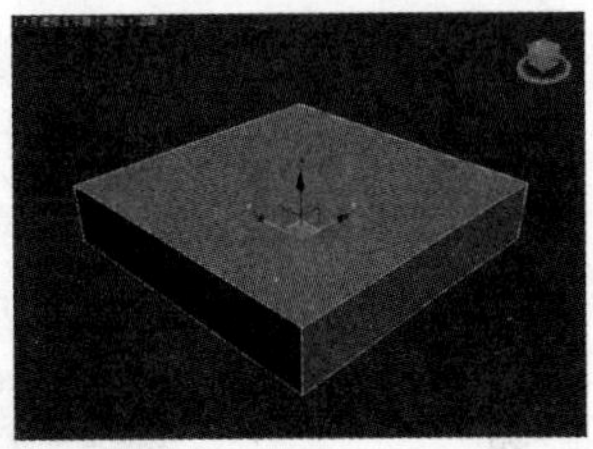

图 2.4

步骤 3： 将立方体转换为可编辑多边形。在立方体上右击，弹出快捷菜单，选择转换为:→转换为可编辑多边形命令即可。

步骤 4： 给立方体加边。在【浮动】面板中单击◁(边)按钮，再单选立方体中的一条边，如图 2.5 所示。

步骤 5： 单击【浮动】面板中的环形按钮，选中所有环形边，如图 2.6 所示。

步骤 6： 单击【浮动】面板中的连接右边的□(设置)按钮，弹出【连接边】对话框，具体设置如图 2.7 所示。

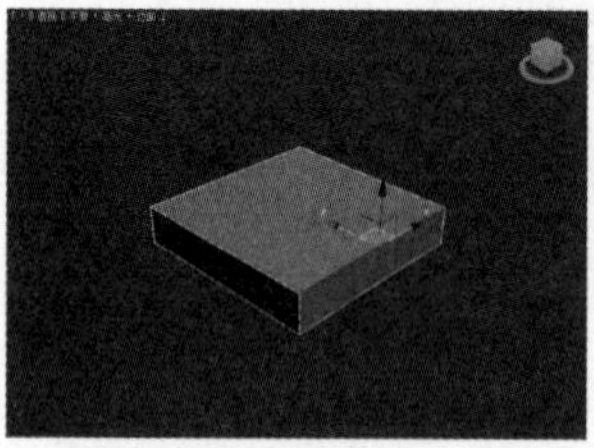

图 2.5

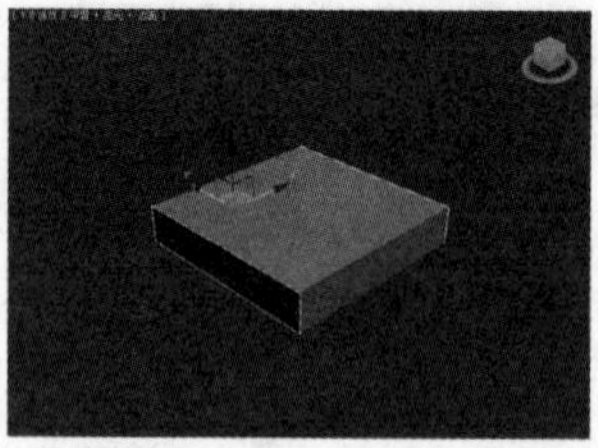

图 2.6

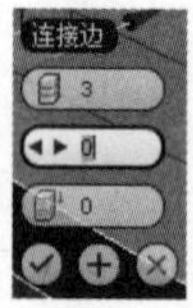

图 2.7

步骤 7：设置完毕，单击(确定)按钮，完成边的添加，如图 2.8 所示。

步骤 8：方法同步骤 7，再给立方体添加边，最终效果如图 2.9 所示。

步骤 9：单击【浮动】面板中的(点)按钮，在视图中选择四角的顶点，如图 2.10 所示。

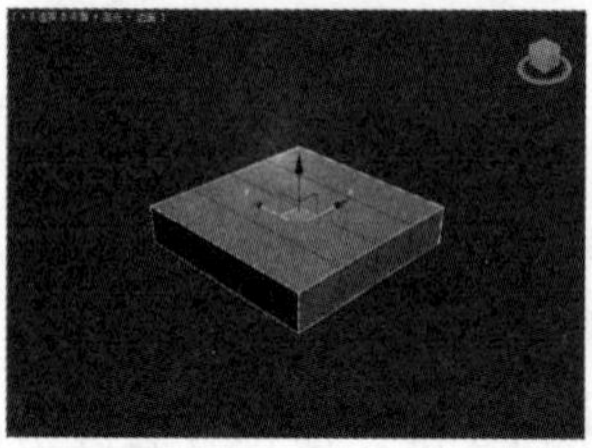

图 2.8

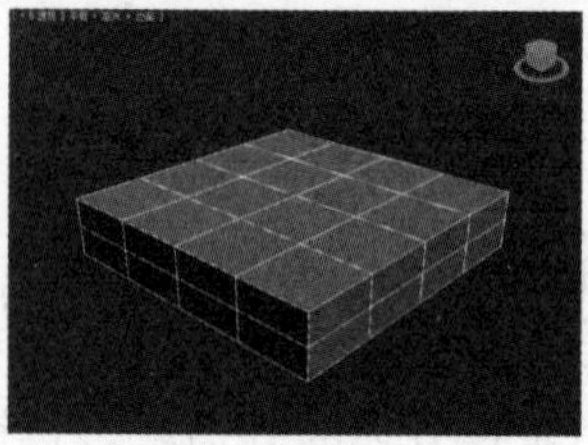

图 2.9

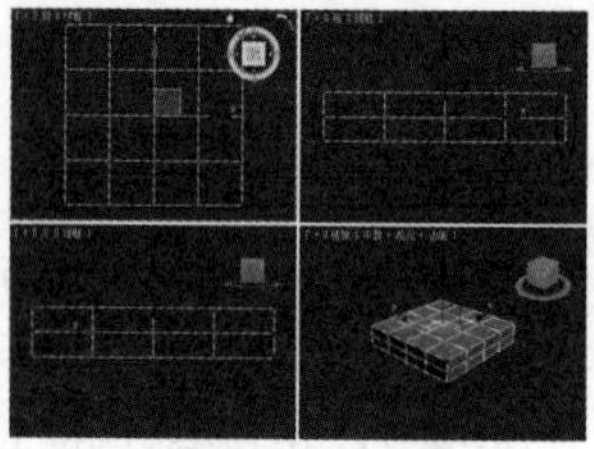

图 2.10

步骤 10：设置【软选择】参数面板，具体设置如 2.11 所示。

步骤 11：单击工具栏中的(选择并均匀缩放)按钮，对立方体进行缩放操作，最终效果如图 2.12 所示。

步骤 12：再选择中间两排点，如图 2.13 所示。

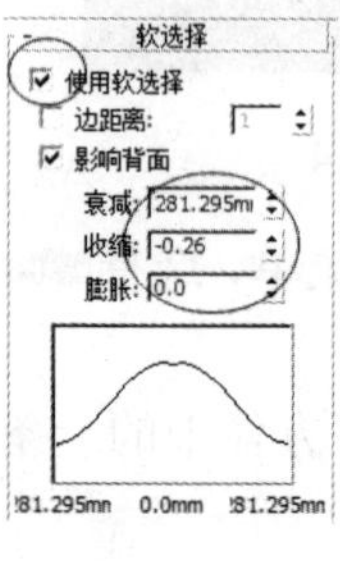

图 2.11

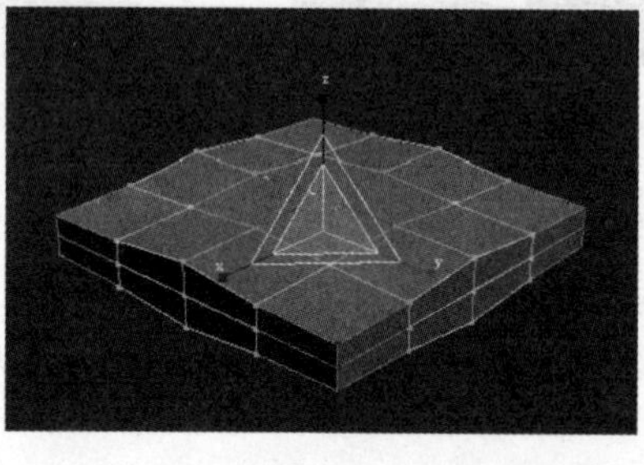

图 2.12

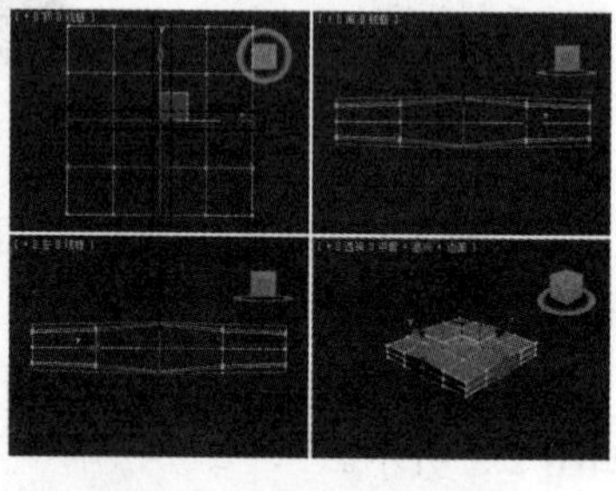

图 2.13

步骤 13：方法同步骤 11，对立方体进行缩放操作，最终效果如图 2.14 所示。

步骤 14：在【浮动】面板中单击(边)按钮，再单击使用软选择左边的项。取消软选择。

步骤 15： 选择立方体中的一条边，如图 2.15 所示。再单击【浮动】面板中的 循环 按钮，选中立方体的循环边，如图 2.16 所示。

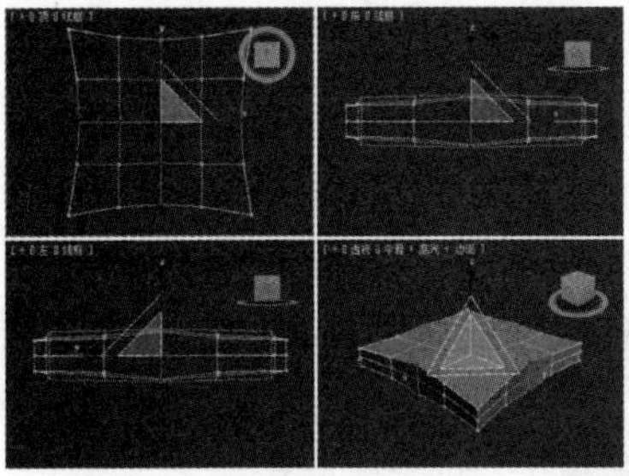

图 2.14

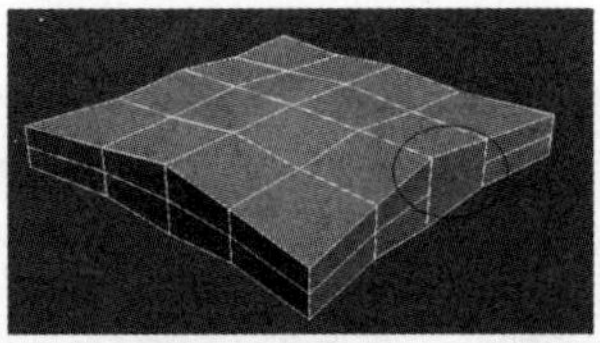

图 2.15

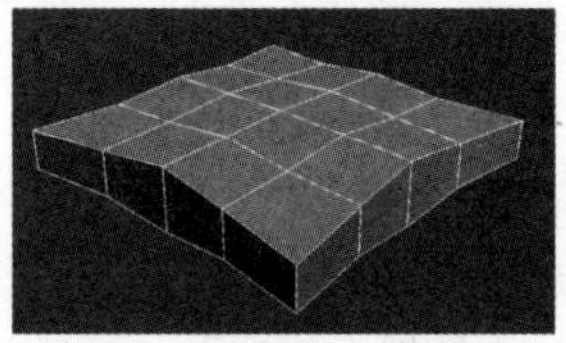

图 2.16

步骤 16： 在【浮动】面板中单击 切角 右边的□(设置)按钮，弹出【切角】参数设置框，具体设置如图 2.17 所示。

步骤 17： 设置完毕，单击☑(确定)按钮，完成循环边的切角处理。效果如图 2.18 所示。

步骤 18： 在【浮动】面板中单击■(多边形)按钮，将对象转到面选择级别。选中中间的循环面，如图 2.19 所示。

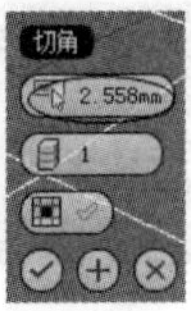

图 2.17

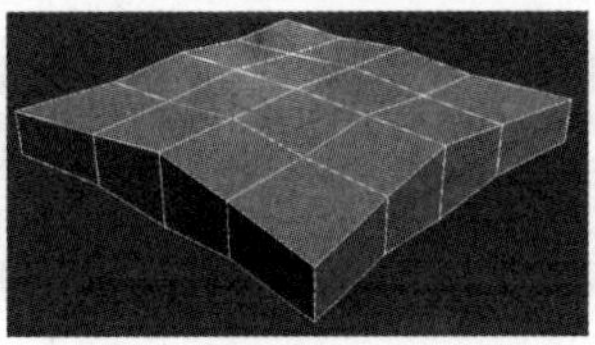

图 2.18

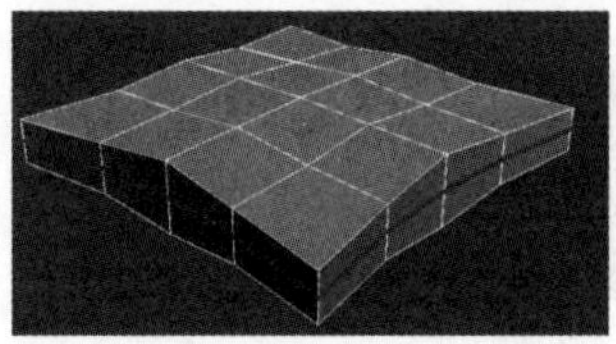

图 2.19

步骤 19： 在【浮动】面板中单击 挤出 右边的□(设置)按钮，弹出【局部法线】参数设置框，具体设置如图 2.20 所示。

步骤 20： 设置完毕，单击☑(确定)按钮，完成挤出操作，最终效果如图 2.21 所示。

步骤 21： 给立方体添加涡轮平滑，单击 修改器列表 ▾ 右边的▾按钮，弹出下拉菜单，选择 涡轮平滑 命令，对立方体进行涡轮平滑处理，最终效果如图 2.22 所示。

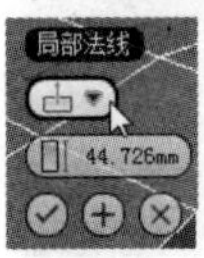

图 2.20

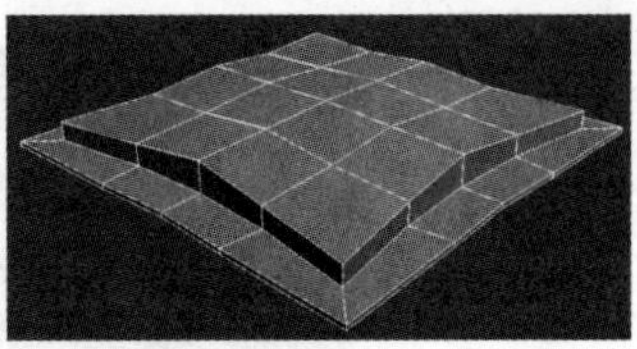

图 2.21

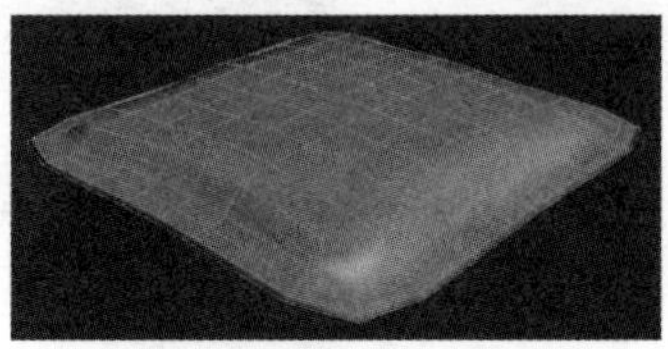

图 2.22

3. 抱枕模型的细节制作

步骤 1：在【浮动】面板中设置涡轮平滑的迭代次数为 2，如图 2.23 所示，最终效果如图 2.24 所示。

步骤 2：在【浮动】面板中单击边项，如图 2.25 所示。

图 2.23

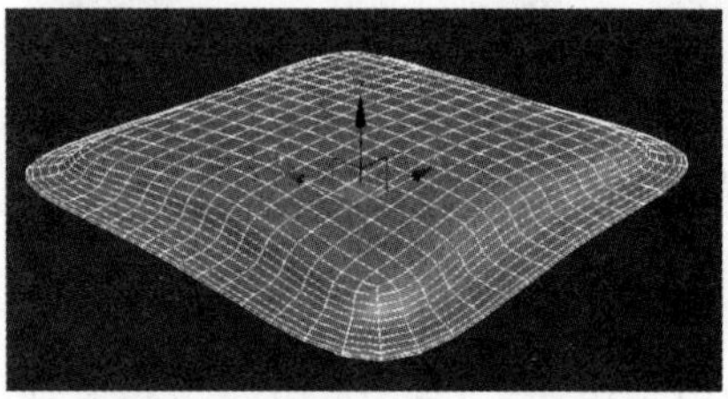

图 2.24

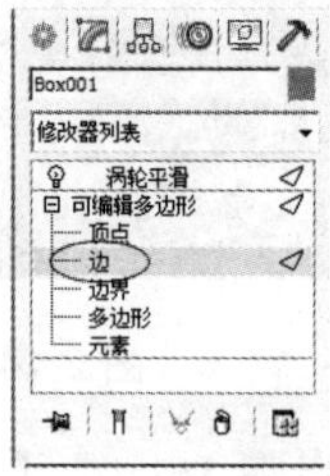

图 2.25

步骤 3：在透视图中单选一条边，如图 2.26 所示。按住 Ctrl 键，加选一条边，如图 2.27 所示。

步骤 4：单击【浮动】面板中循环按钮，选中两条循环边，如图 2.28 所示。

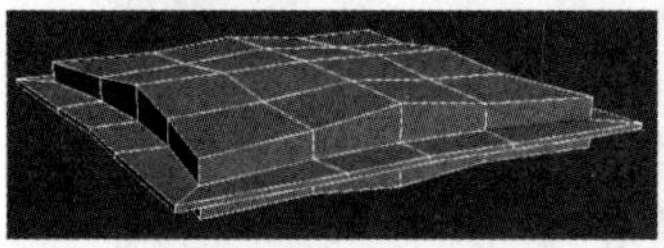

图 2.26

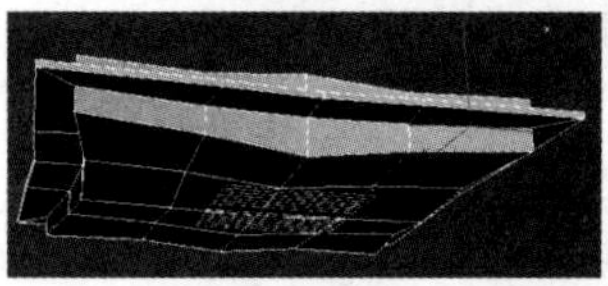

图 2.27

图 2.28

步骤 5：对选中的边进行切角处理。在【浮动】面板中单击切角右边的□(设置)按钮，弹出【切角】参数设置框，具体设置如图 2.29 所示。单击☑(确定)按钮，完成切角处理。如图 2.30 所示。

步骤 6：在【浮动】面板中单击涡轮平滑按钮，返回涡轮平滑级别。如图 2.31 所示。效果如图 2.32 所示。

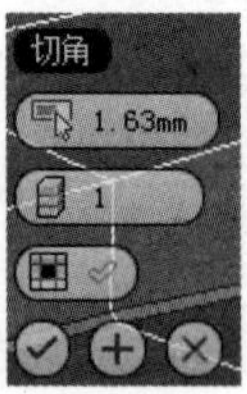

图 2.29

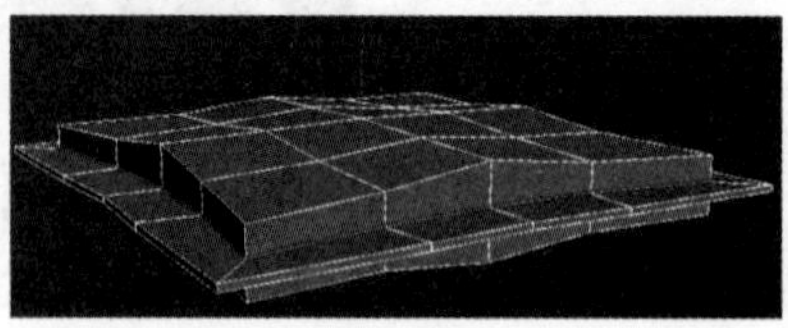

图 2.30

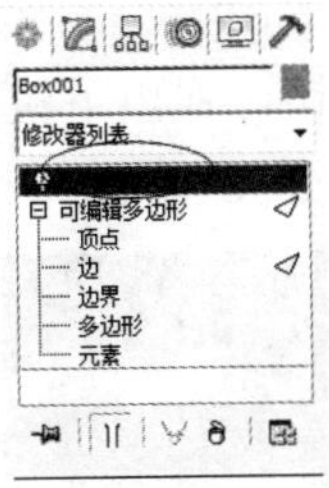

图 2.31

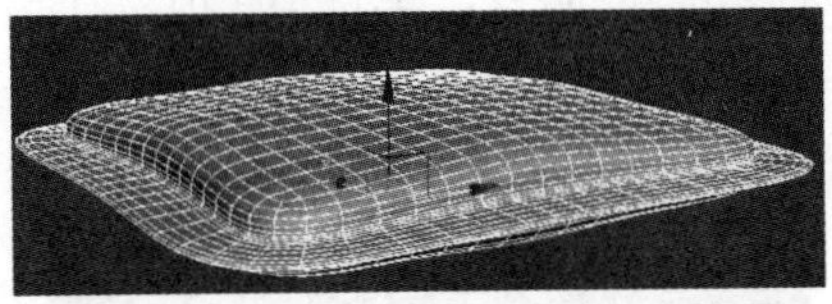

图 2.32

步骤 7：在抱枕上单击鼠标右键，在弹出的快捷菜单中单击转换为:→转换为可编辑多边形命令，将涡轮平滑塌陷为可编辑多边形。

步骤 8：利用前面的方法，选择一条循环边，如图 2.33 所示。

步骤 9：按住 Ctrl 键，单击【浮动】面板中的■(多边形)按钮，将选择的边转换为面的选择，如图 2.34 所示。

步骤 10：在【浮动】面板中连续单击扩大按钮，直到选择所需要的面，如图 2.35 所示。

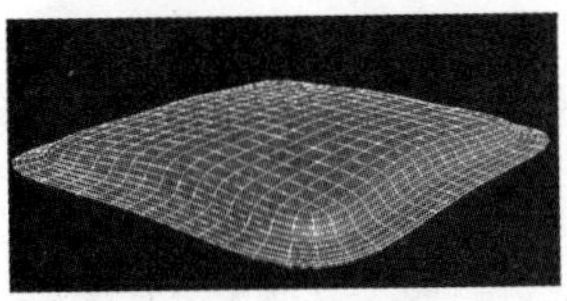

图 2.33

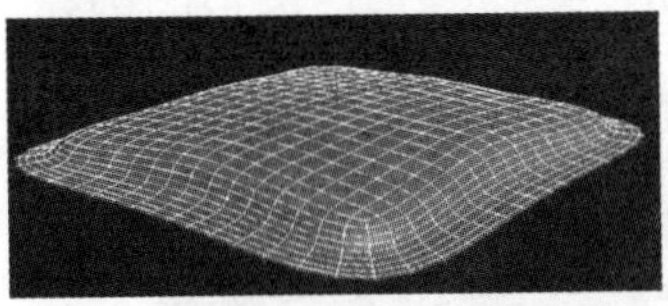

图 2.34

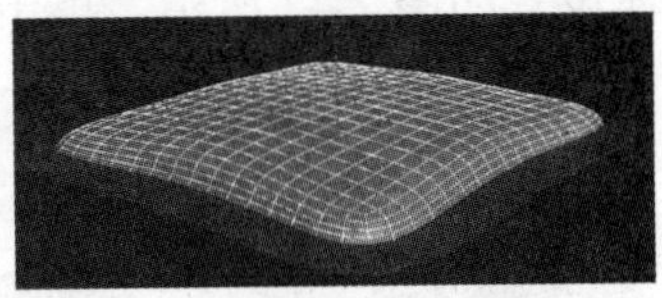

图 2.35

步骤 11：在【浮动】面板中设置选择面的材质 ID 号为 2，如图 2.36 所示。设置软选择，如图 2.37 所示。

步骤 12：在【浮动】面板中单击修改器列表右边的▾按钮，弹出下拉菜单，在下拉菜单中选择噪波命令，具体参数设置如图 2.38 所示。

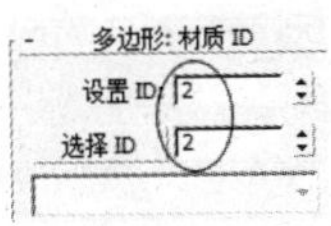

图 2.36

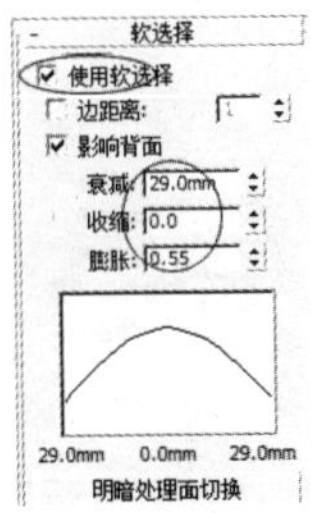

图 2.37

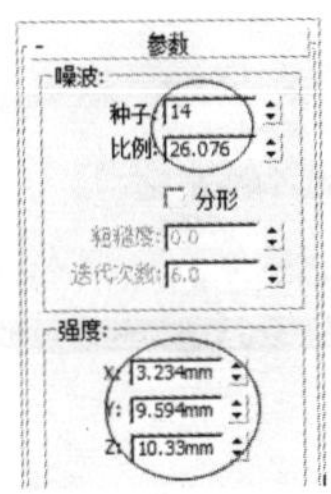

图 2.38

步骤 13：在抱枕上右击，在弹出的快捷菜单中选择转换为:→转换为可编辑多边形命令，将噪波塌陷为可编辑多边形，如图 2.39 所示。

步骤 14：在【浮动】面板中单击修改器列表右边的按钮，弹出下拉菜单，在下拉菜单中选择FFD 3x3x3命令，单选控制点项，在透视图调节形状，如图 2.40 所示。

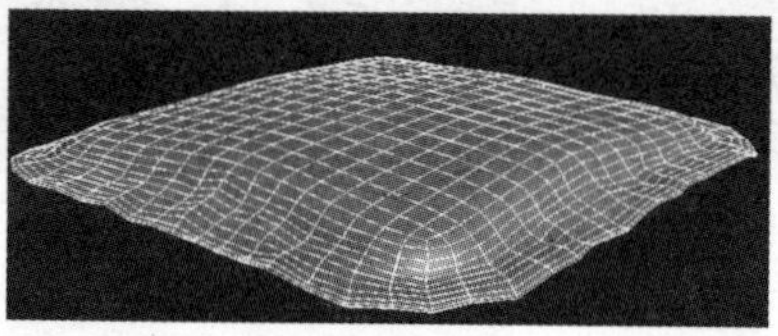

图 2.39

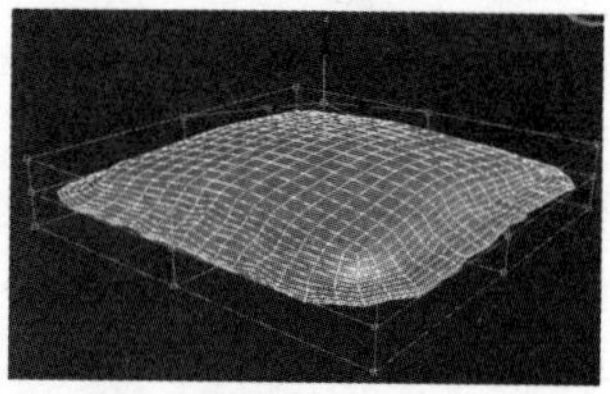

图 2.40

步骤 15：在抱枕上右击，在弹出的快捷菜单中选择转换为:→转换为可编辑多边形命令，将FFD 3x3x3转换为可编辑多边形。

步骤 16：转到边级别，利用前面所学知识，选择两条循环边，如图 2.41 所示。

步骤 17：在【浮动】面板中单击利用所选内容创建图形按钮，弹出【创建图形】对话框，具体设置如图 2.42 所示。单击确定按钮，完成图形的创建。

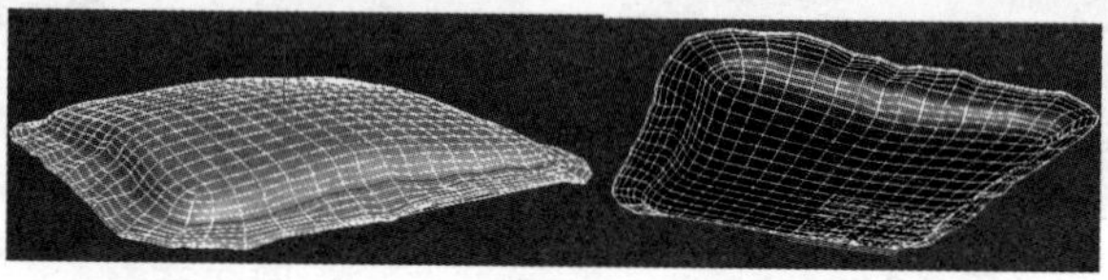

图 2.41

图 2.42

步骤 18：在工具栏中单击(按名称选择)按钮，弹出【从场景选择】对话框，在该对话选择“图形 001”对象，如图 2.43 所示。单击确定按钮，即可选择“图形 001”对象。

步骤 19：在【浮动】面板中设置渲染参数，具体设置如图 2.44 所示，效果如图 2.45 所示。

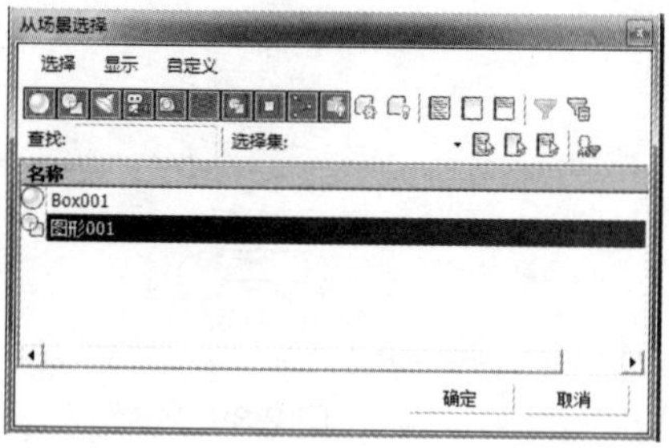

图 2.43

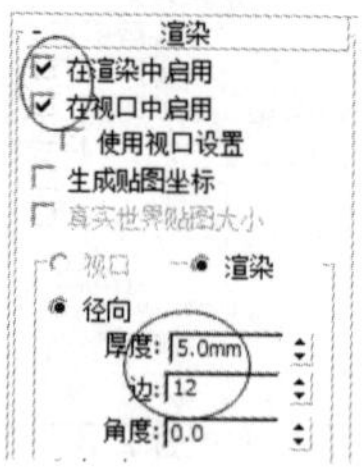

图 2.44

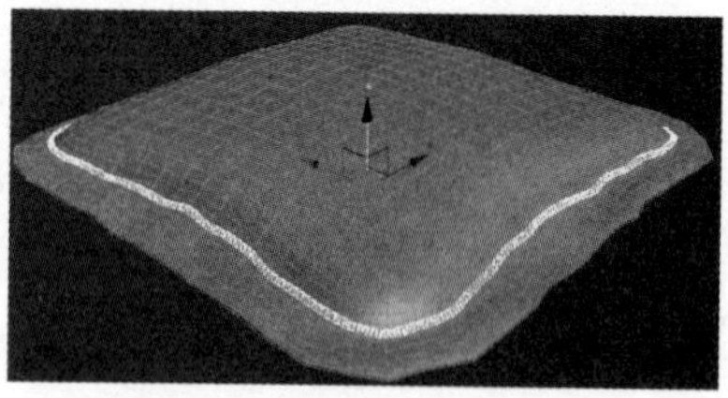

图 2.45

4. 给抱枕模型添加材质贴图

步骤 1： 将抱枕另存为“抱枕模型贴图.max”文件。

步骤 2： 单选抱枕，在工具栏中单击(材质编辑器)，弹出【材质编辑器】对话框，在该对话框中单击第一个示例球。将其材质示例的名字命名为“抱枕材质”，再单击(将材质指定给选定对象)，如图 2.46 所示。

步骤 3： 在【材质编辑器】中单击 Standard 按钮，弹出【材质/贴图浏览器】对话框，在该对话框中单击多维/子对象命令，弹出【替换材质】对话框，具体设置如图 2.47 所示。单击确定按钮，将标准材质替换为多维子材质，如图 2.48 所示。

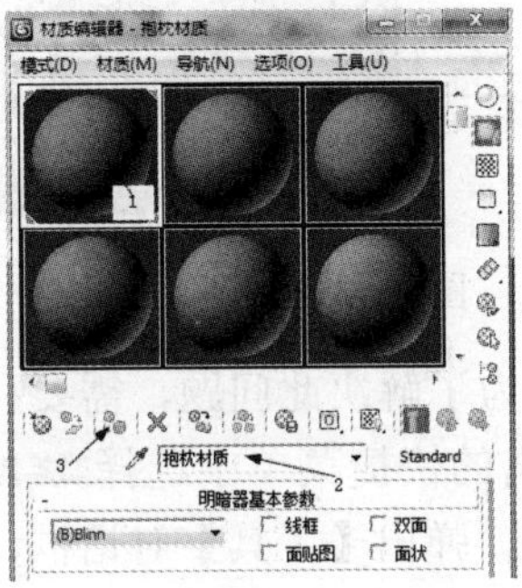

图 2.46

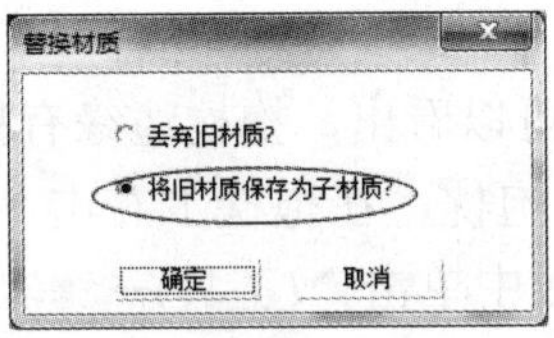

图 2.47

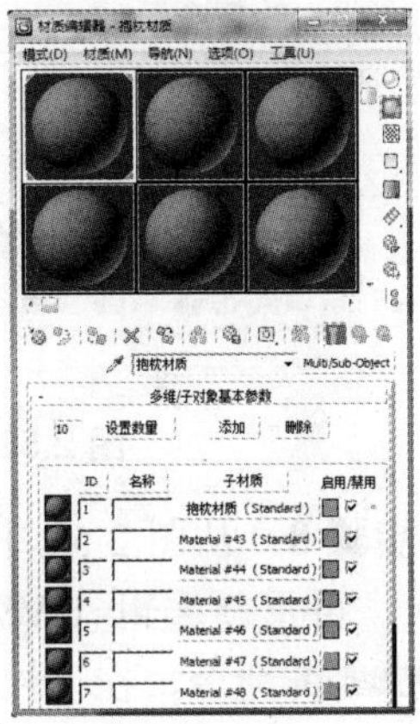

图 2.48

步骤 4： 单击设置数量按钮，弹出【设置材质数量】对话框，具体设置如图 2.49 所示。单击确定按钮，将子材质数量设置为 2 个，如图 2.50 所示。

步骤 5： 单击抱枕材质（Standard）按钮，转到 1 号材质的标准设置面板，如图 2.51 所示。

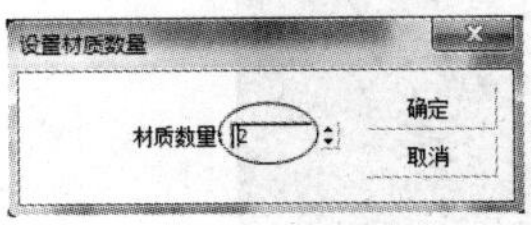

图 2.49

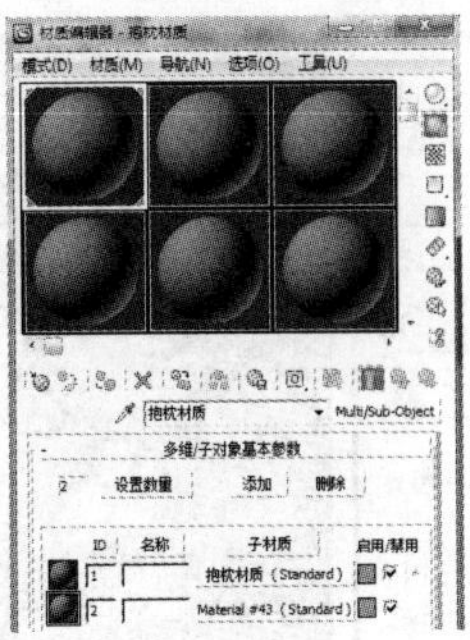

图 2.50

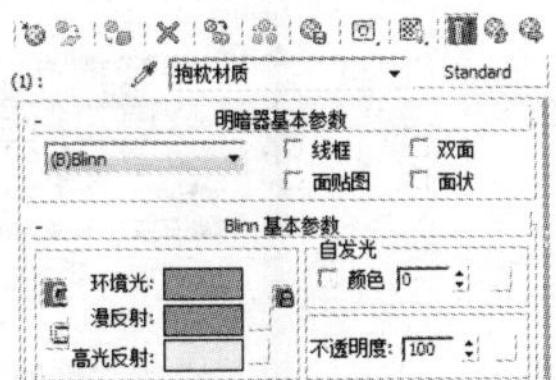

图 2.51

步骤 6：单击漫反射右边的按钮，弹出【材质/贴图浏览器】对话框，在该对话框中双击位图按钮。弹出【选择位图图像文件】对话框，具体设置如图 2.52 所示。

步骤 7：单击打开(O)按钮，返回【材质编辑器】对话框。单击(在视口中显示标准贴图)按钮，最终效果如图 2.53 所示。

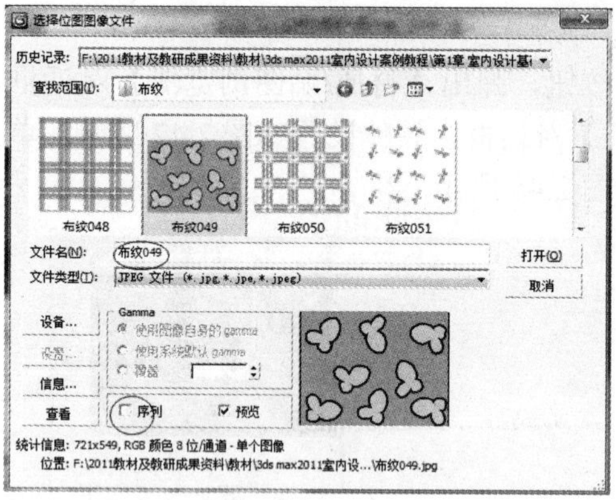

图 2.52

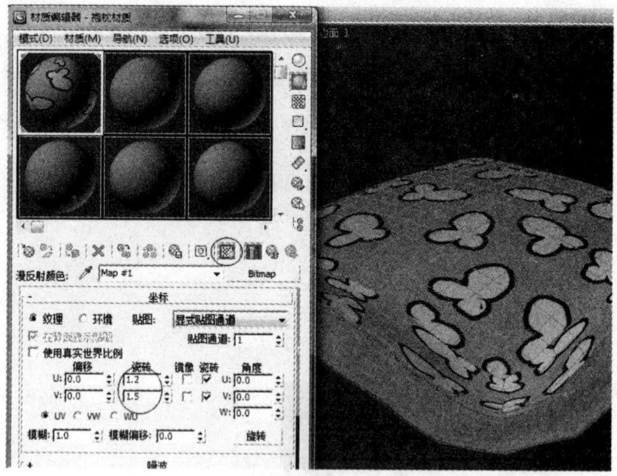

图 2.53

步骤 8：从图 2.53 中的效果可以看出，抱枕边缘有接缝，为了解决此问题，需要移除 UVW，再重新编辑 UVW。选择抱枕，在抱枕上右击，在弹出的快捷菜单中选择转换为:→转换为可编辑网格命令，在【浮动】面板中单击(工具)→更多...按钮，弹出【工具】对话框，在该对话框中双击UVW 移除项目，再在【浮动】面板中单击UVW按钮。即可将 UVW 移除。

步骤 9：在抱枕上右击，在弹出的快捷菜单中选择转换为:→转换为可编辑多边形命令，将抱枕转换为可编辑多边形。

步骤 10：重新给抱枕进行 UVW 展开。在【浮动】面板中单击修改器列表右边的按钮，弹出下拉菜单，在下拉菜单中单击UVW 展开命令。参数设置和最终效果如图 2.54 所示。

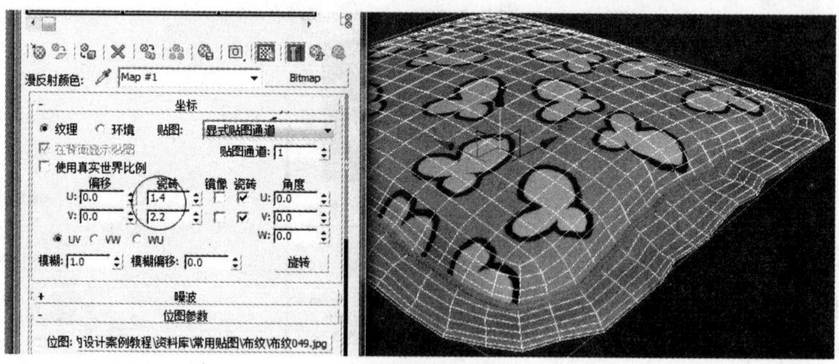

图 2.54

步骤 11： 在抱枕上右击，在弹出的快捷菜单中选择【孤立当前选择】命令，如图 2.55 所示。转到 UVW 的边选择级别，如图 2.56 所示。利用前面所学知识，选择两条边，如图 2.57 所示。

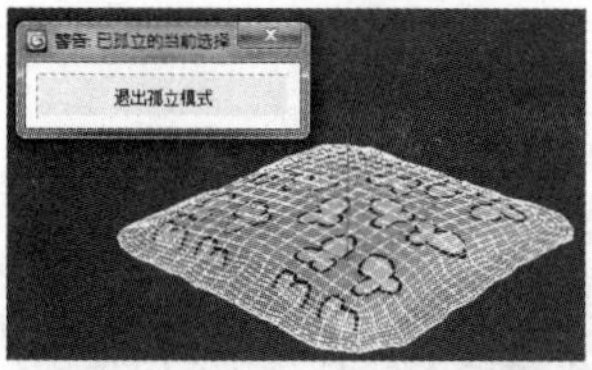

图 2.55

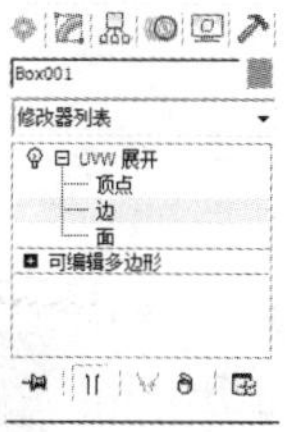

图 2.56

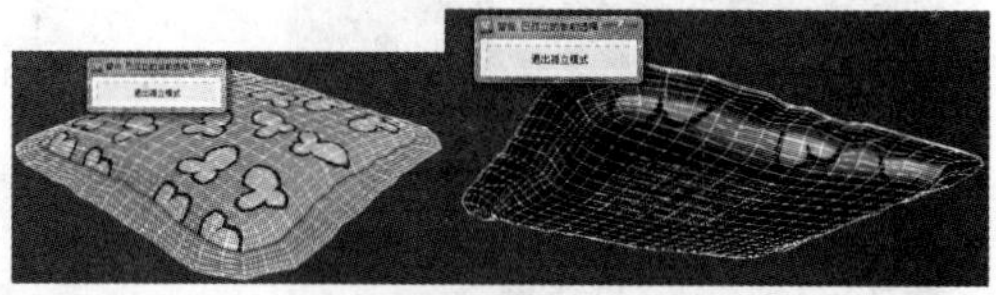

图 2.57

步骤 12： 在【浮动】面板中单击 边选择转换为接合口 按钮，被选择的边变成青色，如图 2.58 所示。

步骤 13： 在【浮动】面板中单击 编辑... 按钮。弹出【编辑 UVW】窗口，如图 2.59 所示。

步骤 14： 取消【编辑 UVW】对话框中的网格显示。在【编辑 UVW】对话框中选择 选项 → 首选项... 命令。弹出【展开选项】对话框，具体设置如图 2.60 所示。单击 确定 按钮即可。

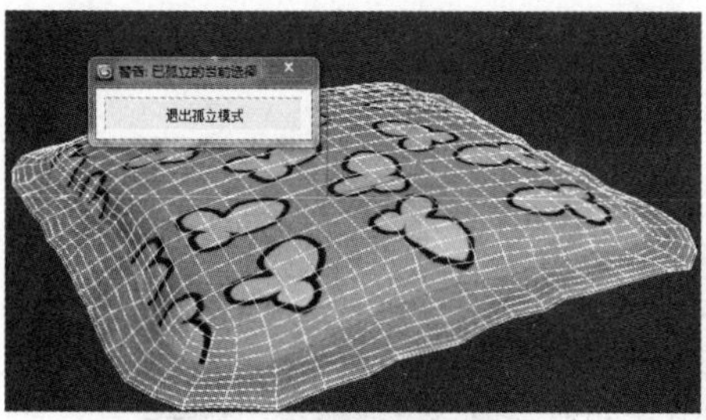

图 2.58

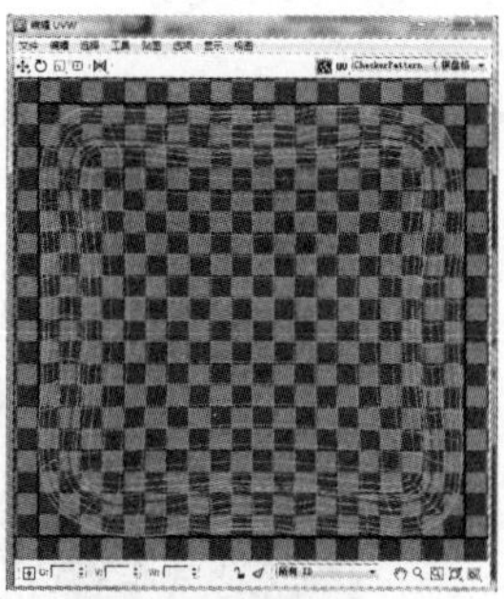

图 2.59

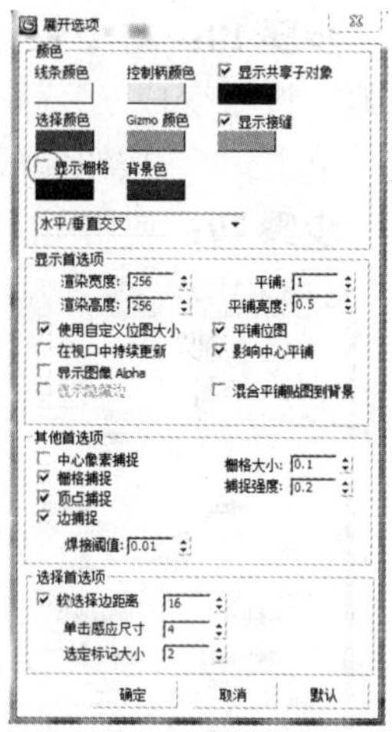

图 2.60

步骤 15： 显示贴图。在【编辑 UVW】对话框中单击 CheckerPattern （棋盘格 右边的 ▾ 按钮，弹出下拉菜单，在下拉菜单中单击 Map #1 (布纹049.jpg) 项，即可在【编辑 UVW】对话框中显示材质，如图 2.61 所示。

步骤 16：转到 UVW 的面选择级别，如图 2.62 所示。在【浮动】面板中的 选定MatID 右边的文本输入框中输入数值“1”，再单击 选定MatID 按钮，即可选择材质号为“1”的面，如图 2.63 所示。

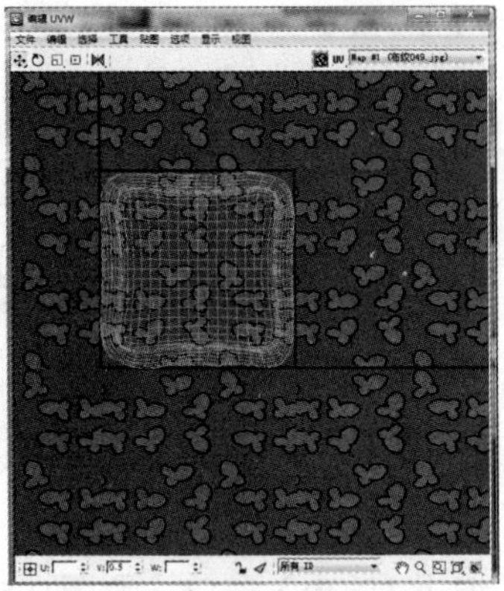

图 2.61

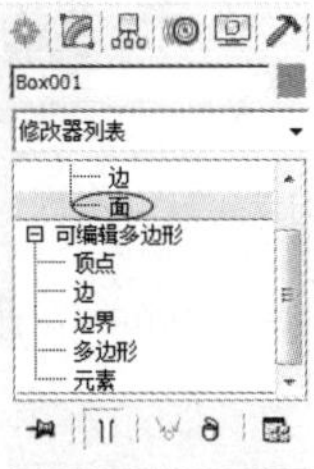

图 2.62

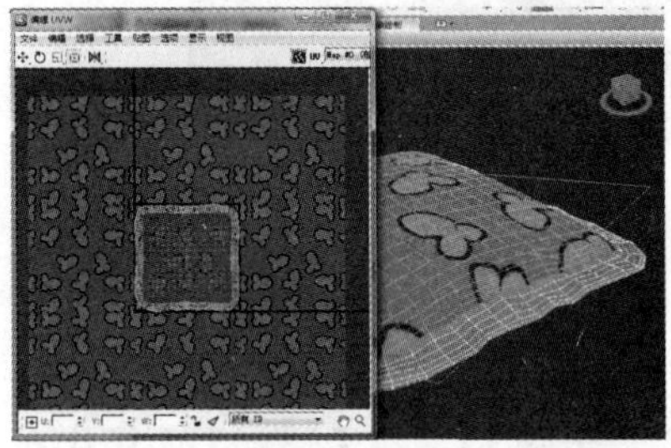

图 2.63

步骤 17：在【浮动】面板中单击 毛皮 按钮，弹出【毛皮贴图】对话框，如图 2.64 所示。

步骤 18：在【毛皮贴图】对话框中单击 开始毛皮 按钮，单击 开始松弛 按钮开始松弛，按钮变成 停止松弛 形状，等松弛到合适的时候。再单击 停止松弛 按钮停止松弛。单击 提交 按钮完成毛皮贴图。效果如图 2.65 所示。

步骤 19：使用✥(移动)工具和↻(旋转)工具调整好松弛效果的位置，如图 2.66 所示。

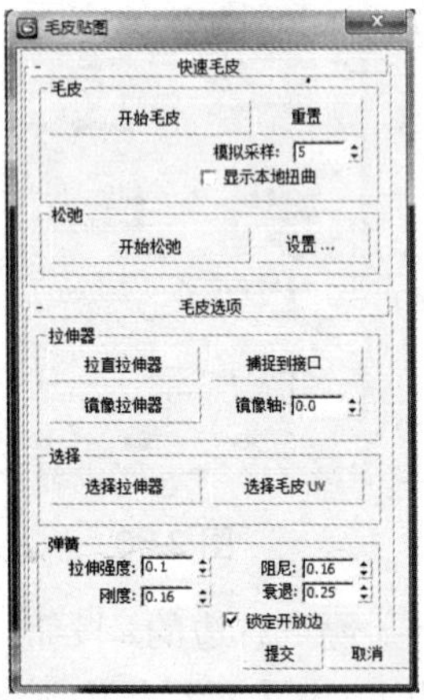

图 2.64

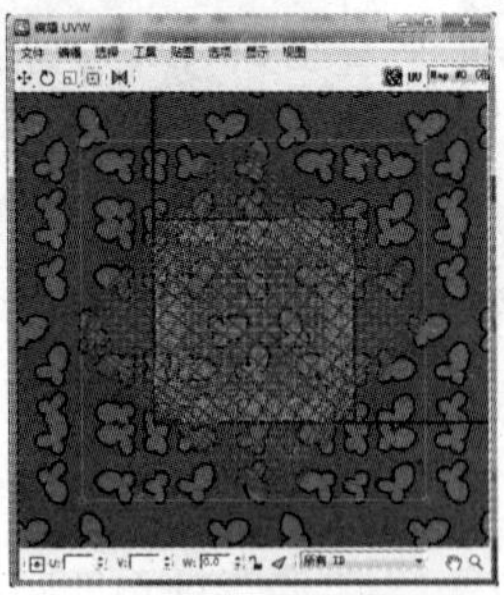

图 2.65

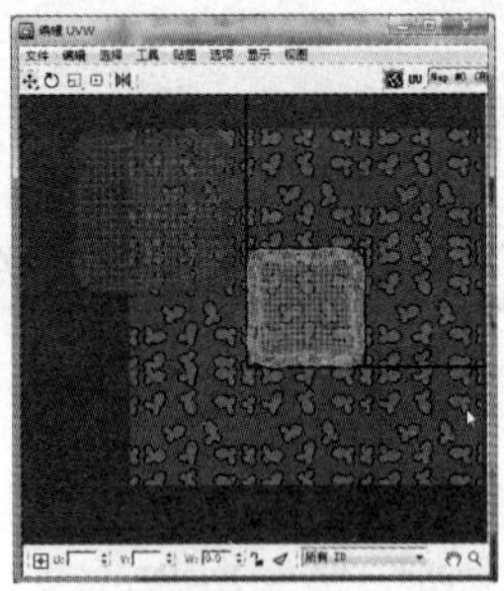

图 2.66

步骤 20：选择背面，方法同步骤 17～19。再使用✥(移动)工具和↻(旋转)工具调整位置，如图 2.67 所示。

步骤 21：在 贴图 卷展栏中，单击 贴图 后面的 None 按钮，弹出【材质/贴图浏览器】对话框，在该对话框中双击 位图 按钮，弹出【选择位图图像文件】对话框，具体设置如图 2.68 所示。

步骤 22：单击 打开(O) 按钮，返回【材质编辑器】对话框，在该对话框中单击(转到父对象)按钮，设置凹凸值为 200，如图 2.69 所示。

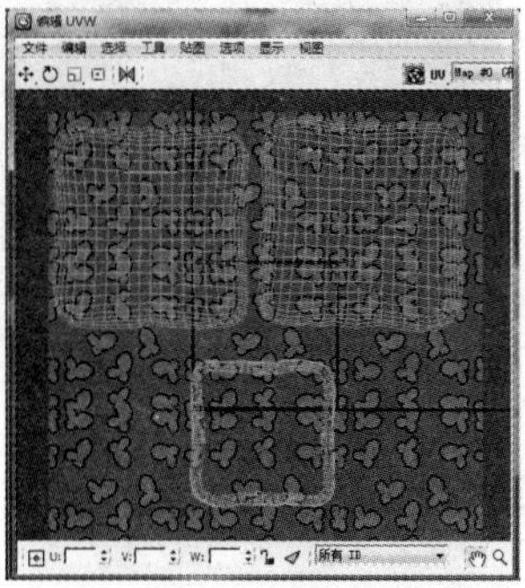

图 2.67

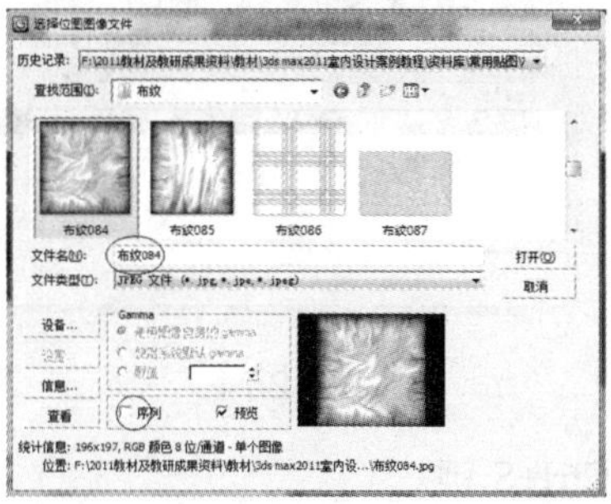

图 2.68

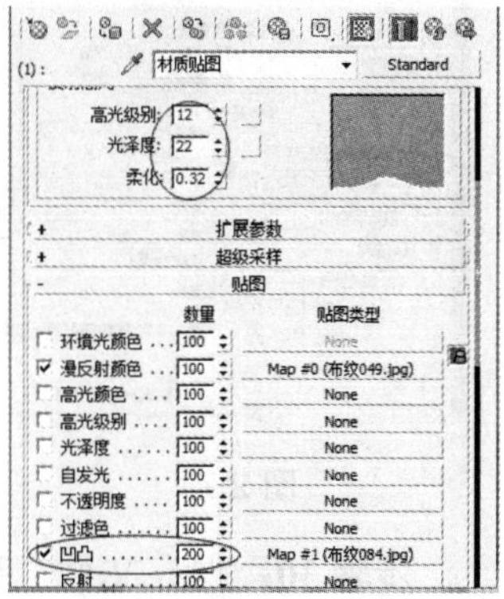

图 2.69

步骤 23：在工具栏中单击(渲染产品)按钮，渲染后的效果如图 2.70 所示。

步骤 24：在 1 号材质上右击，在弹出的快捷菜单中选择 复制 命令。再在 2 号材质的 Material #3 (Standard) 右击，在弹出的快捷菜单中选择 粘贴 (实例) 命令，将 1 号材质复制给 2 号材质，如图 2.71 所示。

步骤 25：在工具栏中单击(渲染产品)按钮，渲染后的效果如图 2.72 所示。

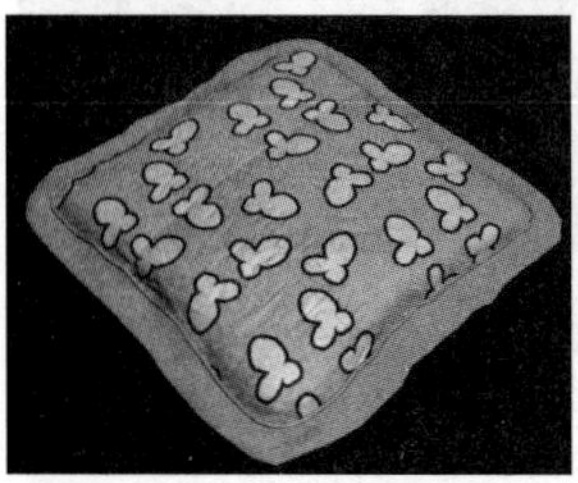

图 2.70

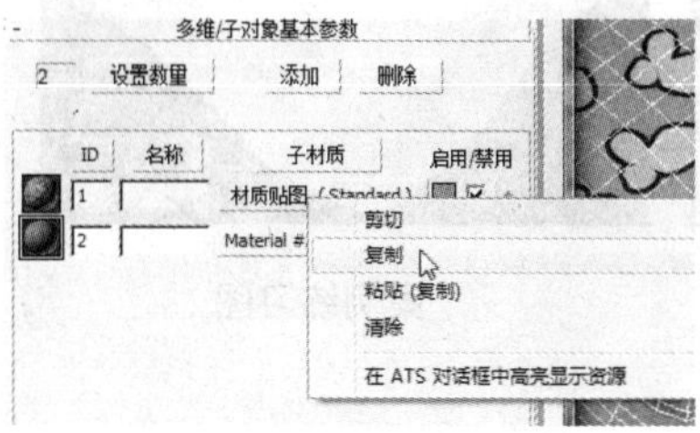

图 2.71

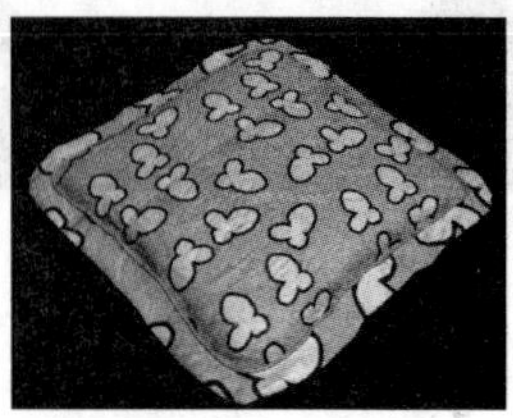

图 2.72

步骤 26：在 1 号材质 漫反射: 右边的 M 按钮右击，在弹出的快捷菜单中选择 复制 命令，如图 2.74 所示。

步骤 27：在【材质编辑器】中单击第 2 个示例球，在第 2 个示例球的漫反射:右边的按钮右击，在弹出的快捷菜单中选择粘贴(实例)命令。

步骤 28：在工具栏中单击(按名称选择)按钮，弹出【从场景选择】对话框，在该对话选择“图形 001”对象，如图 2.74 所示。单击确定按钮，即可选择“图形 001”对象。

步骤 29：在【材质编辑器】中单击(将材质指定给选定对象)按钮，再在工具栏中单击(渲染产品)按钮，渲染后的效果如图 2.75 所示。

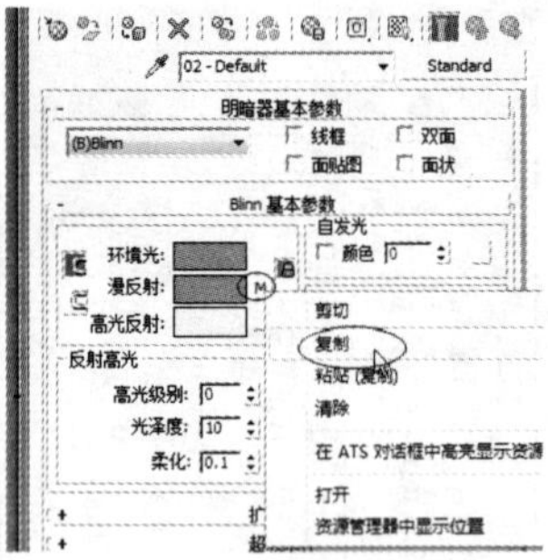

图 2.73

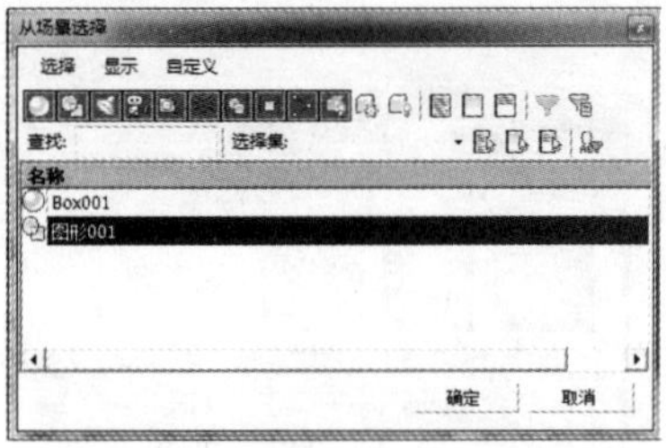

图 2.74

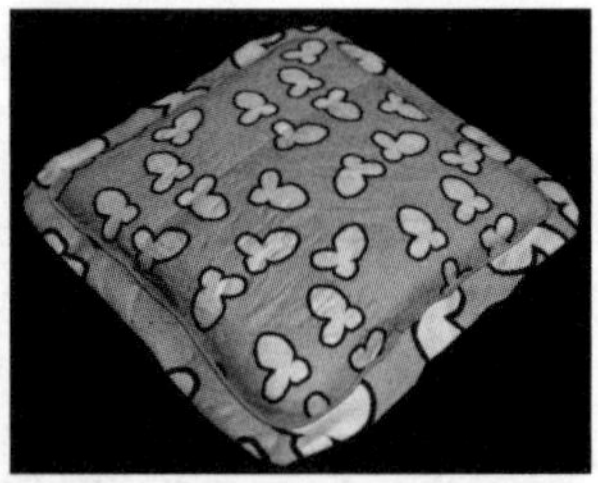

图 2.75

步骤 30：保存文件，按 Ctrl+S 键。

四、拓展训练

制作如下图所示的抱枕效果。

案例练习图

2.2　茶几的制作

一、案例效果

案例效果图

二、案例制作流程(步骤)分析

启动 3ds Max 2011，设置单位 → 使用 3ds Max 中的相关命令制作茶几模型 → 给茶几模型添加材质贴图

三、详细操作步骤

1. 设置单位

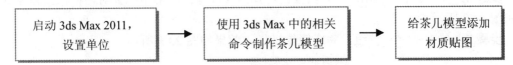

步骤 1： 启动 3ds Max 2011 并保存文件为“茶几.max”。

步骤 2： 设置单位。单位的设置同 2.1 节中的单位设置完全一样。

2. 制作茶几模型

茶几是客厅中的主要家具之一，按材质分类主要有玻璃茶几、实木茶几和玻璃与实木混合茶几等。在这里主要介绍实木与玻璃混合的茶几效果。

1) 制作茶几的框架

步骤 1： 在【浮动】面板中单击 长方体 按钮。在顶视图中绘制一个长方体并命名为“茶几腿”。具体参数设置如图 2.76 所示。

步骤 2： 将“茶几腿”转换为可编辑多边形。在“茶几腿”上右击，在弹出的快捷菜

【参考视频】

步骤 3：在【浮动】面板中单击(顶点)按钮。调节顶点，其在各视图中的位置如图 2.77 所示。

步骤 4：在【浮动】面板中单击(边)按钮。选中“茶几腿”的 4 条竖直的轮廓边，如图 2.78 所示。

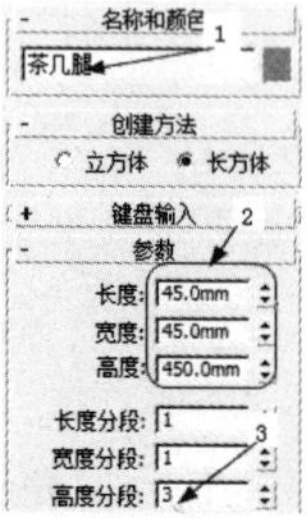

图 2.76

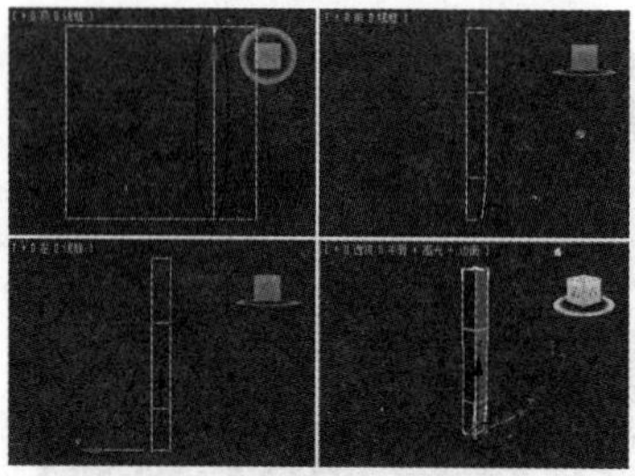

图 2.77

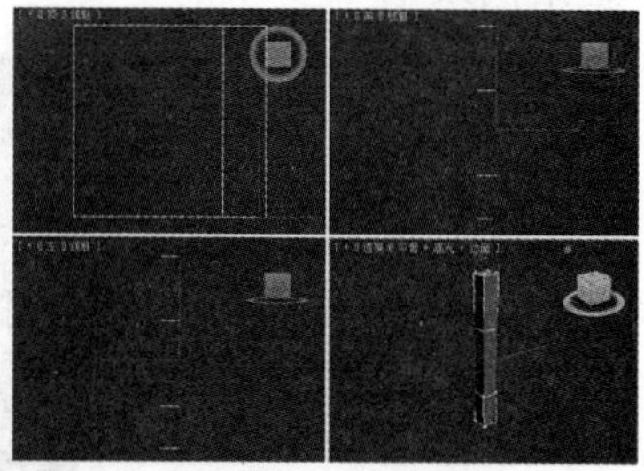

图 2.78

步骤 5：在【浮动】面板中单击切角右边的按钮。弹出【切角】设置对话框，具体设置如图 2.79 所示。单击(确定)按钮完成边的切角效果。

步骤 6：在工具栏中单击(镜像)按钮。弹出【镜像：屏幕坐标】对话框，具体参数设置如图 2.80 所示。

步骤 7：单击确定按钮，完成镜像操作。效果如图 2.81 所示。

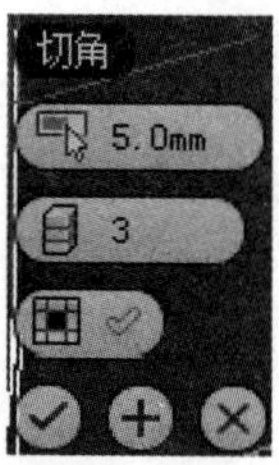

图 2.79

图 2.80

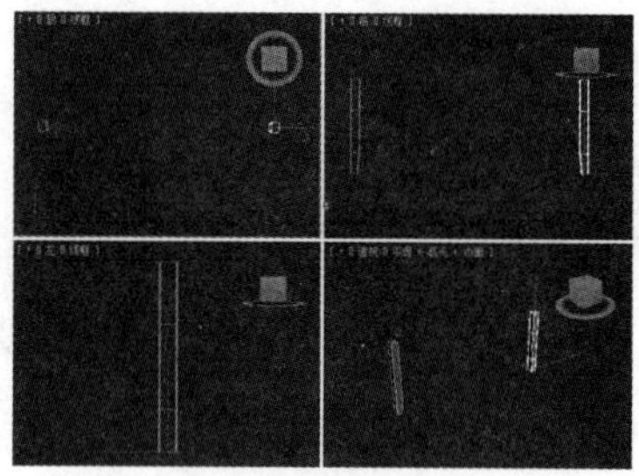

图 2.81

步骤 8：选中两条“茶几腿”，在工具栏中单击(镜像)按钮。弹出【镜像：屏幕坐标】对话框，具体参数设置如图 2.82 所示。

步骤 9：单击确定按钮，完成镜像操作。效果如图 2.83 所示。

步骤 10：在【浮动】面板中单击长方体按钮。在前视图中创建一个长方体并命名为“茶几横条”，具体参数设置如图 2.84 所示。

图 2.82

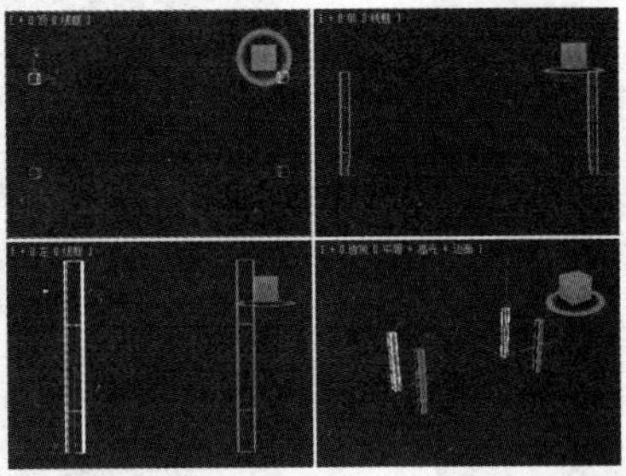

图 2.83

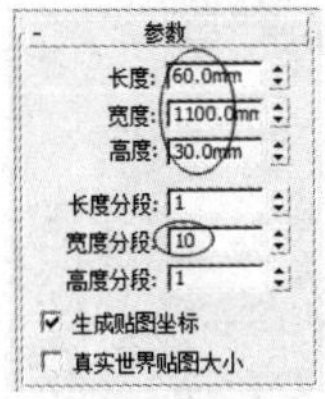

图 2.84

步骤 11： 将“茶几横条”转换为可编辑多边形。在“茶几横条”上右击，在弹出的快捷菜单中选择转换为:→转换为可编辑多边形命令，将“茶几腿”转换为可编辑多边形。

步骤 12： 在【浮动】面板中单击∴(顶点)按钮。调节顶点，其在各视图中的位置如图 2.85 所示。

步骤 13： 在【浮动】面板中单击◁(边)按钮。选中“茶几横条”的 2 条循环边，如图 2.86 所示。

步骤 14： 在【浮动】面板中单击切角右边的□按钮。弹出【切角】设置对话框。具体设置如图 2.87 所示。单击☑(确定)按钮完成边的切角效果。

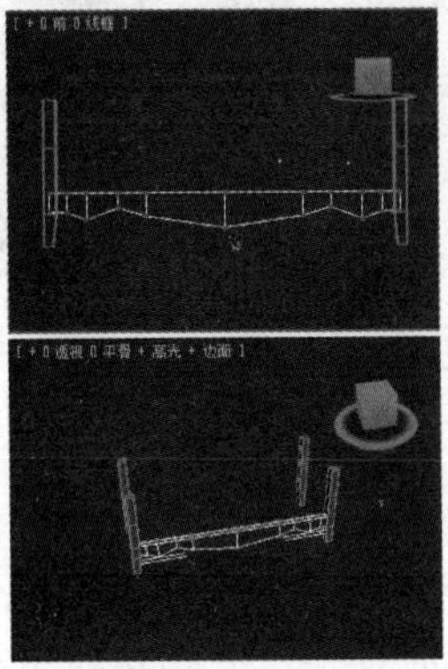

图 2.85

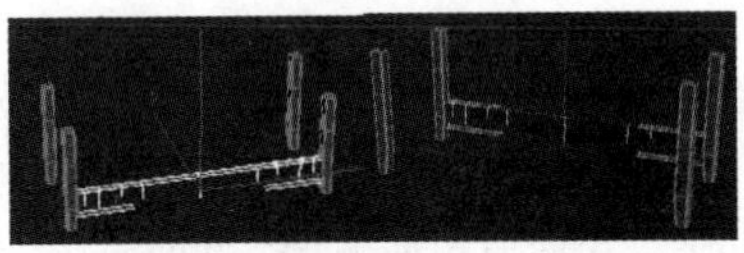

图 2.86

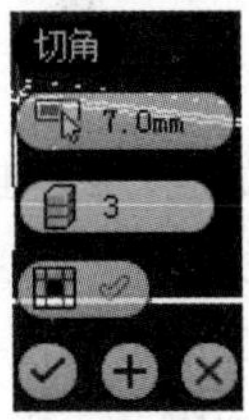

图 2.87

步骤 15： 将“茶几横条”以实例方式再复制一条，并调整好位置，如图 2.88 所示。

步骤 16： 使用长方体工具再创建 4 个长方体，使用✥(移动)工具，在视图中调整好位置，如图 2.89 所示。

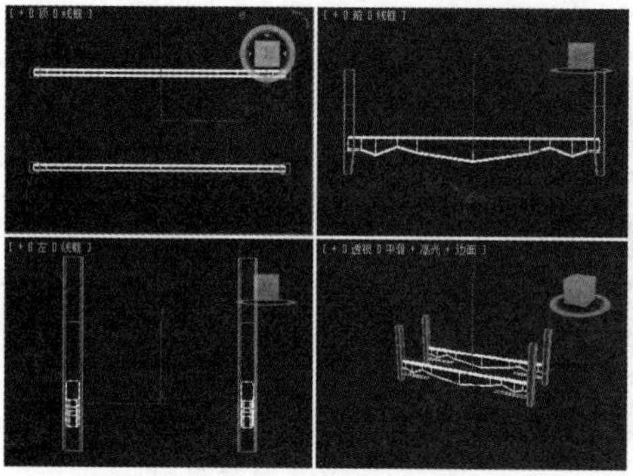

图 2.88

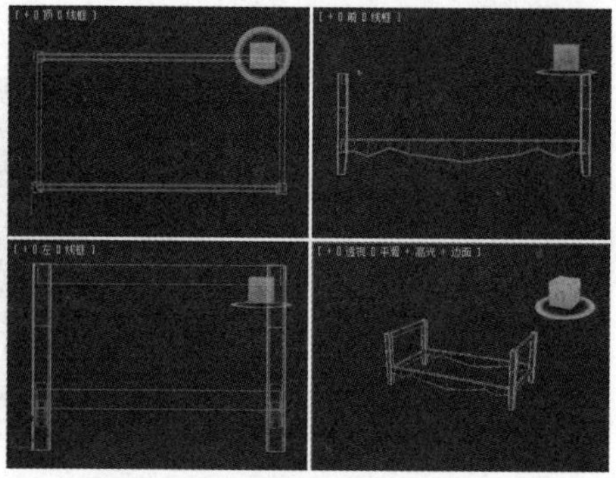

图 2.89

步骤 17：使用 长方体 工具再创建 4 个长方体，使用✣(移动)工具和○(旋转)工具，在视图中调整好位置，如图 2.90 所示。

步骤 18：使用 长方体 工具再创建 10 个长方体，在视图中调整好位置，如图 2.91 所示。

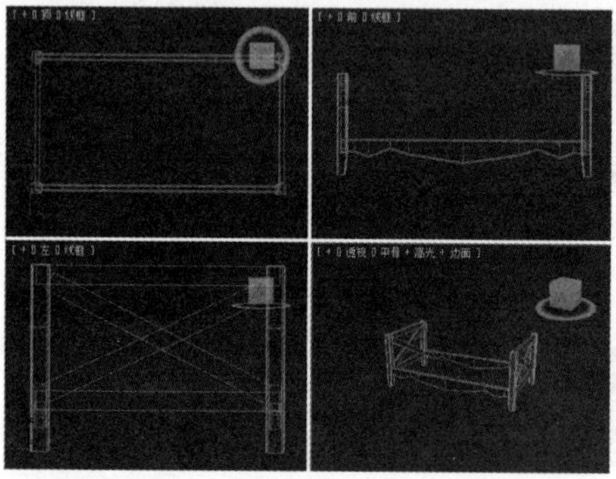

图 2.90

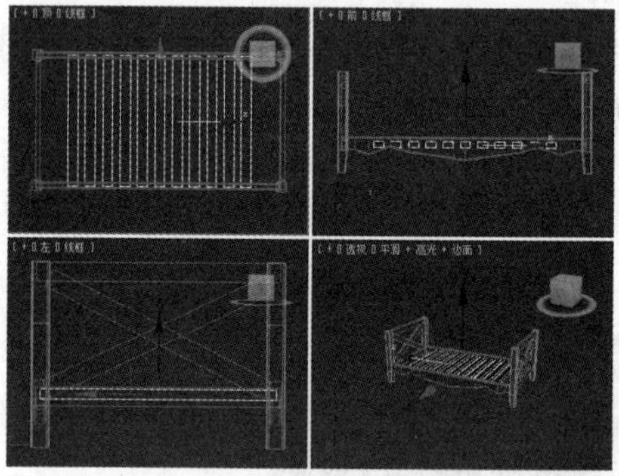

图 2.91

2) 茶几顶面的制作

步骤 1：在【浮动】面板中单击 长方体 按钮，在顶视图中创建一个立方体，具体参数如图 2.92 所示。

步骤 2：将“茶几顶面”转换为可编辑多边形。在“茶几顶面”上右击，在弹出的快捷菜单中选择 转换为: → 转换为可编辑多边形 命令，将“茶几腿”转换为可编辑多边形。

步骤 3：在【浮动】面板中单击■(多边形)，在视图中单选顶面，如图 2.93 所示。

步骤 4：在【浮动】面板中单击 倒角 按钮右边的□按钮，弹出【倒角】对话框，具体设置如图 2.94 所示。单击☑(确定)按钮完成倒角。

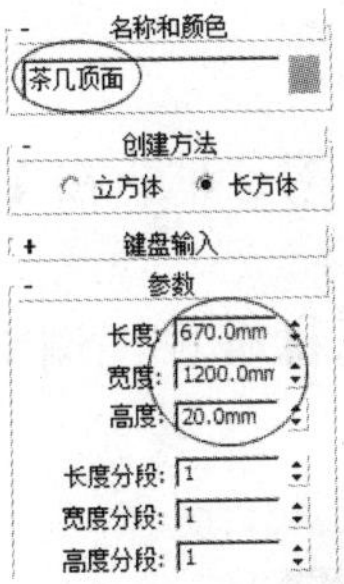

图 2.92

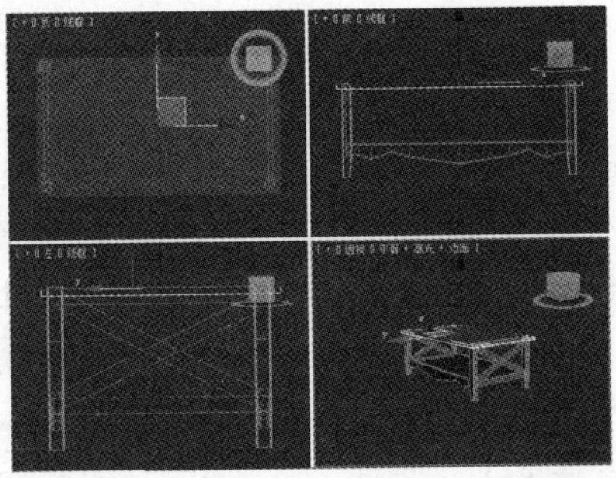

图 2.93

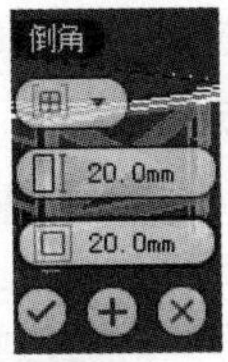

图 2.94

步骤 5：再在【浮动】面板中单击倒角按钮右边的□按钮，弹出【倒角】对话框，具体设置如图 2.95 所示。单击☑(确定)按钮完成倒角。最终效果如图 2.96 所示。

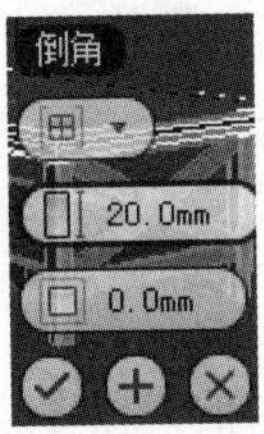

图 2.95

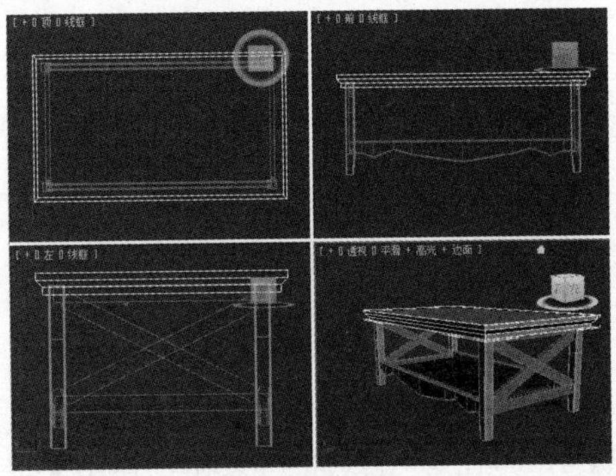

图 2.96

步骤 6：在【浮动】面板中单击◁(边)按钮。在视图中选择 4 条循环边，如图 2.97 所示。

步骤 7：在【浮动】面板中单击切角右边的□按钮。弹出【切角】设置对话框。具体设置如图 2.98 所示。单击☑(确定)按钮完成边的切角效果。效果如图 2.99 所示。

图 2.97

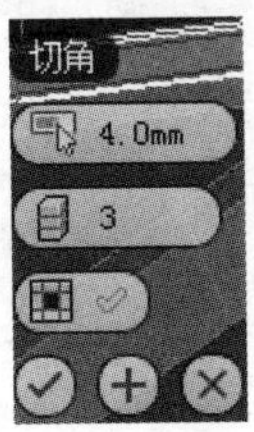

图 2.98

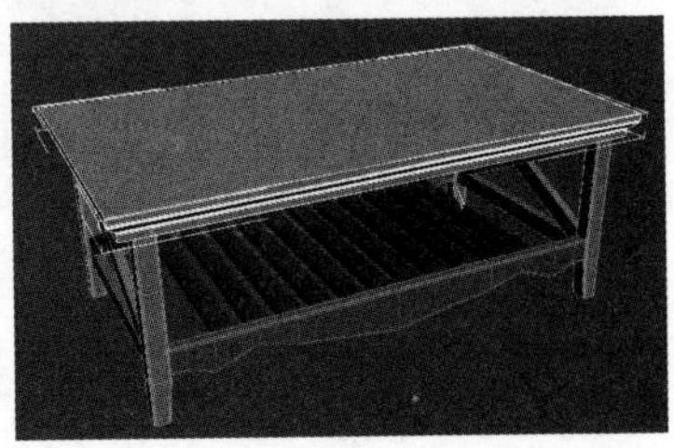

图 2.99

3. 制作茶几贴图

步骤 1：将制作好的茶几模型另存为“茶几贴图.max”。

步骤 2：单击工具栏中的(材质编辑器)按钮，弹出【材质编辑器】对话框。在【材质编辑器】对话框中单击第 1 个示例球并命名为“木纹”，如图 2.100 所示。

步骤 3：单击 Standard 按钮，弹出【材质/贴图浏览器】对话框，在【材质/贴图浏览器】对话框中双击 光线跟踪 项。转为“光线跟踪”材质贴图，如图 2.101 所示。

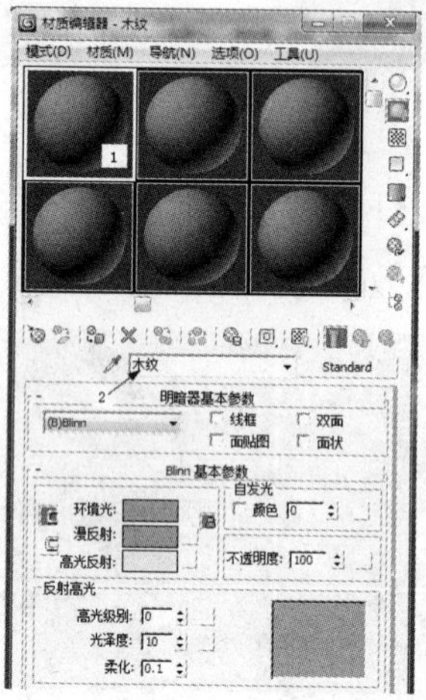

图 2.100

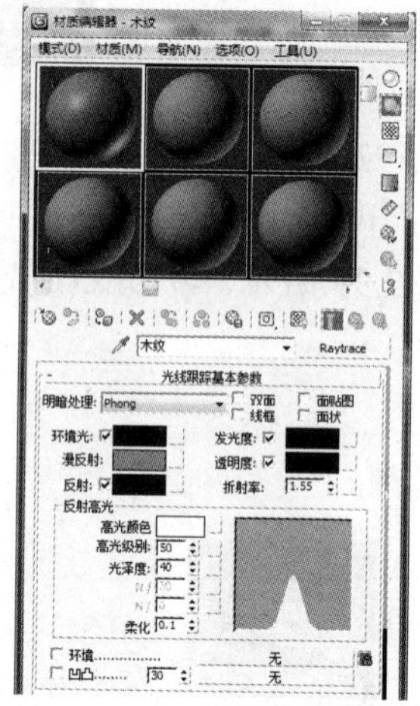

图 2.101

步骤 4：单击 漫反射 右边的 按钮，弹出【材质/贴图浏览器】对话框，在【材质/贴图浏览器】对话框中双击 位图 项。弹出【选择位图图像文件】对话框，具体设置如图 2.102 所示。

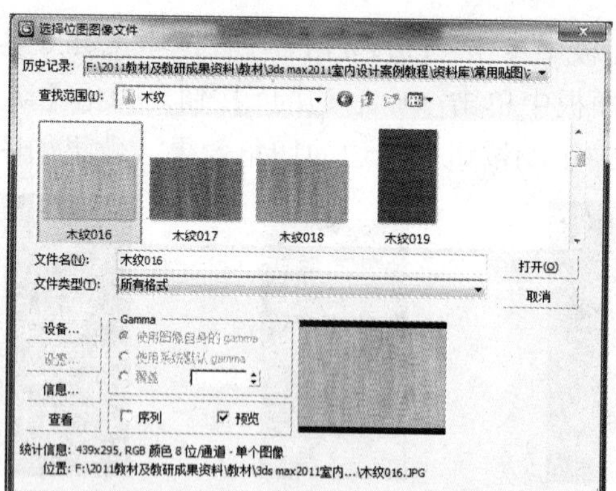

图 2.102

步骤 5：单击 打开(O) 按钮，返回【材质编辑器】，单击(转到父对象)按钮，如图 2.103 所示。

步骤 6：单击反射: ☑中的☑按钮，☑按钮变成□形式，再单击□按钮，使颜色控制变成Fresnel控制，如图 2.104 所示。

步骤 7：将鼠标放到漫反射右边的M按钮上，按住鼠标左键不放拖到凹凸右边的无按钮上松开鼠标，弹出【复制(实例)贴图】对话框，具体设置如图 2.105 所示。单击 确定 即可将漫反射复制给凹凸贴图。

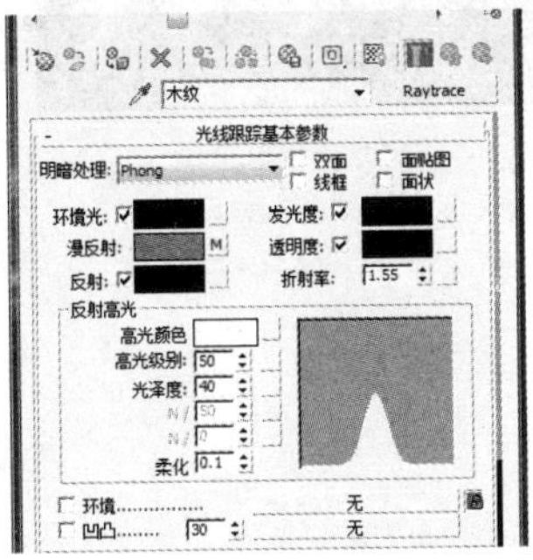

图 2.103

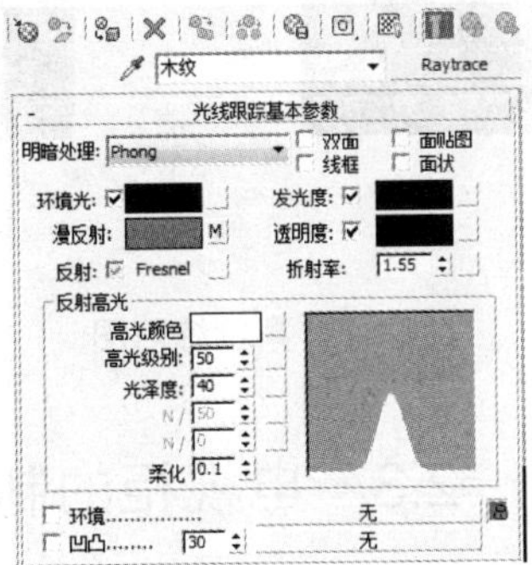

图 2.104

图 2.105

步骤 8：设置“光线跟踪基本参数”。具体设置如图 2.106 所示。

步骤 9：选中场景中的所有对象，在【材质编辑器】中单击(将材质指定给选定对象)按钮。

步骤 10：在工具栏中单击(渲染产品)按钮，效果如图 2.107 所示。

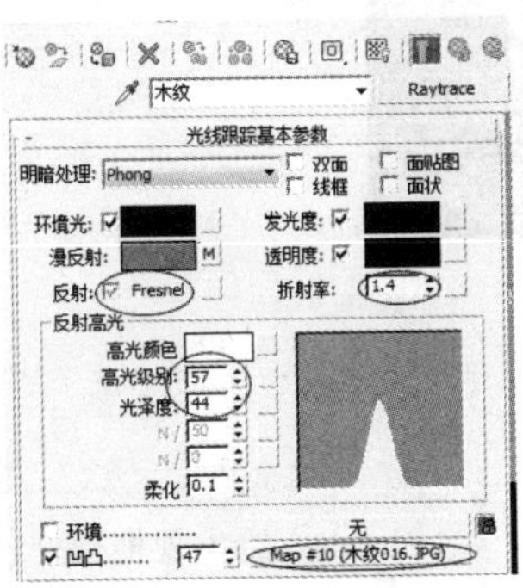

图 2.106

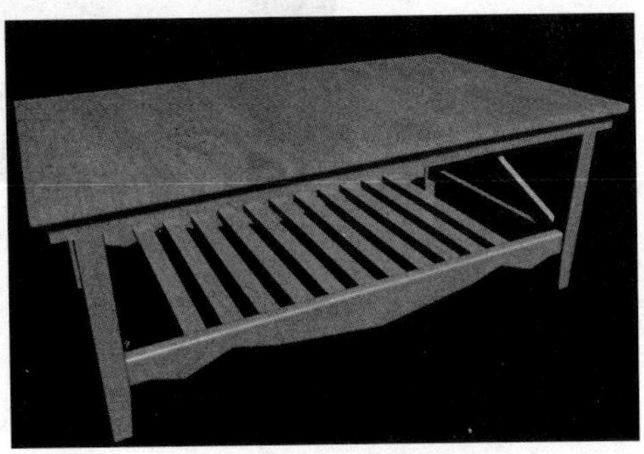

图 2.107

步骤 11：保存文件。按 Ctrl+S 键。

四、拓展训练

制作如下图所示的茶几效果。

(a)

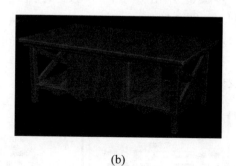
(b)

案例练习图

2.3 电视柜的制作

一、案例效果

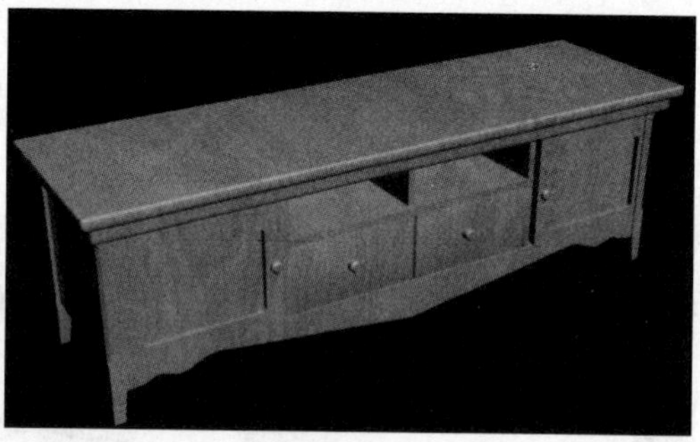

案例效果图

二、案例制作流程(步骤)分析

启动 3ds Max 2011，设置单位 → 使用 3ds Max 中的相关命令制作电视柜模型 → 给电视柜模型添加材质贴图

【参考视频】

三、详细操作步骤

1. 设置单位

步骤 1： 启动 3ds Max 2011 并保存文件为“电视柜.max”。

步骤 2： 设置单位。单位的设置同 2.1 节中的单位设置完全一样。

2. 制作电视柜模型

1) 制作电视柜的框架

步骤 1： 在【浮动】面板中单击 长方体 按钮。在顶视图中创建一个长方体并命名为“电视柜脚”。具体参数设置如图 2.108 所示。

步骤 2： 将“电视柜脚”转换为可编辑多边形，在“电视柜脚”上右击，在弹出的快捷菜单中选择 转换为: → 转换为可编辑多边形 命令，将“电视柜脚”转换为可编辑多边形。

步骤 3： 在【浮动】面板中单击◁(边)按钮。在透视图中选择 4 条轮廓边，如图 2.109 所示。

步骤 4： 在【浮动】面板中单击 连接 右边的□按钮。弹出【连接边】设置对话框，具体设置如图 2.110 所示。单击☑(确定)按钮完成边的切角效果。效果如图 2.111 所示。

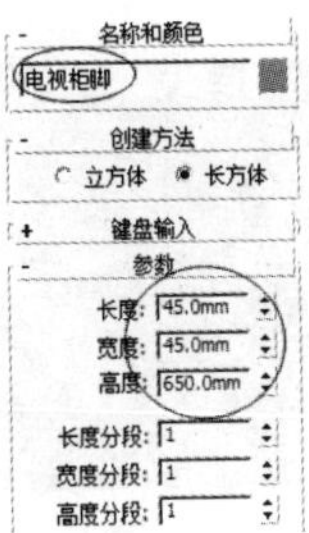

图 2.108

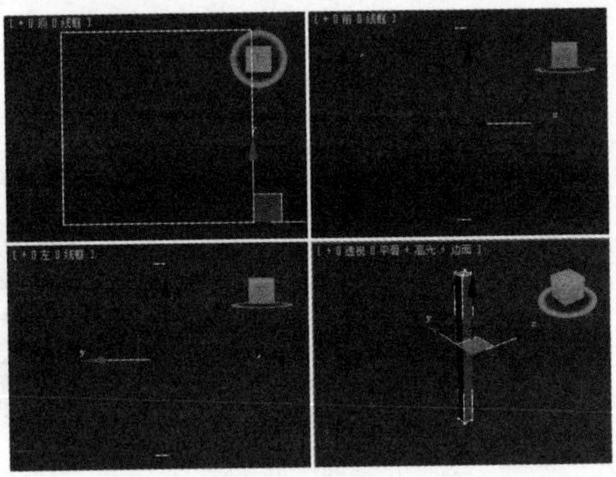

图 2.109

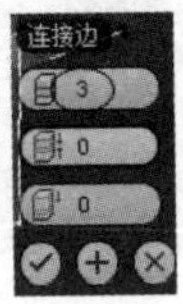

图 2.110

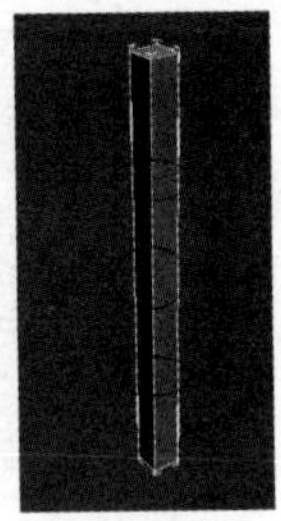

图 2.111

步骤 5： 在【浮动】面板中单击∵(顶点)按钮。在各个视图中调节点的位置，最终效果如图 2.112 所示。

步骤 6： 在【浮动】面板中单击◁(边)按钮。在视图中选择如图 2.113 所示的边。

步骤 7： 在【浮动】面板中单击 切角 右边的□按钮。弹出【切角】设置对话框。具体设置如图 2.14 所示。单击☑(确定)按钮完成边的切角效果。效果如图 2.115 所示。

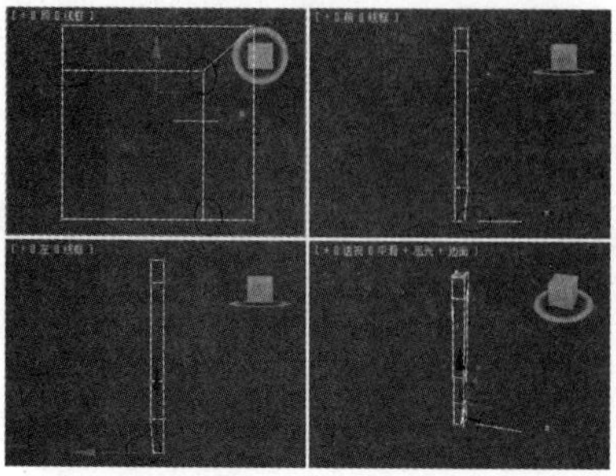

图 2.112

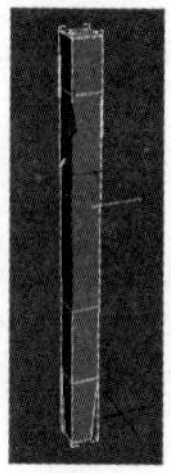

图 2.113

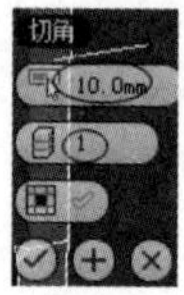

图 2.114

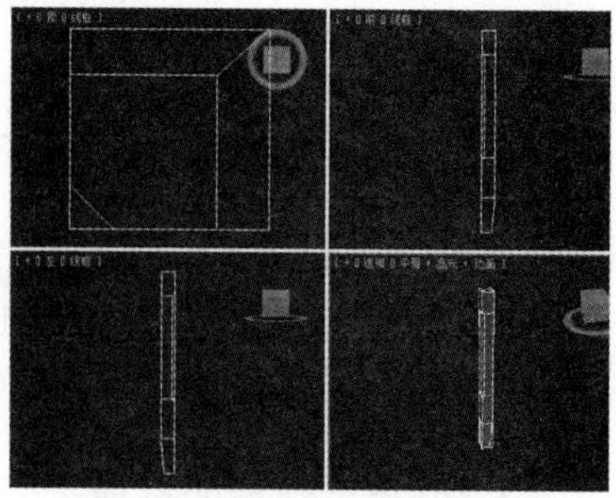

图 2.15

步骤 8：根据前面所学知识，使用(镜像)命令以实例的方式再复制 3 条“电视柜脚”，调整好位置，如图 2.116 所示。

步骤 9：在【浮动】面板中选择(图形)→ 矩形 命令，在前视图中绘制如图 2.117 所示的矩形。

步骤 10：将矩形转换为可编辑样条线。在“矩形”上右击，在弹出的快捷菜单中选择转换为:→转换为可编辑样条线命令，将“矩形”转换为可编辑样条线。

步骤 11：在【浮动】面板中单击(边)按钮。在前视图中单选“矩形”下边线段。在 拆分 右边的文本输入框中输入数值“7”。再单击 拆分 按钮，将选中的线段拆分为 7 段，如图 2.118 所示。

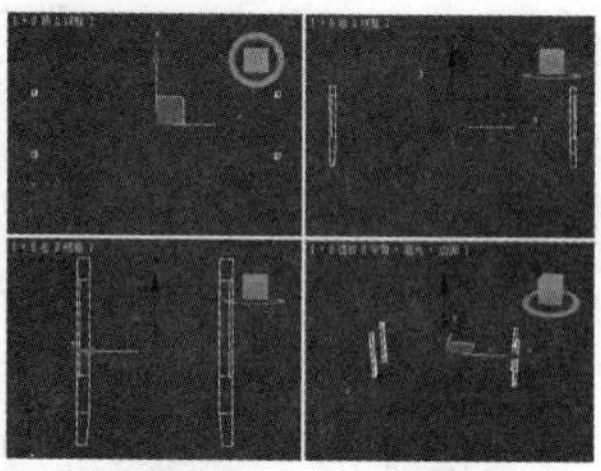

图 2.116

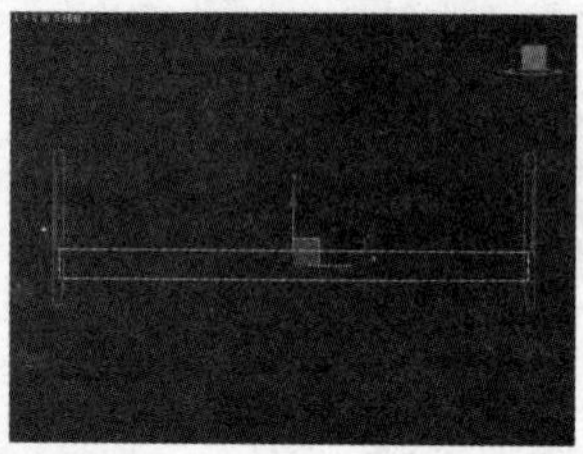

图 2.117

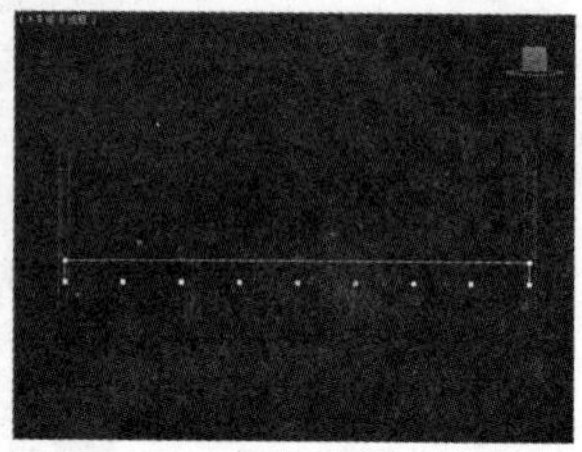

图 2.118

步骤 12：在【浮动】面板中单击(顶点)按钮。在前视图中调节点的位置，如图 2.119 所示。

步骤 13：选中调整好位置的 7 个点，在【浮动】面板中单击 圆角 按钮。在 圆角 右边的文本输入框中输入数值“28”，即可得到如图 2.120 所示的圆角效果。

步骤 14：在【浮动】面板中单击(修改)项，再单击 修改器列表 右边的按钮，在弹出的下拉菜单中选择 挤出 命令。具体参数设置如图 1.121 所示。

步骤 15：将挤出的物体转换为可编辑多边形。在挤出的物体上右击，在弹出的快捷菜

单中选择 转换为: → 转换为可编辑多边形 命令，将挤出的物体转换为可编辑多边形。

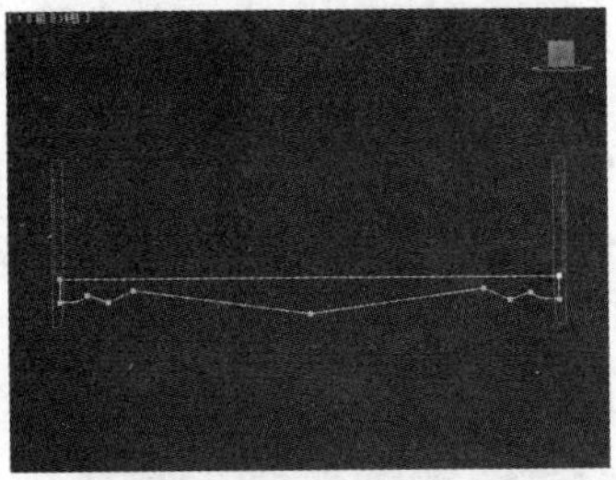

图 2.119

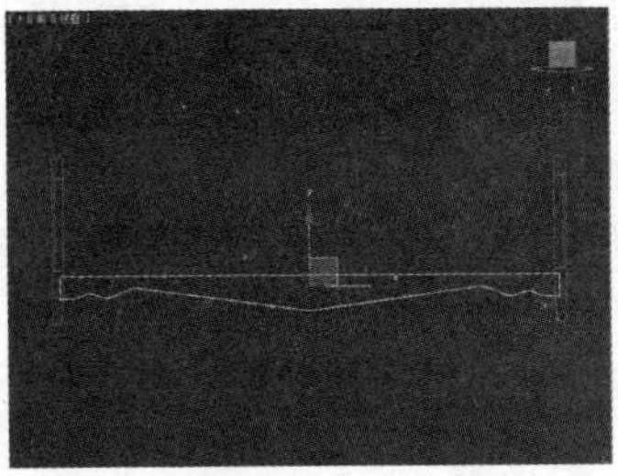

图 2.120

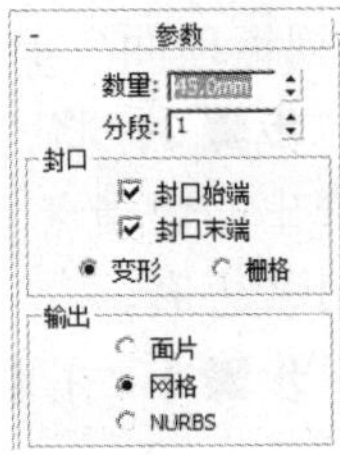

图 2.121

步骤 16：在【浮动】面板中单击◁(边)按钮，在视图中选择下边的两条曲线段，即图 2.122 所示红色的曲线段。

步骤 17：在【浮动】面板中单击 切角 右边的□按钮，弹出【切角】对话框，具体设置如图 1.123 所示。单击☑(确定)按钮完成边的切角效果，切角效果如图 2.124 所示。

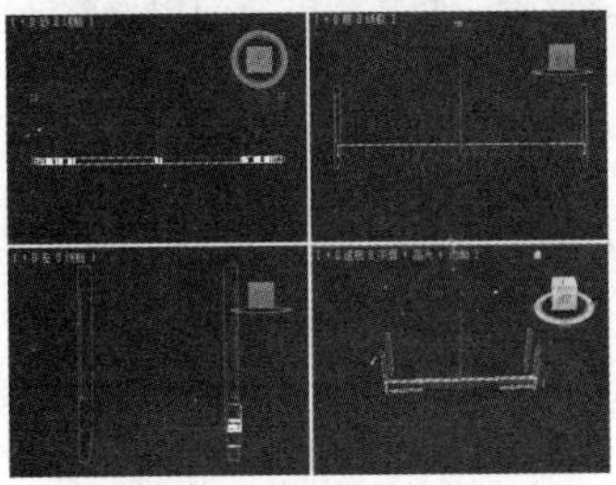

图 2.122

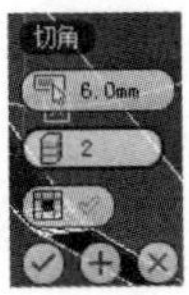

图 2.123

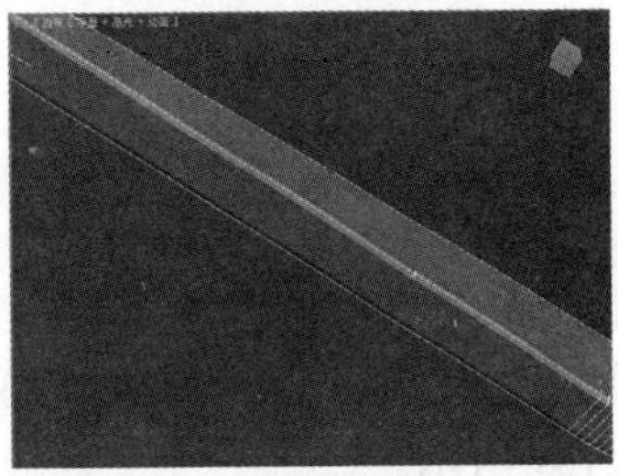

图 2.124

步骤 18：将切角好的对象再以实例方式复制一个，调整好位置如图 2.125 所示。

步骤 19：使用【浮动】面板中的 长方体 工具，创建 9 个长方体，调整好位置，如图 2.126 所示。

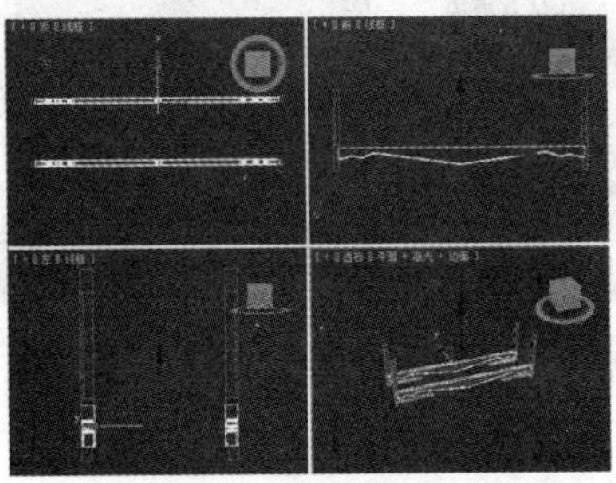

图 2.125

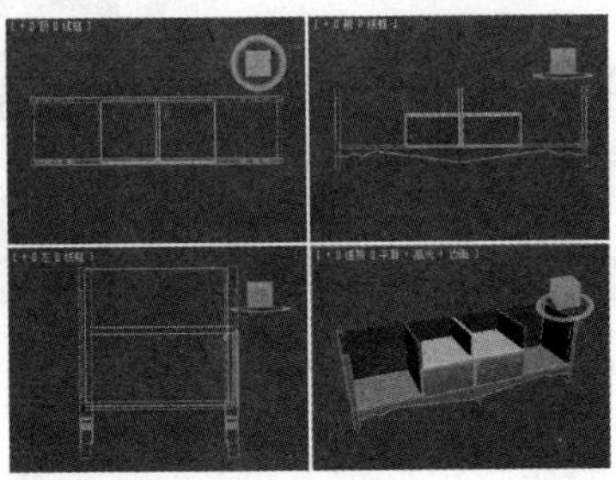

图 2.126

2) 制作“电视柜”的顶面

步骤 1：单击【浮动】面板中的 长方体 工具按钮，在顶视图创建一个立方体并命名为“电视柜顶面”，具体参数设置如图 2.127 所示。

步骤 2：将“电视柜顶面”转换为可编辑多边形。在“电视柜顶面”的物体上右击，在弹出的快捷菜单中选择 转换为: → 转换为可编辑多边形 命令，将“电视柜顶面”的物体转换为可编辑多边形。

步骤 3：在【浮动】面板中单击■(多边形)，在透视图中选择如图 2.128 所示的面。

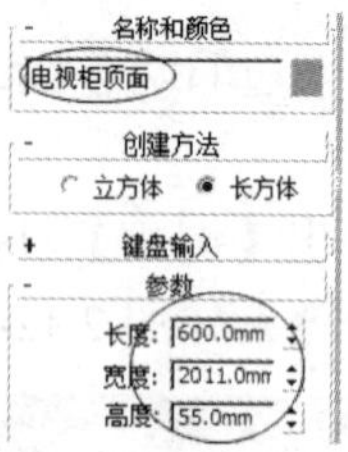

图 2.127

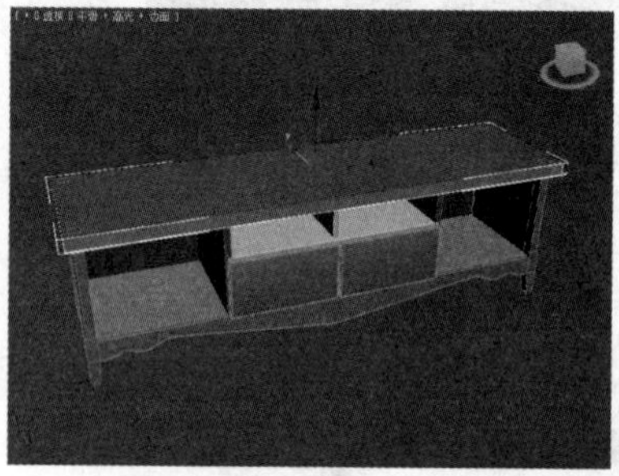

图 2.128

步骤 4：在【浮动】面板中单击 倒角 右边的□按钮。弹出【倒角】参数对话框，具体设置如图 2.129 所示。单击☑(确定)按钮完成倒角。再单击 倒角 右边的□按钮，弹出【倒角】参数对话框，具体设置如图 2.130 所示。单击☑(确定)按钮完成倒角参数设置。最终效果如图 2.131 所示。

步骤 5：方法同 2.1 节中茶几顶面制作方法，对“电视柜顶面”进行切角处理。最终效果如图 2.132 所示。

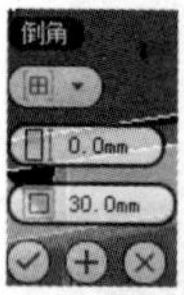

图 2.129

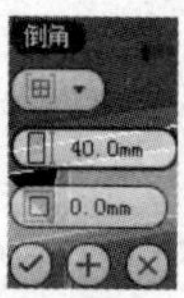

图 2.130

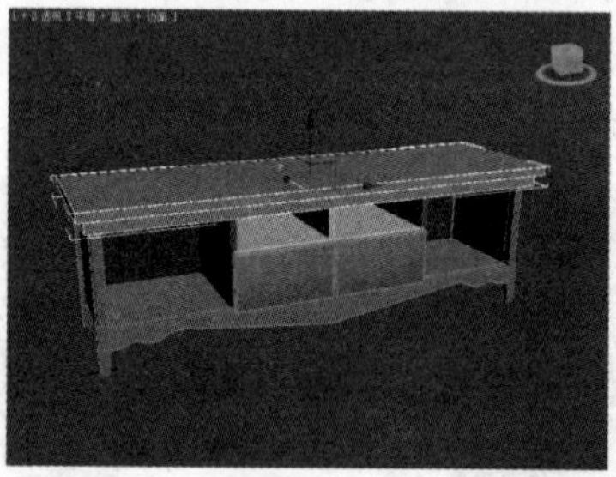

图 2.131

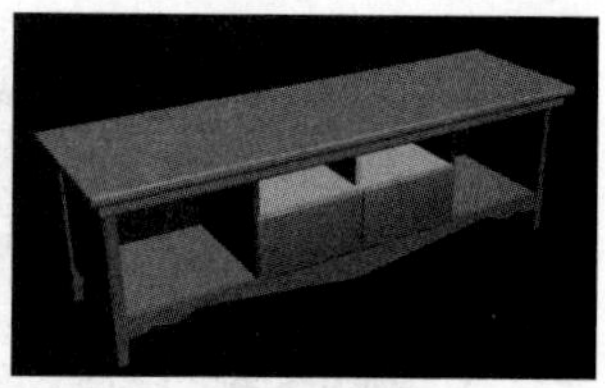

图 2.132

3) 制作“电视柜”的门

步骤 1：在【浮动】面板中单击 线 按钮，在前视图中绘制两条闭合曲线，如图 2.133

所示。

步骤 2：单选外面的闭合曲线。在【浮动】面板中单击 附加 按钮，将鼠标移到里面的闭合曲线上，此时鼠标变成形状，单击即可将该曲线附加为一个对象。

步骤 3：再单击 修改器列表 右边的按钮，在弹出的下拉菜单中选择 挤出 命令。具体参数设置如图 2.134 所示。

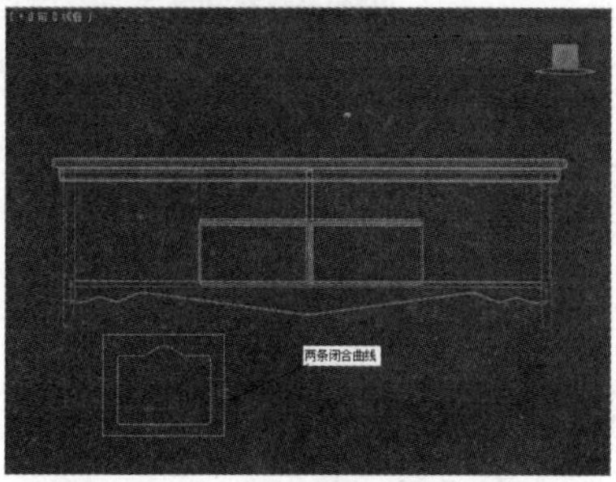

图 2.133

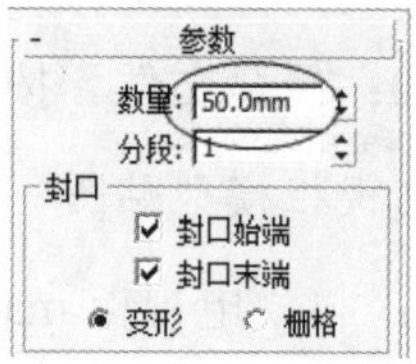

图 2.134

提示：图 2.133 中的曲线可以使用“矩形”工具创建两个矩形，将创建的矩形转换为可编辑样条线，将样条线拆分段数。再对样条线中的顶点进行调节。

步骤 4：调整好位置，在各个视图中的效果如图 2.135 所示。

步骤 5：使用【浮动】面板中的 长方体 工具，创建 1 个长方体并命名为“门 01”，调整好位置，如图 2.136 所示。

步骤 6：选中“门 01”和第 3 步挤出的物体，按 G 键，弹出【组】对话框，具体设置如图 2.137 所示。单击 确定 按钮，完成对象群组操作。

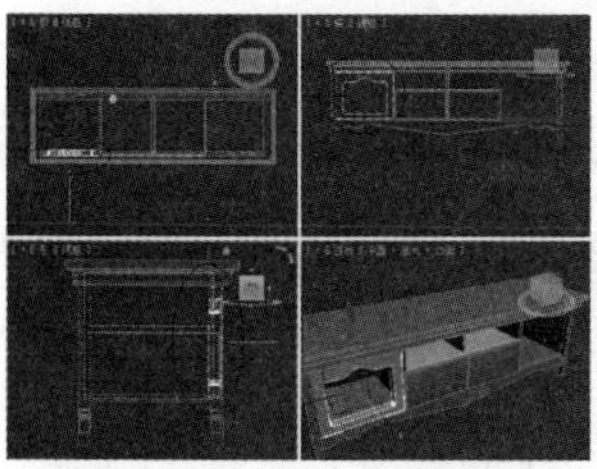

图 2.135

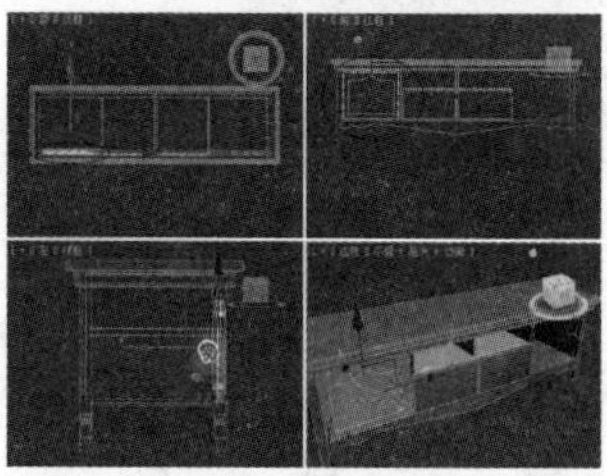

图 2.136

图 2.137

步骤 7：将“电视柜门”以实例方式复制一个，调整好位置，效果如图 2.138 所示。

步骤 8：在【浮动】面板中单击 标准基本体 ，在下拉菜单中选择 扩展基本体 命令，转到扩展基本体基本类型。单击 切角圆柱体 按钮，在前视图中创建一个切角圆柱体并命名为“门拉手”。具体参数设置如图 2.139 所示。

步骤 9：将“门拉手”以实例的方式复制 3 个，调整好位置，如图 2.140 所示。

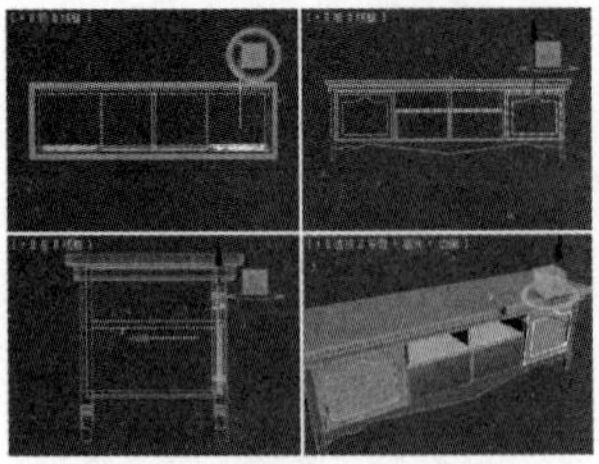

图 2.138

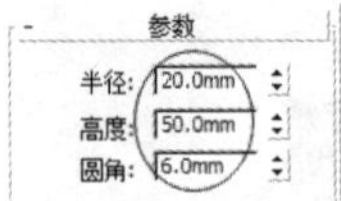

图 2.139

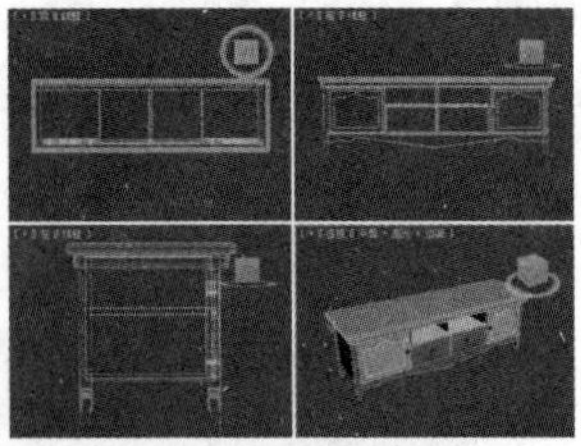

图 2.140

步骤 10：保存文件。按 Ctrl＋S 键。

3. 给电视柜模型贴图

步骤 1：将“电视柜.max”文件另存为“电视柜贴图.max”文件。

步骤 2：单击工具栏中的(材质编辑器)按钮，弹出【材质编辑器】对话框。在【材质编辑器】对话框中单击第 1 个示例球并命名为“木纹”，如图 2.141 所示。

步骤 3：单击 Standard 按钮，弹出【材质/贴图浏览器】对话框，在【材质/贴图浏览器】对话框中双击光线跟踪项。转为“光线跟踪”材质贴图，如图 2.142 所示。

步骤 4：单击漫反射右边的按钮，弹出【材质/贴图浏览器】对话框，在【材质/贴图浏览器】对话框中双击■位图 项。弹出【选择位图图像文件】对话框，具体设置如图 2.143 所示。

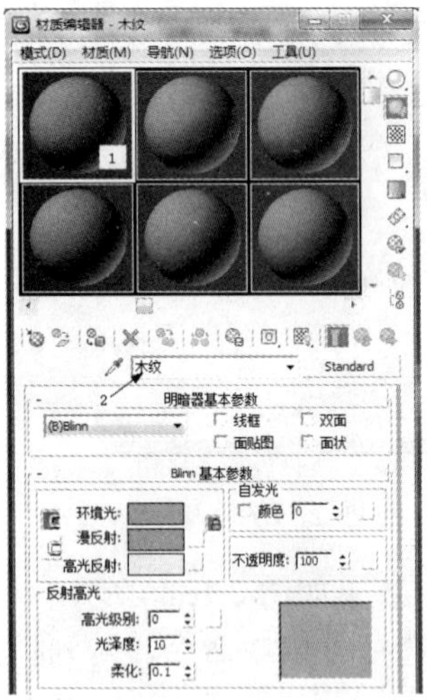

图 2.141

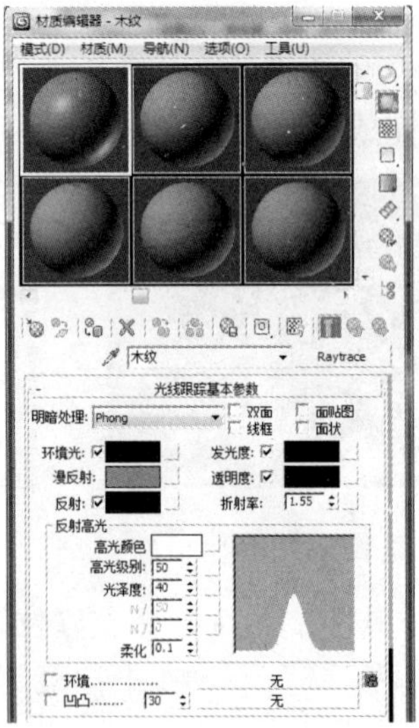

图 2.142

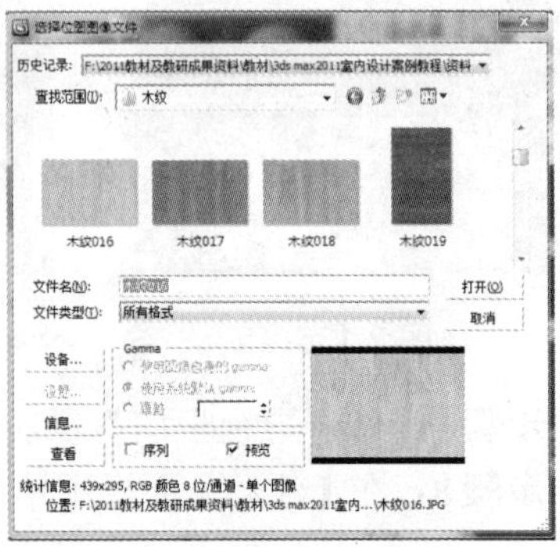

图 2.143

步骤 5：单击 打开(O) 按钮，返回【材质编辑器】，单击(转到父对象)按钮，如图 2.144 所示。

步骤 6：单击反射: 中的按钮，按钮变成形式。再单击按钮，使颜色控制变成 Fresnel 控制，如图 2.145 所示。

步骤 7：将鼠标放到漫反射右边的 M 按钮上，按住鼠标左键不放拖到凹凸右边的无按钮上松开鼠标，弹出【复制(实例)贴图】对话框，具体设置如图 2.146 所示。单击 确定 即可将漫反射复制给凹凸贴图。

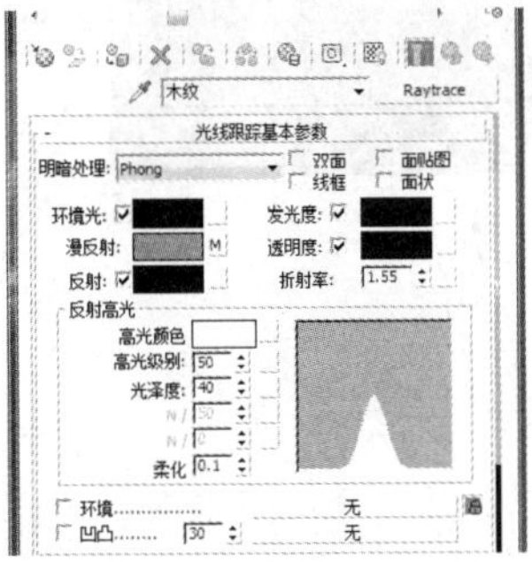

图 2.144

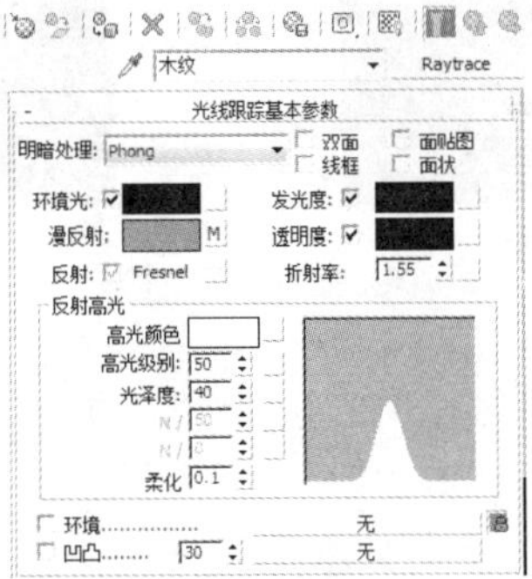

图 2.145

图 2.146

步骤 8：设置“光线跟踪基本参数”。具体设置如图 2.147 所示。

步骤 9：选中场景中的所有对象，在【材质编辑器】中单击(将材质指定给选定对象)按钮。

步骤 10：单击 修改器列表 右边的按钮，在弹出的下拉菜单中选择 UVW 贴图 命令。具体参数设置如图 2.148 所示。

步骤 11：在工具栏中单击(渲染产品)按钮，效果如图 2.149 所示。

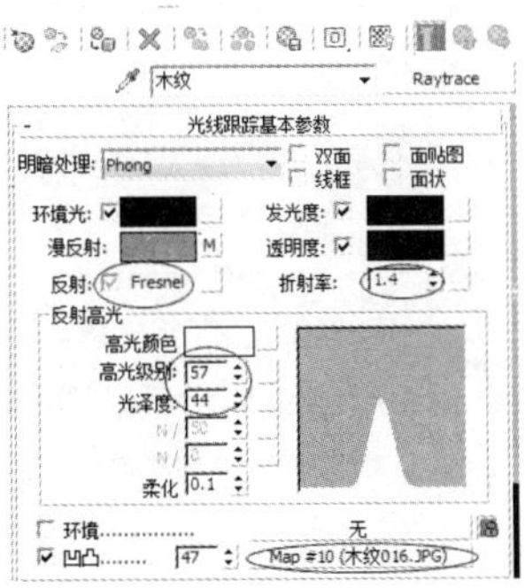

图 2.147

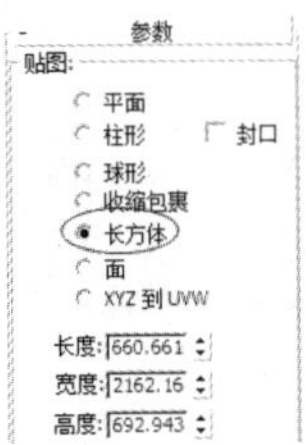

图 2.148

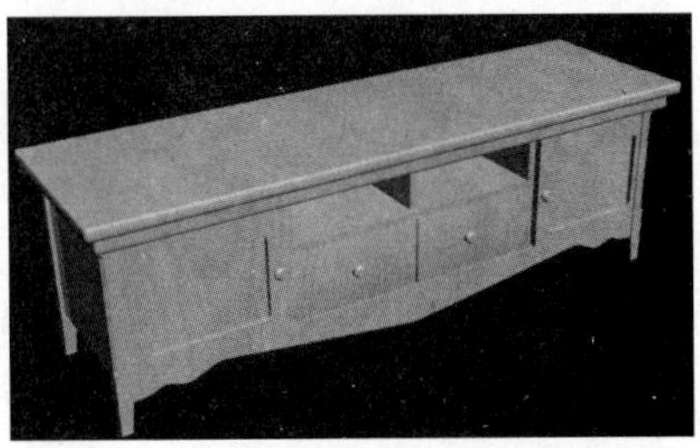

图 2.149

步骤 12：保存文件。按 Ctrl+S 键。

四、拓展训练

制作如下图所示的电视柜效果。

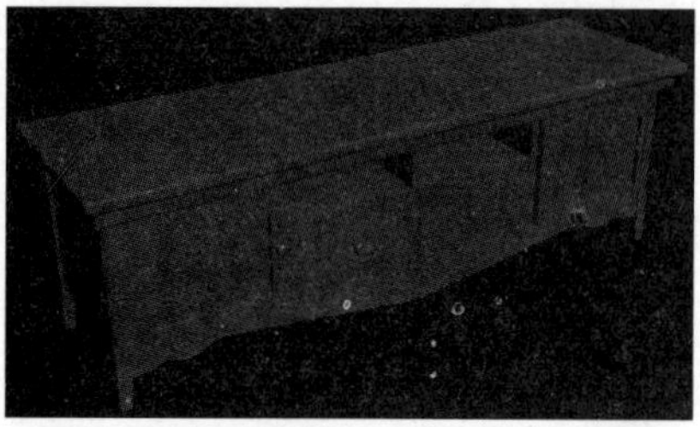

(a)

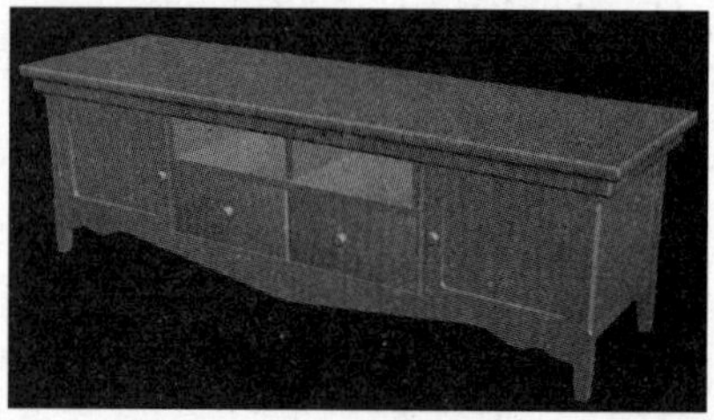

(b)

案例练习图

2.4 沙发的制作

一、案例效果

案例效果图

二、案例制作流程(步骤)分析

启动 3ds Max 2011，设置单位 → 使用 3ds Max 中的相关命令制作沙发和沙发垫模型 → 给沙发和沙发垫模型添加材质贴图

【参考视频】

三、详细操作步骤

1. 设置单位

步骤 1： 启动 3ds Max 2011 并保存文件为“沙发.max”。

步骤 2： 设置单位。单位的设置同 2.1 节中的单位设置完全一样。

2. 制作沙发模型

步骤 1： 在【浮动】面板中单击 长方体 按钮，在顶视图中创建一个长方体并命名为“沙发腿”，具体参数设置如图 2.150 所示。

步骤 2： 将“沙发腿”转换为可编辑多边形。在“沙发腿”的物体上右击，在弹出的快捷菜单中选择 转换为: → 转换为可编辑多边形 命令，将“沙发腿”的物体转换为可编辑多边形。

步骤 3： 调节“沙发腿”中顶点的位置。在【浮动】面板中单击∴(顶点)按钮。在视图中调节定点的位置。调节之后的效果如图 2.151 所示。

步骤 4： 对“沙发腿”进行切角处理，最终效果如图 2.152 所示。

图 2.150

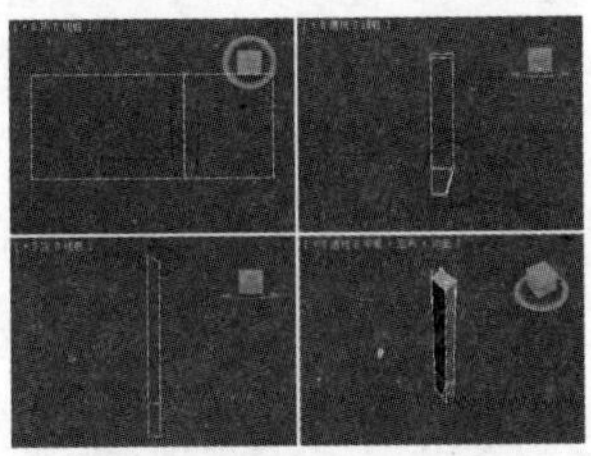

图 2.151

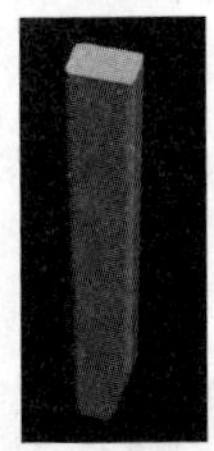

图 2.152

步骤 5： 将“沙发腿”以实例方式再复制一个并调整好位置，如图 2.153 所示。

步骤 6： 在【浮动】面板中 (图形)→ 线 按钮，在左视图中绘制如图 2.154 所示的闭合曲线并命名为“沙发腿横条”。

步骤 7： 在【浮动】面板中单击 修改器列表 ，弹出下拉菜单，在下拉菜单中单击 挤出 命令，具体参数设置如图 2.155 所示。调整好位置，在各个视图中的位置如图 2.156 所示。

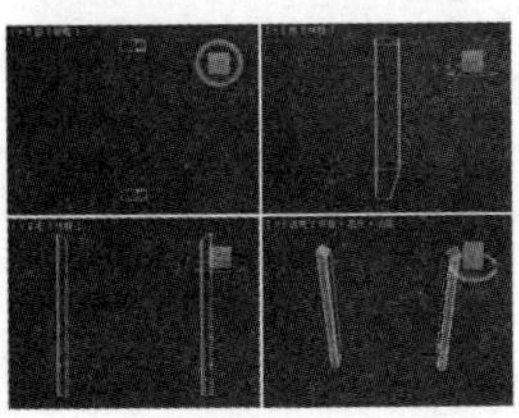

图 2.153

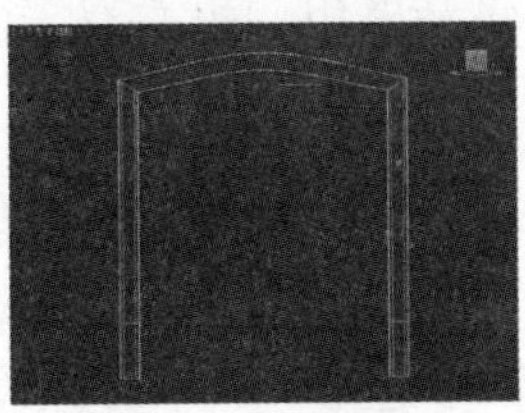

图 2.154

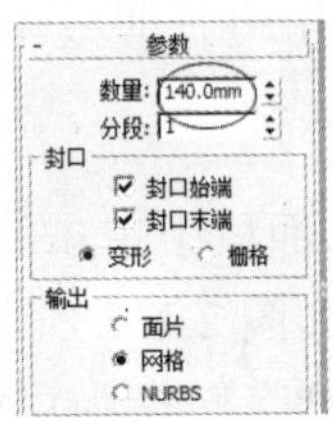

图 2.155

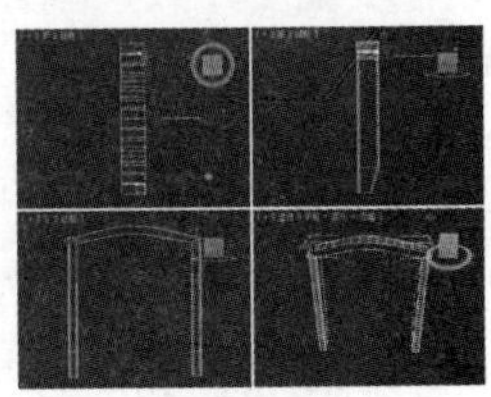

图 2.156

步骤 8：方法同步骤 6～7，再制作 1 个“沙发腿横条 01”，如图 2.157 所示。

步骤 9：方法同步骤 6～7。再制作 2 个“沙发腿横条 02”和“沙发腿横条 03”，如图 2.158 所示。

步骤 10：在菜单栏中选择 组(G) → 成组(G) 命令，弹出【组】对话框，具体设置如图 2.159 所示。单击 确定 按钮完成成组操作。

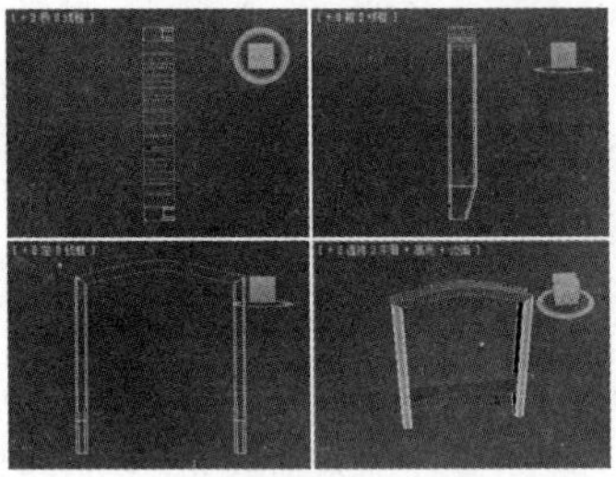

图 2.157

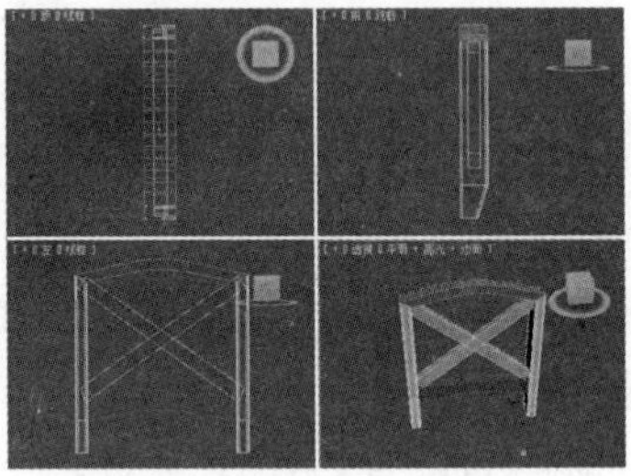

图 2.158

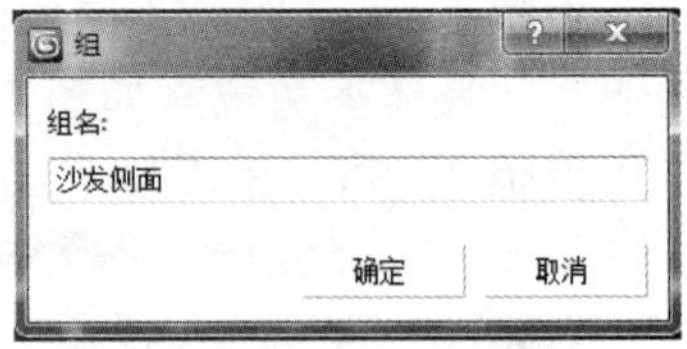

图 2.159

步骤 11：将“沙发侧面”再以实例方式镜像一个，在各个视图中的位置如图 2.160 所示。

步骤 12：方法同步骤 6～7，再制作 2 个“沙发腿横条 04”和“沙发腿横条 05”，如图 2.161 所示。

步骤 13：在【浮动】面板中单击 长方体 按钮，再创建两个立方体，调整好位置，如图 2.162 所示。

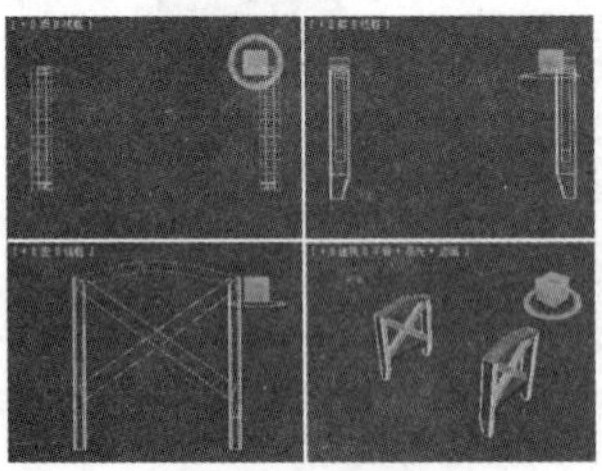

图 2.160

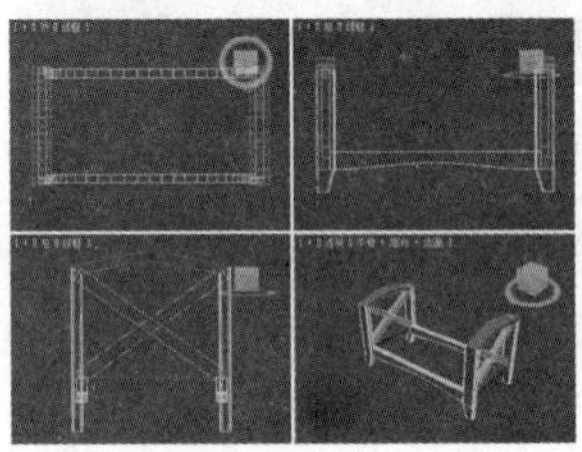

图 2.161

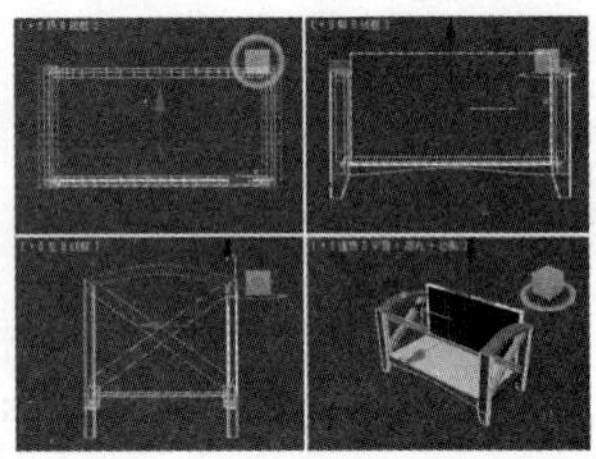

图 2.162

步骤 14：选中视图中所有的对象，将其成组，组名为“沙发支架”。

3. 制作沙发坐垫

步骤 1：在【浮动】面板中单击 长方体 按钮，在顶视图中创建一个长方体并命名为“沙发垫”，具体参数设置如图 2.163 所示。

步骤 2：将“沙发垫”转换为可编辑多边形。在“沙发垫”的物体上右击，在弹出的快捷菜单中选择 转换为: → 转换为可编辑多边形 命令，将“沙发垫”的物体转换为可编辑多边形。

步骤 3：在【浮动】面板中单击修改器列表，弹出下拉菜单，在下拉菜单中选择涡轮平滑命令，具体参数设置如图 2.164 所示。

步骤 4：将“沙发垫”再转换为可编辑多边形。在“沙发垫”的物体上右击，在弹出的快捷菜单中选择转换为:→转换为可编辑多边形命令，将“沙发垫”的物体转换为可编辑多边形。

步骤 5：再复制 3 个“沙发垫”，调整好位置，最终效果如图 2.165 所示。

图 2.163

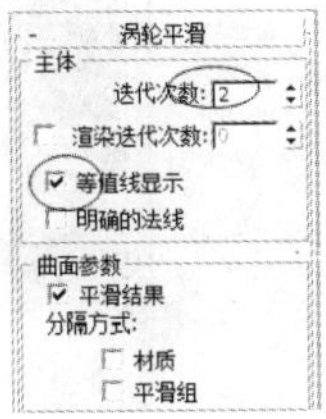

图 2.164

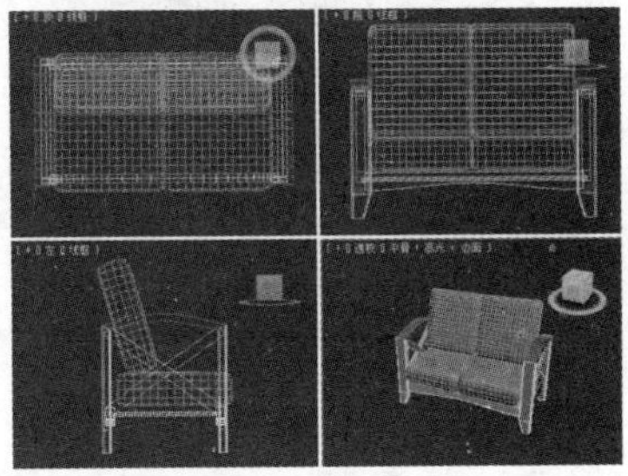

图 2.165

步骤 6：在视图中选择两个靠垫，在【浮动】面板中单击修改器列表，弹出下拉菜单，在下拉菜单中选择 FFD 4x4x4 命令，在视图中调解 FFD 4x4x4 的控制点，最终效果如图 2.166 所示。

步骤 7：在工具栏中单击(渲染产品)按钮，效果如图 2.167 所示。

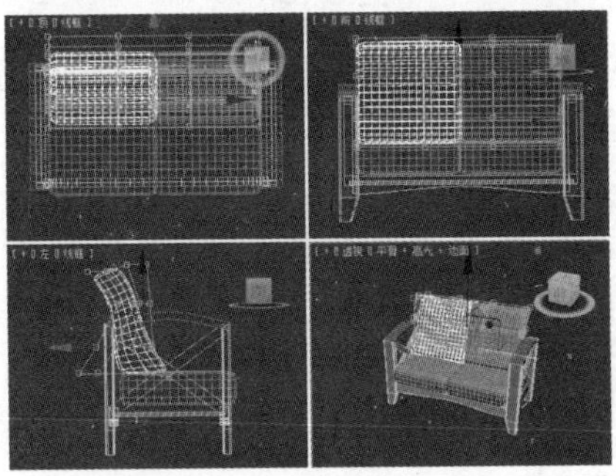

图 2.166

图 2.167

步骤 8：保存文件。按 Ctrl+S 键即可保存文件。

4. 制作沙发材质

1) 制作布纹材质

步骤 1：将“沙发.max”文件另存为“沙发贴图.max”文件。

步骤 2：在菜单栏中单击(材质编辑器)按钮。弹出【材质编辑器】对话框，在【材质编辑器】中单击第 1 个材质示例球，并命名为“布纹材质”，如图 2.168 所示。

步骤 3：单击漫反射右边的按钮，弹出【材质/贴图浏览器】对话框，在该对话框中双击衰减命令，返回【材质编辑器】对话框，如图 2.169 所示。

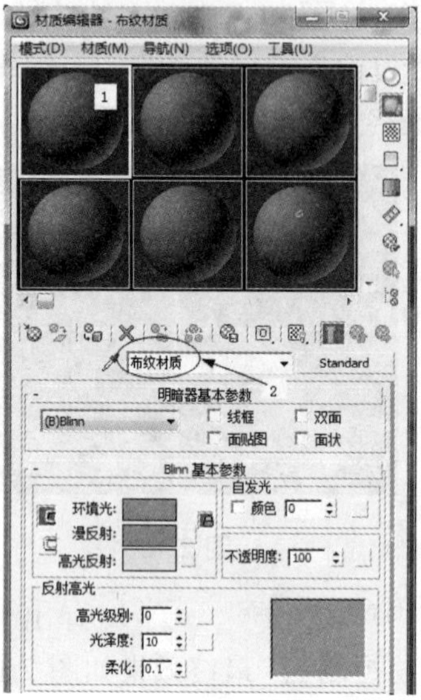

图 2.168

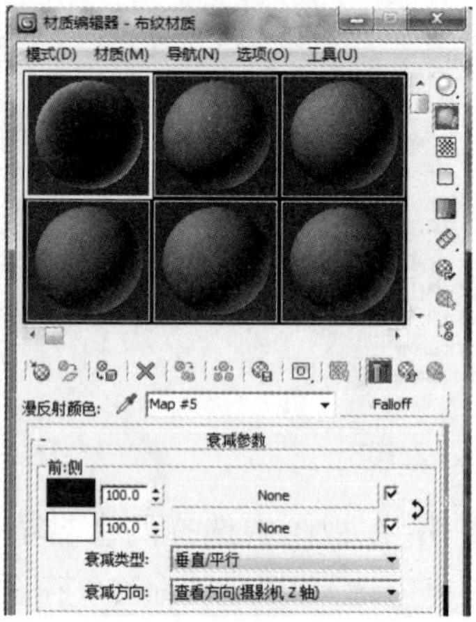

图 2.169

步骤 4：单击右边的None按钮，弹出【材质/贴图浏览器】对话框，在该对话框中双击位图命令，弹出【选择位图图像文件】对话框，如图 2.170 所示。

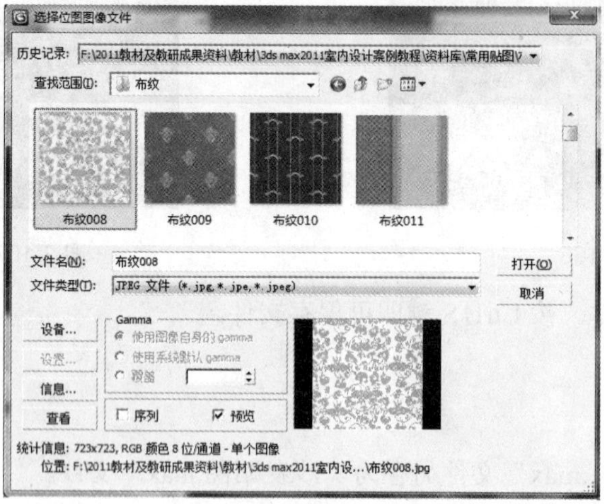

图 2.170

步骤 5：单击打开(O)按钮，返回【材质编辑器】对话框，单击(转到父对象)按钮，返回上一级，再单击(转到父对象)按钮。

步骤 6：在贴图卷展栏中单击凹凸右边的None按钮，弹出【材质/贴图浏览器】对话框，在该对话框中双击位图命令。弹出【选择位图图像文件】对话框，如图 2.171 所示。

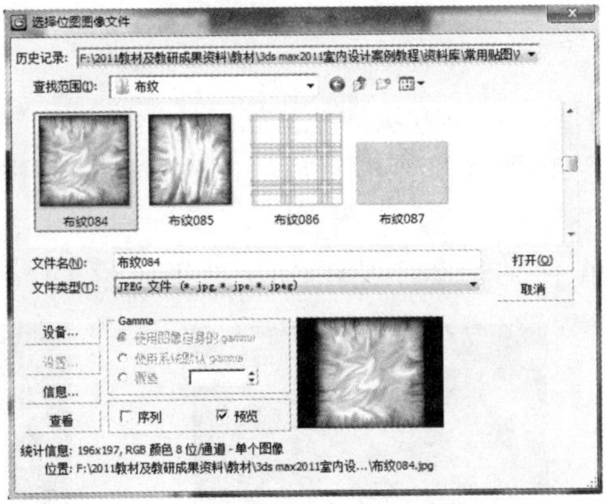

图 2.171

步骤 7：单击打开(O)按钮，返回【材质编辑器】对话框，具体参数设置如图 2.172 所示。

步骤 8：单击(转到父对象)按钮，返回上一级，具体参数设置如图 2.173 所示。

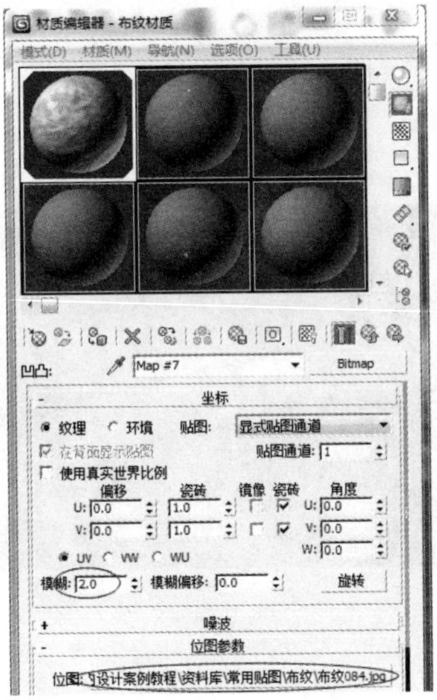

图 2.172

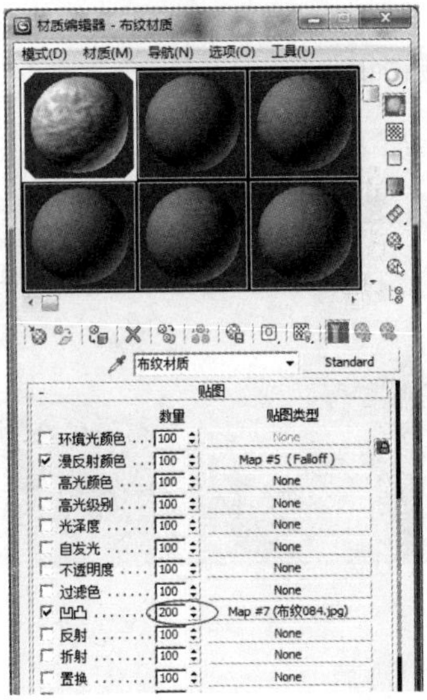

图 2.173

步骤 9：在视图中选择 4 个沙发垫，单击【材质编辑器】对话框中的(将材质指定给选定对象)按钮。

步骤 10：单击修改器列表，弹出下拉菜单，在下拉菜单中选择 UVW 贴图 命令，具体参数设置如图 2.174 所示。

步骤 11：在工具栏中单击(渲染产品)按钮，效果如图 2.175 所示。

2) 木纹材质的制作

步骤 1：沙发的木纹材质的制作方法同 2.3 节中的“电视柜”的木纹材质制作方法一样，同学们可参考 2.3 节中的“电视柜”木纹材质的制作方法。制作好后，将其赋予“沙发支架”。

步骤 2：在工具栏中单击(渲染产品)按钮，效果如图 2.176 所示。

图 2.174

图 2.175

图 2.176

四、拓展训练

制作如下图所示的沙发效果。

(a)

(b)

案例练习图

2.5　等离子电视的制作

一、案例效果

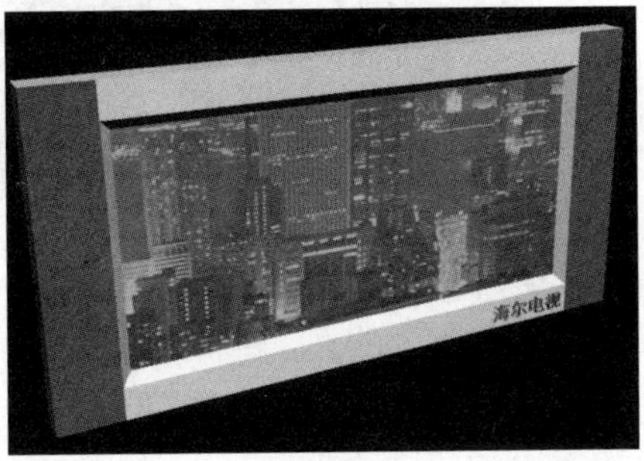

案例效果图

二、案例制作流程(步骤)分析

启动 3ds Max 2011，设置单位 → 使用 3ds Max 中的相关命令等离子电视和文字的模型 → 给等离子电视和文字添加材质贴图

三、详细操作步骤

1. 设置单位

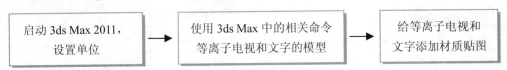

步骤 1：启动 3ds Max 2011 并保存文件为“等离子电视.max”。

步骤 2：设置单位。单位的设置同 2.1 节中的单位设置完全一样。

2. 制作等离子电视模型

步骤 1：在【浮动】面板中单击长方体按钮，在前视图中创建一个长方体并命名为“等离子电视”，具体参数设置如图 2.177 所示。

步骤 2：将“等离子电视”转换为可编辑多边形。在“等离子电视”的物体上右击，在弹出的快捷菜单中选择转换为→转换为可编辑多边形命令，将“等离子电视”的物体转换为可编辑多边形。

步骤 3：在【浮动】面板中单击◁(边)按钮，在视图中调节边的位置，如图 2.178 所示。

步骤 4：在【浮动】面板中单击■(多边形)按钮，在视图中选择所有的面，将材质 ID

【参考视频】

号设置为“1”，如图 2.179 所示。

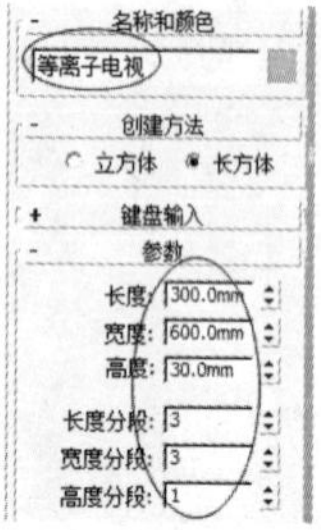

图 2.177

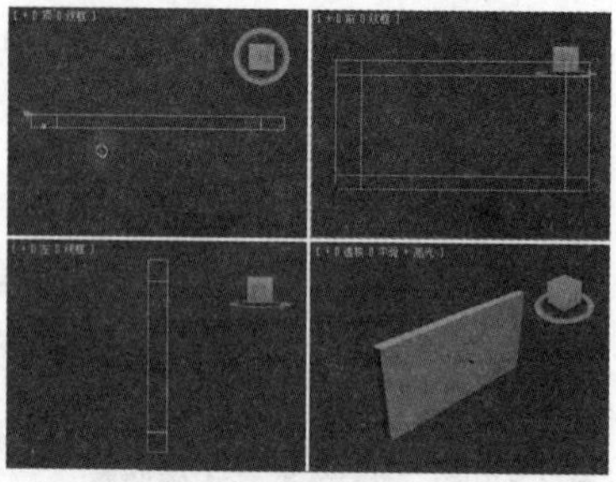

图 2.178

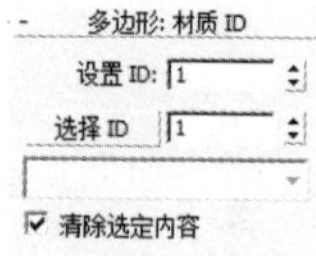

图 2.179

步骤 5：在视图中选择如图 2.180 所示的面，将材质 ID 号设置为“2”，如图 2.181 所示。

步骤 6：在【浮动】面板中单击 倒角 右边的□按钮。弹出【倒角】参数对话框，具体设置如图 2.182 所示。单击☑(确定)按钮完成倒角。在各视图中的效果如图 2.183 所示。

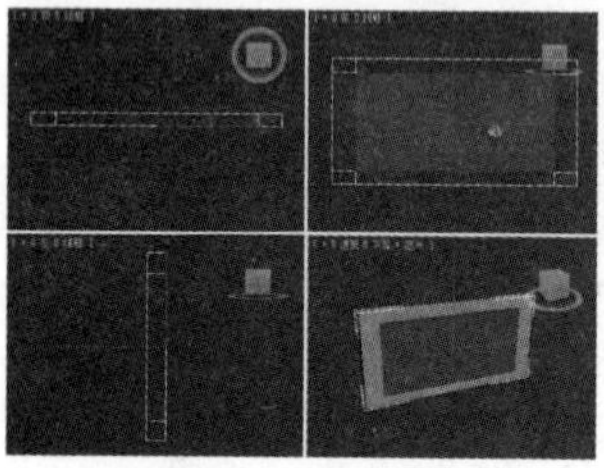

图 2.180

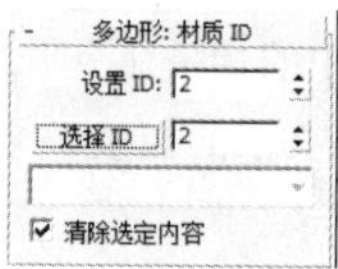

图 2.181

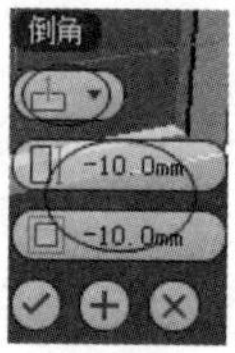

图 2.182

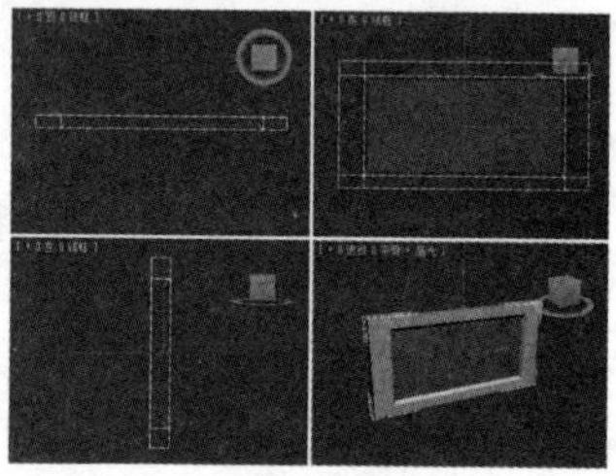

图 2.183

步骤 7：在工具栏中单击(选择对象)按钮，在前视图中选择如图 2.184 所示的面。在【浮动】面板中设置材质 ID 号为“3”，如图 2.185 所示。

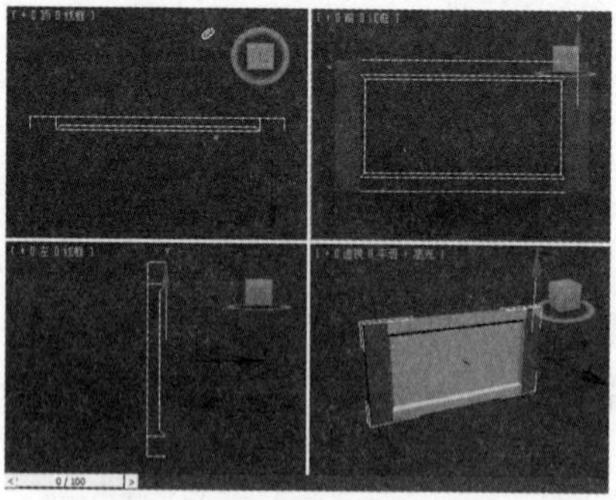

图 2.184

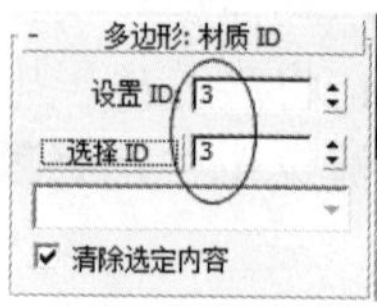

图 2.185

步骤 8：在【浮动】面板中单击(创建)→(图形)→ 文本 按钮。在文本输入框中输入“海尔电视”4 个字，具体参数设置如图 2.186 所示。在前视图中单击即可创建输入文字。

步骤 9：在【浮动】面板中单击(修改)按钮转到【修改命令】面板。单击 修改器列表 ，弹出下拉菜单，在下拉菜单中选择 倒角 命令，具体参数设置如图 2.187 所示。

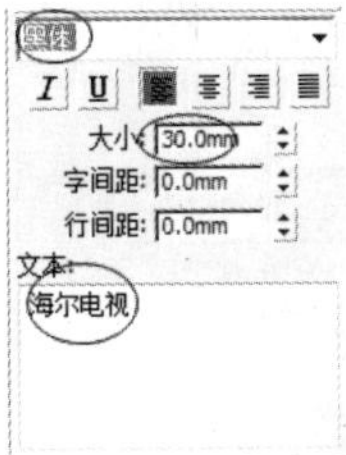

图 2.186

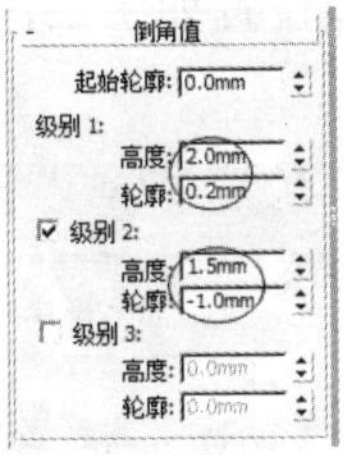

图 2.187

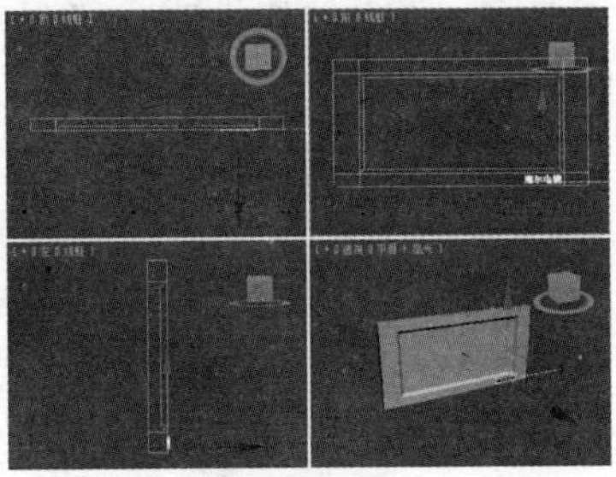

图 2.188

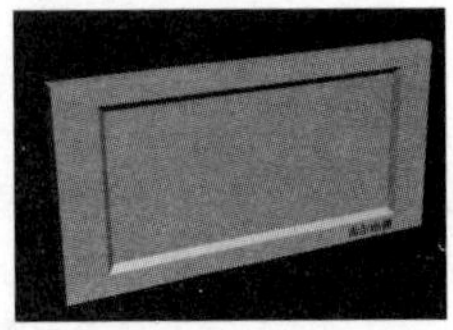

图 2.189

步骤 10：在视图中调整好倒角文字的位置，如图 2.188 所示。在工具栏中单击(渲染产品)按钮，效果如图 2.189 所示。

步骤 11：保存文件。按 Ctrl+S 键即可。

3. 制作等离子电视模型的材质

1) 制作“等离子电视贴图”

步骤 1：将“等离子电视.max”文件另存为“等离子电视贴图.max”文件。

步骤 2：在工具栏中单击(材质编辑)按钮，弹出【材质编辑器】对话框，在该对话框中单击第一个空白示例球，将其命名为“等离子电视贴图”。

步骤 3：在【材质编辑器】中单击 Standard 按钮，弹出【材质/贴图浏览器】对话框，在该对话框中双单击 多维/子对象 命令。弹出【替换材质】对话框，具体设置如图 2.190 所示。单击 确定 按钮，将标准材质替换为多维子材质。

步骤 4：单击 设置数量 按钮，弹出【设置材质数量】对话框，具体设置如图 2.191 所示。单击 确定 按钮，将材质数量改为 3，如图 2.192 所示。

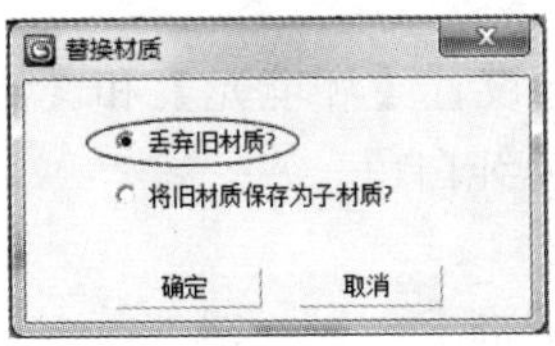

图 2.190

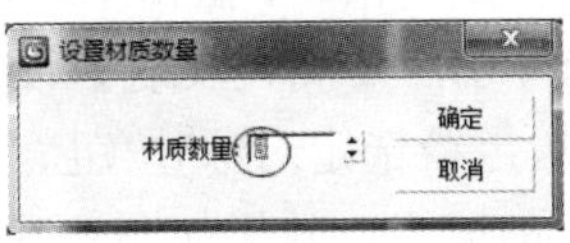

图 2.191

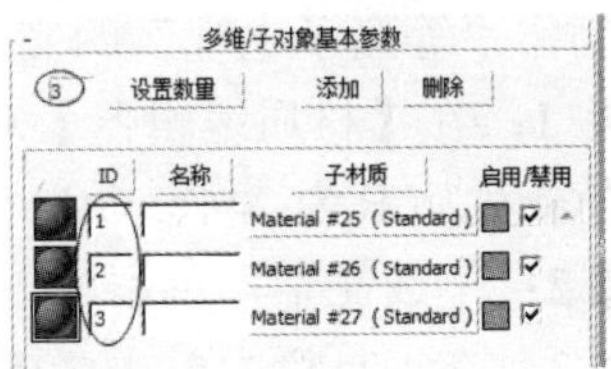

图 2.192

步骤 5：单击子材质按钮下面的Material #25 (Standard)按钮，转到Material #25 (Standard)子材质的设置面板，具体参数设置如图 2.193 所示。将【环境光】、【漫反射】和【高光反射】设置为纯白色。单击(转到父对象)按钮返回上一级。

步骤 6：单击子材质按钮下面的Material #26 (Standard)按钮，转到Material #26 (Standard)子材质的设置面板。

步骤 7：单击漫反射:右边的(无)按钮，弹出【材质/贴图浏览器】对话框，在该对话框中双击位图命令，弹出【选择位图图像文件】对话框，具体设置如图 2.194 所示。单击打开(O)按钮，再双击(转到父对象)按钮，返回到父级。

图 2.193

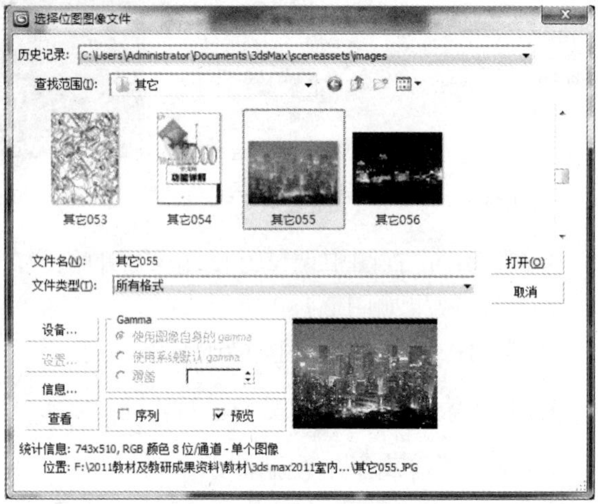

图 2.194

步骤 8：单击子材质按钮下面的Material #27 (Standard)按钮，转到Material #27 (Standard)子材质的设置面板。

步骤 9：单击漫反射:右边的(无)按钮，弹出【材质/贴图浏览器】对话框，在该对话框中双击位图命令，弹出【选择位图图像文件】对话框，具体设置如图 2.195 所示。单击打开(O)按钮，再双击(转到父对象)按钮，返回到父级。

步骤 10：单选“等离子电视”对象，单击(将材质指定给选定对象)按钮。

2) 制作“等离子电视”的文字贴图

步骤 1：在【材质编辑器】对话框中单击第二个空白示例球，设置【环境光】和【漫反射】的颜色为(R 为 244、G 为 52、B 为 0)，【高光反射】设置为纯白色。

步骤 2：单选文字，单击(将材质指定给选定对象)按钮。

步骤 3：在工具栏中单击(渲染产品)按钮，效果如图 2.196 所示。

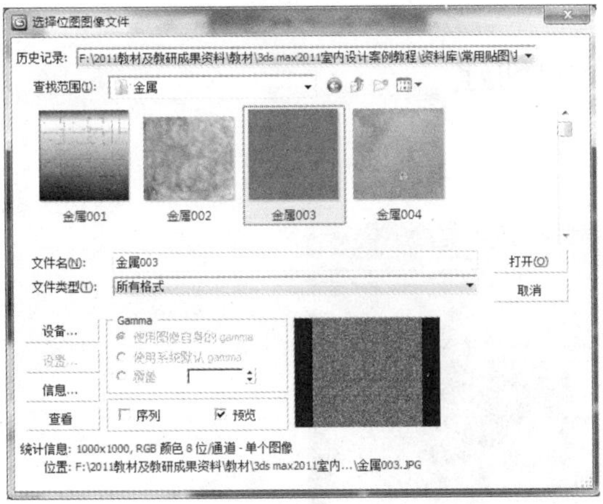

图 2.195

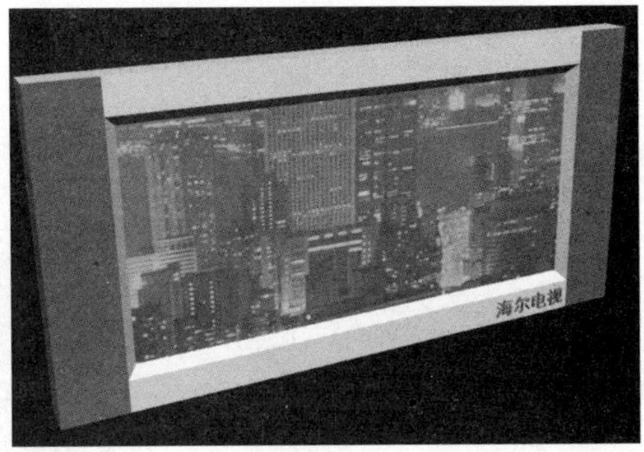

图 2.196

四、拓展训练

制作如下图所示的等离子电视效果。

(a)

(b)

案例练习图

2.6 客厅的创建

一、案例效果

案例效果图

二、案例制作流程(步骤)分析

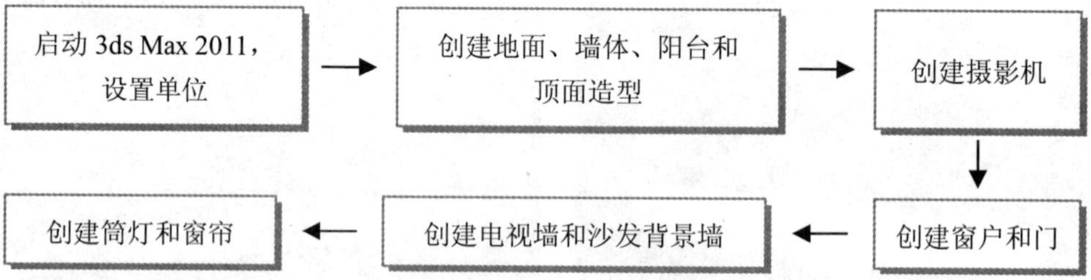

三、详细操作步骤

客厅模型设计相对于客厅中家具模型来说要复杂一些，它主要由电视墙、装饰画、吊顶造型等构成，本案例主要介绍客厅模型的一些基础造型设计。

1. 设置单位

步骤 1：启动 3ds Max 2011 并保存文件为“客厅装饰设计.max”。

步骤 2：设置单位。单位的设置同 2.1 节中的单位设置完全一样。

【参考视频】

2. 创建地面和墙体

1) 创建地面

步骤 1： 启动 3ds Max 2011，定义系统比例单位为 mm。

步骤 2： 在【浮动】面板中单击 长方体 按钮，在顶视图中绘制一个长方体并命名为“地板”，单击视图控制区中的(所有视图最大化显示)按钮，具体参数设置如图 2.197 所示。

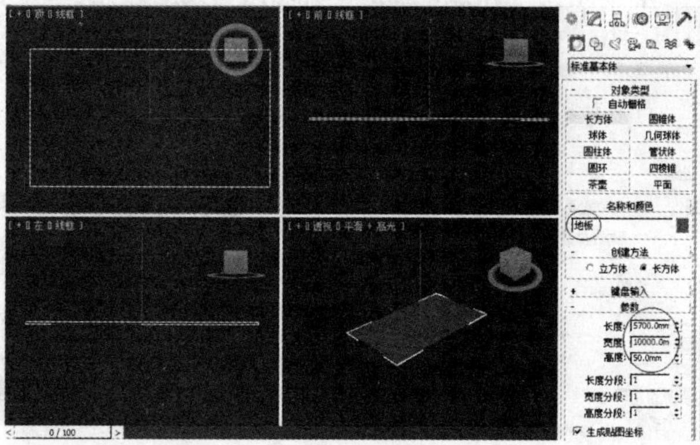

图 2.197

步骤 3： 给“地板”添加材质。单击工具栏中的(材质编辑器)按钮，在弹出的【材质编辑器】对话框中选择一个空白的示例球，将其命名为“地板贴图”材质。

步骤 4： 单击 明暗器基本参数 卷展栏中 漫反射: 右边的 (无)按钮，弹出【材质/贴图浏览器】对话框，在该对话框中双击 位图 命令，弹出【选择位图图像文件】对话框，具体设置如图 2.198 所示。单击 打开(O) 按钮。

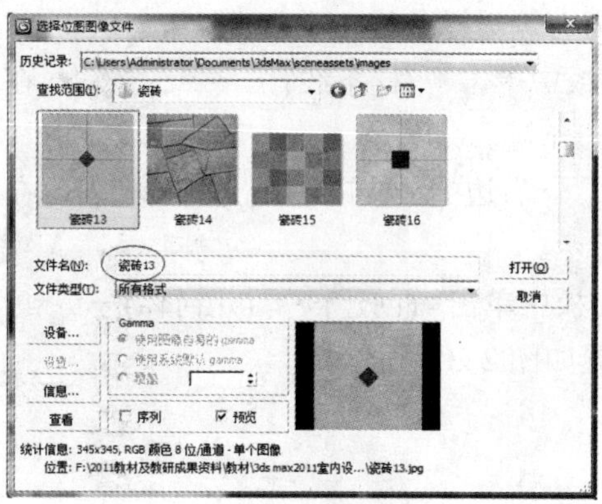

图 2.198

步骤 5： 坐标 卷展栏的具体参数设置如图 2.199 所示，单击(转到父对象)按钮返回上一级。

步骤 6： 在 贴图 卷展栏中调整 反射 的数量值为“25”，然后单击 反射 右边的 None 按钮，弹出【材质/贴图浏览器】对话框，在该对话框中双击 光线跟踪 选项，再单击(转到父对象)按钮返回上一级。

步骤 7： 单选“地板”，单击(将材质指定给选定对象)按钮和(在视口中显示标准贴图)按钮。

步骤 8： 在工具栏中单击(渲染产品)按钮，效果如图 2.200 所示。

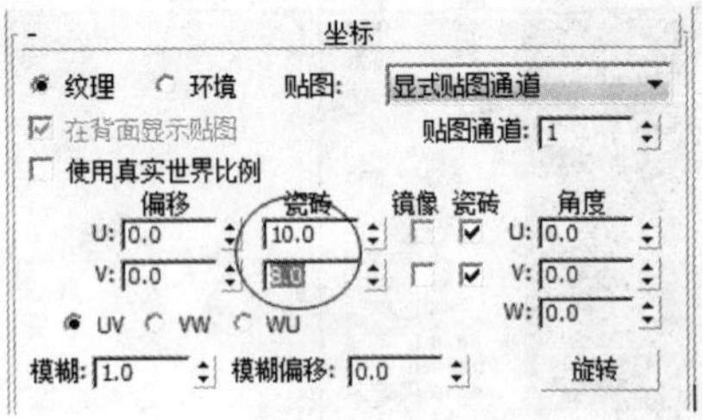

图 2.199

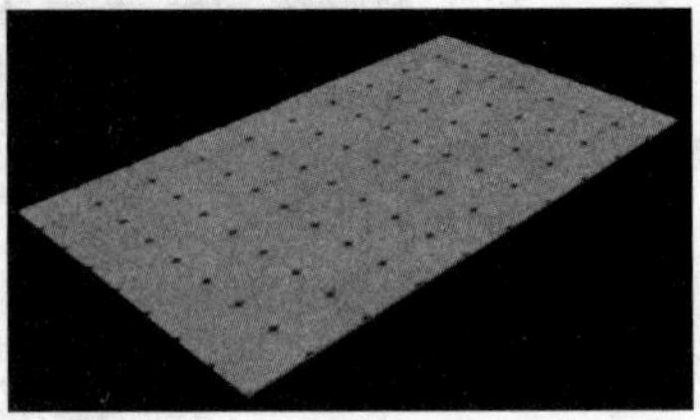

图 2.200

步骤 9： 保存文件。按 Ctrl+S 键。

2) 创建墙体

步骤 1： 在【浮动】面板中单击(图形)→ 矩形 按钮，在顶视图中绘制一个矩形并命名为“矩形”，具体参数设置如图 2.201 所示。

步骤 2： 在“矩形”的物体上右击，在弹出的快捷菜单中选择 转换为: → 转换为可编辑样条线 命令，将“矩形”对象转换为可编辑样条线。

步骤 3： 在【浮动】面板中单击(样条线)→ 轮廓 按钮，在 轮廓 右边的文本输入框中输入数值“240”并按 Enter 键。

步骤 4： 单击 修改器列表 右边的▼按钮，弹出下拉列表，在下拉菜单中选择 挤出 命令。具体参数设置如图 2.202 所示。

步骤 5： 在【浮动】面板中单击(创建)→(几何体)→ 长方体 按钮，在顶视图中绘制两个长方体，具体参数设置如图 2.203 所示。

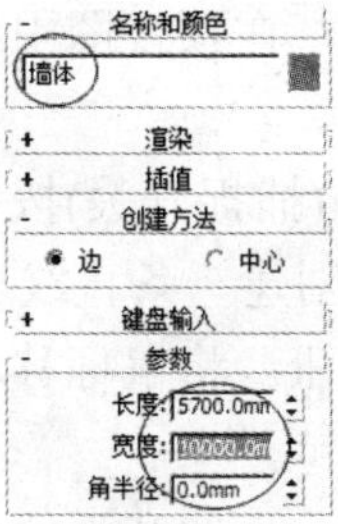

图 2.201

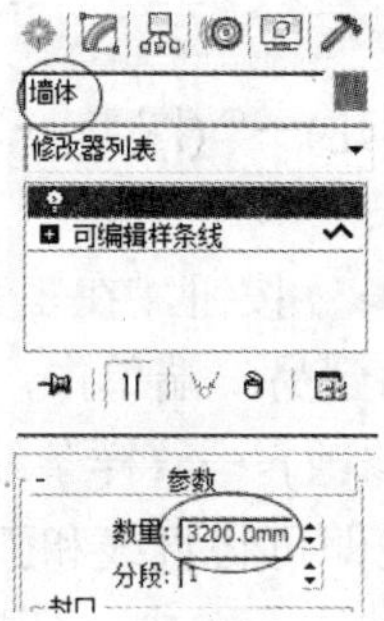

图 2.202

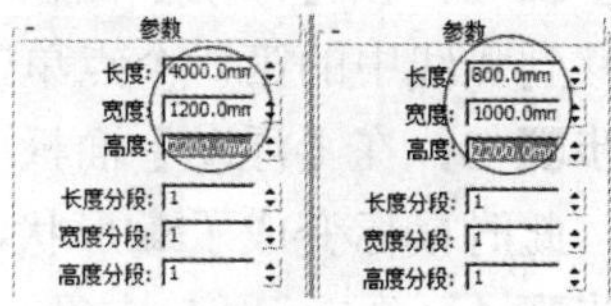

图 2.203

步骤 6：调整好位置，如图 2.204 所示。

步骤 7：单选“墙体”，在【浮动】面板中单击(创建)→(几何体)命令。单击 标准基本体 右边的▾按钮，弹出下拉列表，在下拉菜单中选择 复合对象 命令。

步骤 8：单击 布尔 |→ 拾取操作对象 B 按钮，在任意视图中单击其中一个长方体，进行布尔运算。

步骤 9：再单击 布尔 |→ 拾取操作对象 B 按钮，在任意视图中单击另一个长方体，进行布尔运算。最终效果如图 2.205 所示。

步骤 10：在工具栏中单击(材质编辑)按钮，弹出【材质编辑器】对话框，在该对话框中单击一个空白示例球，将其命名为“白色乳胶漆”材质。

步骤 11：将 明暗器基本参数 卷展栏中的【环境光】、【漫反射】和【高光反射】的颜色设置为纯白色。

步骤 12：选中“墙体”，单击(将材质指定给选定对象)按钮和(在视口中显示标准贴图)按钮。

步骤 13：在工具栏中单击(渲染产品)按钮，效果如图 2.206 所示。

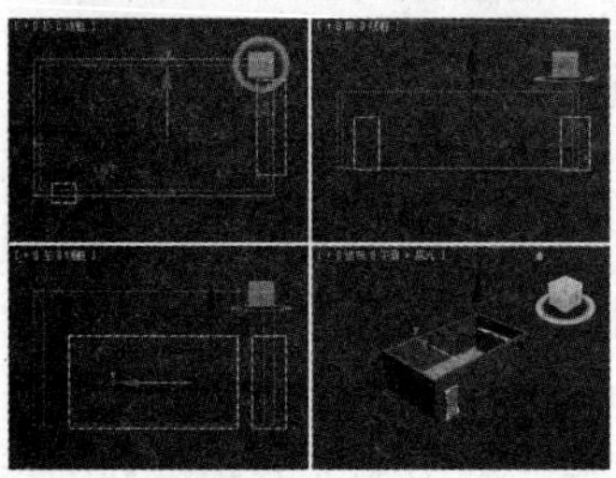
图 2.204

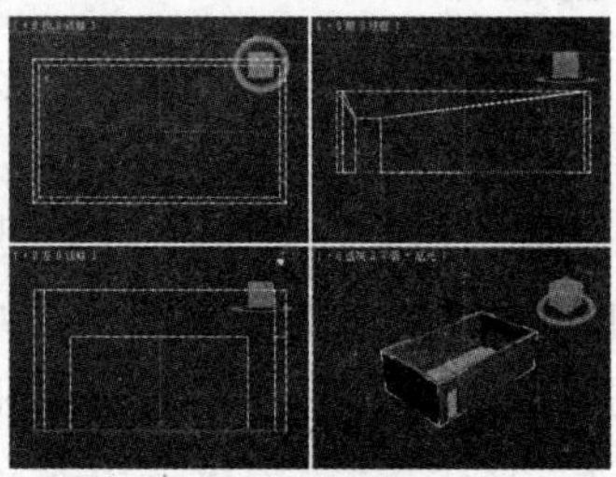
图 2.205

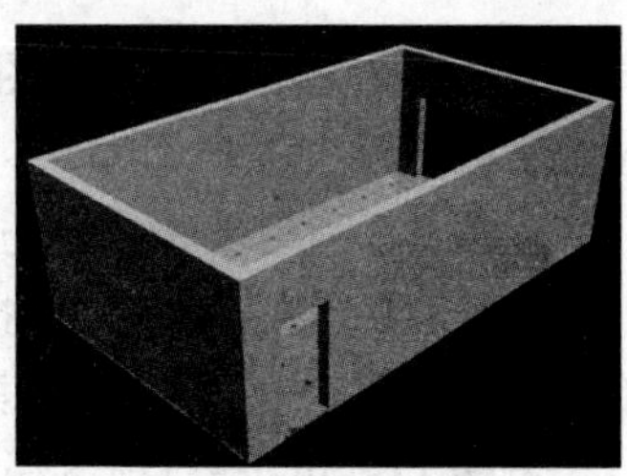
图 2.206

3. 创建阳台

步骤 1：在【浮动】面板中单击(创建)→(图形)→ 弧 按钮，在顶视图中绘制一条弧形，具体参数设置如图 2.207 所示。

步骤 2：在【浮动】面板中单击 线 按钮，在工具栏中单击(捕捉开关)按钮，将鼠标移到弧线中的第一个点单击，再移动到另一端单击，再右击即可创建一条直线。

步骤 3：在【浮动】面板中单击(修改)→(样条线)→ 附加 按钮。将鼠标移动到弧线上，此时鼠标变成了形状，单击弧线即可将直线和弧线附加在一起。

步骤 4：单击 附加 按钮，退出附加状态。单击(顶点)按钮，框选直线和弧线附加后的顶点。

步骤 5：在 焊接 按钮右边的文本输入框中输入数值“4”，单击 焊接 按钮即可得到一个闭合的半圆。

步骤 6：单击 修改器列表 右边的按钮弹出下拉列表，在下拉列表中选择 挤出 命令，命名为“阳台地面”。具体参数设置如图 2.208 所示。

步骤 7：在各个视图中调整好位置，如图 2.209 所示。

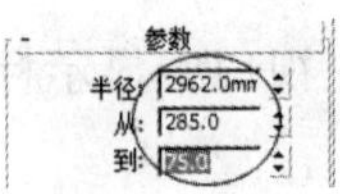

图 2.207

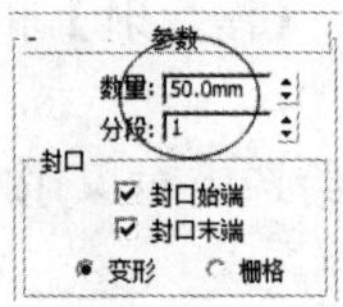

图 2.208

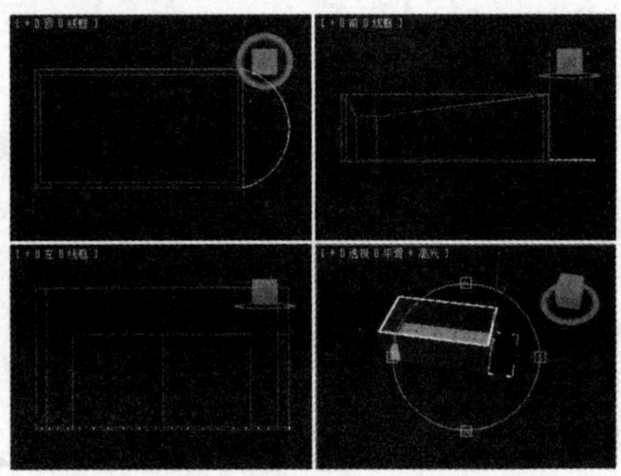

图 2.209

步骤 8：单击“地板贴图”材质示例球，再单击(将材质指定选定对象)和【在视口中显示标准贴图】按钮即可。

步骤 9：利用步骤 1 的方法绘制一条弧线，具体参数设置如图 2.210 所示。

步骤 10：单击(修改)按钮转到【修改】设置面板，单击 修改器列表 右边的按钮弹出下拉列表，在下拉列表中选择 编辑样条线 命令并命名为“阳台地角”。

步骤 11：单击(样条线)按钮，在 轮廓 按钮右边的文本输入框中输入数值“240”并按 轮廓 按钮即可。

步骤 12：单击 修改器列表 右边的按钮弹出下拉列表，在下拉列表中选择 挤出 命令，具体参数设置如图 2.211 所示。

步骤 13： 利用第 1 步的方法绘制一条弧线，具体参数设置如图 2.212 所示。

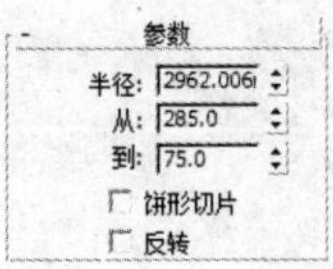

图 2.210

图 2.211

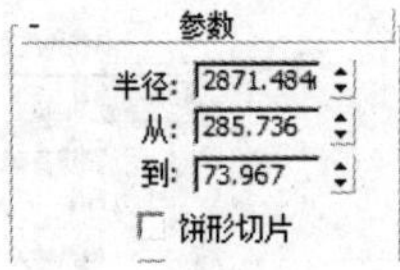

图 2.212

步骤 14： 在【浮动】面板中单击(创建)→(几何体)按钮，单击标准基本体右边的按钮，在下拉列表中选择AEC 扩展命令，单击栏杆按钮。

步骤 15： 在顶视图中绘制一个栏杆，单击拾取栏杆路径按钮，将鼠标移到顶视图中绘制的弧线上单击。栏杆的具体参数设置如图 2.213 所示。

步骤 16： 调整好栏杆的位置，如图 2.214 所示。

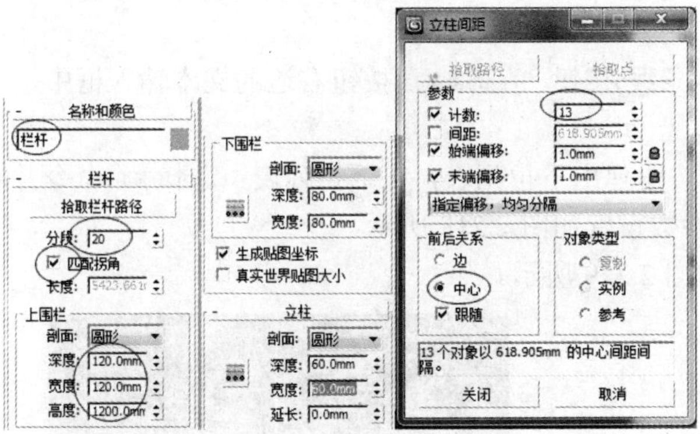

图 2.213

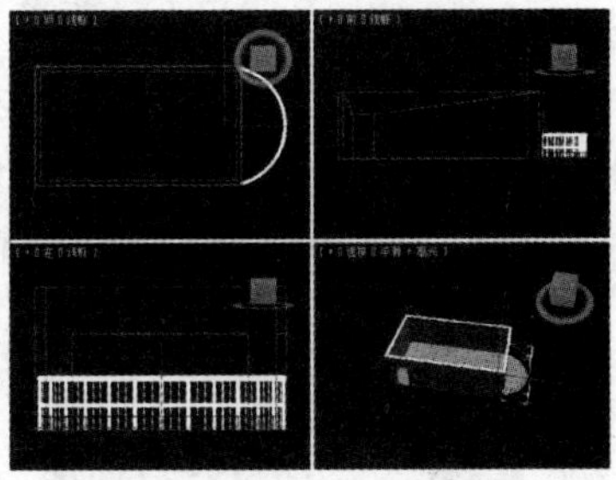

图 2.214

步骤 17： 选择“栏杆”和“阳台地角”对象，单击“白色乳胶漆”材质示例球，再单击(将材质指定给选定对象)按钮和(在视口中显示标准贴图)按钮即可。

4. 创建顶面造型

步骤 1： 在【浮动】面板中单击(创建)→(几何体)→长方体按钮，在顶视图中创建一个长方体，命名为“顶面 01”。具体参数设置如图 2.215 所示。其在视图中的位置如图 2.216 所示。

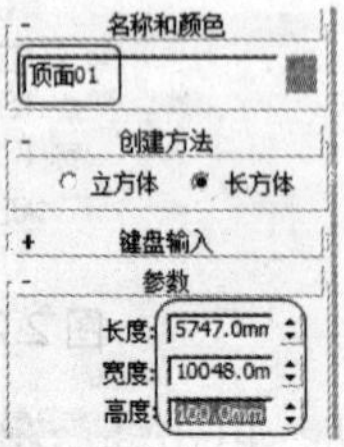

图 2.215

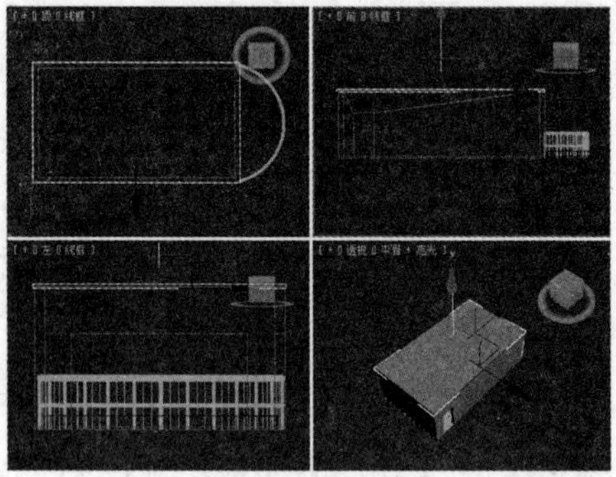

图 2.216

步骤 2：在【浮动】面板中单击(创建)→(图形)→矩形按钮，在顶视图中绘制一个矩形。具体参数设置如图 2.217 所示。

步骤 3：单击(修改)按钮转到【修改】浮动面板。单击修改器列表右边的按钮，在下拉列表中选择编辑样条线命令。

步骤 4：在选择卷展栏中单击(样条线)按钮，在轮廓按钮右边的文本输入框中输入数值“1000”并按 Enter 键即可。

步骤 5：单击修改器列表右边的按钮弹出下拉列表，在下拉列表中选择挤出命令并将挤出的对象命名为“顶面 02”，具体参数设置如图 2.218 所示。

步骤 6：在视图中调整好位置，如图 2.219 所示。

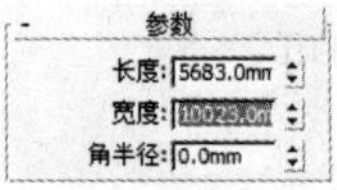

图 2.217

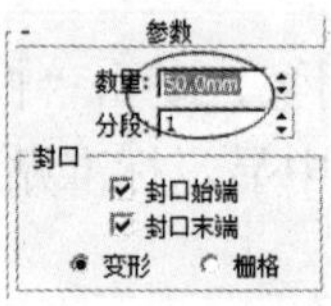

图 2.218

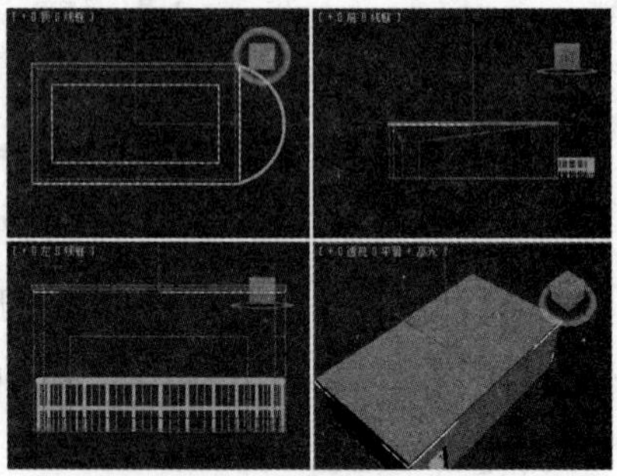

图 2.219

步骤 7：利用步骤 2～6 的方法再制作一个“顶面 03”，大小位置如图 2.220 所示(长度和宽度分别为 5683 和 10023、轮廓为 700、挤出数量为 50)。

步骤 8：再利用步骤 2～6 的方法再制作一个“顶面 04”，大小位置如图 2.221 所示(长度和宽度分别为 2238 和 6096、轮廓为 200、挤出数量为 50)。

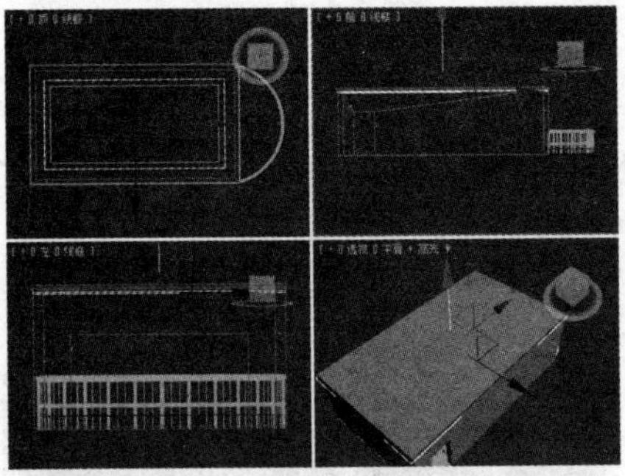

图 2.220

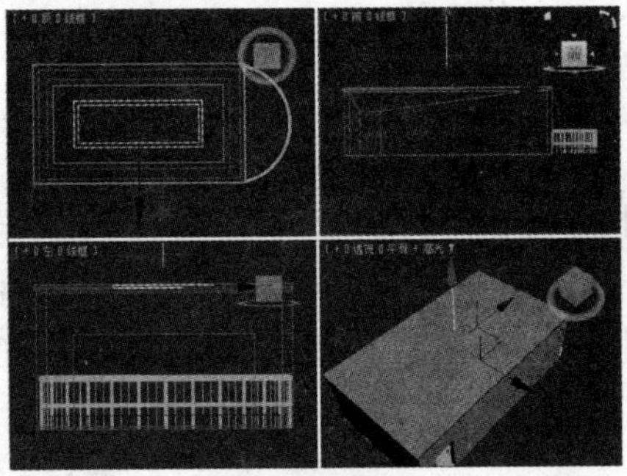

图 2.221

步骤 9：单击工具栏中的(材质编辑器)按钮，在弹出的【材质编辑器】对话框中选择一个空白的示例球，将其命名为“米黄色乳胶漆”材质。

步骤 10：将明暗器基本参数卷展栏中的【环境光】、【漫反射】和【高光反射】的 RGB 值分别为(255、245、174)和(255、255、255)，其他参数为默认值。

步骤 11：单选“顶面 01”对象，单击(将材质指定选定对象)和(在视口中显示标准贴图)按钮即可赋予材质。

步骤 12：选择“顶面 02”、“顶面 03”和“顶面 04”3 个对象，单击“白色乳胶漆”示例球，单击(将材质指定选定对象)和(在视口中显示标准贴图)按钮即可赋予材质。

5. 创建摄影机

步骤 1：在【浮动】面板中单击(创建)→(摄影机)→目标按钮，在顶视图中创建摄影机并命名为“摄影机”，具体参数设置如图 2.222 所示。

步骤 2：在浮动面板中单击(创建)→(灯光)→泛光灯按钮，在视图中创建一盏灯光，参数设置采用默认值，将【透视】视图转到【摄影机】视图，调整好灯光和摄影机的位置，最终效果如图 2.223 所示。

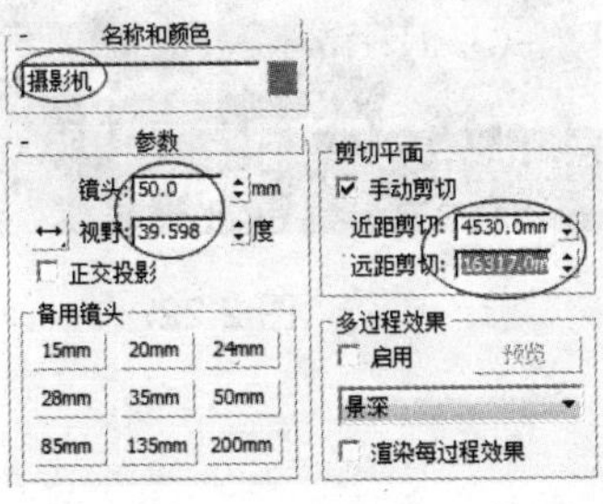

图 2.222

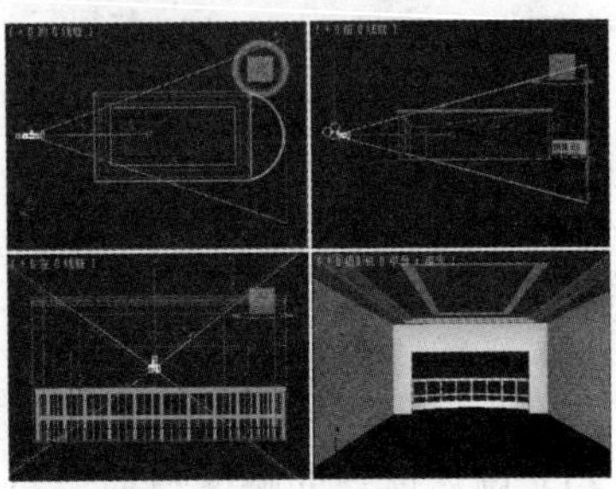

图 2.223

6. 创建窗户和门

1) 创建窗户和门

步骤 1： 在【浮动】面板中单击(创建)→(几何体)按钮，单击标准基本体右边的按钮弹出下拉列表，在下拉列表中选择窗命令转到【窗】浮动面板。

步骤 2： 单击推拉窗按钮，在顶视图中绘制窗户并命名为“落地窗”，具体参数设置如图 2.224 所示，其在各个视图中的位置如图 2.225 所示。

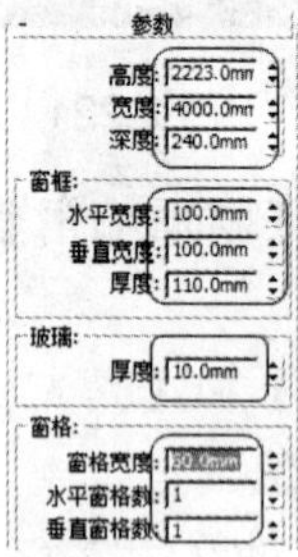

图 2.224

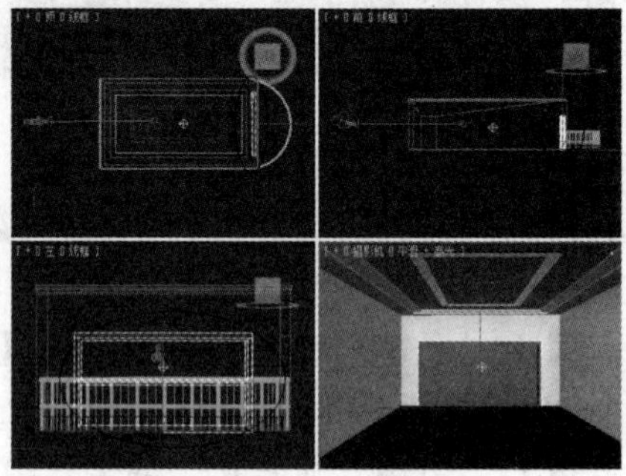

图 2.225

步骤 3： 在【浮动】面板中单击(创建)→(几何体)按钮，单击标准基本体右边的按钮弹出下拉列表，在下拉列表中选择门命令转到【门】浮动面板。

步骤 4： 单击枢轴门按钮，在顶视图中绘制“门”并命名为“门”，具体参数设置如图 2.226 所示，其在各个视图中的位置如图 2.227 所示。

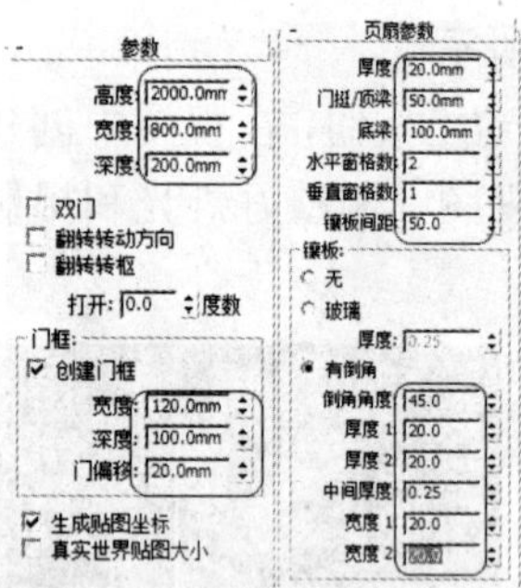

图 2.226

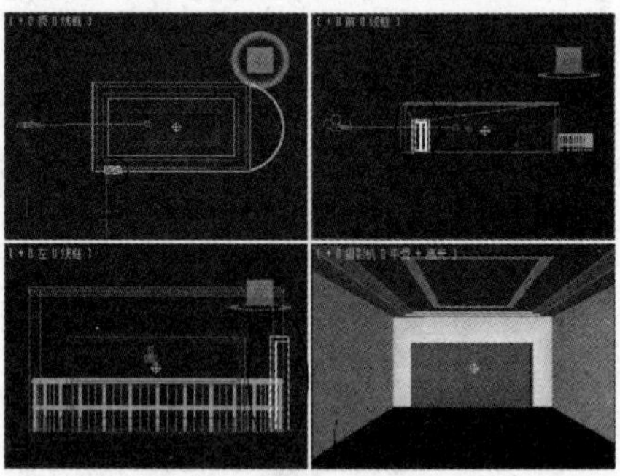

图 2.227

2) 创建窗户和门的贴图材质

(1) 设置窗户的贴图材质。

步骤 1： 单击(材质编辑器)按钮，弹出【材质编辑器】设置对话框，在【材质编辑器】

设置对话框中单击一个空白示例球并命名为“窗户”材质。

步骤 2： 单击 Standard 按钮，弹出【材质/贴图浏览器】设置对话框，在【材质/贴图浏览器】中双击 多维/子对象 命令弹出【替换材质】设置对话框，具体参数设置如图 2.228 所示，单击 确定 按钮返回到 多维/子对象基本参数 卷展栏。

步骤 3： 单击 设置数量 按钮弹出【设置材质数量】设置对话框，具体参数设置如图 2.229 所示，单击 确定 按钮即可得到如图 2.230 所示的【多维/子对象基本参数】设置。

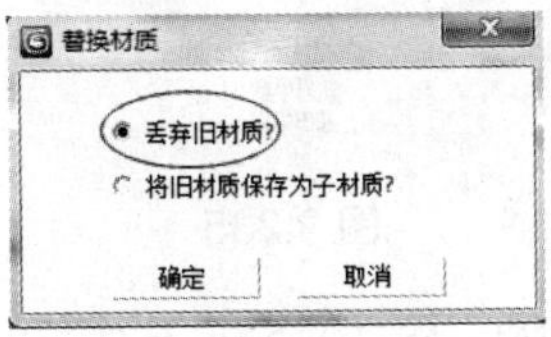

图 2.228

图 2.229

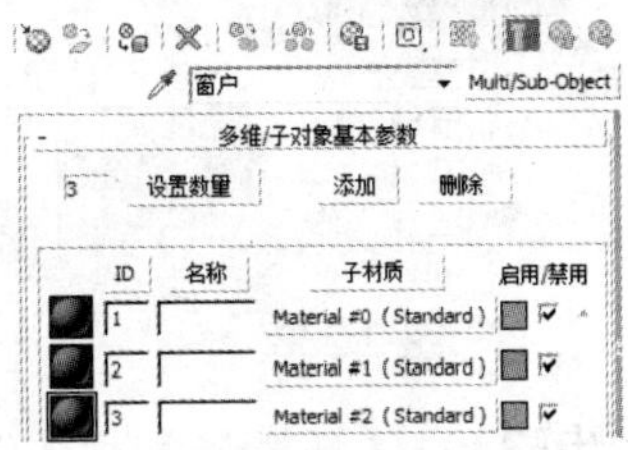

图 2.230

步骤 4： 单击 子材质 下的 Material #0 (Standard) 按钮，转到如图 2.231 所示的设置对话框。

步骤 5： 单击 漫反射: 右边的按钮，弹出【材质/贴图浏览器】设置对话框，在【材质/贴图浏览器】中双击 位图 命令，弹出【选择位图图像文件】设置对话框，具体设置如图 2.232 所示，单击 打开(O) 按钮返回参数设置卷展栏。

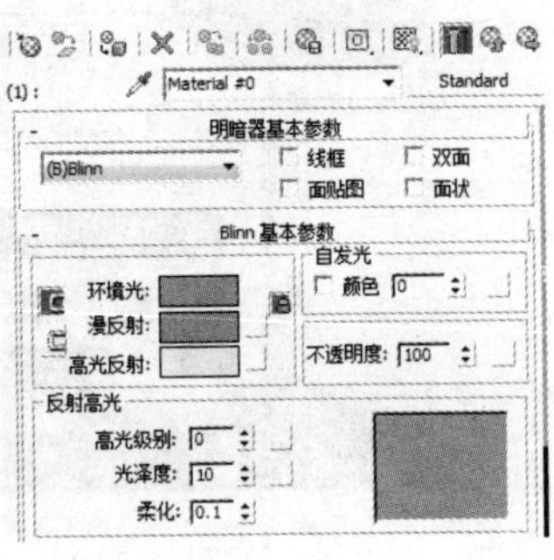

图 2.231

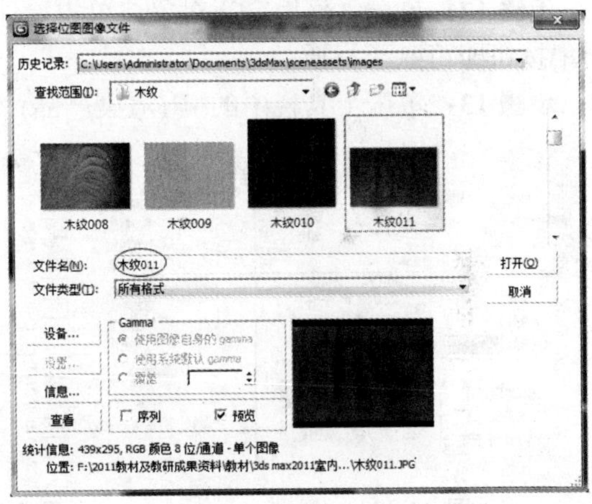

图 2.232

步骤 6： 单击(转到父对象)按钮，返回上一级，具体参数设置如图 2.233 所示。

步骤 7： 再单击(转到父对象)按钮，返回上一级，将鼠标移到 rial #0 (Standard) 上，按住鼠标左键不放的同时拖到 rial #1 (Standard) 上松开鼠标，弹出【实例(副本)材质】设置对话框，具体设置如图 2.234 所示，单击 确定 按钮即可。

步骤 8：单击 子材质 下的 rial #2 (Standard) 按钮，转到如图 2.235 所示的设置对话框。

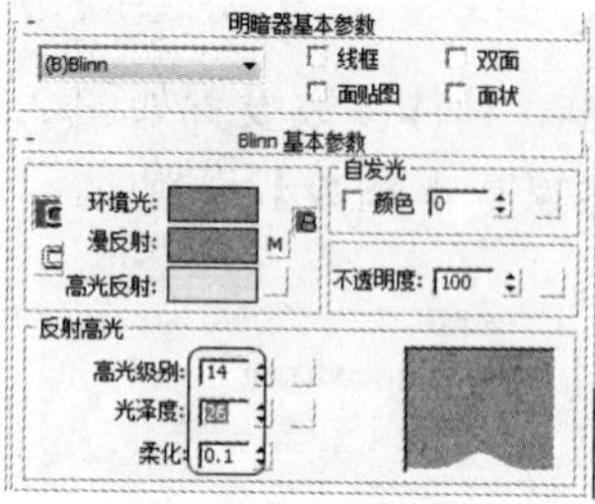

图 2.233

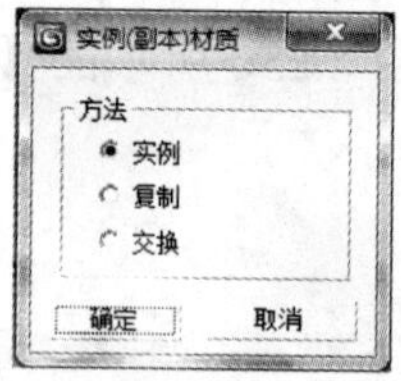

图 2.234

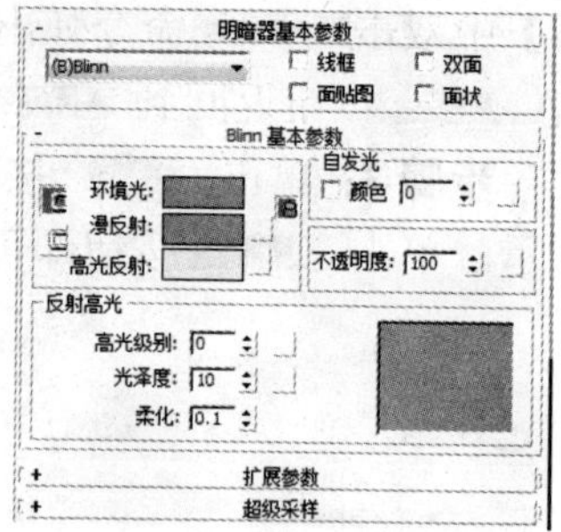

图 2.235

步骤 9：【环境光】和【漫反射】的 RGB 的颜色值为(R 为 200、G 为 254、B 为 255)。

步骤 10：【高光反射】的 RGB 的颜色值为(R 为 60、G 为 0、B 为 255)。其他参数设置如图 2.236 所示。

步骤 11：单击 贴图 卷展栏前面的 + 号，展开 贴图 卷展栏。单击 反射 右边 None 按钮，弹出【材质/贴图浏览器】设置对话框，在【材质/贴图浏览器】中双击 光线跟踪 命令，返回参数设置卷展栏，单击(转到父对象)按钮返回上一级，具体参数设置如图 2.237 所示。

步骤 12：单选“落地窗”对象，单击(将材质指定选定对象)和(在视口中显示标准贴图)按钮即可赋予材质。

步骤 13：单击工具栏中的(渲染产品)按钮，即可得到如图 2.238 所示的效果。

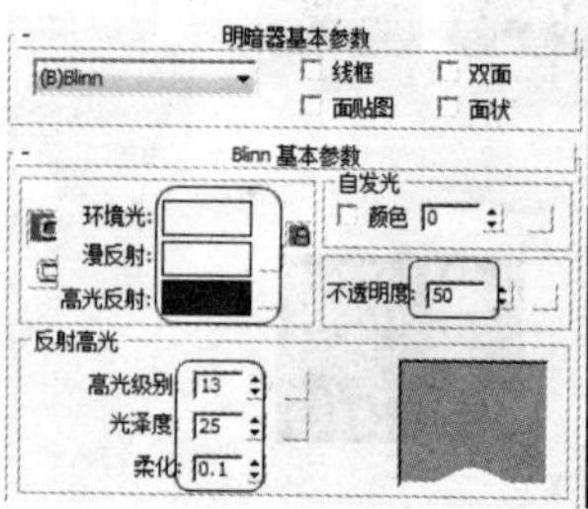

图 2.236

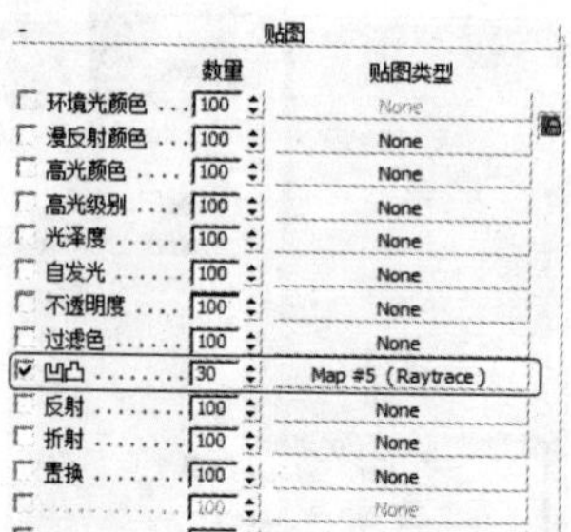

图 2.237

图 2.238

(2) 设置门的贴图材质。

步骤 1：单击(材质编辑器)按钮，弹出【材质编辑器】设置对话框，在【材质编辑器】设置对话框中单击一个空白示例球并命名为“门”材质。

步骤 2： 单击 Standard 按钮，弹出【材质/贴图浏览器】设置对话框，在【材质/贴图浏览器】中双击 多维/子对象 命令，弹出【替换材质】设置对话框，具体设置如图 2.239 所示，单击 确定 按钮返回到 多维/子对象基本参数 卷展栏。

步骤 3： 单击 设置数量 按钮，弹出【设置材质数量】设置对话框，具体设置如图 2.240 所示，单击 确定 按钮即可得到如图 2.241 所示的【多维/子对象基本参数】设置。

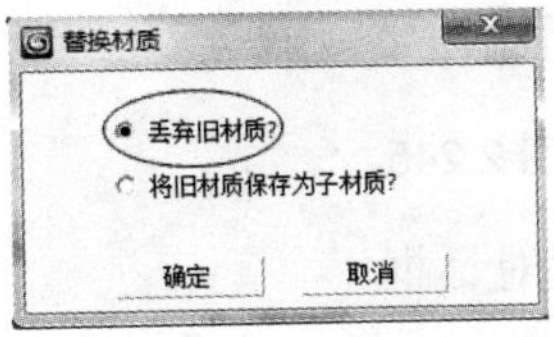

图 2.239

图 2.240

图 2.241

步骤 4： 单击 ial #11 (Standard) 按钮，转到如图 2.242 所示的设置对话框。

步骤 5： 单击【漫反射】右边的 按钮，弹出【材质/贴图浏览器】设置对话框，在【材质/贴图浏览器】中双击 位图 命令，弹出【选择位图图像文件】设置对话，具体设置如图 2.243 所示，单击 打开(O) 按钮返回参数设置卷展栏。

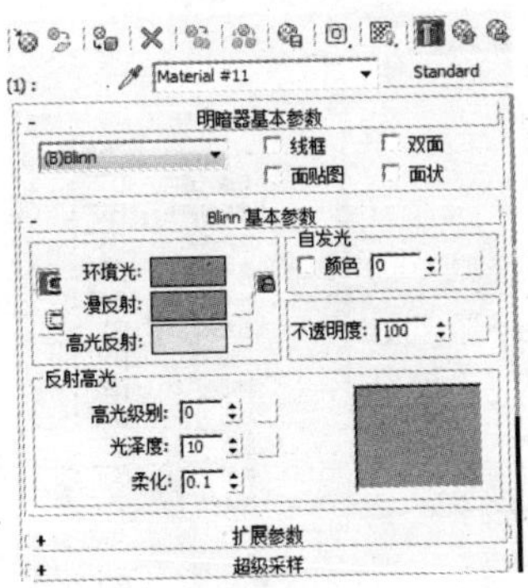

图 2.242

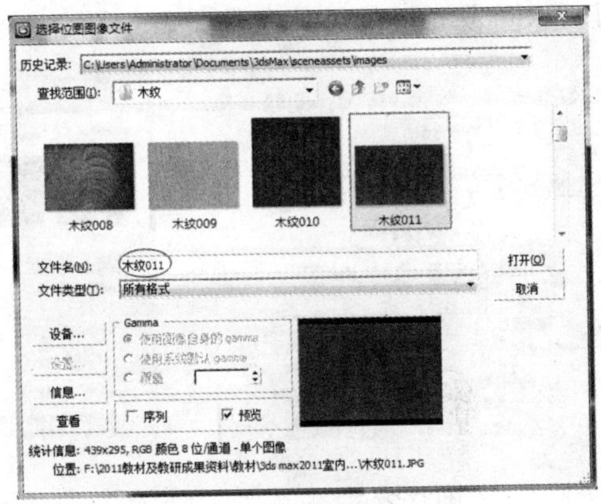

图 2.243

步骤 6： 单击 (转到父对象)按钮，返回上一级，具体参数设置如图 2.244 所示。

步骤 7： 再单击 (转到父对象)按钮，返回上一级，将鼠标移到 ial #11 (Standard) 上，按住鼠标左键不放的同时拖到下边的 Material #12 (Standard) 上松开鼠标，弹出【实例(副本)材质】设置对话框，具体设置如图 2.245 所示，单击 确定 按钮即可。

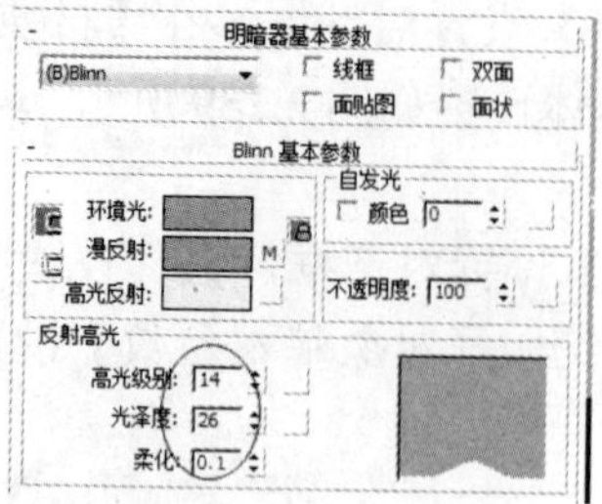

图 2.244

图 2.245

步骤 8：单击 Material #13 (Standard) 按钮，转到如图 2.246 所示的设置对话框。

步骤 9：单击 漫反射: 右边的按钮弹出【材质/贴图浏览器】设置对话框，在【材质/贴图浏览器】中双击 位图 命令弹出【选择位图图像文件】设置对话框，具体设置如图 2.247 所示，单击 打开(O) 按钮返回参数设置卷展栏。

步骤 10：单击(转到父对象)按钮，返回上一级，单击 贴图 卷展栏前面的+号，展开 贴图 卷展栏。单击【反射】右边 None 按钮，弹出【材质/贴图浏览器】设置对话框，在【材质/贴图浏览器】中双击 光线跟踪 命令，返回参数设置卷展栏，单击(转到父对象)按钮，返回上一级，具体参数设置如图 2.248 所示。

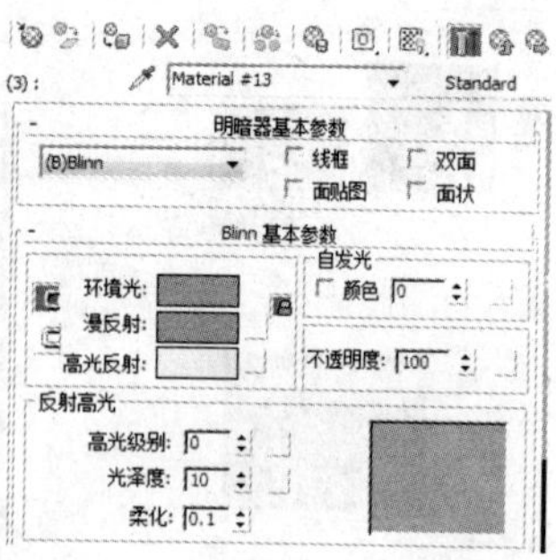

图 2.246

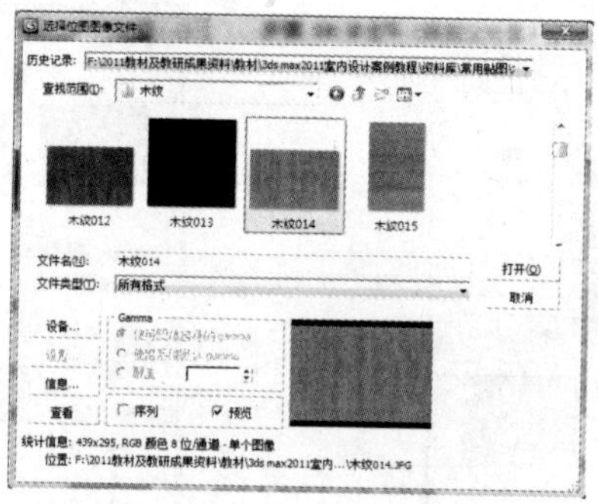

图 2.247

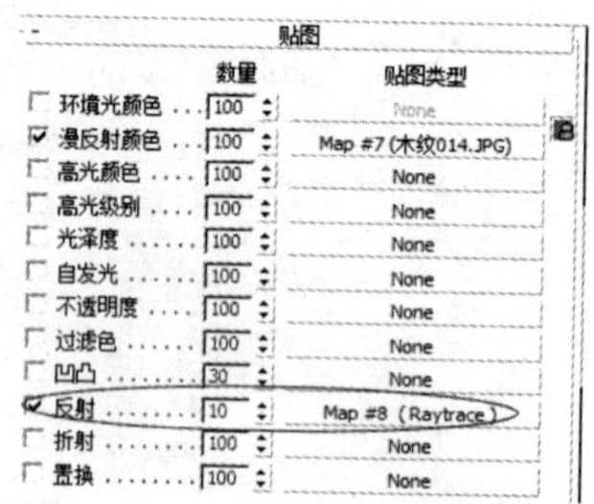

图 2.248

步骤 11：单选“门”对象，单击(将材质指定选定对象)和(在视口中显示标准贴图)按钮即可赋予材质。

7. 创建电视墙

1) 创建电视墙模型

步骤 1：在【浮动】面板中单击(创建)→(图形)→ 线 按钮，在左视图中绘制如图 2.249 所示的闭合曲线。

步骤 2：单击(修改)按钮，转到【修改】面板，单击修改器列表右边的按钮，弹出下拉列表，在下拉列表中选择挤出命令并命名为“电视装饰横梁 01”，具体参数设置如图 2.250 所示，其在各个视图中的位置如图 2.251 所示。

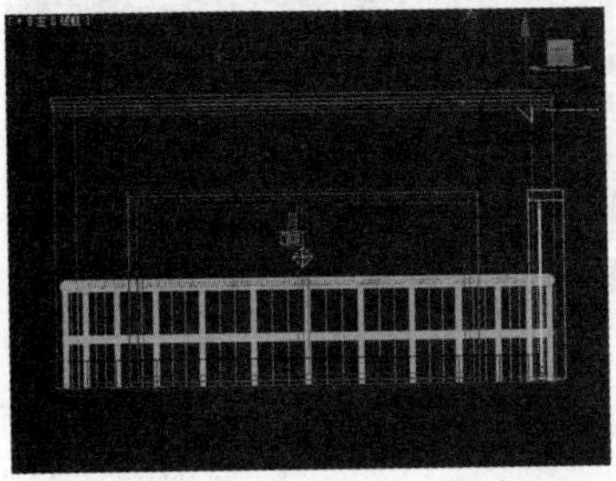

图 2.249

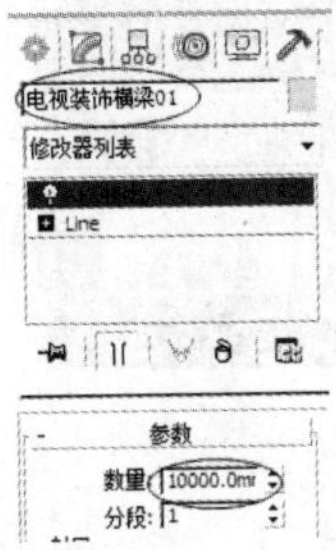

图 2.250

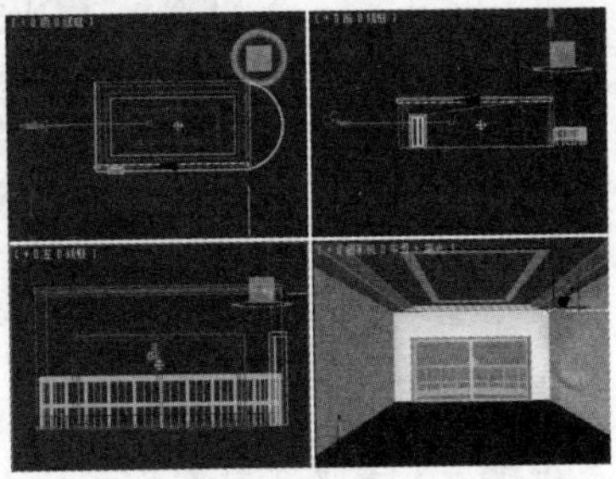

图 2.251

步骤 3：创建电视装饰板。在【浮动】面板中单击(创建)→(几何体)→长方体按钮，在前视图中绘制一个长方体并命名为“电视装饰板 01”，具体参数设置如图 2.252 所示，其在各个视图中的位置如图 2.253 所示。

步骤 4：以“实例”方式克隆一个“电视装饰板”。此时，系统会自动命名为“电视装饰板 02”，调整好其在各个视图中的位置，如图 2.254 所示。

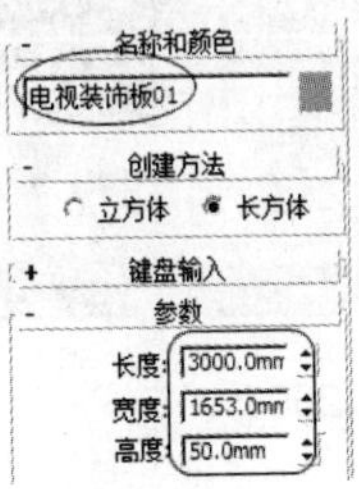

图 2.252

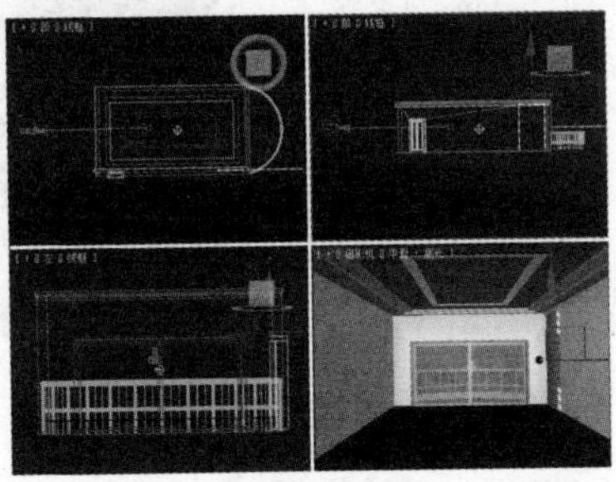

图 2.253

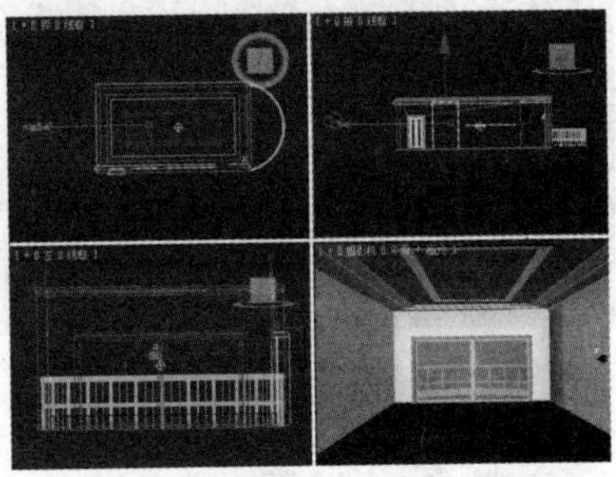

图 2.254

步骤 5：绘制玻璃装饰板。在浮动面板中单击(创建)→(几何体)，单击标准基本体右边的按钮，弹出下拉列表，在下拉列表中选择扩展基本体命令，转到【扩展基本体】浮动面板。单击切角长方体按钮，在前视图中绘制一个“切角长方体”并命名为“玻璃装饰板 01”，具体参数设置如图 2.255 所示，其在各个视图中的位置如图 2.256 所示。

步骤 6：以“实例”的方式克隆 7 块“玻璃装饰板”并调整好位置，如图 2.257 所示。

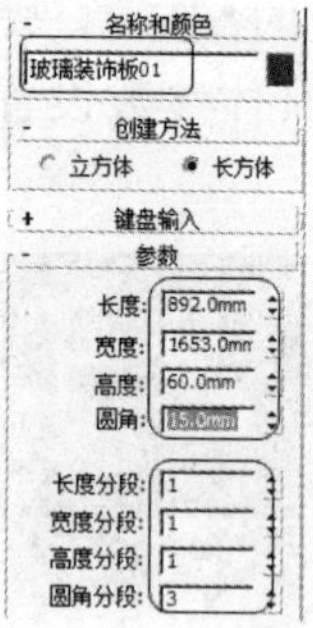

图 2.255

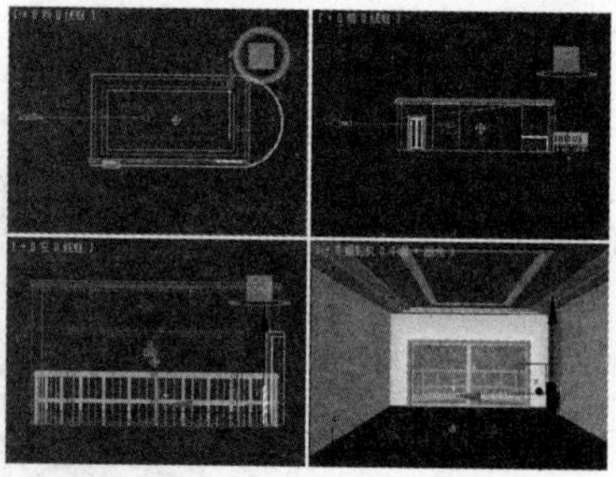

图 2.256

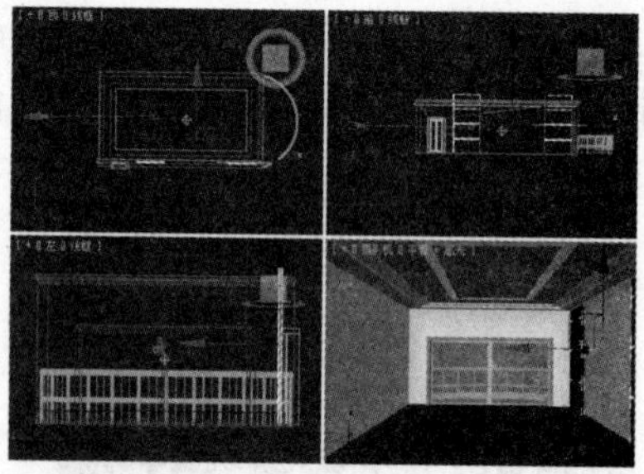

图 2.257

步骤 7：在【浮动】面板中单击(创建)→(图形)→ 线 按钮，在前视图中绘制如图 2.258 所示的闭合曲线。

步骤 8：单击(修改)按钮，转到【修改】面板，单击 修改器列表 右边的按钮，弹出下拉列表，在下拉列表中选择 挤出 命令并命名为“电视装饰木制效果”，具体参数设置如图 2.259 所示，在各个视图中的位置如图 2.260 所示。

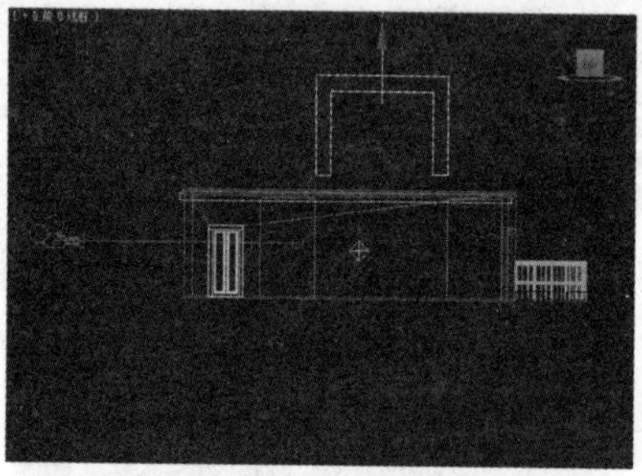

图 2.258

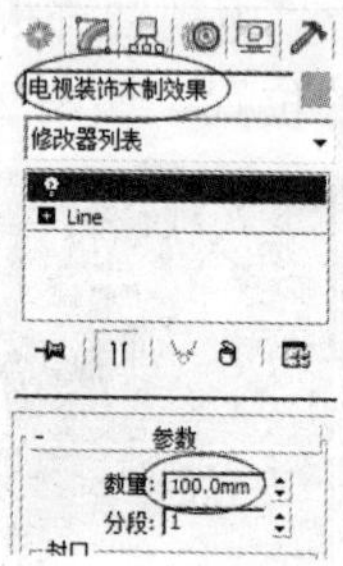

图 2.259

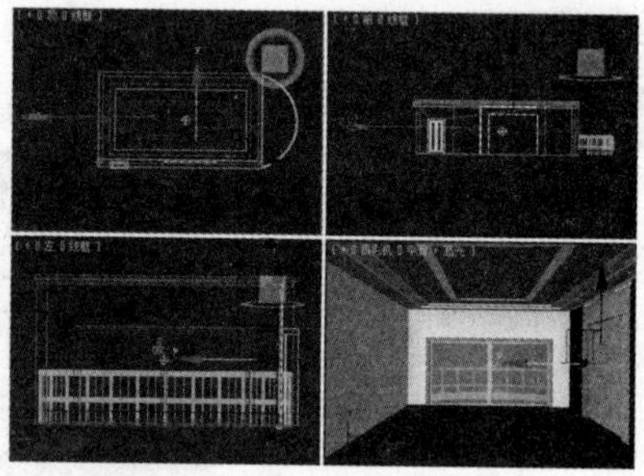

图 2.260

步骤 9：在【浮动】面板中单击(创建)→(几何体)→ 切角长方体 按钮，在前视图中绘制一个“切角长方体”并命名为“电视墙装饰板”，具体参数设置如图 2.261 所示，其在各个视图中的位置如图 2.262 所示。

2) 创建电视墙模型材质

(1) 制作“玻璃”材质。

步骤 1：单击(材质编辑器)按钮，弹出【材质编辑器】设置对话框，在【材质编辑器】设置对话框中单击一个空白示例球并命名为“玻璃”材质。

步骤 2：单击 明暗器基本参数 卷展栏中 (B)Blinn 右边按钮，弹出下拉列表，在下拉列表中选择 (P)Phong 命令。

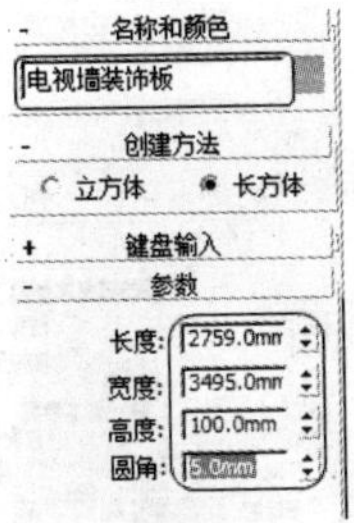

图 2.261

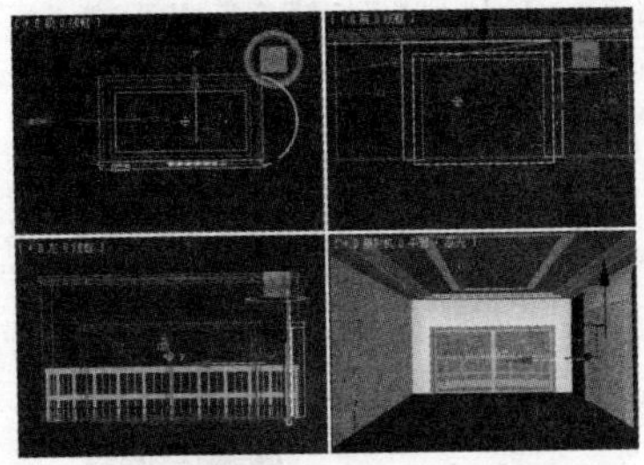

图 2.262

步骤 3： 设置【漫反射】和【高光反射】的 RGB 值均为(R：170、G：214、B：221)，其他参数设置如图 2.263 所示。

步骤 4： 单击 贴图 卷展栏前面的 + 号，展开 贴图 卷展栏。单击 反射 右边 None 按钮，弹出【材质/贴图浏览器】设置对话框，在【材质/贴图浏览器】中选择 光线跟踪 命令，返回参数设置卷展栏，单击(转到父对象)按钮，返回上一级，具体参数设置如图 2.264 所示。

步骤 5： 选中所有“玻璃装饰板 01～08”，单击(将材质指定选定对象)和(在视口中显示标准贴图)按钮即可赋予材质。

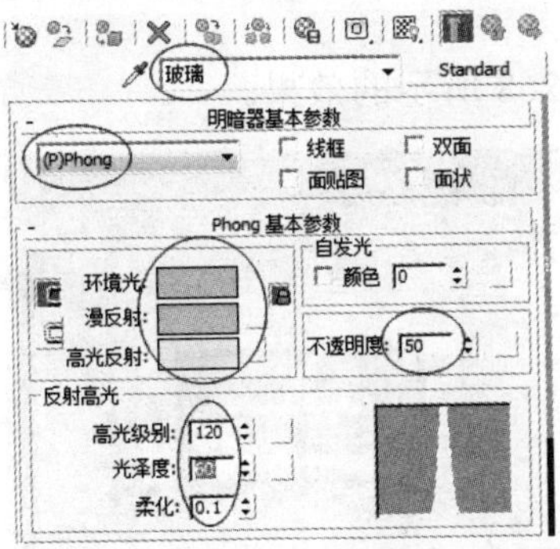

图 2.263

图 2.264

(2) 制作“木制”材质。

步骤 1： 在工具栏中单击(材质编辑器)按钮，弹出【材质编辑器】设置对话框，在【材质编辑器】设置对话框中单击一个空白示例球并命名为“木制”材质。

步骤 2： 单击 漫反射: 右边的按钮，弹出【材质/贴图浏览器】设置对话框，在【材质/贴图浏览器】中双击 位图 命令，弹出【选择位图图像文件】设置对话，具体设置如图 2.265 所示，单击 打开(O) 按钮返回参数设置卷展栏。

步骤 3： 单击(转到父对象)按钮返回上一级，具体参数设置如图 2.266 所示。

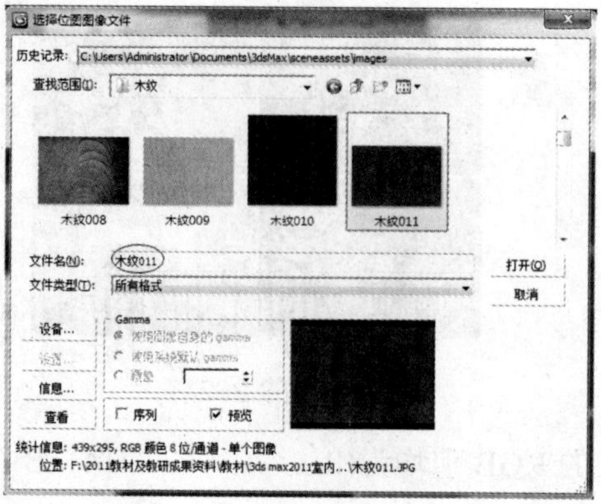

图 2.265

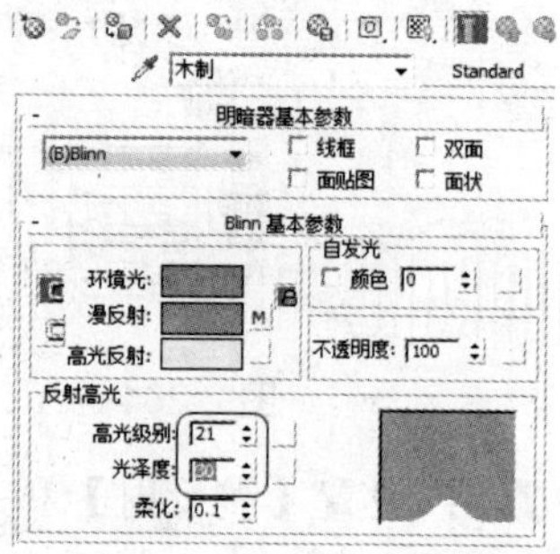

图 2.266

步骤 4：单击贴图卷展栏前面的+号，展开贴图卷展栏。单击反射右边None按钮，弹出【材质/贴图浏览器】设置对话框，在【材质/贴图浏览器】中双击光线跟踪命令，返回参数设置卷展栏，单击(转到父对象)按钮，返回上一级，具体参数设置如图 2.267 所示。

步骤 5：选中所有“电视装饰木制效果”， 单击(将材质指定选定对象)和(在视口中显示标准贴图)按钮即可赋予材质。

步骤 6：单击(渲染产品)按钮，即可得到如图 2.268 所示的效果。

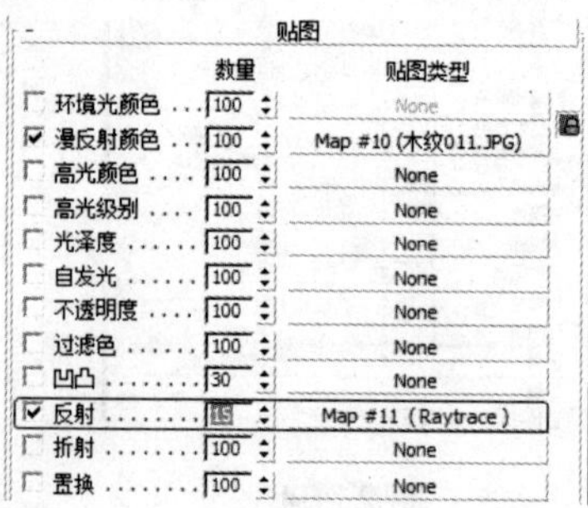

图 2.267

图 2.268

(3) 制作“浮雕”材质。

步骤 1：在工具栏中单击(材质编辑器)按钮，弹出【材质编辑器】设置对话框，在【材质编辑器】设置对话框中单击一个空白示例球并命名为“浮雕”材质。

步骤 2：单击漫反射:右边的按钮，弹出【材质/贴图浏览器】设置对话框，在【材质/贴图浏览器】中双击位图命令，弹出【选择位图图像文件】设置对话，具体设置如图 2.269 所示，单击打开(O)按钮返回参数设置卷展栏。

步骤 3：单击(转到父对象)按钮，返回上一级。明暗器基本参数卷展栏的参数设置如图 2.270 所示。

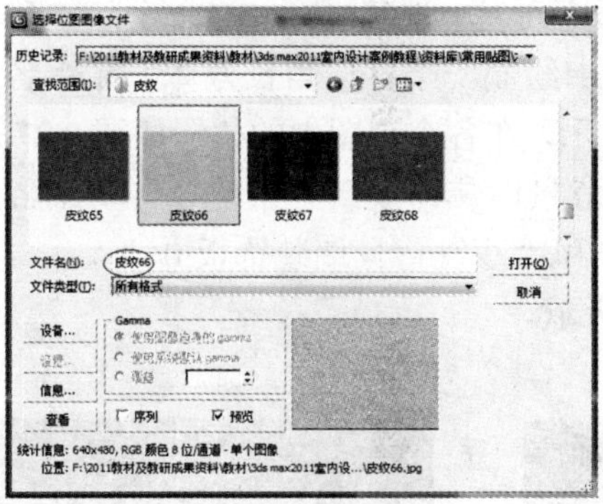

图 2.269

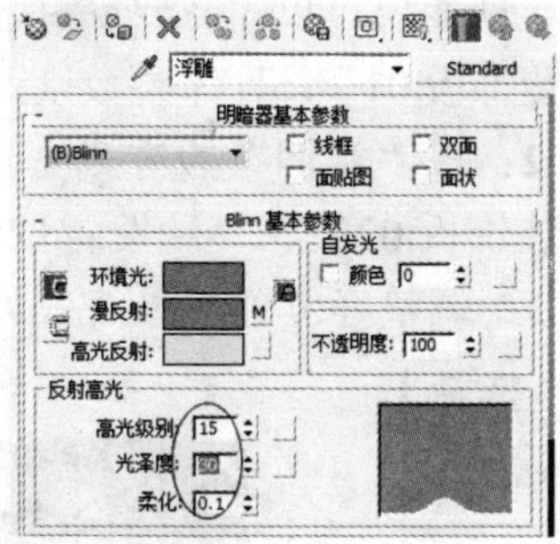

图 2.270

步骤 4：单击贴图卷展栏前面的+号展开贴图卷展栏。单击凹凸右边 None 按钮，弹出【材质/贴图浏览器】设置对话框，在【材质/贴图浏览器】中双击位图命令，弹出【选择位图图像文件】设置对话，具体设置如图 2.271 所示，单击打开(O)按钮，返回参数设置卷展栏，单击(转到父对象)按钮返回上一级。

步骤 5：贴图卷展栏的具体设置如图 2.272 所示。

步骤 6：选中“电视墙装饰板”，单击(将材质指定选定对象)和(在视口中显示标准贴图)按钮即可赋予材质。

步骤 7：单击(渲染产品)按钮，即可得到如图 2.273 所示的效果。

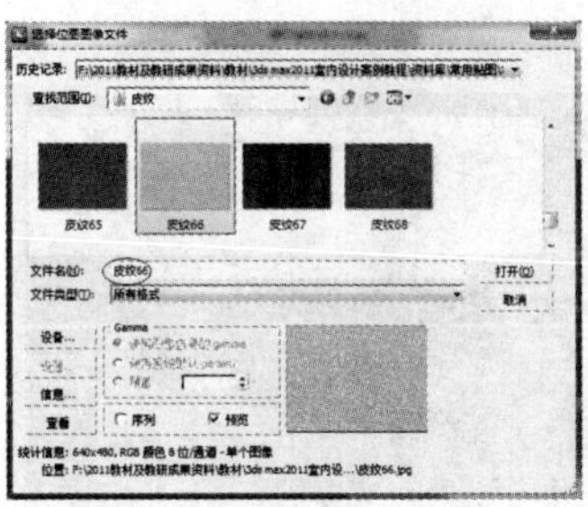

图 2.71

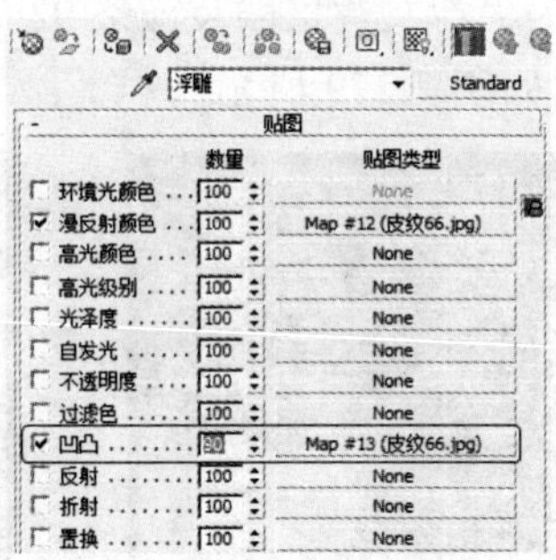

图 2.272

图 2.273

8. 创建沙发背景墙

在现代家庭装饰中，背景墙的装饰设计已成为一种主流设计元素，设计师可以通过一些基本造型与材料来表现空间结构关系，结合灯光来营造特殊氛围。下面来创建沙发背景墙。

步骤 1：绘制沙发背景墙。在【浮动】面板中单击(创建)→(几何体)按钮，单击标准基本体右边的按钮，弹出下拉列表，在下拉列表中选择扩展基本体命令，转到【扩展基本体】浮动面板。单击切角长方体按钮，在前视图中绘制一个“切角长方体”并命名为“沙发背景墙装饰板01”，具体参数设置如图2.274所示，在各个视图中的位置如图2.275所示。

步骤 2：以“实例”的方式克隆3个“沙发背景墙装饰板”。系统会自动命名为“沙发背景墙装饰板02”、“沙发背景墙装饰板03”和“沙发背景墙装饰板04”。

步骤 3：调整好位置，最终效果如图2. 276所示。

图 2.274

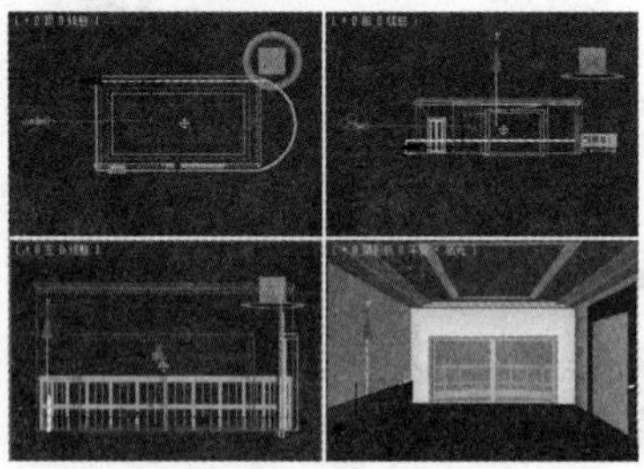

图 2.275

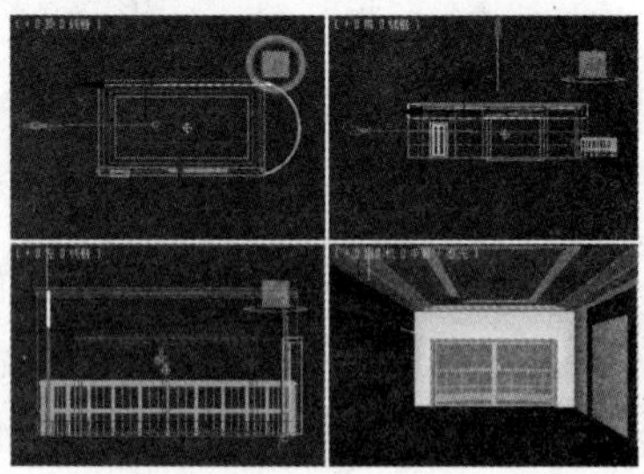

图 2.276

步骤 4：单击切角长方体按钮，在前视图中绘制一个“切角长方体”并命名为“沙发背景墙装饰条01”，具体参数设置如图2.277所示，在各个视图中的位置如图2.278所示。

步骤 5：以“实例”的方式克隆“沙发背景墙装饰条”并调整好位置，系统对克隆出来的“沙发背景墙装饰条”自动命名为“沙发背景墙装饰条02”、“沙发背景墙装饰条03”等。

步骤 6：在各个视图中的位置如图2.279所示。

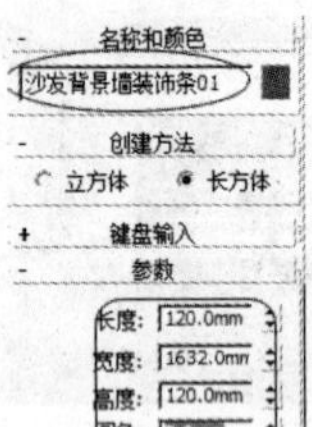

图 2.277

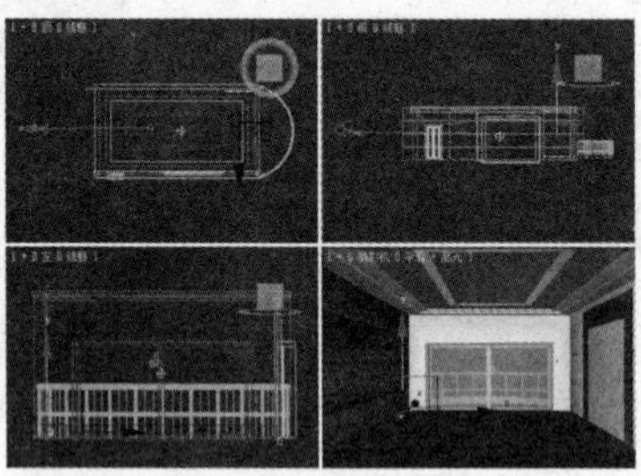

图 2.278

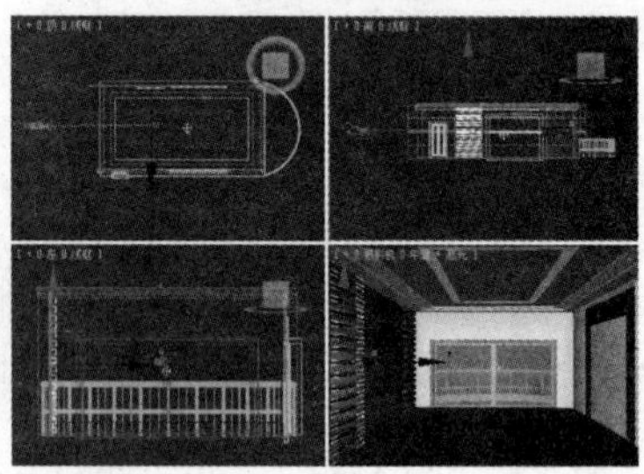

图 2.279

步骤 7：选中所有“沙发背景墙装饰条”，选择组(G)→成组(G)命令，弹出【组】设置对话框，具体参数设置如图2.280所示，单击确定按钮即可成组。

步骤 8： 单击(材质编辑器)按钮，弹出【材质编辑器】设置对话框，在【材质编辑器】设置对话框中单击“米黄色乳胶漆”材质，单击(将材质指定选定对象)和(在视口中显示标准贴图)按钮即可赋予材质。

步骤 9： 选择所有“沙发背景墙装饰板”，在【材质编辑器】设置对话框中单击“白色乳胶漆”材质，单击(将材质指定选定对象)和(在视口中显示标准贴图)按钮即可赋予材质。

步骤 10： 单击(渲染产品)按钮即可得到如图 2.281 所示的效果。

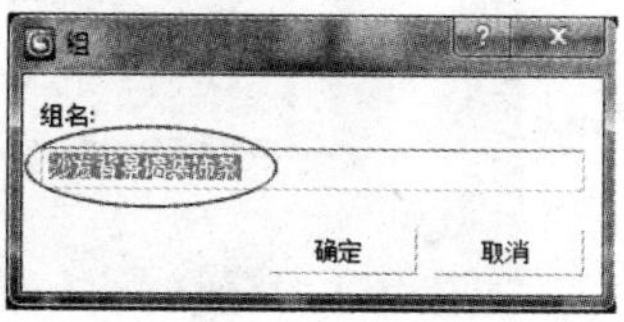

图 2.280

图 2.281

9. 创建筒灯

步骤 1： 在【浮动】面板中单击(创建)→(几何体)→圆柱体按钮，在顶视图中绘制一个“圆柱体”，具体参数设置如图 2.282 所示，命名为“筒灯”，其在各个视图中的位置如图 2.283 所示。

步骤 2： 以“实例”的方式克隆“筒灯”并调整好位置，克隆出来的“筒灯”在各个视图中的位置如图 2.284 所示。

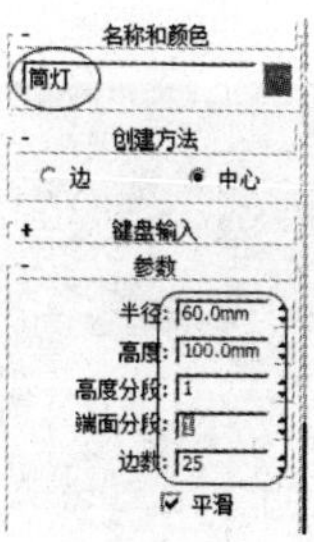

图 2.282

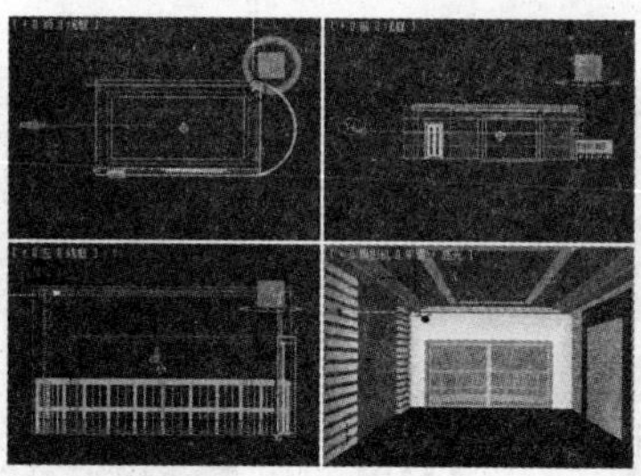

图 2.283

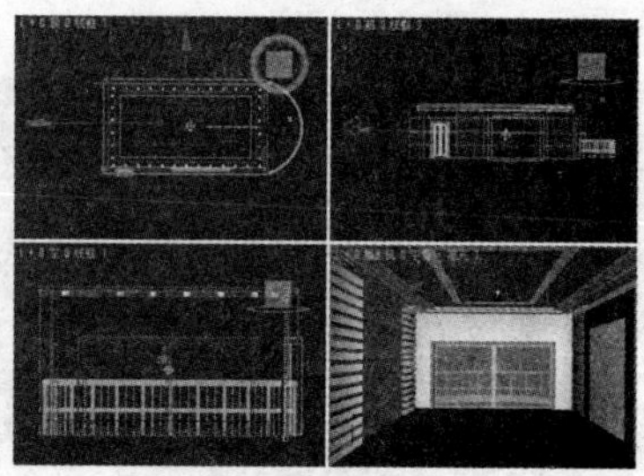

图 2.284

步骤 3： 选中所有“筒灯”，选择组(G)→成组(G)命令，弹出【组】设置对话框，具体参数设置如图 2.285 所示，单击确定按钮即可成组。

步骤 4：在工具栏中单击(材质编辑器)按钮，弹出【材质编辑器】设置对话框，在【材质编辑器】设置对话框中单击一个空白示例球并命名为“自发光”材质。

步骤 5：将☑颜色右边的颜色设置为“纯白色”，其他参数采用默认值，如图 2.286 所示。

步骤 6：选中成组的“筒灯”组，单击(将材质指定选定对象)和(在视口中显示标准贴图)按钮即可赋予材质。单击(渲染产品)按钮，即可得到如图 2.287 所示的效果。

步骤 7：保存文件。按 Ctrl+S 键保存文件。

图 2.285

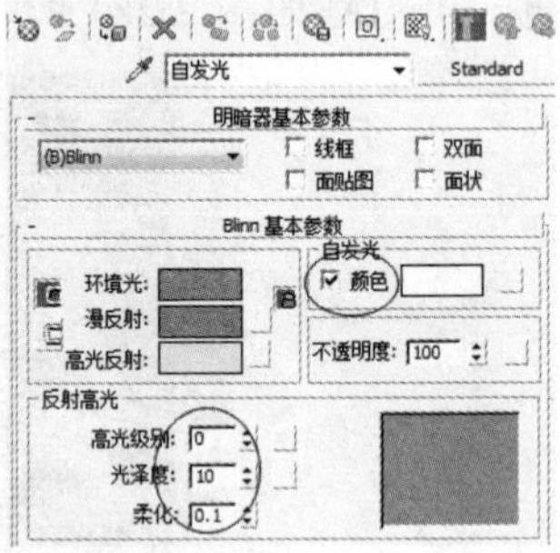

图 2.286

图 2.287

10. 创建窗帘

步骤 1：在视图中选中所有对象。在选择的对象上右击，在弹出的快捷菜单中选择冻结当前选择命令，将所有对象冻结，如图 2.288 所示。

步骤 2：在【浮动】面板中单击(创建)→(图形)→ 线 按钮，设置创建方法参数，具体设置如图 2.289 所示。

步骤 3：在顶视图中绘制两条曲线，在前视图中从上往下绘制一条直线，如图 2.290 所示。

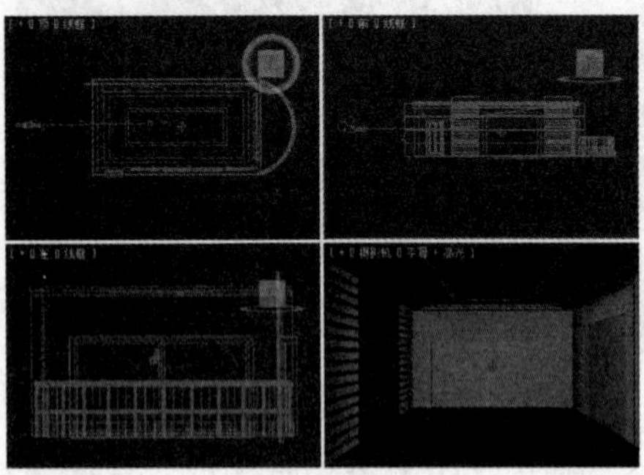

图 2.288

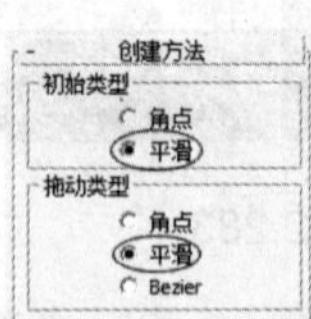

图 2.289

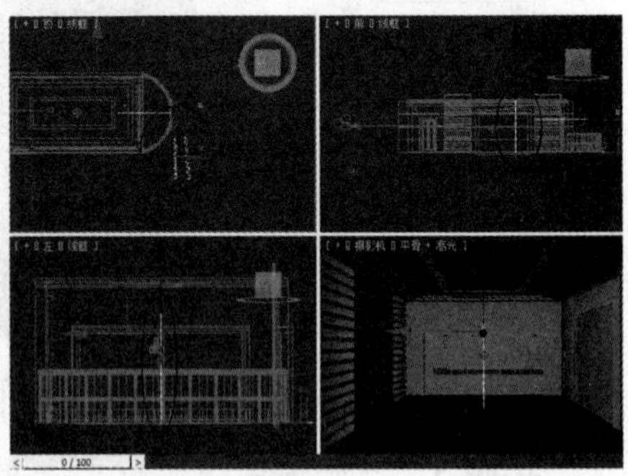

图 2.290

步骤 4：单击(几何体)按钮，再单击标准基本体右边的按钮，弹出下拉菜单，在下拉菜单中选择复合对象命令，转到复合对象操作浮动面板。

步骤 5：单选直线，单击 放样 → 获取图形 按钮，单击顶视图中比较密的曲线。设置路径参数，具体设置如图 2.291 所示。

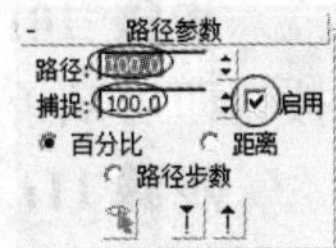

图 2.291

步骤 6：单击 获取图形 按钮，单击顶视图中的比较稀的曲线，即可得到放样的曲面，如图 2.292 所示。

步骤 7：再复制一个放样曲面，调整好位置并将其成组，组名为“窗帘”，如图 2.293 所示。

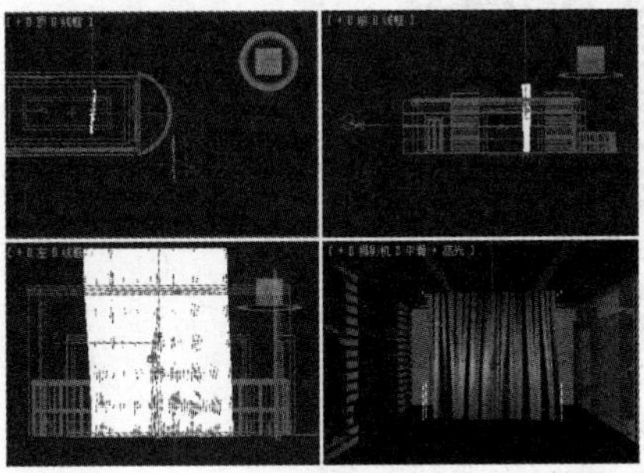

图 2.292

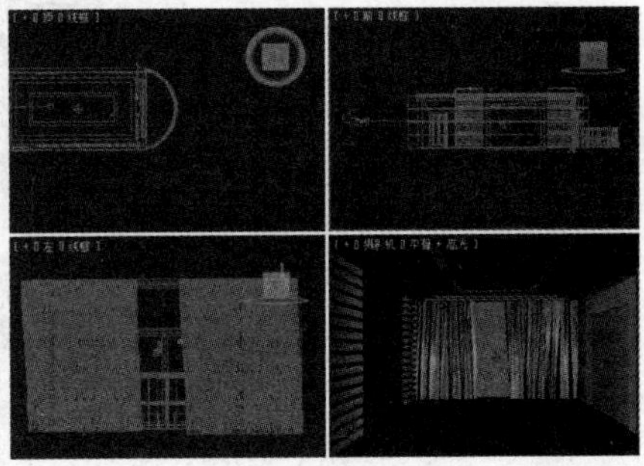

图 2.293

步骤 7：单击(材质编辑器)按钮，弹出【材质编辑器】设置对话框，在【材质编辑器】设置对话框中单击一个空白示例球并命名为“窗帘”。

步骤 8：单击 漫反射 右边的按钮，弹出【材质/贴图浏览器】设置对话框，在【材质/贴图浏览器】中双击 位图 命令，弹出【选择位图图像文件】设置对话，具体设置如图 2.294 所示，单击 打开(O) 按钮返回参数设置卷展栏。

步骤 9：坐标 卷展栏具体参数设置如图 2.295 所示。

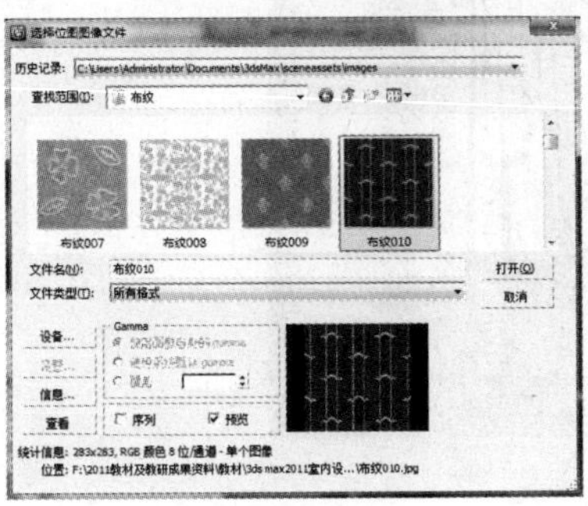

图 2.294

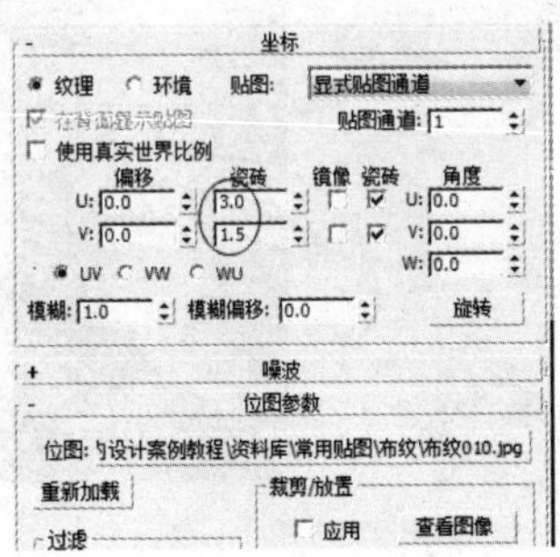

图 2.295

步骤 10：选中“窗帘”，单击(将材质指定选定对象)和(在视口中显示标准贴图)按钮即可赋予材质。

步骤 11：单击(渲染产品)按钮，即可得到如图 2.296 所示的效果。

图 2.296

步骤 12：保存文件。按 Ctrl+S 键即可保存文件。

四、拓展训练

制作如下图所示的客厅装饰效果。

案例练习图

2.7　客厅的后期处理

一、案例效果

客厅效果图

二、案例制作流程(步骤)分析

家具与装饰品的摆放 → 场景灯光的设置 → 利用 Photoshop 进行后期处理 → 设置浏览动画

三、详细操作步骤

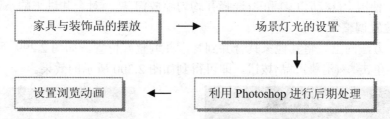

本案例主要从家具和饰品的导入、场景灯光的设置、利用 Photoshop 进行后期处理和设置动画浏览 4 个方面来介绍客厅的后期处理相关知识。

1. 家具与饰品的摆放

在前面的案例中学习制作了沙发、电视柜、电视等造型，这一案例中一起来学习怎样将这些造型合并到客厅当中。具体操作方法如下。

步骤 1： 将“客厅装饰设计.max”另存为“客厅的后期处理.max”文件。将场景中的所有对象冻结。

步骤 2： 单击→→(合并)命令，弹出【合并文件】设置对话框，具体设置如图 2.297

【参考视频】

所示。

步骤 3：单击按钮，弹出【合并】选择对话框，选择需要合并的对象如图 2.298 所示。

图 2.297

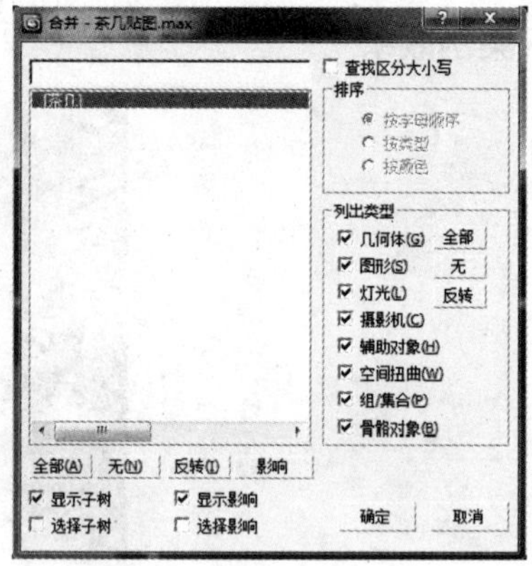

图 2.298

步骤 4：单击按钮即可将茶几合并到客厅中。

步骤 5：使用(移动)工具和(选择并均匀缩放)工具，对合并进来的茶几进行适当的大小调整和位置调整。

步骤 6：方法同上。将其他家具合并到客厅并调整好位置，如图 2.299 所示。

步骤 7：单击(渲染产品)按钮，即可得到如图 2.300 所示的效果。

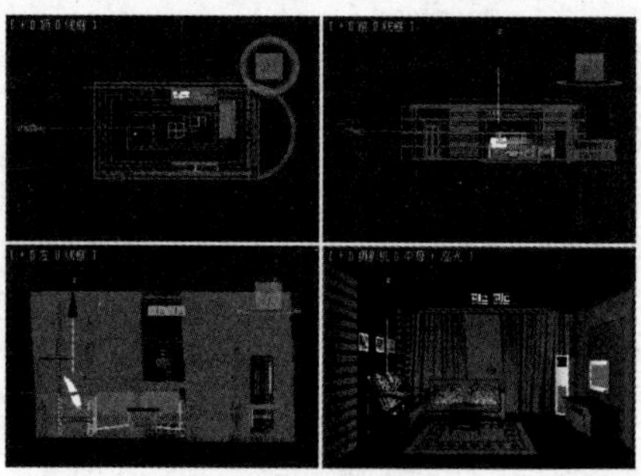

图 2.299

图 2.300

步骤 8：保存文件。按 Ctrl+S 键保存文件。

2. 场景灯关的设置

对于室内效果图表现，灯光的效果是至关重要的，它直接影响着整个空间艺术效果，一幅好的效果图，其灯光设置也是最合理的。这里主要讲解灯光的创建和有关参数设置。

步骤 1：将“客厅的后期处理.max”文件另存为“客厅的后期处理灯光.max”文件。

步骤 2：在【浮动】面板中单击(创建)→(灯光)按钮，单击 标准 右边的按钮，弹出下拉列表，在下拉列表中选择 光度学 命令，转到【光度学】灯光面板，在【光度学】灯光面板中单击 自由灯光 按钮，在顶视图中创建一盏“自由灯光”，具体参数设置如图 2.301 所示。

步骤 3：单击 分布(光度学 Web) 卷展栏中 <选择光度学文件> 按钮，弹出【打开光域 Web 文件】对话框，具体设置如图 2.302 所示，单击 打开(O) 按钮即可。

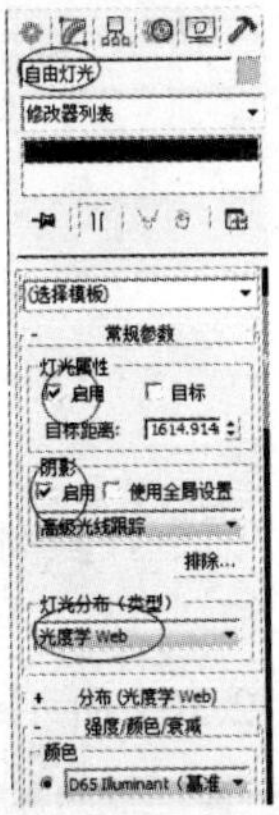

图 2.301

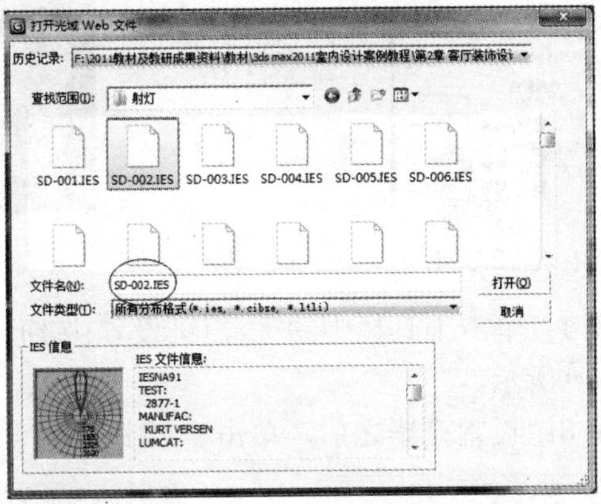

图 2.302

步骤 4：在视图中调整好位置并以“实例”方式克隆光度学灯光，灯光的盏数及在各个视图中的位置如图 2.303 所示。

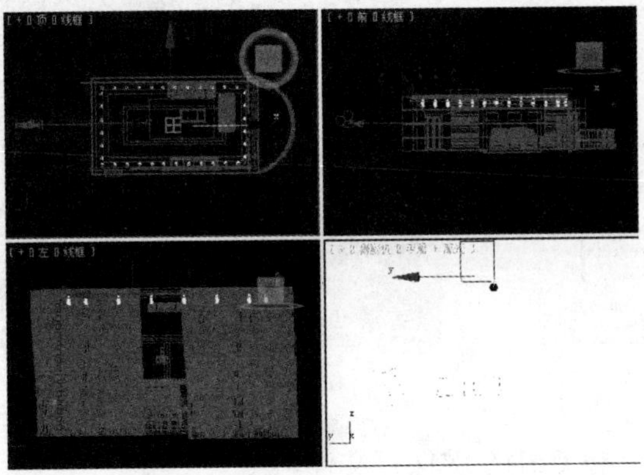

图 2.303

步骤 5：在浮动面板中单击(创建)→(灯光)→ 泛光灯 按钮，在顶视图中创建 3 盏“泛光灯”，3 盏灯光的参数相同，具体参数设置如图 2.304 所示。

步骤 6：调整好 3 盏泛光灯的位置，在各个视图中的位置如图 2.305 所示。

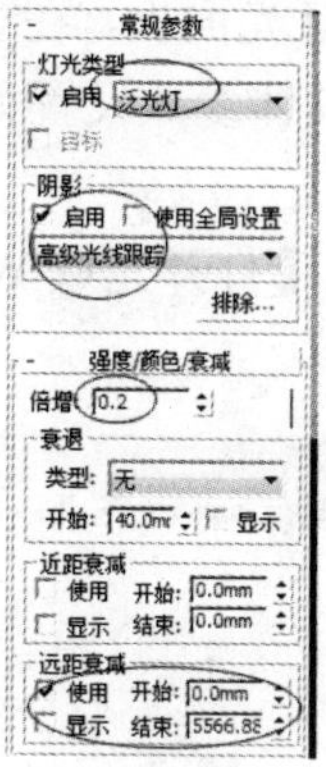

图 2.304

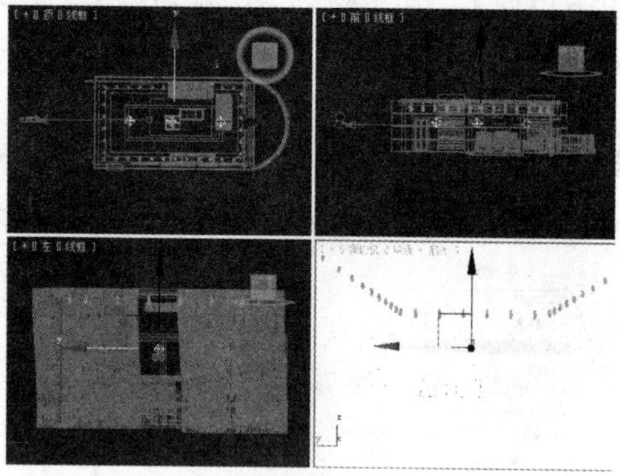

图 2.305

步骤 7：单击工具栏中的(渲染设置)按钮，弹出【渲染设置】对话框，具体参数设置如图 2.306 所示。

步骤 8：设置完毕之后，单击 渲染 按钮，即可得到最终效果，如图 2.307 所示。

图 2.306

图 2.307

步骤 9：保存文件。按 Ctrl+S 键保存文件。

3. 利用 Photoshop 进行后期处理

一般情况下在 3ds Max 中渲染好的图片都要经过 Photoshop 后期处理，使效果图看起来更生动，更接近于真实效果。下面将渲染好的“客厅装饰渲染. jpg”效果图进行后期处理。

步骤 1： 启动 Photoshop CS5 软件。

步骤 2： 在菜单栏中选择文件(F)→打开(O)...命令，弹出【打开】设置对话框，具体设置如图 2.308 所示，单击打开(O)按钮即可将所选图片打开。

步骤 3： 在菜单栏中选择图像(I)→调整(A)→曲线(U)...命令弹出【曲线】设置对话框，具体设置如图 2.309 所示，设置完毕单击确定按钮即可。

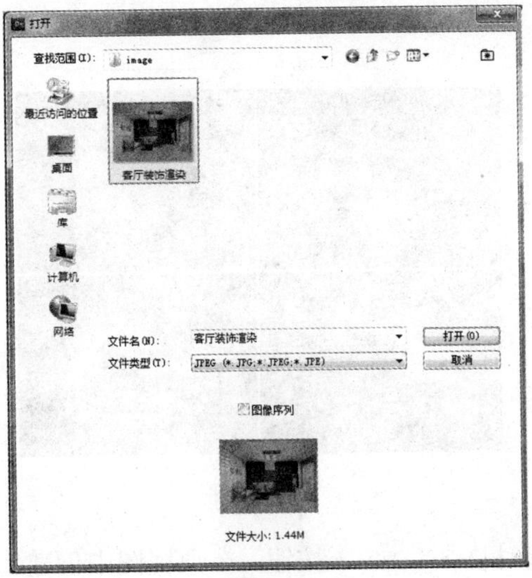

图 2.308

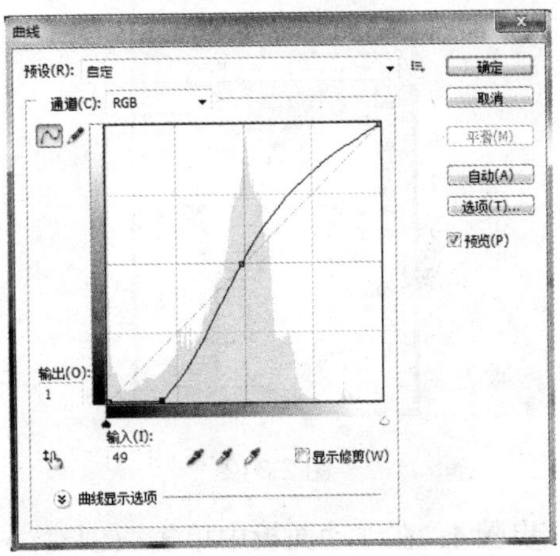

图 2.309

步骤 4： 打开如图 2.310 所示的 5 张图片，将其拖到“客厅装饰渲染.jpg”文件中，使用(移动)工具、自由变形命令和选择工具对拖入“客厅装饰渲染.jpg”文件中的图片的位置、大小等进行调整，调整好的最终效果如图 2.311 所示。

图 2.310

图 2.311

4. 设置浏览动画

在室内设计中动画一般采用路径控制摄影机镜头的移动，从而实现动态观察室内空间各个角落的效果。在本书中都采用这种方式来制作浏览动画，因为这是动态效果图的主要技术。下面详细讲解设置浏览动画的方法。

步骤 1：打开“客厅的后期处理.max”文件。

步骤 2：单击动画控制区中的(时间配置)按钮，弹出【时间配置】对话框，具体设置如图 2.312 所示，单击 确定 按钮即可配置好时间。

步骤 3：在浮动面板中单击(创建)→(图形)→ 线 按钮，在顶视图中绘制如图 2.313 所示的曲线并将曲线命名为“路径”。

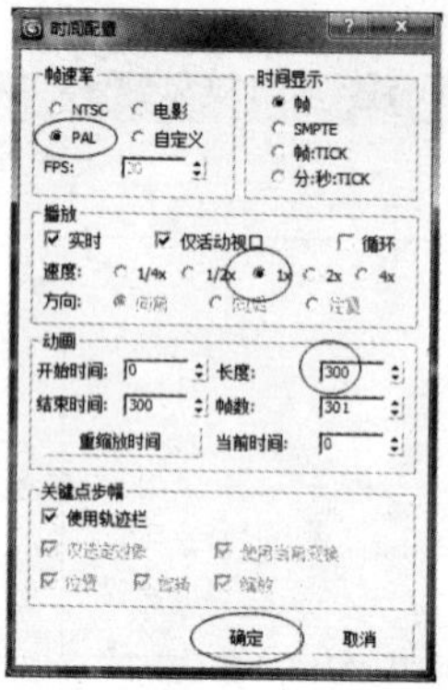

图 2.312

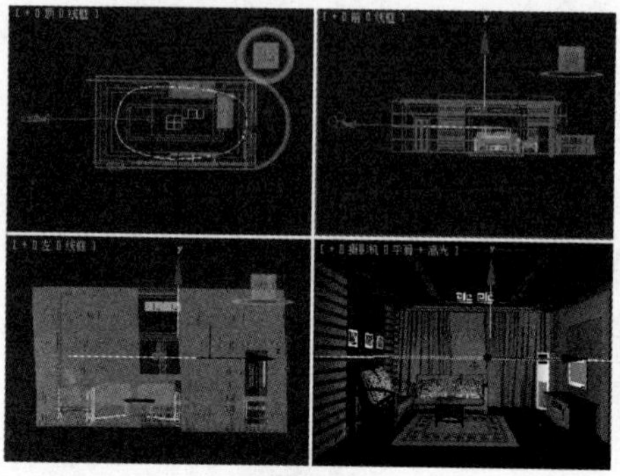

图 2.313

步骤 4：在浮动面板中单击(创建)→(摄影机)→ 目标 按钮，在顶视图中创建一架摄影机，具体参数设置如图 2.314 所示。摄影机在各个视图中的位置如图 2.315 所示。

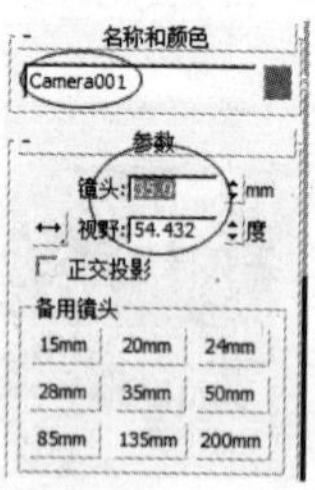

图 2.314

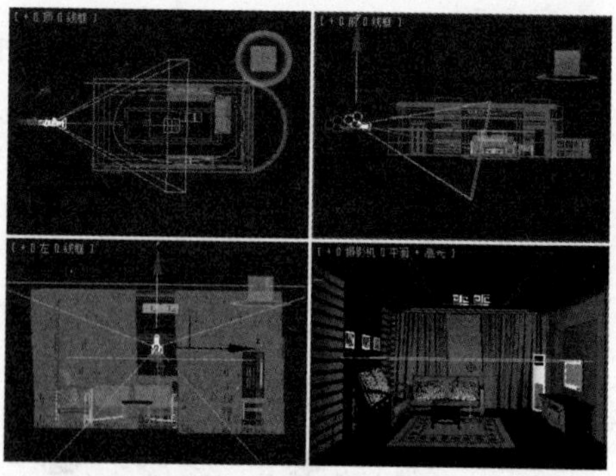

图 2.315

步骤 5：在【浮动】面板中单击 (运动)→ 参数 按钮，单击 指定控制器 左边的 号，展开【指定控制器】卷展栏。

步骤 6：确保“Camera001”摄影机被选中，单击 位置：位置 XYZ 选项，然后单击 (指定控制器)按钮，弹出【指定位置控制器】设置对话框，具体设置如图 2.316 所示，单击 确定 按钮返回。

步骤 7：单击 路径参数 卷展栏中的 添加路径 按钮，单击顶视图中绘制的曲线，即可将 Camera01 摄影机约束到路径上。

步骤 8：将视图转到“Camera001”视图中，如图 2.317 所示。

步骤 9：保存文件。按 Ctrl+S 键保存文件。

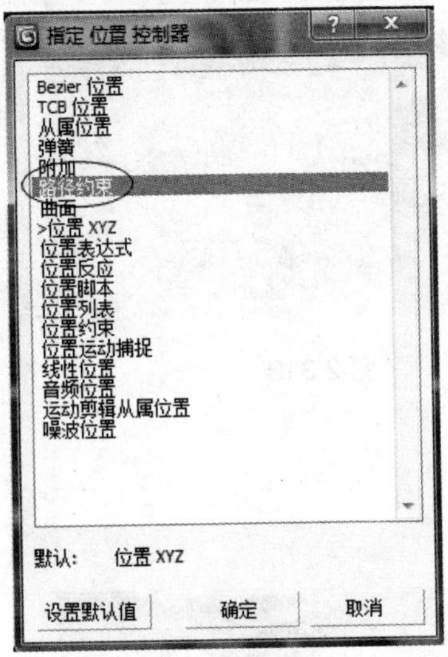

图 2.316

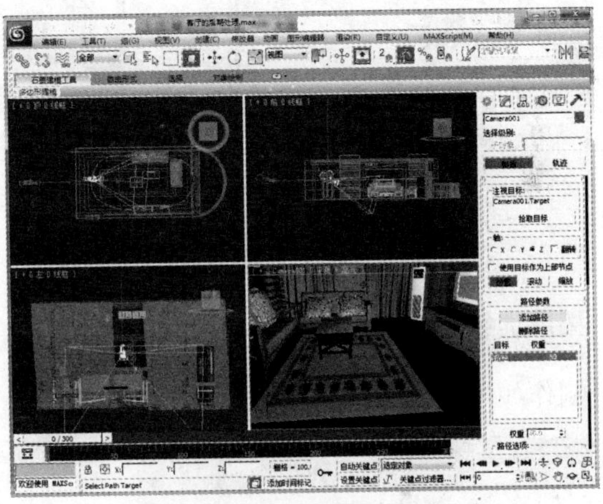

图 2.317

步骤 10：单击工具栏中的 (渲染设置)按钮，弹出【渲染设置】对话框，具体参数设置如图 2.318 所示。

步骤 11：单击 渲染 按钮，即可对 Camera01 摄影机视图进行动画渲染。截图如图 2.319 所示。

步骤 12：保存文件。将文件另存为“客厅的后期处理浏览动画.max”。

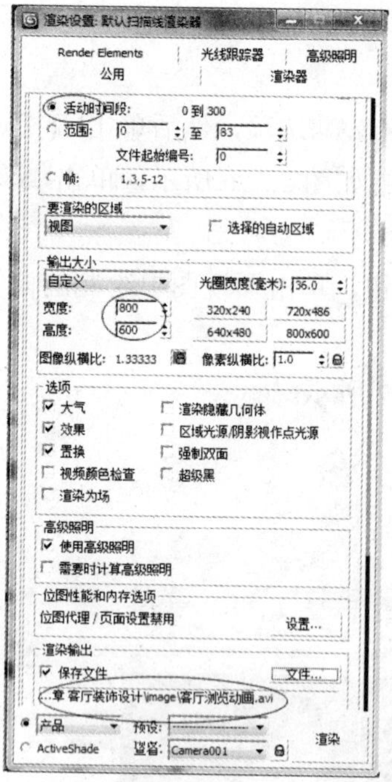

图 2.318

图 2.319

四、拓展训练

制作如下图所示的客厅装饰效果。

(a)

(b)

客厅装饰效果图

提示：老师可以根据学生实际情况决定，对于接受能力比较强的学生，可以要求将此效果图制作出来；对于基础比较薄弱、接受能力比较差的学生，可不作要求。

本 章 小 结

本章主要讲解了客厅设计的表现手法，展示了现代客厅的清静、优雅、美观的特点。通过本章的学习，读者可深入理解客厅空间的设计思路、制作方法和表现技术，掌握效果图制作过程中使用的命令。

本章主要要求读者掌握基础建模技术、标准灯光的设置、后期处理、动画浏览等相关知识点。

第3章

卧室装饰设计

技能点

1. 枕头的制作
2. 床头柜的制作
3. 梳妆台的制作
4. 台灯的制作
5. 双人床的制作
6. 卧室模型的创建
7. 基本贴图技术
8. 文件合并
9. 场景灯光的设置
10. 利用 Photoshop 进行后期处理
11. 设置动画浏览

【素材下载】

说 明

本章主要介绍卧室中基本家具的制作方法、卧室模型的创建、基本贴图技术、文件合并、场景灯光的设置、利用 Photoshop 进行后期处理和设置动画浏览等相关知识。

本意主要要求掌握建模技术、灯光布局技术、后期处理方法、浏览动画的设置和输出。

教学建议课时数

一般情况下需要 16 课时，其中理论 4 课时，实际操作 12 课时(特殊情况可做相应调整)。

人的一生中三分之一的时间都在卧室当中度过，一个人的身体健康与好的睡眠质量有很大的关系，所以卧室是家装设计当中的主要设计空间。卧室一般有两种分类方法：第一种按主次关系分为主卧室、次卧室和兼用卧室；第二种按居住人的年龄分为主卧室、儿童房、老人房和客房。主卧室一般放置双人床；次卧室(老人房或儿童房)则以单人床为多，供子女和老人使用；兼用房(客房)一般兼做居室、工作室并供客人使用。本章主要介绍主卧室效果图的制作。本案例效果如下图所示。

卧室家具设计的基础造型主要包括枕头、床、床罩、床头柜、衣柜、梳妆台和休闲茶几等。为了方便初学者学习和理解，首先学习单独制作床、床罩、床头柜、衣柜、梳妆台和休闲茶几等造型，并保存为线架文件，接着再来学习制作卧室模型，最后将它们合并渲染输出即可。

3.1 枕头的制作

一、案例效果

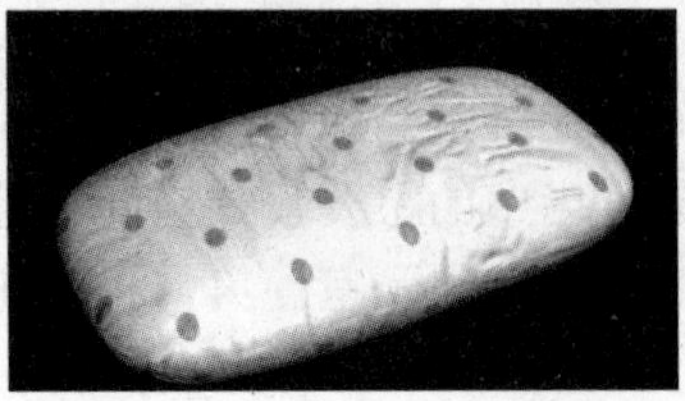

制作枕头效果图

二、案例制作流程(步骤)分析

启动 3ds Max 2011，设置单位 → 使用 3ds Max 中的相关命令制作枕头模型 → 给枕头模型添加材质贴图

三、详细操作步骤

1. 设置单位

步骤 1：启动 3ds Max 2011 并保存文件为“枕头.max”。

步骤 2：设置单位。单位的设置同 2.1 节中的单位设置完全一样。

2. 制作枕头模型

步骤 1：单击(创建)→(几何体)→ 长方体 按钮，在顶视图中绘制一个长方体并命名为“枕头”，具体参数设置如图 3.1 所示。

步骤 2：单击(修改)按钮，转到【修改】浮动面板，单击修改器列表右边的按钮，弹出下拉列表，在下拉列表中选择网格平滑命令。

步骤 3：单击局部控制卷展栏中的(顶点)按钮，在前视图中选中中间的顶点，如图 3.2 所示。

步骤 4：在迭代次数右边的文本输入框中输入数值“3”，在权重右边的文本输入框中输入数值“10.0”，如图 3.3 所示。

【参考视频】

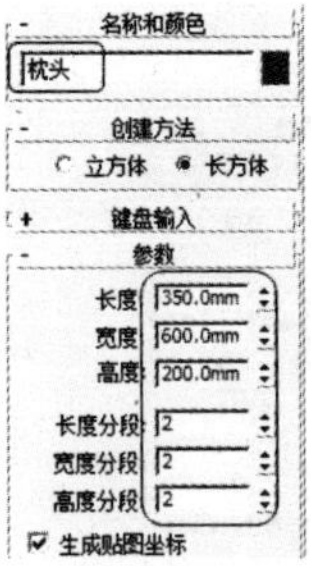

图 3.1

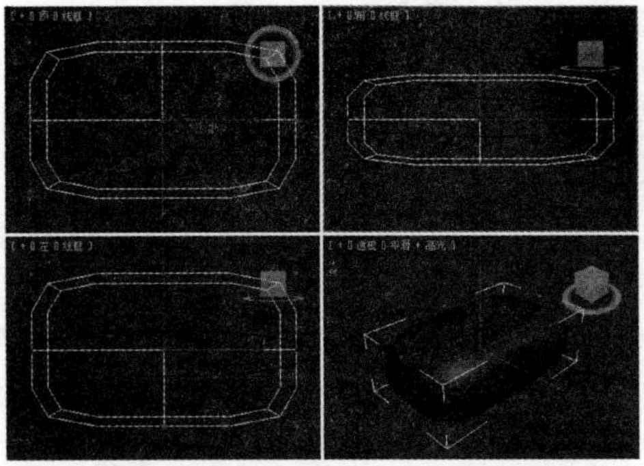

图 3.2

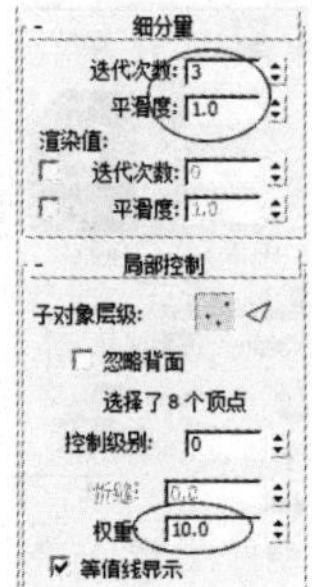

图 3.3

步骤 5：在顶视图中选中中间的顶点，如图 3.4 所示。

步骤 6：在前视图中使用 (选择并移动)工具，将选中的顶点往下移到合适的位置，如图 3.5 所示。

步骤 7：保存文件，按 Ctrl+S 键保存文件，并命名为“枕头”。

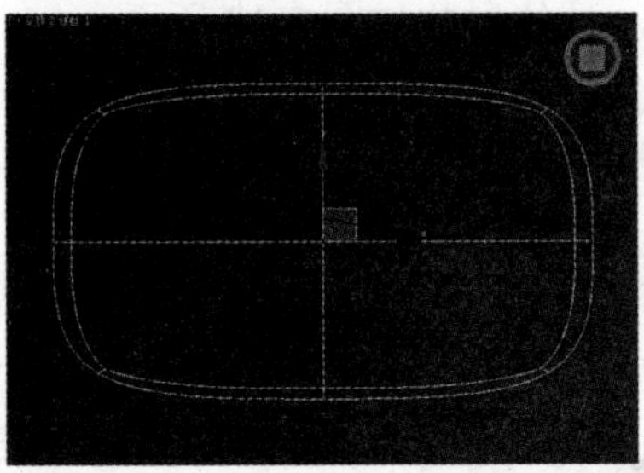

图 3.4

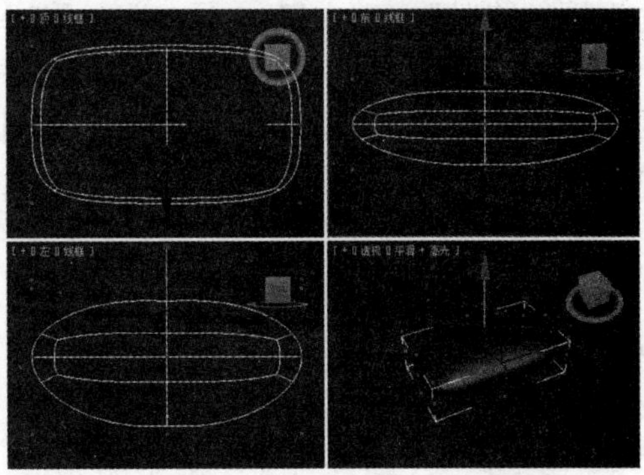

图 3.5

3. 创建“布纹”材质

步骤 1：单击工具栏中的 (材质编辑器)按钮，在弹出的【材质编辑器】设置对话框中选择一个空白的示例球，将其命名为“布纹”材质。

步骤 2：单击 漫反射: 右边的 按钮，弹出【材质/贴图浏览器】，在【材质/贴图浏览器】中双击 位图 项，弹出【选择位图图像文件】设置对话框。具体设置如图 3.6 所示，单击 打开(O) 按钮，返回到【材质编辑器】，具体参数设置如图 3.7 所示。

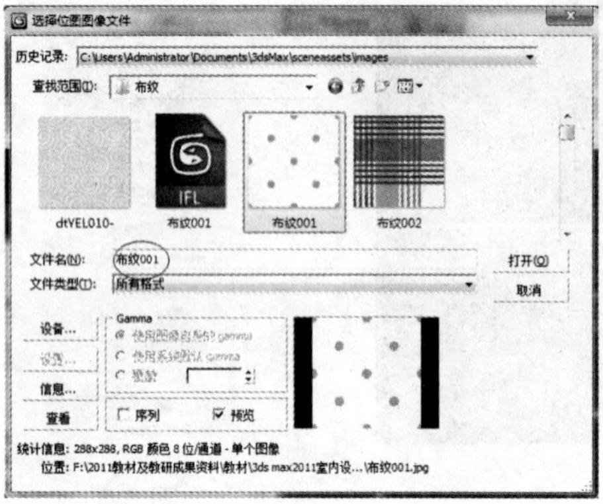

图 3.6

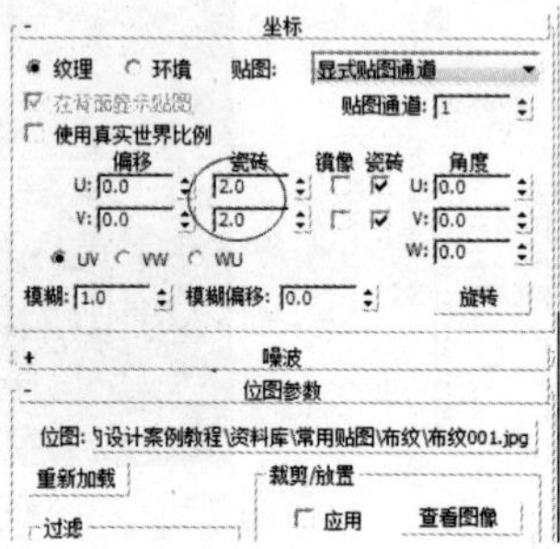

图 3.7

步骤 3：单击(转到父对象)按钮，返回上一级。明暗器基本参数卷展栏的参数设置如图 3.8 所示。

步骤 4：单击贴图卷展栏下的凹凸右边的 None 按钮，弹出【材质/贴图浏览器】，在【材质/贴图浏览器】中双击位图项，弹出【选择位图图像文件】设置对话框。具体设置如图 3.9 所示，单击打开(O)按钮，返回到【材质编辑器】。

步骤 5：单击(转到父对象)按钮，返回上一级，具体参数如图 3.10 所示。

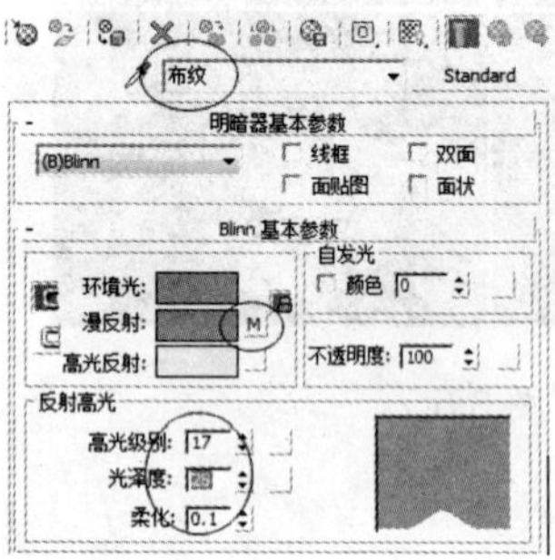

图 3.8

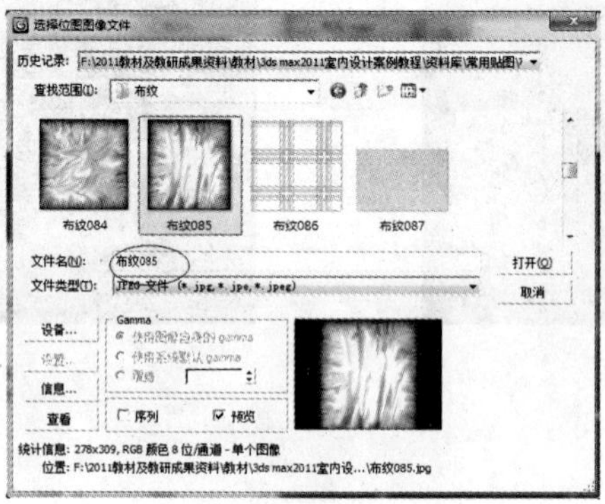

图 3.9

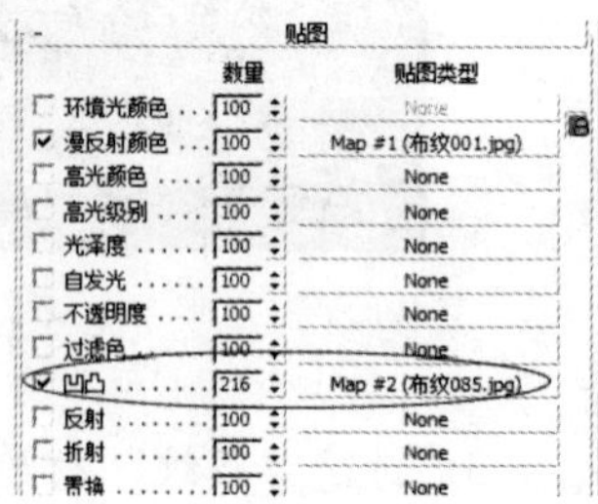

图 3.10

步骤 6：选中“枕头”，单击(将材质指定选定对象)和(在视口中显示标准贴图)按钮即可赋予材质。

步骤 7：单击(修改)按钮，转到【修改】浮动面板，单击修改器列表右边的按钮，弹出下拉列表，在下拉列表中选择 UVW 贴图命令，具体参数设置如图 3.11 所示。

步骤 8：单击工具栏中的(渲染产品)按钮，即可得到如图 3.12 所示的效果。

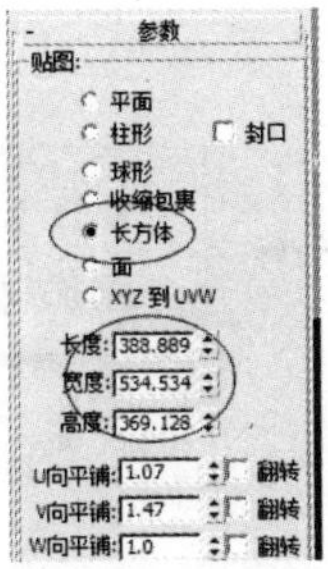

图 3.11

图 3.12

四、拓展训练

制作如下图所示的抱枕效果。

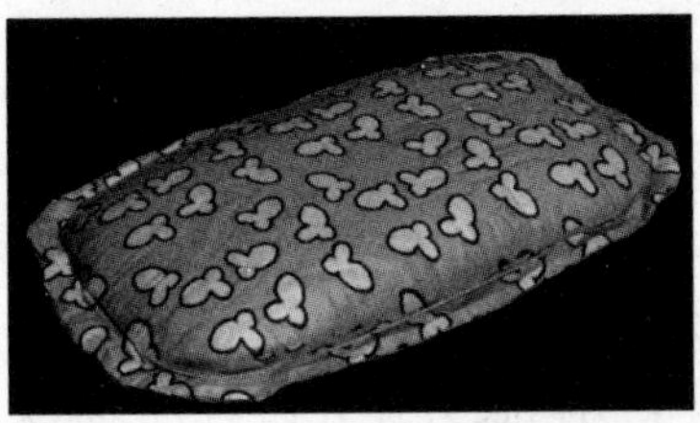

(a)

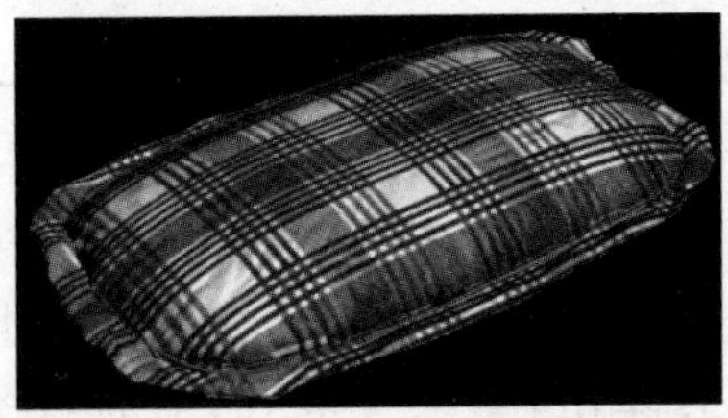

(b)

抱枕效果图

3.2　床头柜的制作

一、案例效果

案例效果图

【参考视频】

二、案例制作流程(步骤)分析

启动 3ds Max 2011，设置单位 → 使用 3ds Max 中的相关命令制作床头柜模型 → 给床头柜模型添加材质贴图

三、详细操作步骤

1. 设置单位

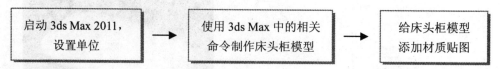

步骤 1：启动 3ds Max 2011 并保存文件为“床头柜.max”。

步骤 2：设置单位。单位的设置同 2.1 节中的单位设置完全一样。

2. 制作枕头模型

步骤 1：单击(创建)→(几何体)→ 长方体 按钮，在顶视图中绘制一个长方体并命名为“床头柜主体”，具体参数设置如图 3.13 所示。

步骤 2：单击(创建)→(几何体)按钮，转到【几何体】浮动面板，单击标准基本体右边的按钮，弹出下拉列表，在下拉列表中选择扩展基本体命令。

步骤 3：单击切角长方体按钮，在顶视图中绘制一个切角长方体并命名为“床头柜顶面”，具体参数设置如图 3.14 所示，其在各个视图中的位置如图 3.15 所示。

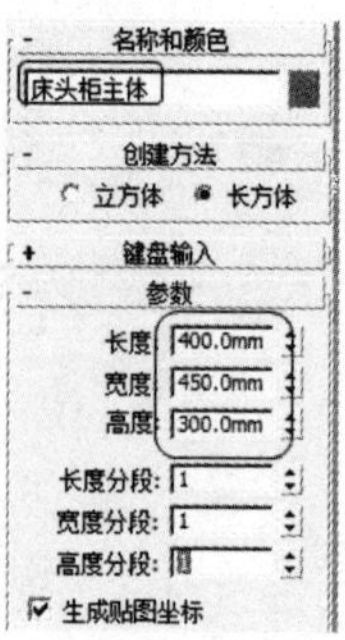

图 3.13

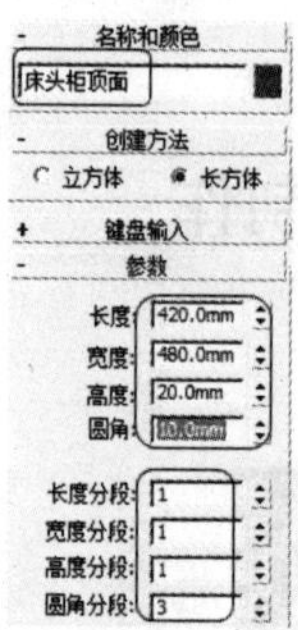

图 3.14

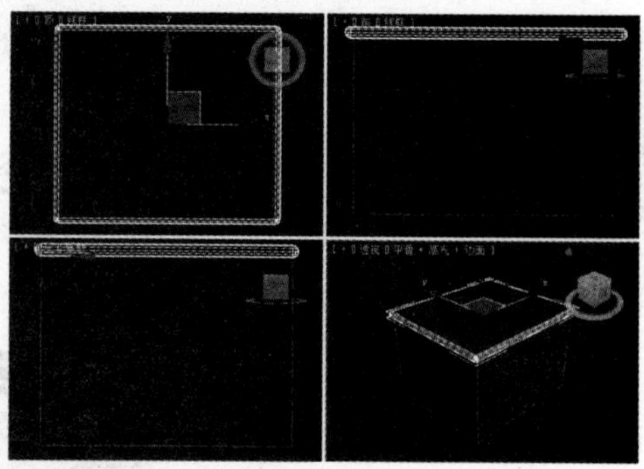

图 3.15

步骤 4：单击切角长方体按钮，在前视图中绘制一个切角长方体并命名为“床头柜抽屉门”，具体参数设置如图 3.16 所示，其在各个视图中的位置如图 3.17 所示。

步骤 5：将“床头柜抽屉门”以实例的方式复制两个并调整好位置，在各个视图中的位置如图 3.18 所示。

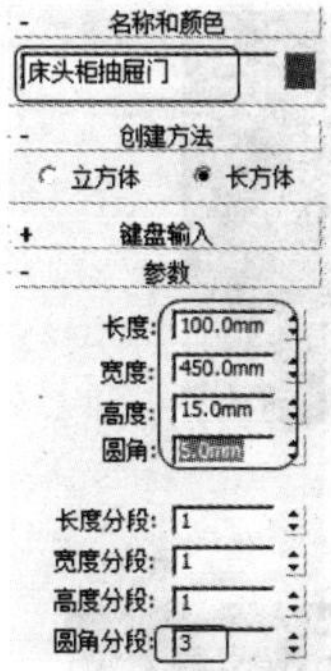

图 3.16

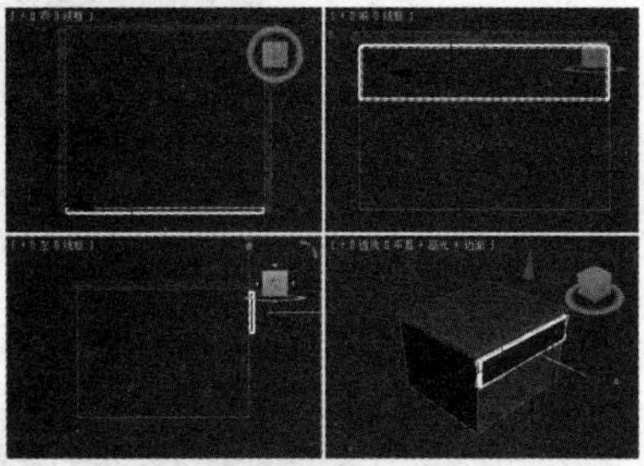

图 3.17

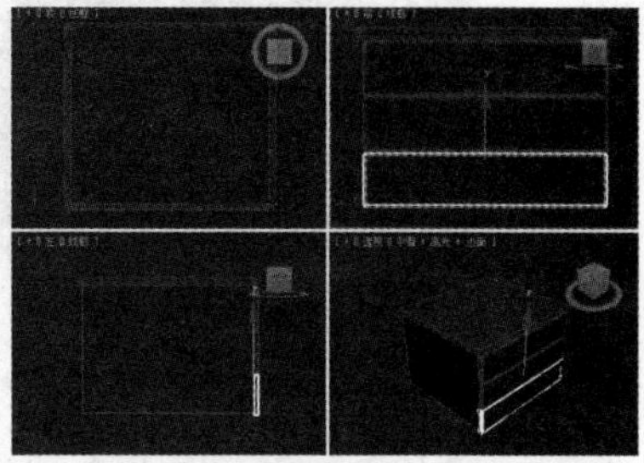

图 3.18

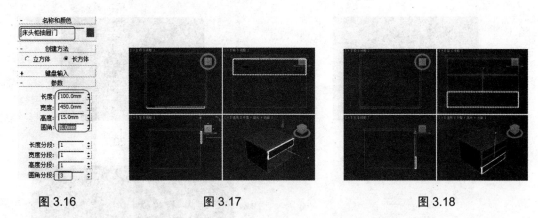

步骤 6： 单击切角长方体按钮，在前视图中绘制一个切角长方体并命名为“抽屉拉手”，具体参数设置如图 3.19 所示，其在各个视图中的位置如图 3.20 所示。

步骤 7： 将“抽屉拉手”以实例的方式复制两个并调整好位置，在各个视图中的位置如图 3.21 所示。

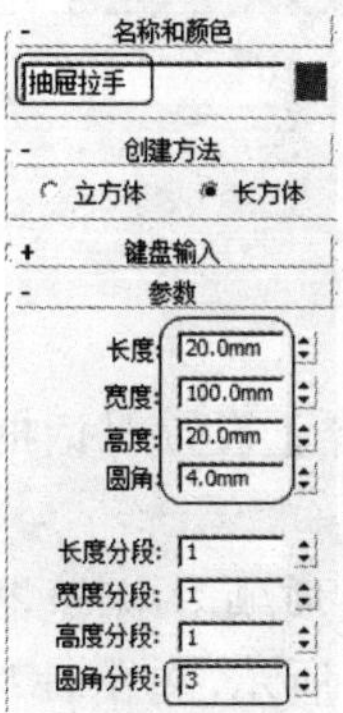

图 3.19

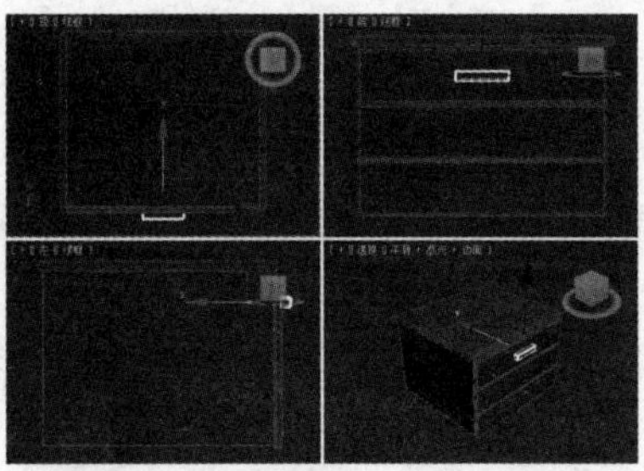

图 3.20

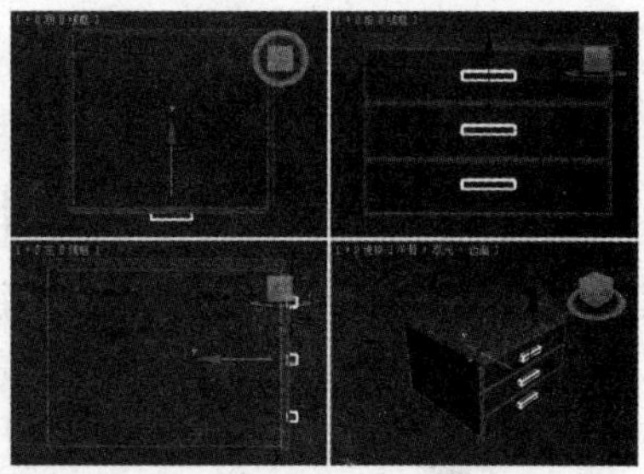

图 3.21

步骤 8： 单击(创建)→(图形)→线按钮，在前视图中绘制如图 3.22 所示的曲线并命名为“床头柜底座”。

步骤 9： 单击(修改)→(样条线)→轮廓按钮，在轮廓右边的文本输入框中输入数值“-15”，按 Enter 键，即可得到如图 3.23 所示的闭合曲线。

步骤 10： 单击修改器列表右边的按钮，弹出下拉列表，在下拉列表中选择挤出命令，具体参数设置如图 3.24 所示，在各个视图中的位置如图 3.25 所示。

步骤 11： 保存文件。按 Ctrl+S 键保存文件。

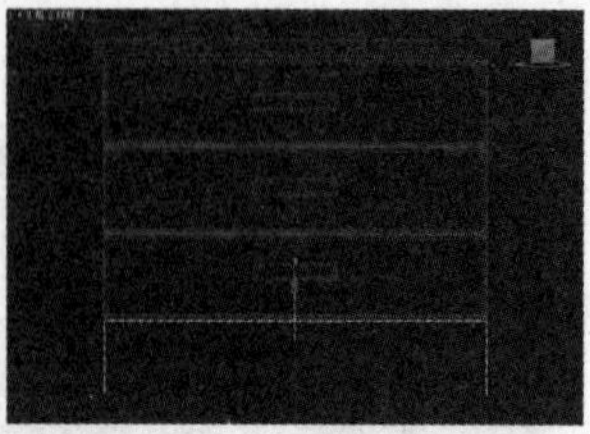

图 3.22

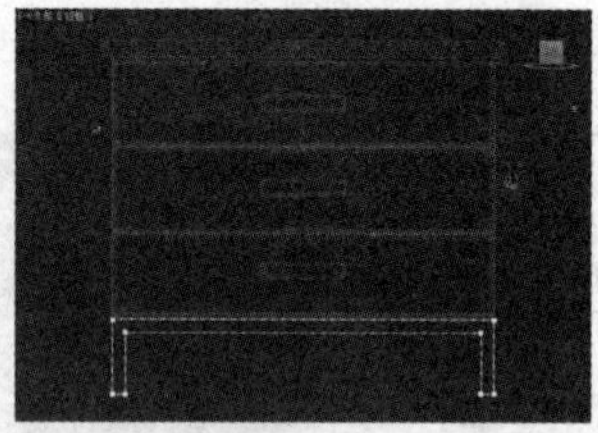

图 3.23

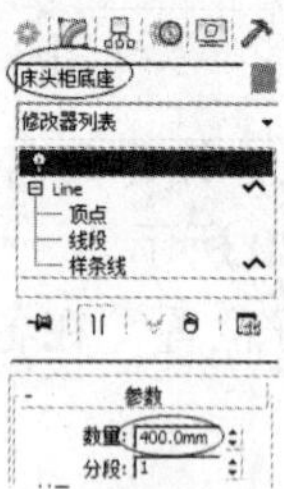

图 3.24

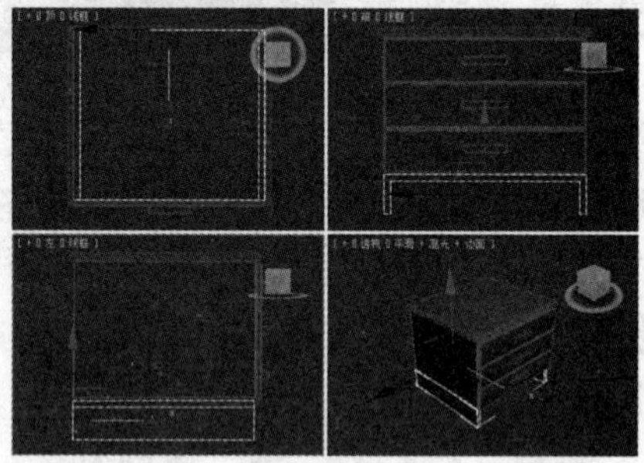

图 3.25

3. 创建“床头柜”的材质

1) 制作“木纹”材质

步骤 1：单击工具栏中的(材质编辑器)按钮，在弹出的【材质编辑器】设置对话框中选择一个空白的示例球，将其命名为“布纹”材质。

步骤 2：单击 漫反射: 右边的按钮，弹出【材质/贴图浏览器】，在【材质/贴图浏览器】中双击 位图 项，弹出【选择位图图像文件】设置对话框。具体设置如图 3.26 所示，单击 打开(O) 按钮，返回到【材质编辑器】，具体参数设置如图 3.27 所示。

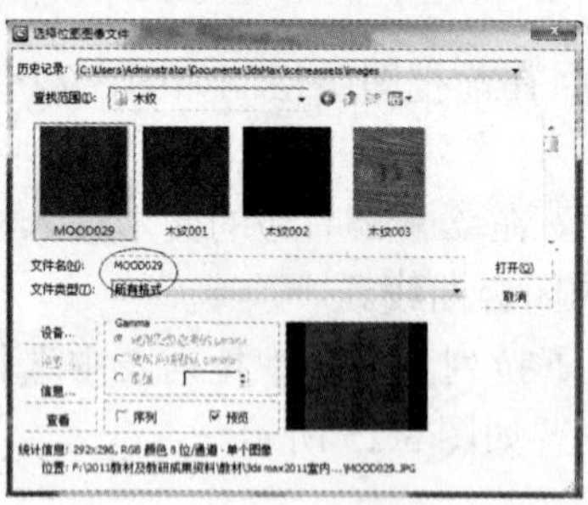

图 3.26

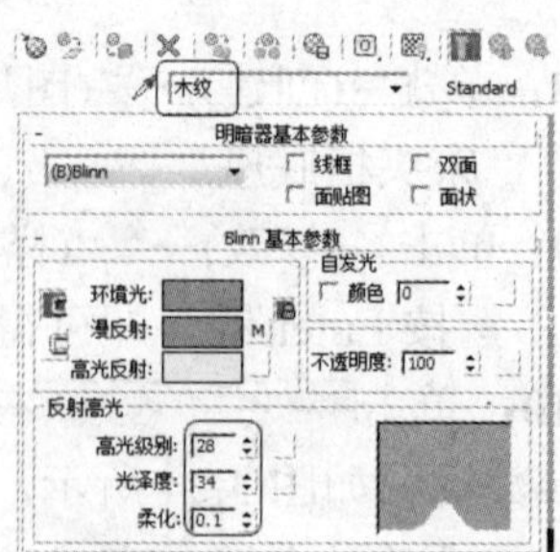

图 3.27

步骤 3：单击 贴图 左边的+号，展开 贴图 卷展栏，单击反射右边的 None 按钮弹出【材质/贴图浏览器】，在【材质/贴图浏览器】中双击光线跟踪项，单击(转到父对象)按钮，返回上一级，具体参数设置如图 3.28 所示。

步骤 4：单击工具栏中的(按名称选择)按钮，弹出【从场景选择】对话框，选中需要赋予材质的对象，如图 3.29 所示，单击 确定 按钮即可选择需要的对象。

步骤 5：单击(将材质指定选定对象)和(在视口中显示标准贴图)按钮即可赋予材质。

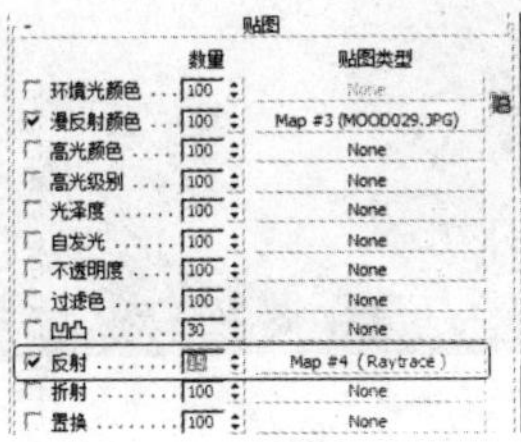

图 3.28

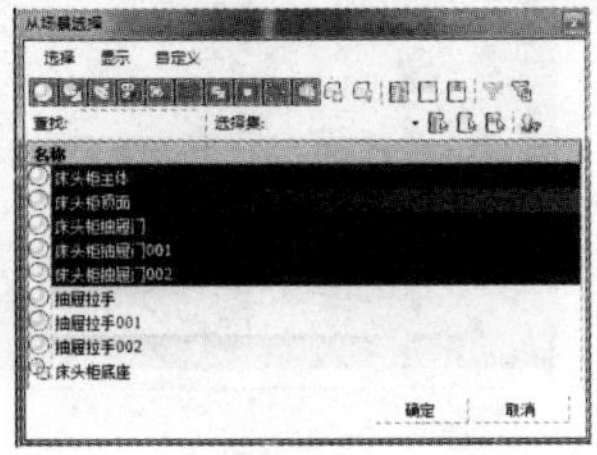

图 3.29

2) 制作“白色乳胶漆”材质

步骤 1：在【材质编辑器】设置对话框中选择一个空白的示例球，将其命名为“白色乳胶漆”材质。

步骤 2：将【环境光】、【漫反射】和【高光反射】的 RGB 值都设置为(R：255，G：255，B：255)。

步骤 3：单击 贴图 左边的+号，展开 贴图 卷展栏，单击反射右边的 None 按钮，弹出【材质/贴图浏览器】，在【材质/贴图浏览器】中双击光线跟踪项，单击(转到父对象)按钮，返回上一级，具体参数设置如图 3.30 所示。

步骤 4：单击工具栏中的(按名称选择)按钮，弹出【从场景选择】对话框，选中需要赋予材质的对象，如图 3.31 所示，单击 确定 按钮即可选择需要的对象。

步骤 5：单击(将材质指定选定对象)和(在视口中显示标准贴图)按钮即可赋予材质。

步骤 6：单击工具栏中的(渲染产品)按钮得到如图 3.32 所示的效果。

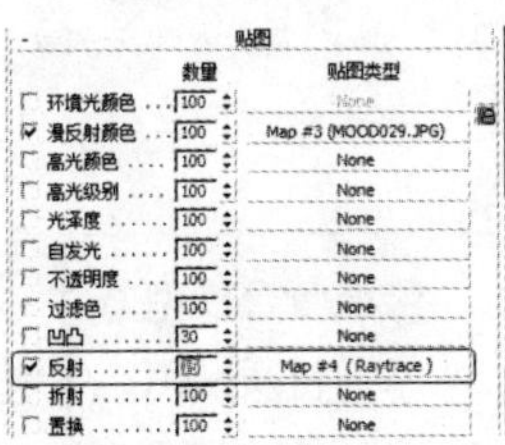

图 3.30

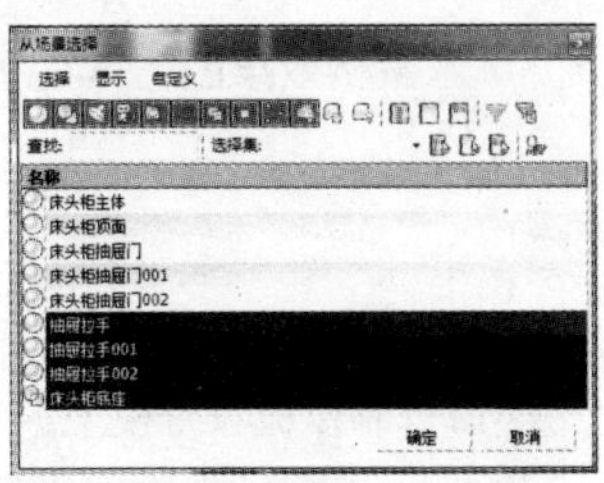

图 3.31

图 3.32

四、拓展训练

制作如下图所示的床头柜效果。

(a)

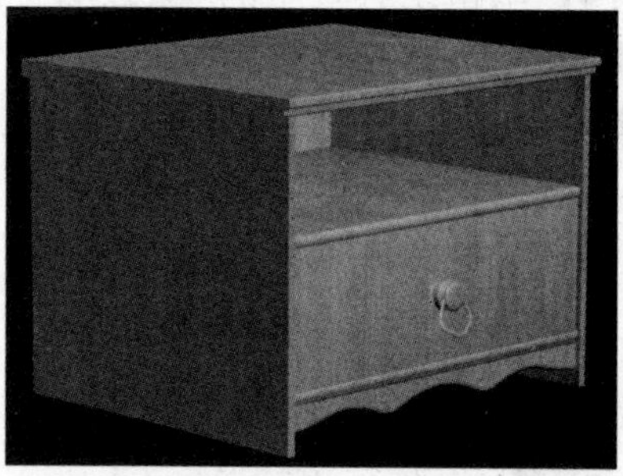
(b)

床头柜效果图

3.3 梳妆台的制作

一、案例效果

案例效果图

二、案例制作流程(步骤)分析

启动 3ds Max 2011，设置单位 → 使用 3ds Max 中的相关命令制作梳妆台模型 → 给梳妆台模型添加材质贴图

【参考视频】

三、详细操作步骤

1. 设置单位

步骤 1： 启动 3ds Max 2011 并保存文件为“梳妆台.max”。

步骤 2： 设置单位。单位的设置同 2.1 节中的单位设置完全一样。

2. 制作梳妆台模型

步骤 1： 单击(创建)→(图形)→ 线 按钮，在左视图中绘制如图 3.33 所示的曲线并命名为“梳妆台侧板”(高度为 700mm、宽度为 450mm)。

步骤 2： 单击(修改)按钮转到【修改】浮动面板，单击(顶点)，在左视图中选中如图 3.34 所示的点，在 圆角 右边的文本输入框中输入数值“90”，按 Enter 键即到如图 3.35 所示的效果。

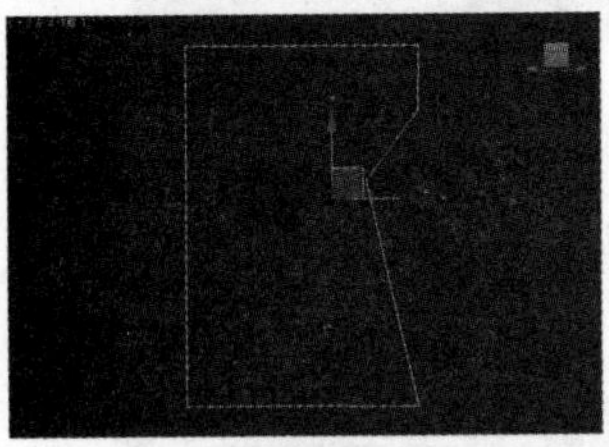

图 3.33

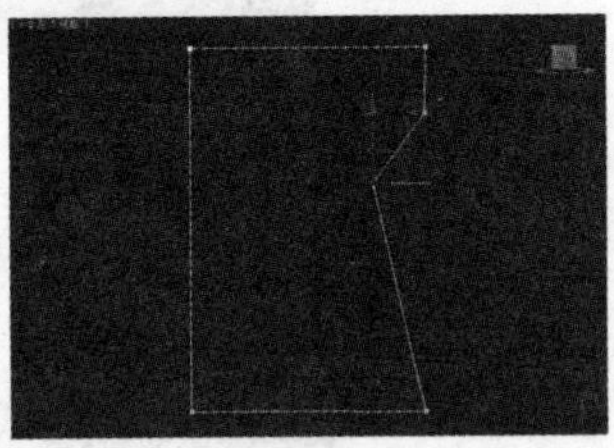

图 3.34

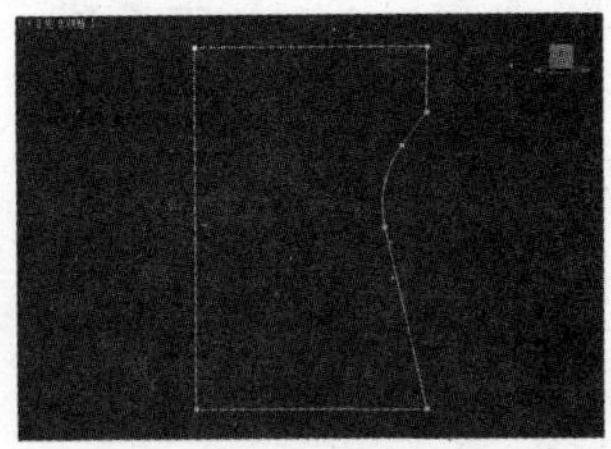

图 3.35

步骤 3： 单击 修改器列表 右边的按钮，弹出下拉列表，在下拉列表中选择 倒角 命令，具体参数设置如图 3.36 所示，在各个视图中的位置如图 3.37 所示。

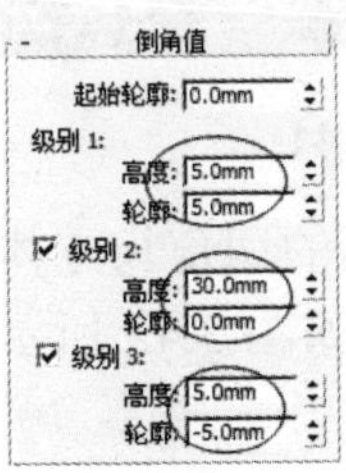

图 3.36

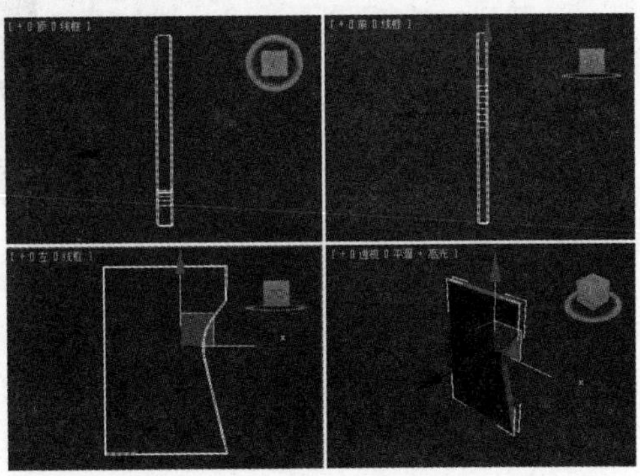

图 3.37

步骤 4：以“实例”的方式复制“梳妆台侧板”。

步骤 5：单击(创建)→(几何体)按钮，转到【几何体】浮动面板，单击标准基本体右边的按钮，弹出下拉列表，在下拉列表中选择扩展基本体命令。

步骤 6：单击切角长方体按钮，在顶视图中绘制一个切角长方体并命名为“梳妆台顶面”，具体参数设置如图 3.38 所示，其在各个视图中的位置如图 3.39 所示。

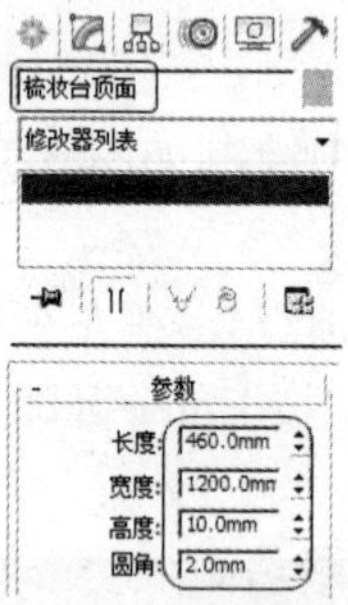

图 3.38

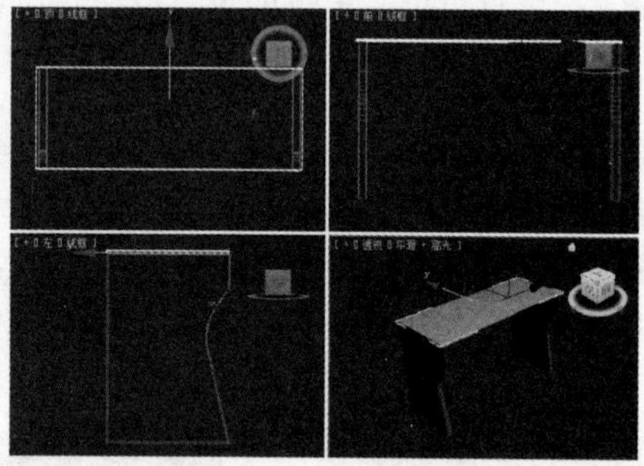

图 3.39

步骤 7：单击切角长方体按钮，在顶视图中绘制一个切角长方体并命名为“梳妆台抽屉”，具体参数设置如图 3.40 所示，其在各个视图中的位置如图 3.41 所示。

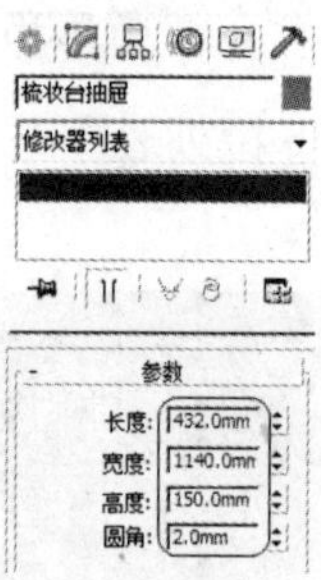

图 3.40

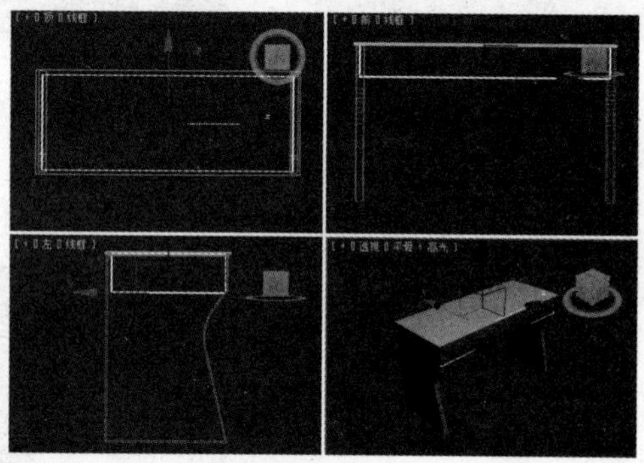

图 3.41

步骤 8：单击切角长方体按钮，在前视图中绘制两个完全相同的切角长方体，分别命名为“梳妆台抽屉板 01”和“梳妆台抽屉板 02”，具体参数设置如图 3.42 所示，其在各个视图中的位置如图 3.43 所示。

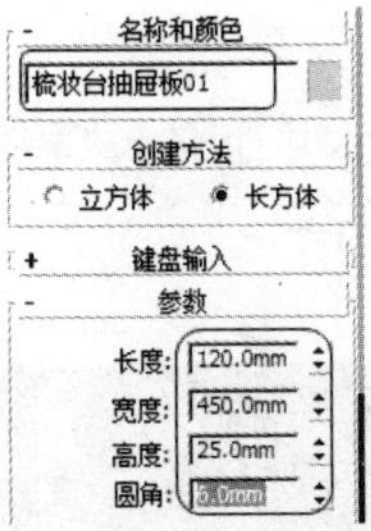

图 3.42

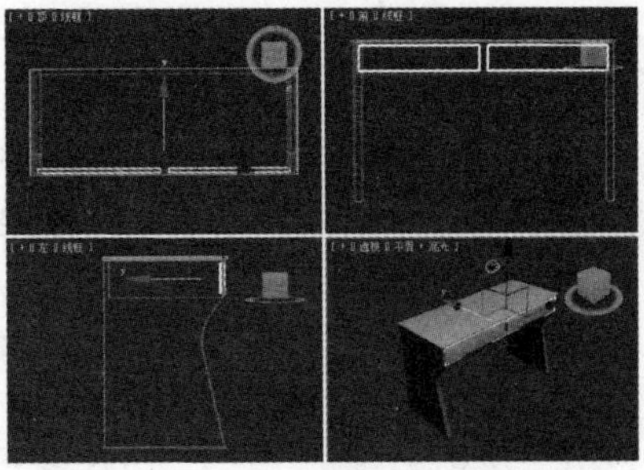

图 3.43

步骤 9：单击 切角圆柱体 按钮，在前视图中绘制两个完全相同的切角圆柱体，分别命名为“梳妆台抽屉拉手 01”和“梳妆台抽屉拉手 02”，具体参数设置如图 3.44 所示，其在各个视图中的位置如图 3.45 所示。

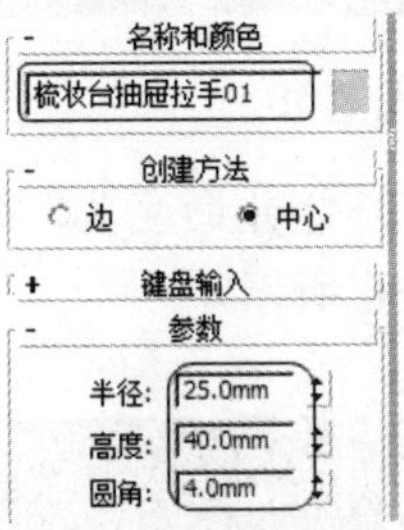

图 3.44

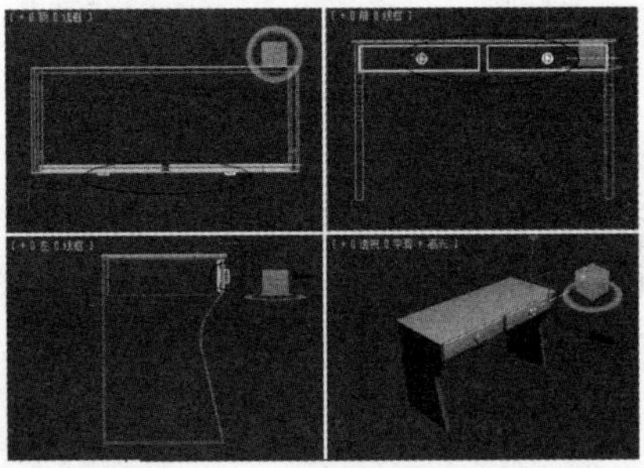

图 3.45

步骤 10：利用制作“梳妆台侧板”的方法制作一块“梳妆台横隔板”。最终效果如图 3.46 所示。

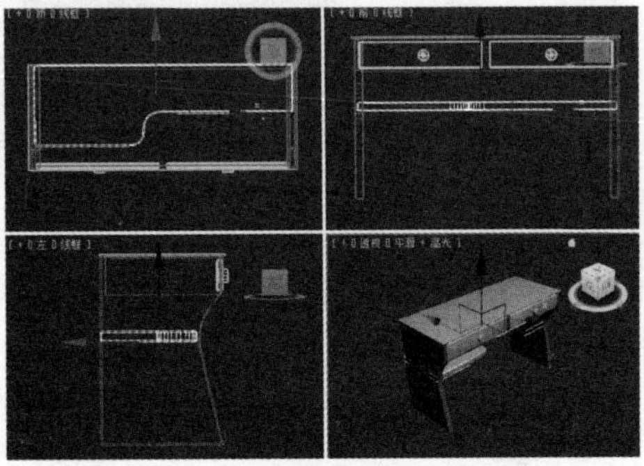

图 3.46

步骤 11： (创建)→(几何体)按钮转到【几何体】浮动面板，单击 标准基本体 右边的按钮，弹出下拉列表，在下拉列表中选择 扩展基本体 命令。

步骤 12： 单击 切角长方体 按钮，在前视图中绘制一个切角长方体并命名为“梳妆台背板”，具体参数设置如图 3.47 所示，其在各个视图中的位置如图 3.48 所示。

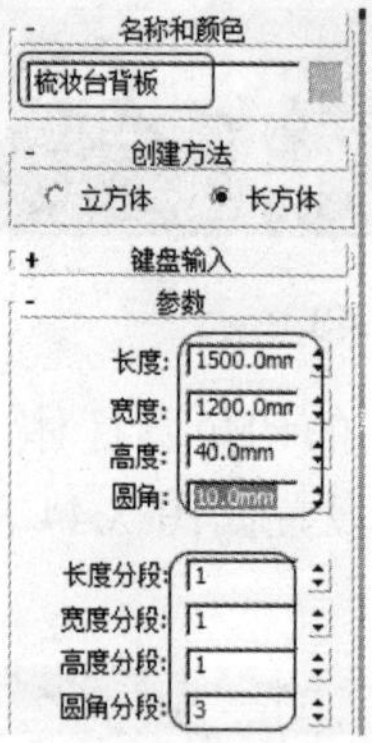

图 3.47

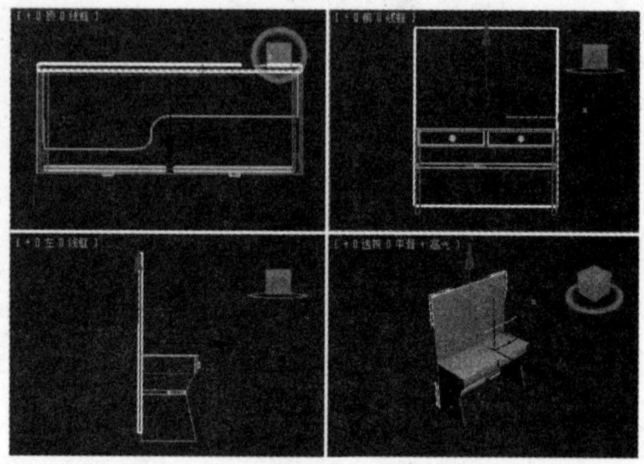

图 3.48

步骤 13： 单击 切角长方体 按钮，在前视图中绘制一个切角长方体并命名为“梳妆台镜子”，具体参数设置如图 3.49 所示，其在各个视图中的位置如图 3.50 所示。

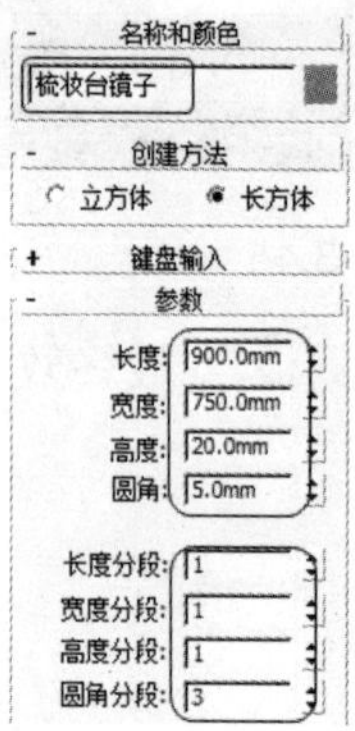

图 3.49

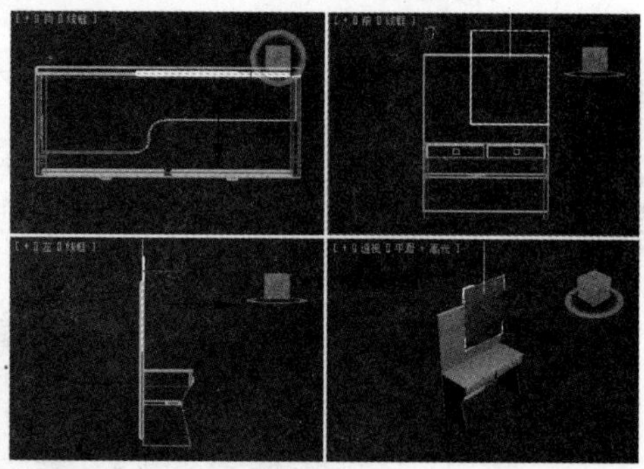

图 3.50

步骤 14： 利用前面所学知识制作梳妆台其余部分，其余部分在各个视图中的位置如图 3.51 所示。

步骤 15： 单击工具栏中的(渲染产品)按钮得到如图 3.52 所示的效果。

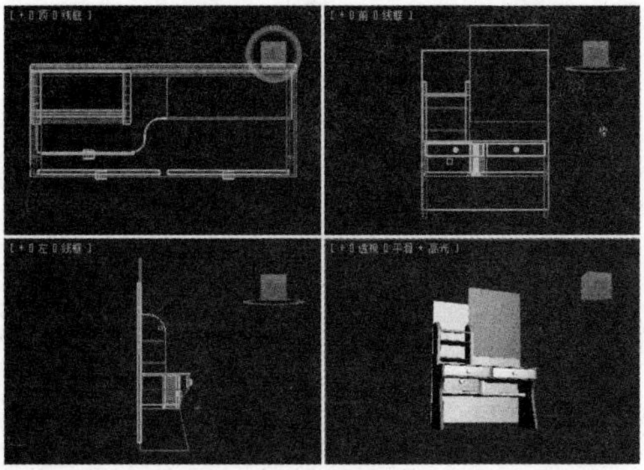

图 3.51

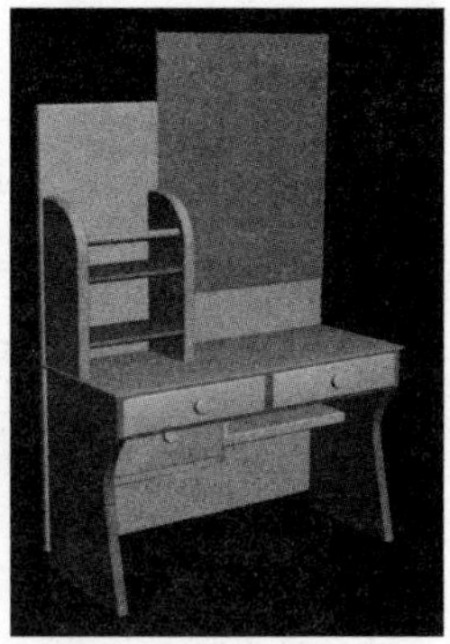

图 3.52

步骤 16： 保存文件。按 Ctrl+S 键保存文件。

2. 创建“梳妆台”材质

1) 制作“木纹”材质

“木纹”材质的制作方法与前面“床头柜”中“木纹”材质的制作步骤和方法完全相同，在这里就不再叙述，读者可参考“床头柜”中“木纹”材质的制作。

2) 制作“白色乳胶漆”材质

“白色乳胶漆”材质的制作方法与前面“床头柜”中“白色乳胶漆”材质的制作步骤和方法完全相同，在这里就不再叙述，读者可参考“床头柜”中“白色乳胶漆”材质的制作。

3) 制作“玻璃”材质

步骤 1： 单击工具栏中的(材质编辑器)按钮，在弹出的【材质编辑器】设置对话框中选择一个空白的示例球，将其命名为“玻璃”材质。

步骤 2： 单击 明暗器基本参数 卷展栏中 (B)Blinn 右边的按钮，弹出下拉列表，在下拉列表中选择 (F)Phong 命令。

步骤 3： 设置【漫反射】和【高光反射】的 RGB 值均为(R：170，G：214，B：221)，其他参数设置如图 3.53 所示。

步骤 4： 单击 贴图 卷展栏前面的 + 号，展开 贴图 卷展栏。单击 反射 右边的 None 按钮，弹出【材质/贴图浏览器】设置对话框，在【材质/贴图浏览器】中双击 光线跟踪 项，返回参数设置卷展栏，单击(转到父对象)按钮，返回上一级，具体参数设置如图 3.54 所示。

步骤 5： 单击(将材质指定选定对象)和(在视口中显示标准贴图)按钮即可赋予材质。

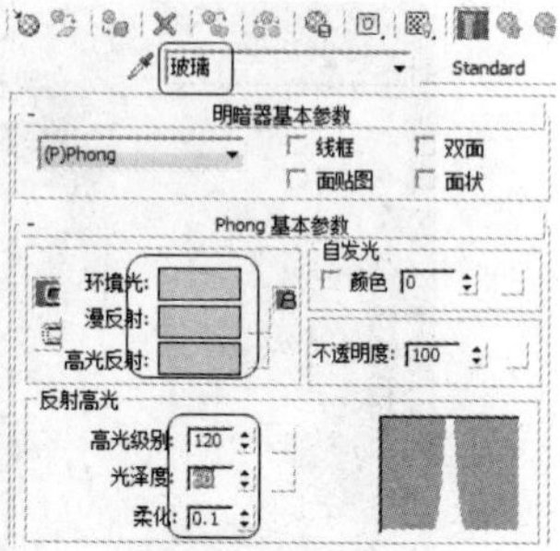

图 3.53

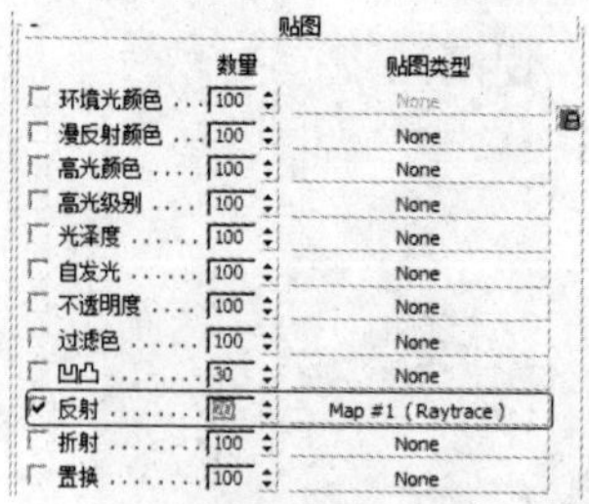

图 3.54

步骤 6：单击“木纹”材质示例球，单击工具栏中的(按名称选择)按钮，弹出【从场景选择】设置对话框，选中需要赋予材质的对象，如图 3.55 所示，单击确定按钮即可选择需要的对象。

步骤 7：单击(将材质指定选定对象)和(在视口中显示标准贴图)按钮即可赋予材质。

步骤 8：单击“白色乳胶漆”材质示例球，(按名称选择)按钮弹出【从场景选择】设置对话框，选中需要赋予材质的对象，如图 3.56 所示，单击确定按钮即可选择需要的对象。

步骤 9：单击(将材质指定选定对象)和(在视口中显示标准贴图)按钮即可赋予材质。

步骤 10：单击工具栏中的(渲染产品)按钮即可得到如图 3.57 所示的效果。

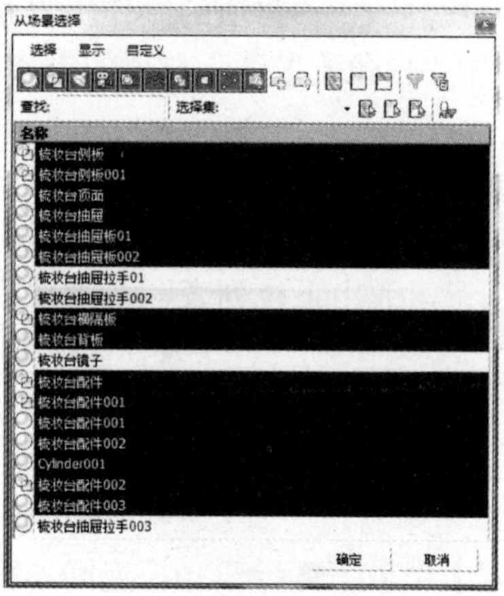

图 3.55

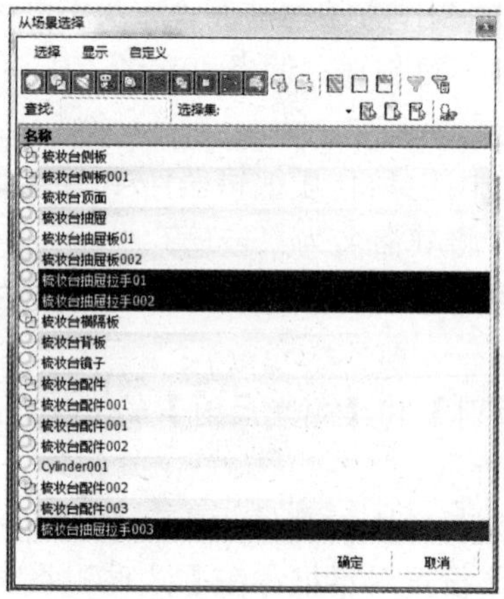

图 3.56

图 3.57

四、拓展训练

制作如下图所示的梳妆台效果。

(a)

(b)

梳妆台效果图

3.4　台灯的制作

一、案例效果

案例效果图

二、案例制作流程(步骤)分析

启动 3ds Max 2011，设置单位 → 使用 3ds Max 中的各种命令制作台灯的模型 → 给台灯的模型添加材质贴图

【参考视频】

三、详细操作步骤

1. 设置单位

步骤 1：启动 3ds Max 2011 并保存文件为“台灯.max”。

步骤 2：设置单位。单位的设置同 2.1 节中的单位设置完全一样。

2. 制作台灯模型

步骤 1：单击(创建)→(图形)→线按钮，在前视图中绘制如图 3.58 所示的曲线，命名为“台灯罩”(最高高度为 130mm、最宽宽度为 150mm)。

步骤 2：单击(修改)→(顶点)→圆角按钮，将鼠标放到需要进行圆角的点上，按住鼠标左键不放往上移动即可对顶点进行圆角，最终效果如图 3.59 所示。

步骤 3：单击(样条线)按钮，在轮廓右边的文本输入框中输入数值“1”按 Enter 键进行轮廓处理，如图 3.60 所示。

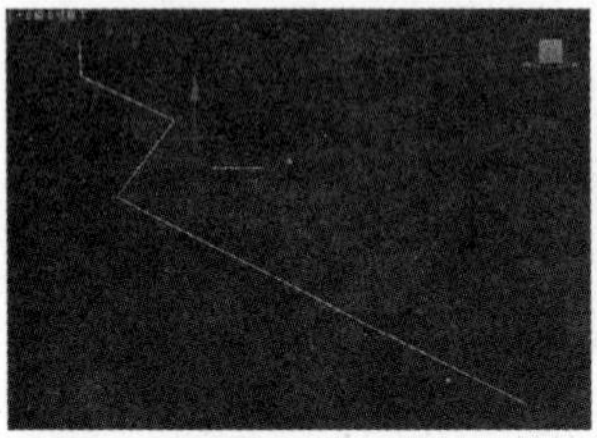

图 3.58

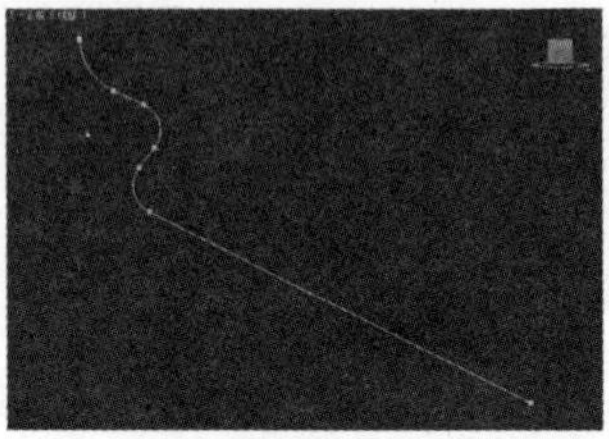

图 3.59

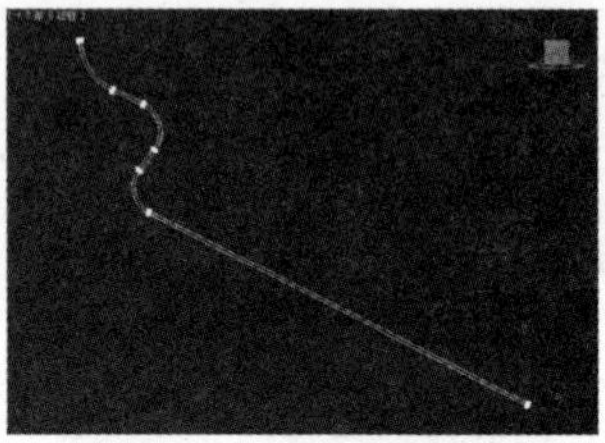

图 3.60

步骤 4：单击修改器列表右边的按钮，弹出下拉列表，在下拉列表中选择车削命令，单击最小按钮和视图控制面板中的(所有视图最大化显示)按钮，得到如图 3.61 所示的效果。

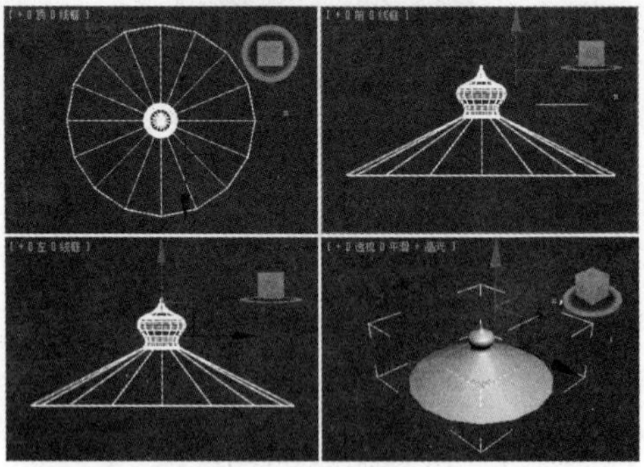

图 3.61

步骤 5：单击修改器列表右边的按钮弹出下拉列表，在下拉列表中选择编辑网格命令，单击■(多边形)按钮并在前视图中选择如图 3.62 所示的部分。

步骤 6：设置材质 ID 号为“1”，如图 3.63 所示。

步骤 7：在前视图中选择如图 3.64 所示的部分，设置材质 ID 号为“2”。

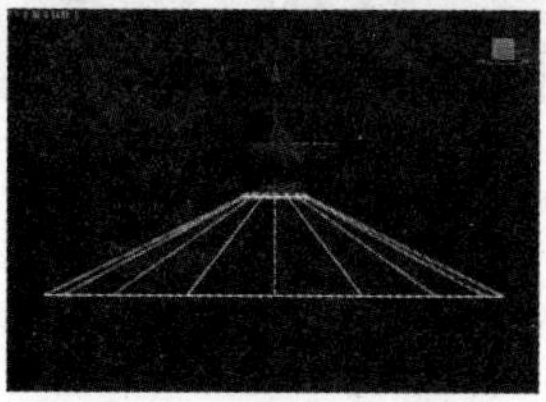

图 3.62

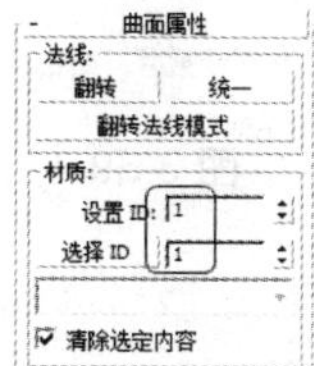

图 3.63

图 3.64

步骤 8：单击(创建)→(图形)→线按钮，在前视图中绘制如图 3.65 所示的曲线并命名为“台灯柱”(最高高度为 400mm、最宽宽度为 86mm)。

步骤 9：单击(修改)→(顶点)→圆角按钮，将鼠标放到需要进行圆角的点上，按住鼠标左键不放往上移动即可对顶点进行圆角，最终效果如图 3.66 所示。

步骤 10：单击修改器列表右边的按钮，弹出下拉列表，在下拉列表中选择车削命令，单击最小按钮和视图控制面板中的(所有视图最大化显示)按钮，即可得到如图 3.67 所示的效果。

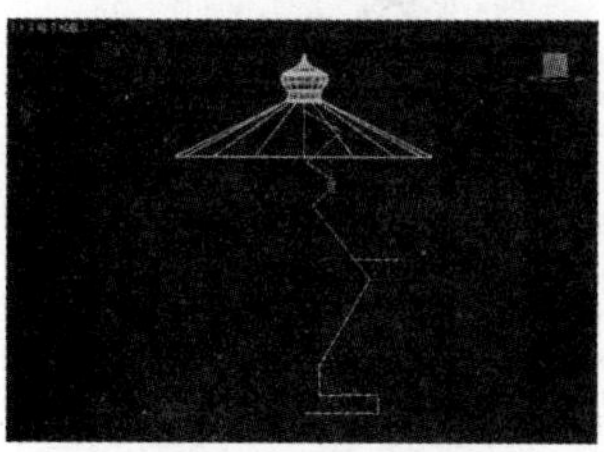

图 3.65

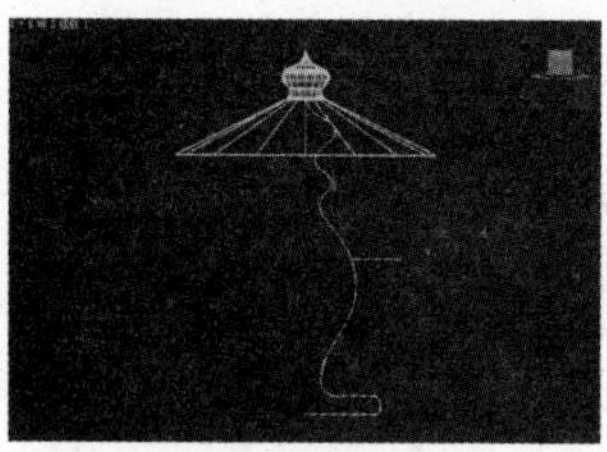

图 3.66

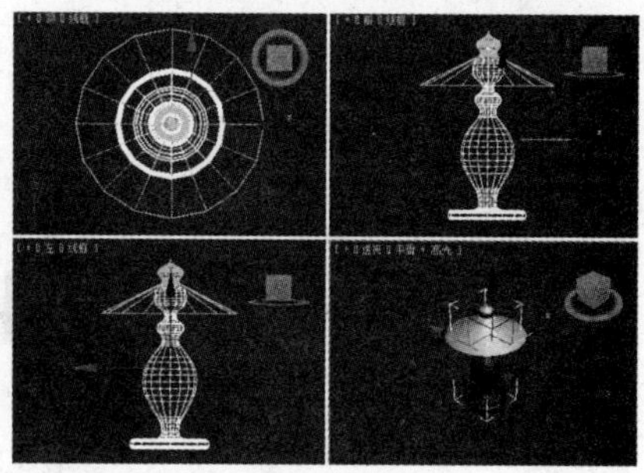

图 3.67

步骤 11：单击修改器列表右边的按钮，弹出下拉列表，在下拉列表中选择编辑网格命令，单击■(多边形)按钮并在前视图中选择如图 3.68 所示的部分。

步骤 12：设置材质 ID 号为 1，如图 3.69 所示。

步骤 13：在前视图中选择如图 3.70 所示的部分并设置材质 ID 号为 2。

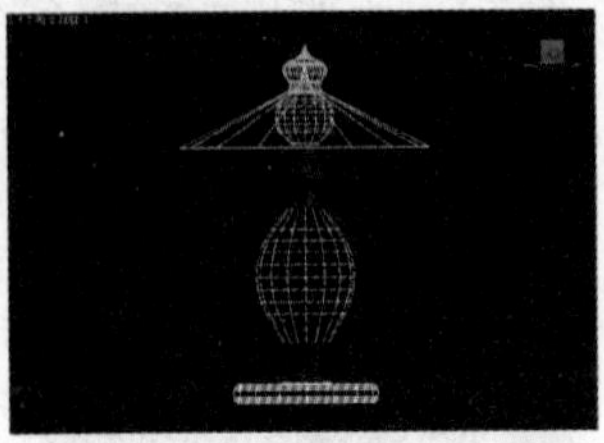

图 3.68

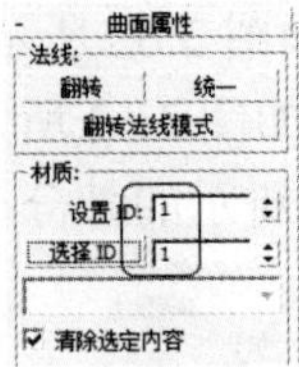

图 3.69

图 3.70

3. 制作台灯的材质

步骤 1： 单击工具栏中的(材质编辑器)按钮，在弹出的【材质编辑器】设置对话框中选择一个空白的示例球，将其命名为“台灯贴图”材质。

步骤 2： 单击 Standard 按钮，弹出【材质/贴图浏览器】设置对话框，双击 Standard 项，弹出【替换材质】设置对话框，具体设置如图 3.71 所示，单击 确定 按钮返回 多维/子对象基本参数 卷展栏。

步骤 3： 多维/子对象基本参数 卷展栏参数具体设置如图 3.72 所示。

步骤 4： 单击 Material #25 (Standard) 按钮，转到 1 号材质参数设置卷展栏，如图 3.73 所示。

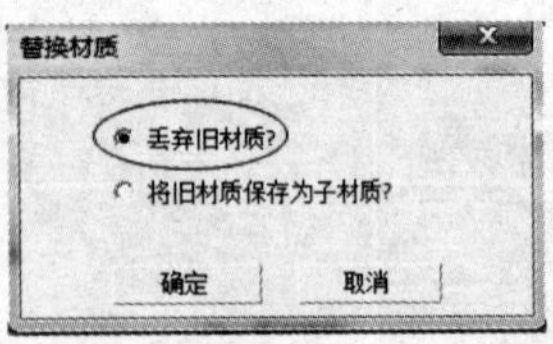

图 3.71

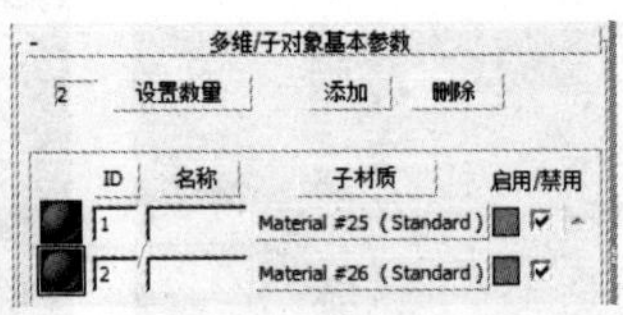

图 3.72

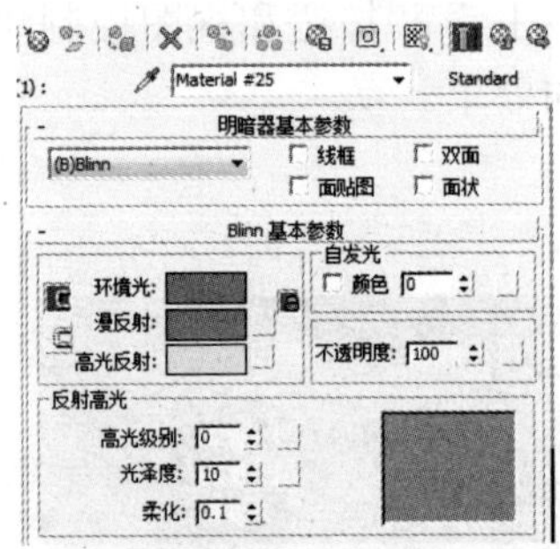

图 3.73

步骤 5： 单击 漫反射: 右边的■按钮，在【材质/贴图浏览器】中双击■位图项。弹出【选择位图图像文件】设置对话框，具体设置如图 3.74 所示。单击 打开(O) 按钮，返回到【材质编辑器】，单击(转到父对象)按钮，返回上一级，具体参数设置如图 3.75 所示。

步骤 6： 单击 贴图 卷展栏前面的+号，展开 贴图 卷展栏。单击 反射 右边的 None 按钮，弹出【材质/贴图浏览器】设置对话框，在【材质/贴图浏览器】中双击■光线跟踪项，返回参数设置卷展栏，单击(转到父对象)按钮，返回上一级，具体参数设置如图 3.76 所示。

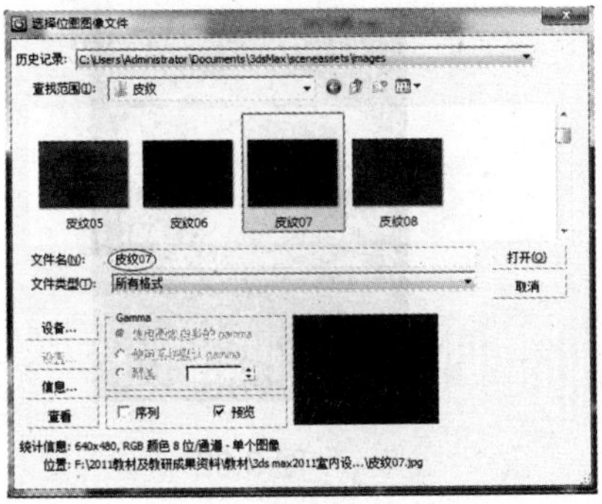

图 3.74

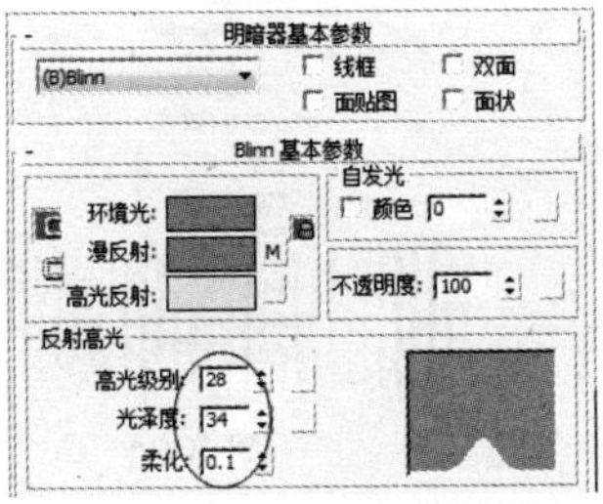

图 3.75

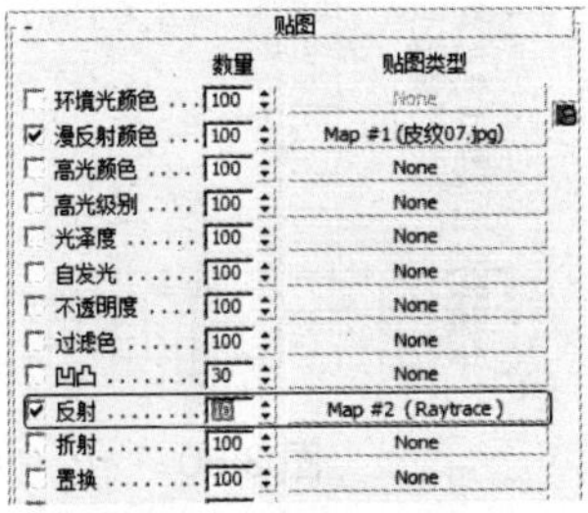

图 3.76

步骤 7： 单击(转到父对象)按钮，返回上一级，单击Material #26 (Standard)按钮，转到 2 号材质参数设置卷展栏，如图 3.77 所示。

步骤 8： 单击漫反射:右边的按钮，在【材质/贴图浏览器】中双击位图项。弹出【选择位图图像文件】设置对话框，具体设置如图 3.78 所示。单击打开(O)按钮，返回【材质编辑器】，单击(转到父对象)按钮，返回上一级，具体参数设置如图 3.79 所示。

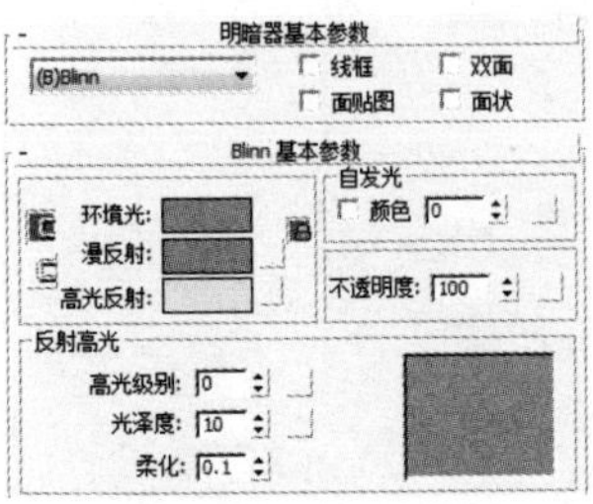

图 3.77

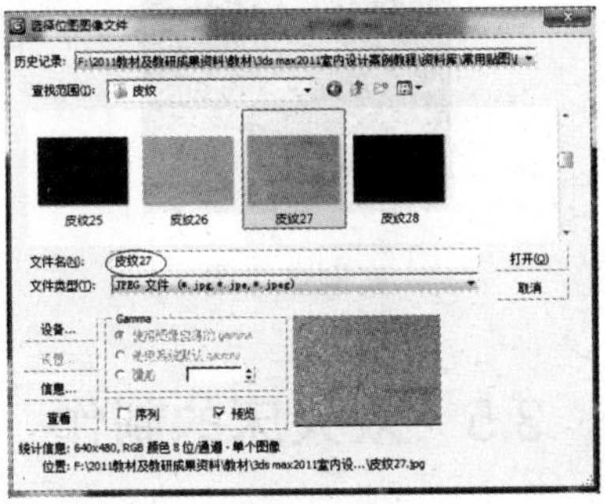

图 3.78

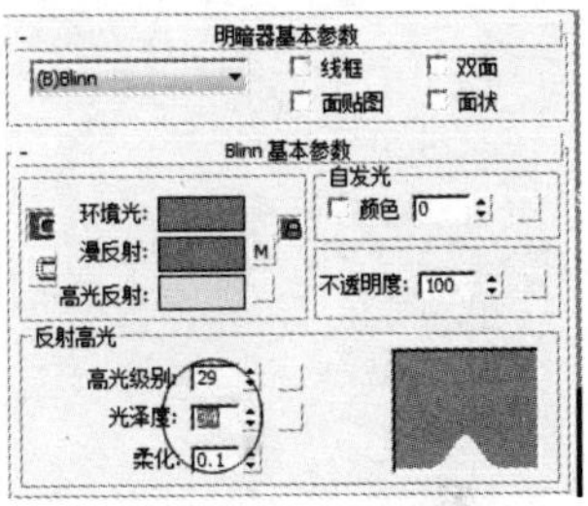

图 3.79

步骤 9： 单击贴图卷展栏前面的+号，展开贴图卷展栏。单击反射右边的None按钮，弹出【材质/贴图浏览器】设置对话框，在【材质/贴图浏览器】中双击光线跟踪项，返回参数设置卷展栏，单击(转到父对象)按钮，返回上一级，具体参数设置如图 3.80 所示。

步骤 10： 单击(选择并移动)工具，在前视图中选择“台灯罩”和“台灯柱”。

步骤 11： 单击(将材质指定选定对象)和(在视口中显示标准贴图)按钮即可赋予材质。

步骤 12： 单击修改器列表右边的按钮，弹出下拉列表，在下拉列表中选择UVW 贴图命令，具体参数设置如图 3.81 所示。

步骤 13： 单击工具栏中的(渲染产品)按钮，得到如图 3.82 所示的效果。

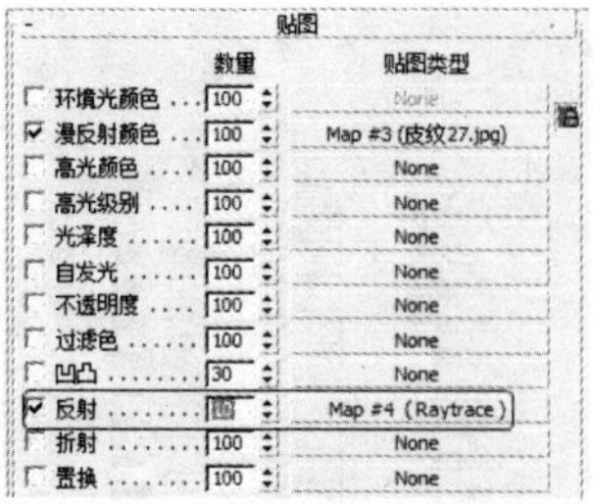

图 3.80

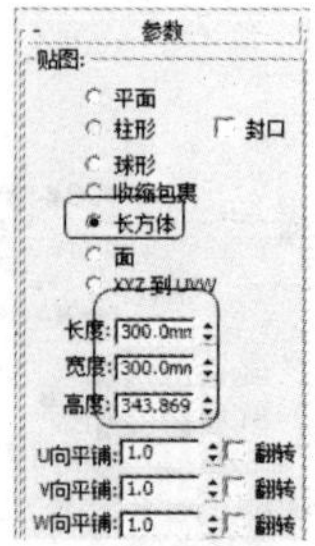

图 3.81

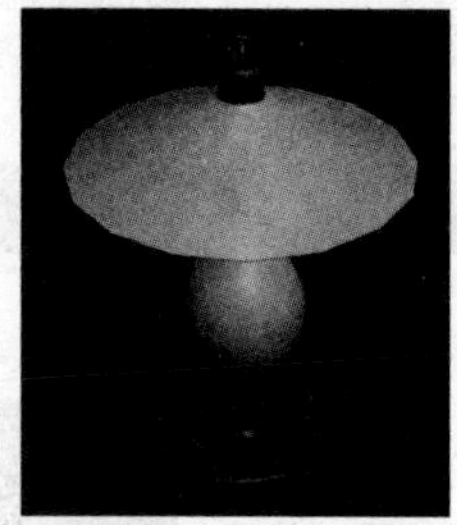

图 3.82

四、拓展训练

制作如下图所示的台灯效果。

案例练习图

3.5 双人床的制作

一、案例效果

案例效果图

【参考视频】

二、案例制作流程(步骤)分析

启动 3ds Max 2011，设置单位 → 使用 3ds Max 中的相关命令制作双人床的模型 → 给双人床模型添加材质贴图

三、详细操作步骤

1. 设置单位

步骤 1： 启动 3ds Max 2011，保存文件为“双人床.max”。

步骤 2： 设置单位。单位的设置同 2.1 节中的单位设置完全一样。

2. 制作双人床架模型

步骤 1： 单击(创建)→(图形)→ 线 按钮，在前视图中绘制如图 3.83 所示曲线(最高高度为 1600mm、最宽宽度为 60mm)。

步骤 2： 单击(修改)转到【修改】浮动面板。单击(顶点)，使用 圆角 命令对曲线的顶点进行圆角处理。最终效果如图 3.84 所示。

步骤 3： 单击 修改器列表 右边的按钮，弹出下拉列表，在下拉列表中选择 车削 命令，单击 最小 按钮和视图控制面板中的(所有视图最大化显示)按钮，得到如图 3.85 所示的效果，命名为“床架柱子”。

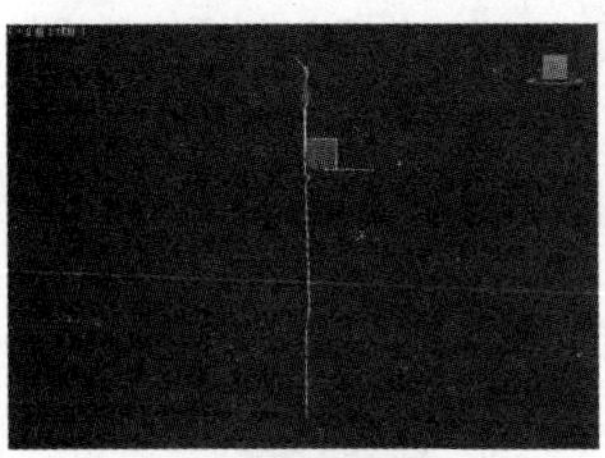

图 3.83

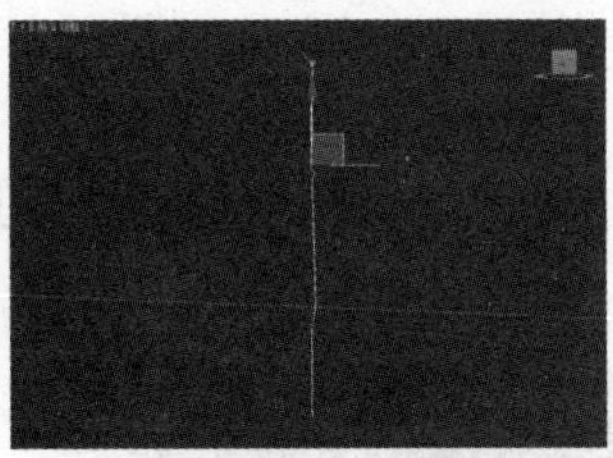

图 3.84

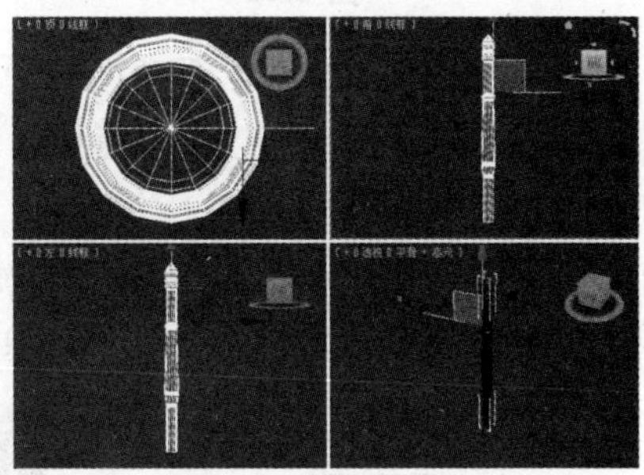

图 3.85

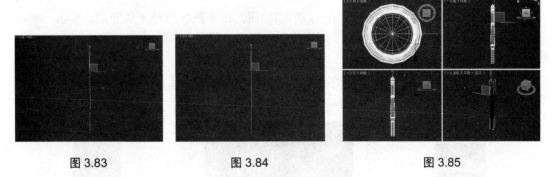

步骤 4： 单击(创建)→(几何体)→ 长方体 按钮，在顶视图中创建一个立方体并命名为“创架柱装饰品 01”。具体参数设置如图 3.86 所示，具体位置如图 3.87 所示。

步骤 5： 在“床架柱装饰品 01”上右击，在弹出的快捷菜单中选择 转换为: → 转换为可编辑多边形 命令即可。

图 3.86

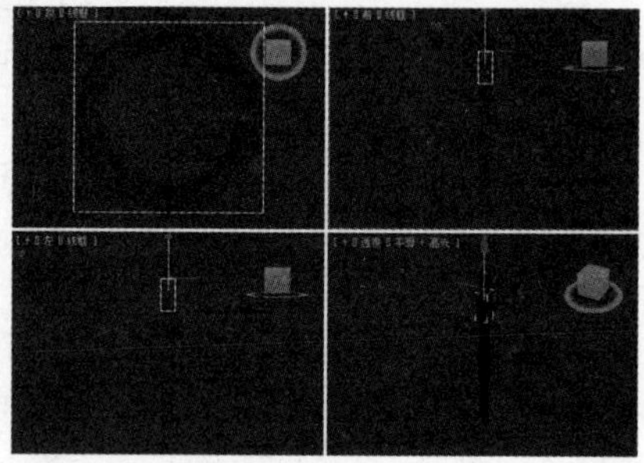

图 3.87

步骤 6：在【修改】浮动面板单击∵(顶点)按钮，在视图中选择“创架柱装饰品 01”的 8 个顶点。

步骤 7：单击 切角 右边的□按钮，弹出【切角】对话框。具体设置如图 3.88 所示。单击☑按钮完成切角处理，如图 3.89 所示。

图 3.88

图 3.89

步骤 8：在【修改】浮动面板单击◁(顶点)按钮，在视图中选择 4 条竖边，单击 切角 右边的□按钮，弹出【切角】对话框，具体设置如图 3.90 所示。单击☑按钮完成切角处理，如图 3.91 所示。

步骤 9：方法同步骤 7～8，制作如图 3.92 所示的“床架柱装饰品 02”(先创建一个长度为 120、宽度为 120、高度为 500，再进行切角处理)。

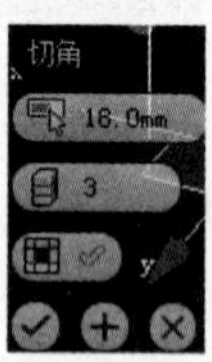

图 3.90

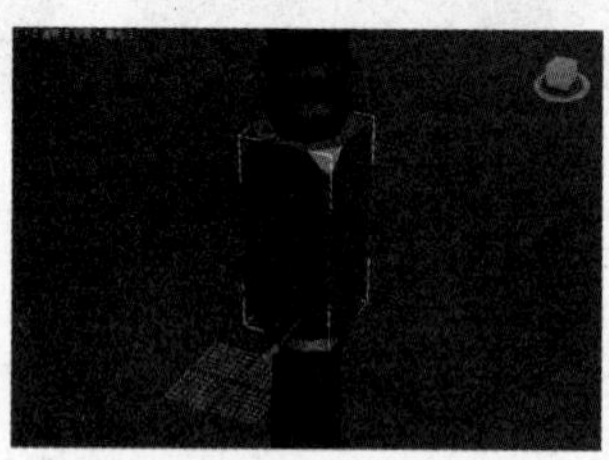

图 3.91

图 3.92

步骤 10：在视图中选中所有对象，在菜单栏中选择组(G)→成组(G)命令。弹出【组】对话框，具体设置如图 3.93 所示。

步骤 11：将“床架柱子”以实例方式复制一个，调整好位置如图 3.94 所示。

步骤 12：单击(创建)→(图形)→矩形按钮，在前视图中绘制一个矩形，如图 3.95 所示，将绘制的“矩形”转换为可编辑样条线。

图 3.93

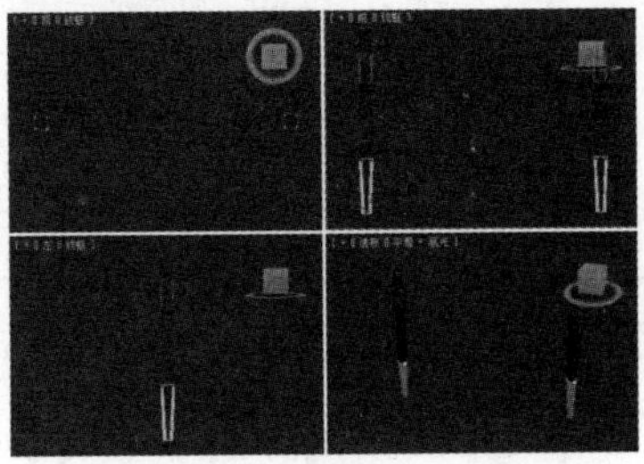

图 3.94

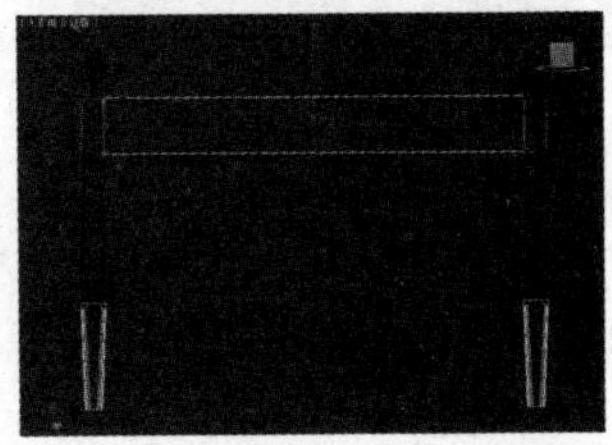

图 3.95

步骤 13：在【浮动】面板中单击(线段)按钮，在前视图中选择上下两条线段。在拆分右边的文本输入框中输入数值“15”。单击拆分按钮，将选择的线段拆分成 17 段，如图 3.96 所示。

步骤 14：在【浮动】面板中单击(顶点)按钮。使用(选择并移动)按钮调节点的位置，最终效果如图 3.97 所示。

步骤 15：单击修改器列表右边的按钮弹出下拉列表，在下拉列表中选择倒角命令，具体参数设置如图 3.98 所示。

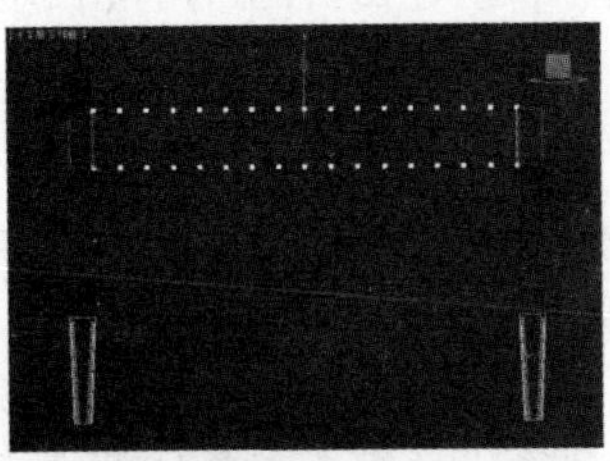

图 3.96

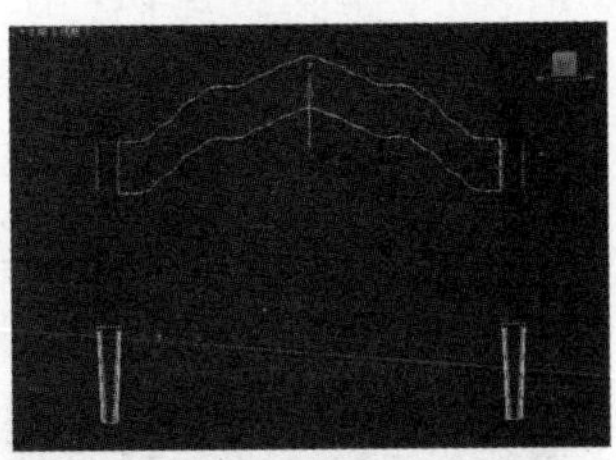

图 3.97

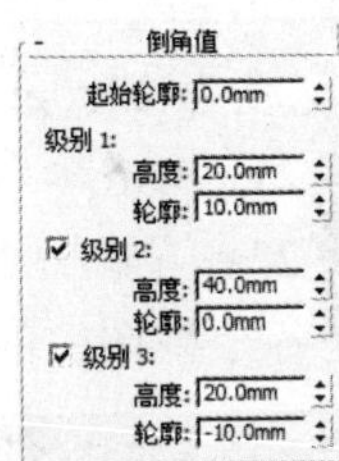

图 3.98

步骤 16：将倒角出来的对象命名为“床架上横条”，其在各个视图中的位置如图 3.99 所示。

步骤 17：单击(创建)→(几何体)→长方体按钮，在前视图中创建一个立方体并命名为“床架下横条”，具体参数设置如图 3.100 所示，其在各个视图中的位置如图 3.101 所示。

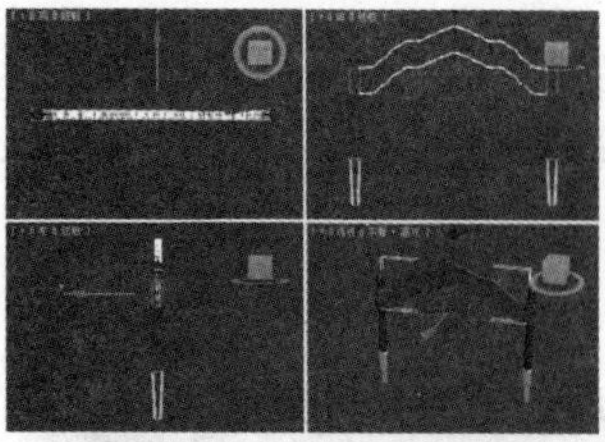

图 3.99

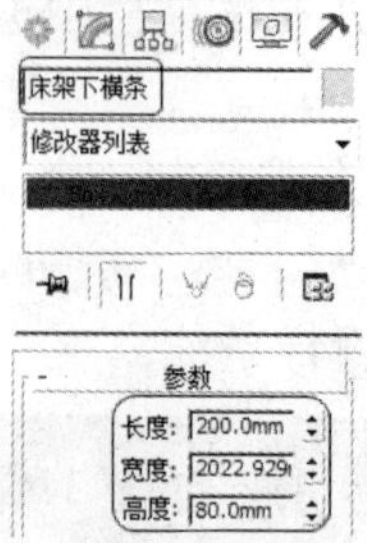

图 3.100

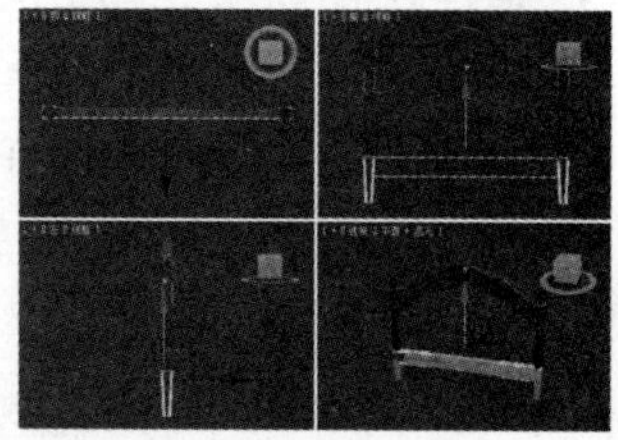

图 3.101

步骤 18： 单击(创建)→(图形)→ 线 按钮，在前视图中绘制如图 3.102 所示的曲线并命名为“双人床靠背”。

步骤 19： 单击 修改器列表 右边的按钮弹出下拉列表，在下拉列表中选择 倒角 命令，具体参数设置如图 3.103 所示，其在各个视图中的位置如图 3.104 所示。

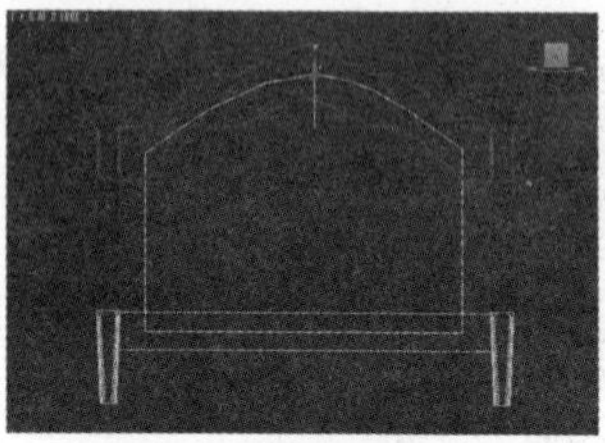

图 3.102

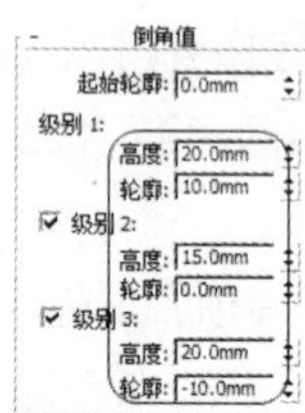

图 3.103

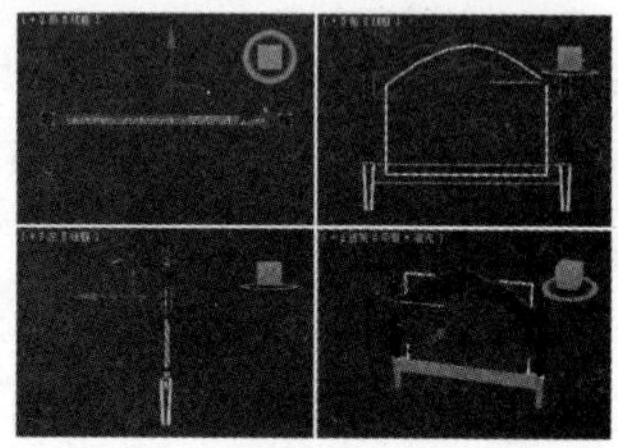

图 3.104

步骤 20： 单击(创建)→(几何体)→ 长方体 按钮，在左视图中创建 2 个立方体(长度为 20mm、宽度为 2200mm、高度为 40mm)，如图 3.105 所示。

步骤 21： 单击(创建)→(图形)→ 线 按钮，在前视图中绘制如图 3.106 所示。

步骤 22： 单击 修改器列表 右边的按钮，弹出下拉列表，在下拉列表中选择 倒角 命令，其在各个视图中的位置如图 3.107 所示。将倒角出来的对象命名为“床尾板”。

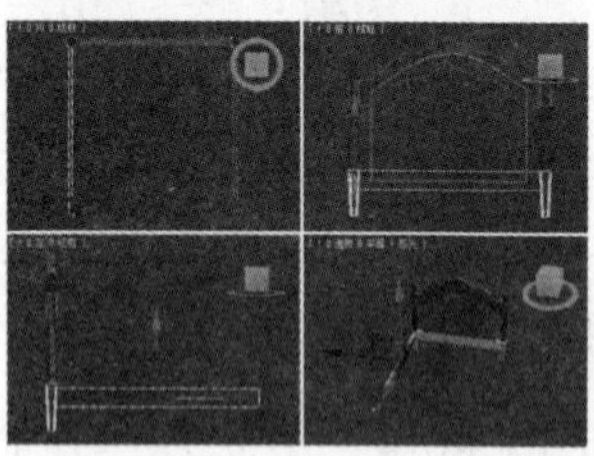

图 3.105

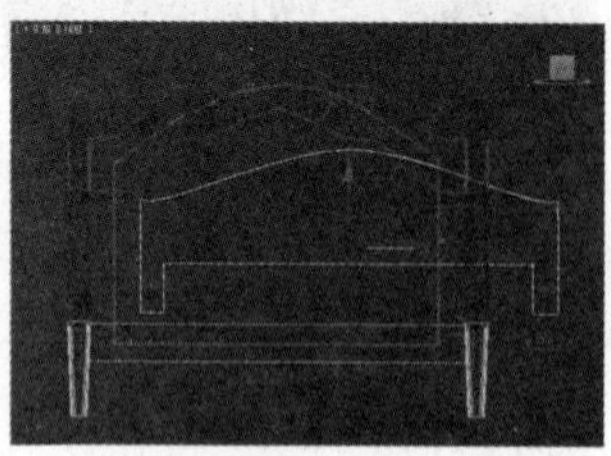

图 3.106

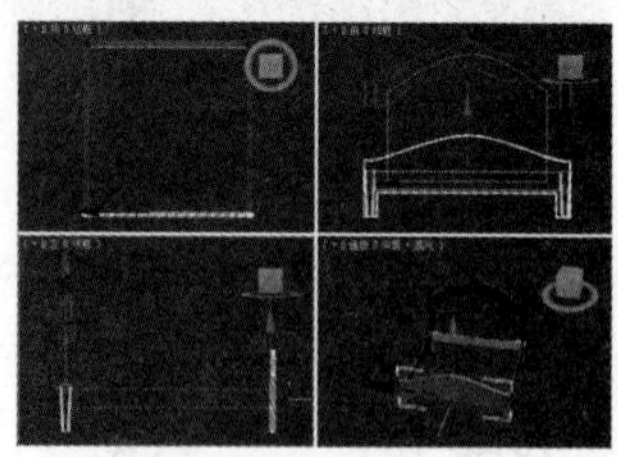

图 3.107

步骤 23： 单击(创建)→(几何体)→ 长方体 按钮，在顶视图中创建一个长方体并命名为“床垫”。具体参数设置如图 3.108 所示，其在各个视图中的位置如图 3.109 所示。

步骤 24： 单击工具栏中的(渲染产品)按钮，得到如图 3.110 所示的效果。

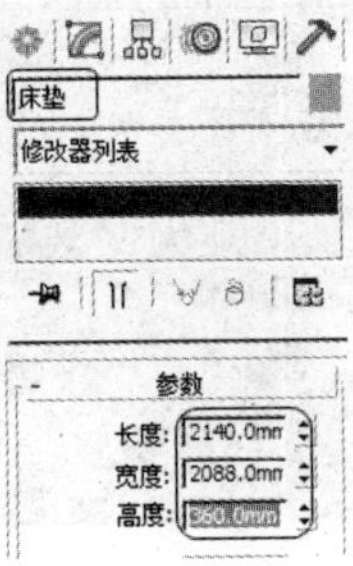

图 3.108

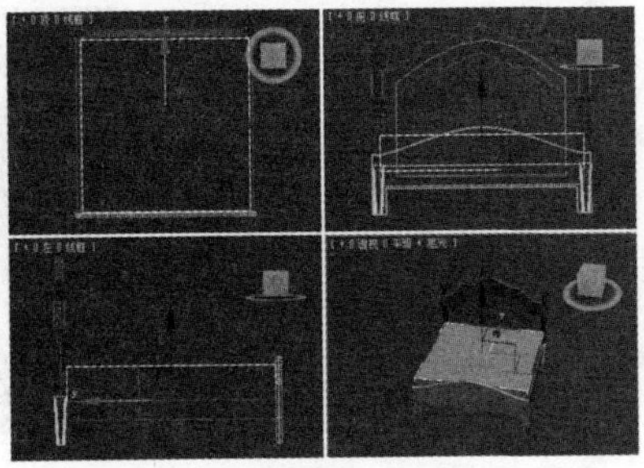

图 3.109

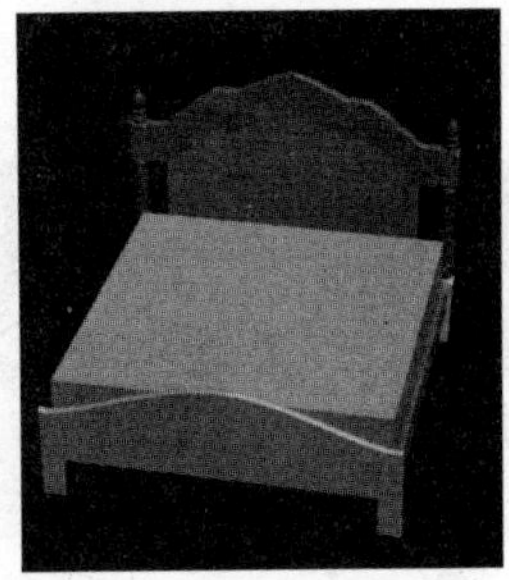

图 3.110

3. 制作床罩模型

步骤 1： 将“双人床.max”文件另存为“制作床罩.max”。

步骤 2： 单击(创建)→(几何体)→ 长方体 按钮，在顶视图中创建一个立方体并命名为“地面”，调整好位置，如图 3.111 所示。

步骤 3： 单击 平面 按钮，在顶视图中绘制一个平面，具体参数设置如图 3.112 所示，在各个视图中的位置如图 3.113 所示。

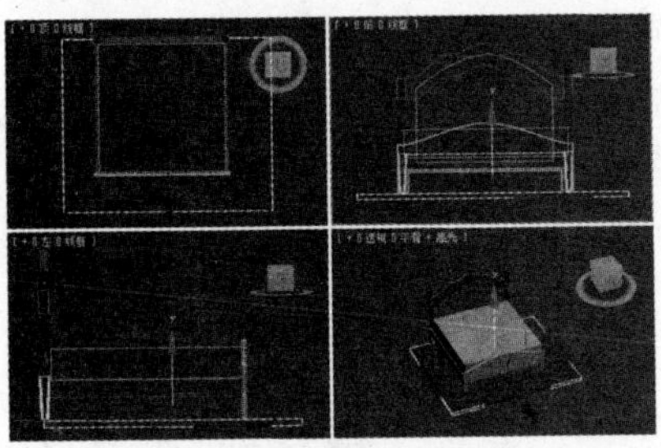

图 3.111

图 3.112

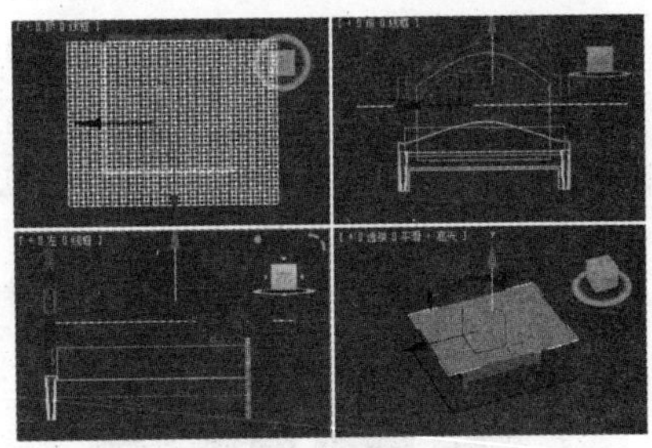

图 3.113

步骤 4： 单选“床单”，单击(应用 cloth 修改器)按钮，再单击(创建 cloth 集合)。

步骤 5： 选择“床垫”、“床尾板”和“地面”3 个对象。单击(创建刚体集合)按钮。

步骤 6： 单击(预览动画)按钮。弹出【Rector 实时预览(OpenGL)】对话框，如图 3.114 所示。

步骤 7： 选择 模拟(S)→播放/暂停(P) 命令，开始预览，再选择 模拟(S)→播放/暂停(P) 命令，停止预览，如图 3.115 所示。

步骤 8：选择 MAX(M)→更新 MAX(U)命令。将解算好的“床单”更新到视图中。单击按钮，关闭【Rector 实时预览(OpenGL)】对话框，效果如图 3.116 所示。

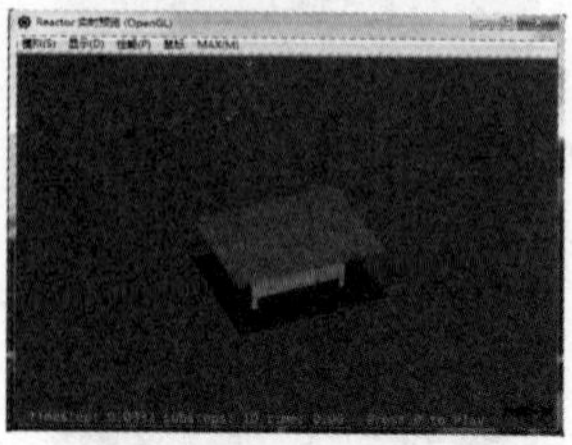

图 3.114

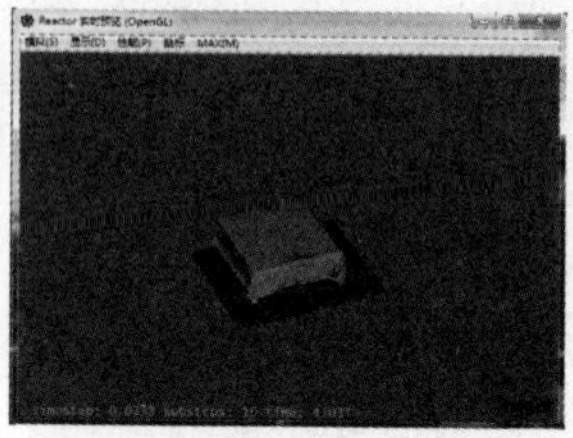

图 3.115

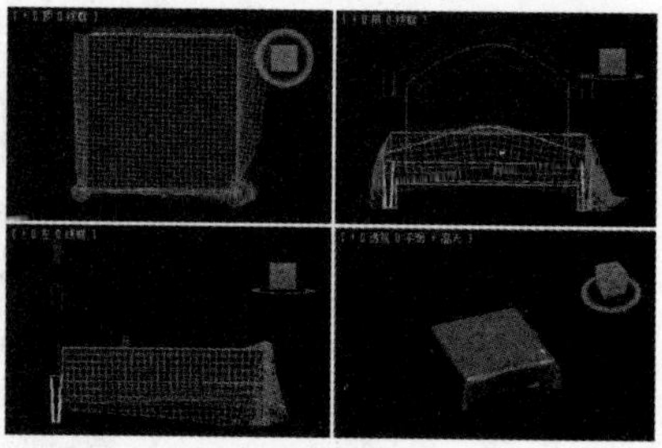

图 3.116

3. 制作双人床的材质

1) 制作“木纹”材质

“木纹”材质的制作方法与前面“床头柜”中“木纹”材质的制作步骤和方法完全相同，在这里就不再叙述，读者可参考“床头柜”中“木纹”材质的制作。

2) 制作“浮雕”材质

步骤 1：单击工具栏中的(材质编辑器)按钮，在弹出的【材质编辑器】设置对话框中选择一个空白的示例球，将其命名为“浮雕”材质。

步骤 2：单击漫反射:右边的按钮，在【材质/贴图浏览器】中双击位图项。弹出【选择位图图像文件】设置对话框，具体设置如图 3.117 所示。单击打开(O)按钮返回到【材质编辑器】，单击(转到父对象)按钮返回上一级，具体参数设置如图 3.118 所示。

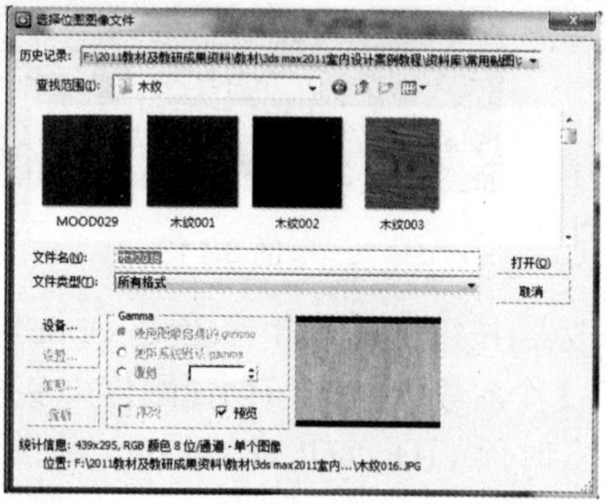

图 3.117

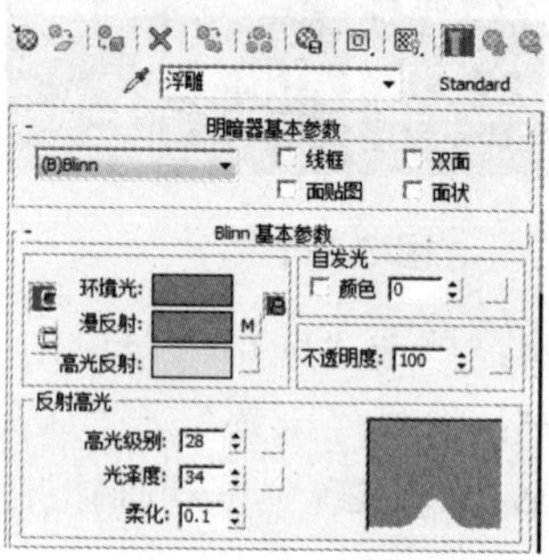

图 3.118

步骤 3： 单击 贴图 卷展栏前面的+号，展开 贴图 卷展栏。单击 反射 右边 None 按钮弹出【材质/贴图浏览器】设置对话框，在【材质/贴图浏览器】中双击 光线跟踪 项，返回参数设置卷展栏，单击 (转到父对象)按钮，返回上一级，具体参数设置如图 3.119 所示。

步骤 4： 单击 凹凸 右边的 None 按钮，弹出【材质/贴图浏览器】，在【材质/贴图浏览器】中双击 位图 项，弹出【选择位图图像文件】设置对话框。具体设置如图 3.120 所示。

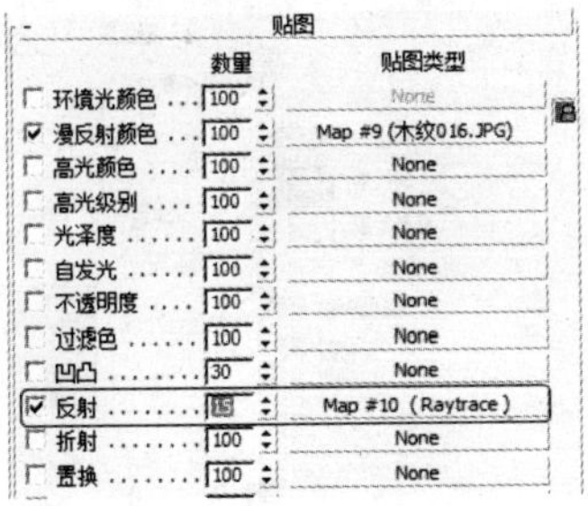

图 3.119

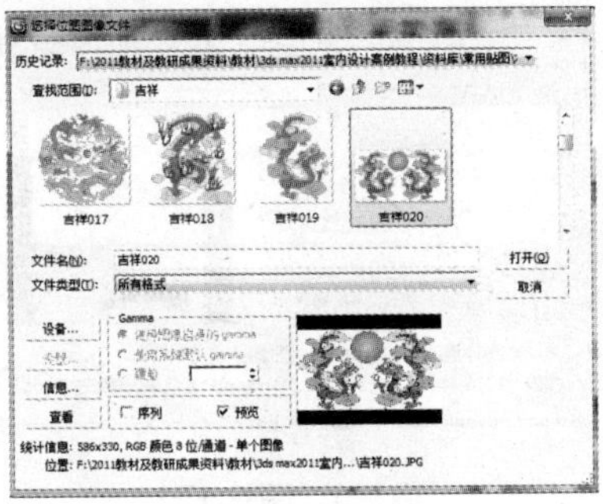

图 3.120

步骤 5： 单击 打开(O) 按钮返回到【材质编辑器】，具体参数设置如图 3.121 所示。

步骤 6： 单击 (转到父对象)按钮返回上一级，具体参数设置如图 3.122 所示。

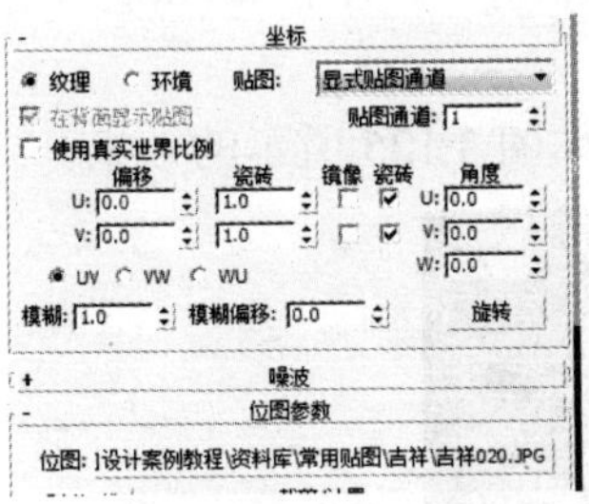

图 3.121

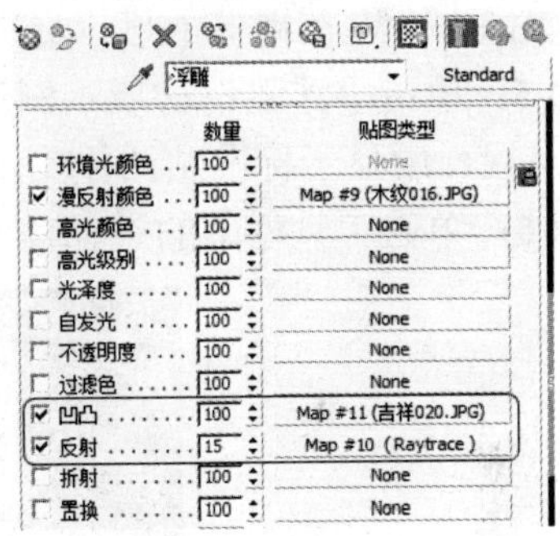

图 3.122

3) 制作“布纹”材质

步骤 1： 单击工具栏中的 (材质编辑器)按钮，在弹出的【材质编辑器】设置对话框中选择一个空白的示例球，将其命名为“布纹”材质。

步骤 2： 单击 漫反射 右边的 按钮，在【材质/贴图浏览器】中双击 位图 项，弹出【选择位图图像文件】设置对话框，具体设置如图 3.123 所示。单击 打开(O) 按钮，返回【材质编辑器】，单击 (转到父对象)按钮，返回上一级，具体参数设置如图 3.124 所示。

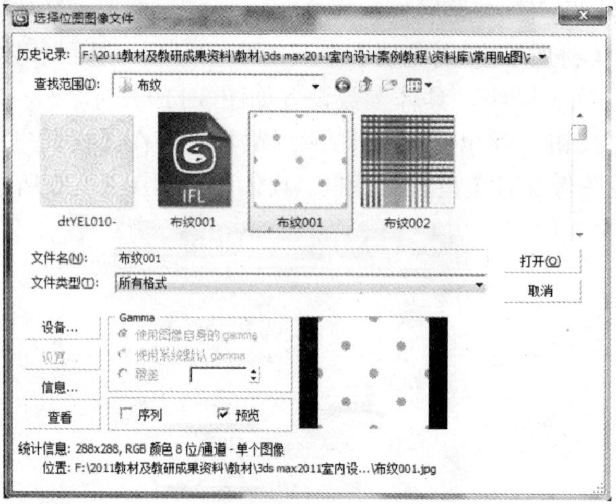

图 3.123

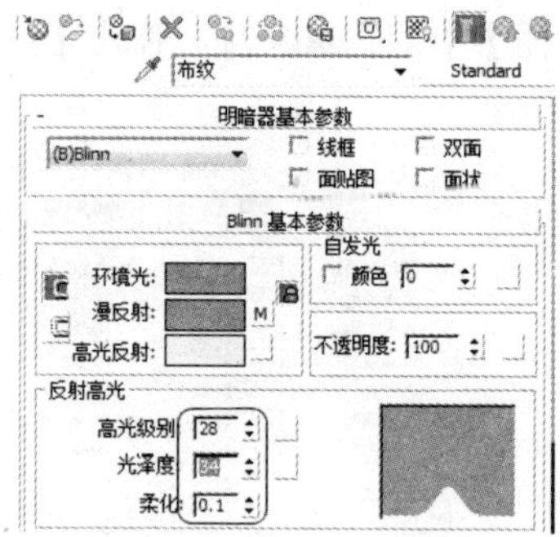

图 3.124

步骤 3：选择“床罩”，单击(将材质指定选定对象)和(在视口中显示标准贴图)按钮即可赋予材质。

步骤 4：单击“木纹”材质示例球，选择“床的支架”和“床尾板”，单击(将材质指定选定对象)和(在视口中显示标准贴图)按钮即可赋予材质。

步骤 5：单击“浮雕”材质示例球，选择“双人床靠背”，单击(将材质指定选定对象)和(在视口中显示标准贴图)按钮即可赋予材质。

步骤 6：单击工具栏中的(渲染产品)按钮，得到如图 3.125 所示的效果。

图 3.125

四、拓展训练

制作如下图所示的双人床效果。

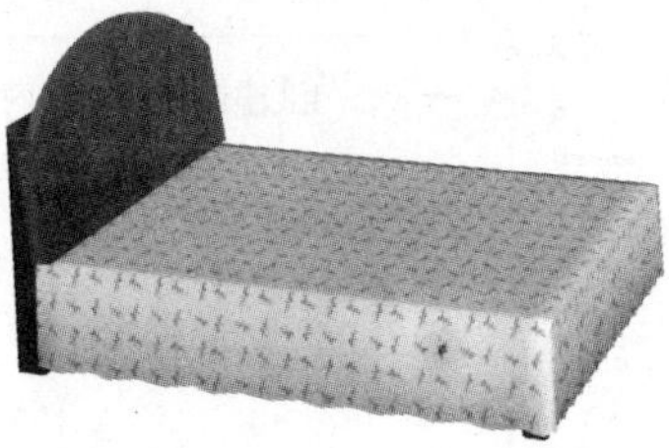

(a)

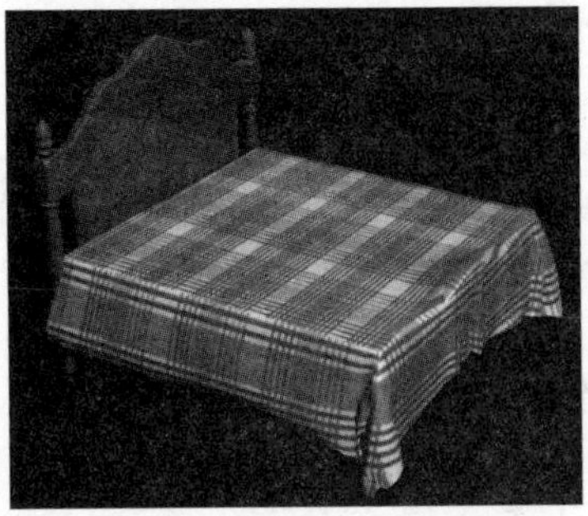

(b)

案例练习图

3.6　卧室的制作

一、案例效果

案例效果图

【参考视频】

二、案例制作流程(步骤)分析

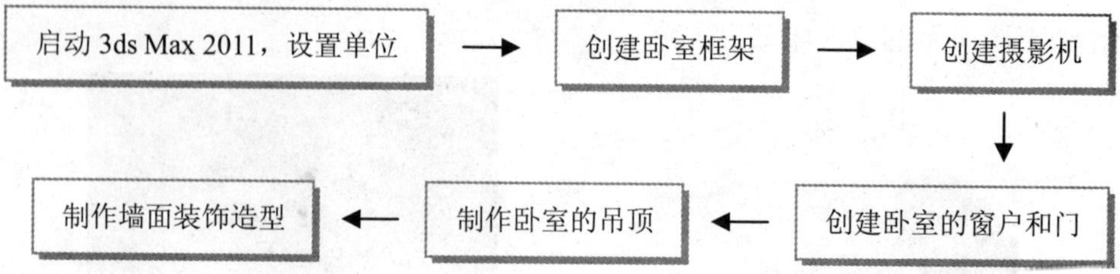

三、详细操作步骤

1. 设置单位

步骤 1：启动 3ds Max 2011 并保存文件为“卧室.max”。

步骤 2：设置单位。单位的设置同 2.1 节中的单位设置完全一样。

2. 创建卧室框架

卧室框架主要由地板和墙体构成。下面详细介绍这两部分的制作过程。

1) 创建卧室地面

步骤 1：单击(创建)→(几何体)→ 长方体 按钮，在顶视图中创建一个长方体并命名为“地面”，具体参数设置如图 3.126 所示。

步骤 2：单击视图控制面板中的(所有视图最大化显示)按钮，得到如图 3.127 所示的效果。

图 3.126

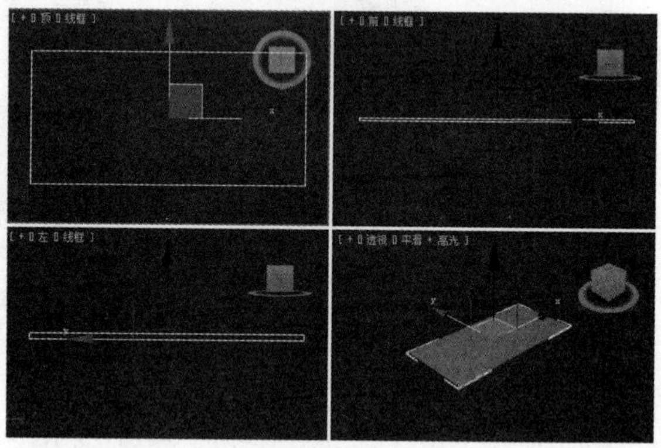

图 3.127

步骤 3：单击(材质编辑器)按钮，弹出【材质编辑器】设置对话框，在【材质编辑器】设置对话框中单击一个空白示例球并命名为“地面”材质。

步骤 4：单击 漫反射 右边的按钮，在【材质/贴图浏览器】中双击 位图 项，弹出【选择位图图像文件】设置对话框，具体设置如图 3.128 所示。单击 打开(O) 按钮，返回【材质编辑器】，单击(转到父对象)按钮，返回上一级，具体参数设置如图 3.129 所示。

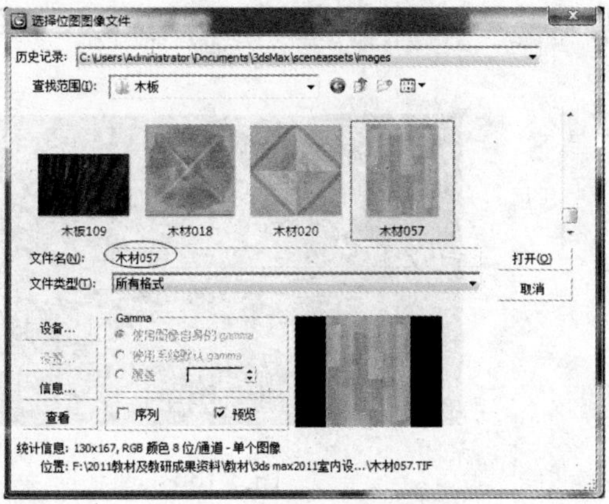

图 3.128

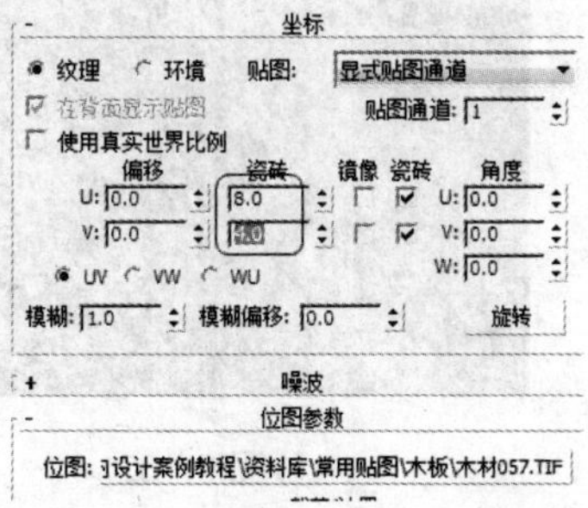

图 3.129

步骤 5：单击(转到父对象)按钮，返回上一级，具体参数设置如图 3.130 所示。

步骤 6：单击 贴图 卷展栏前面的 + 号，展开 贴图 卷展栏。单击 反射 右边的 None 按钮，弹出【材质/贴图浏览器】设置对话框，在【材质/贴图浏览器】中双击 光线跟踪 项，返回参数设置卷展栏，单击(转到父对象)按钮，返回上一级，具体参数设置如图 3.131 所示。

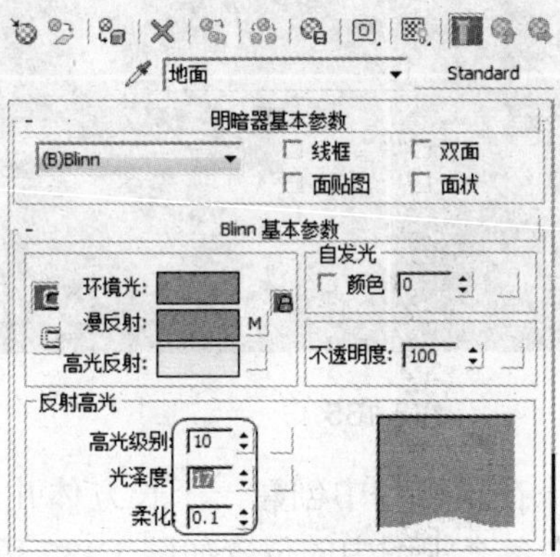

图 3.130

图 3.131

步骤 7： 选择“地面”，单击(将材质指定选定对象)和(在视口中显示标准贴图)按钮即可赋予材质。

2) 创建卧室墙体

步骤 1： 单击(创建)→(图形)→线按钮，在顶视图中绘制如图 3.132 所示的曲线并命名为“墙体”。

步骤 2： 单击(修改)→(样条线)按钮，在轮廓右边的文本输入框中输入数值“240”，按 Enter 键进行轮廓处理，如图 3.133 所示。

图 3.132

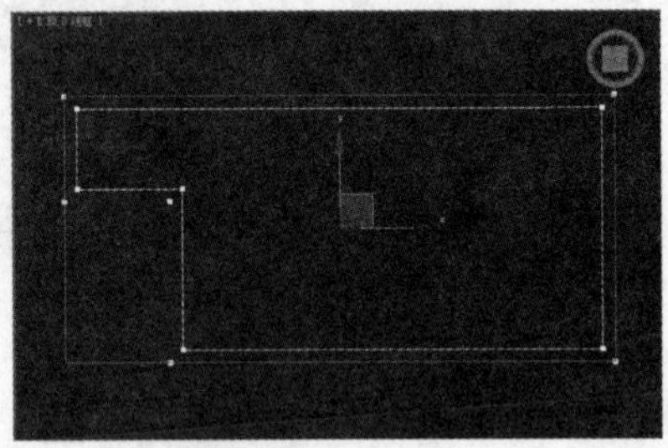

图 3.133

步骤 3： 单击修改器列表右边的按钮，弹出下拉列表，在下拉列表中选择挤出命令，具体参数设置如图 3.134 所示，其在各个视图中的位置如图 3.135 所示。

图 3.134

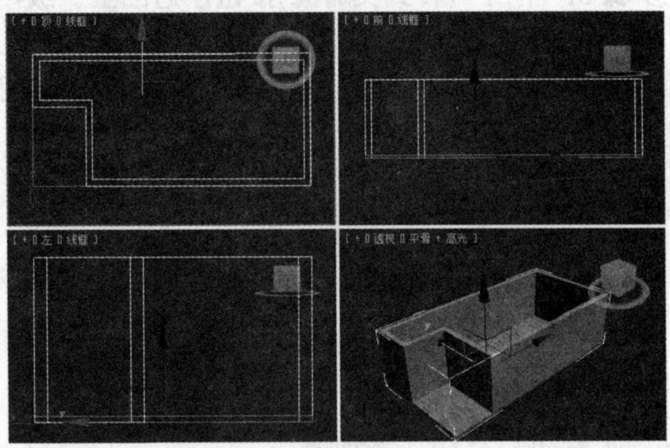

图 3.135

步骤 4： 单击(创建)→(几何体)→长方体按钮，在顶视图中创建一个长方体并命名为“布尔对象 01”，具体参数设置如图 3.136 所示，其在各个视图中的位置如图 3.137 所示。

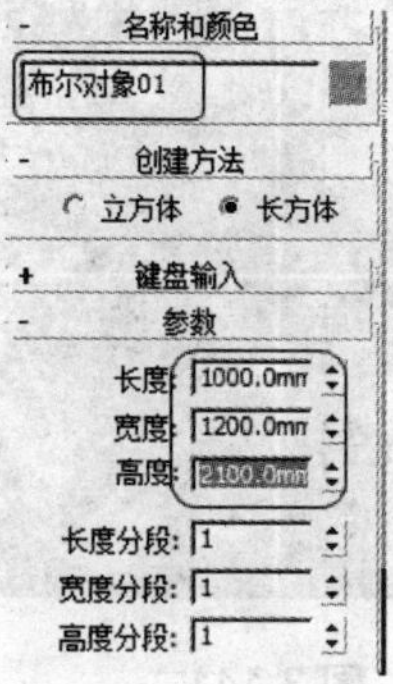

图 3.136

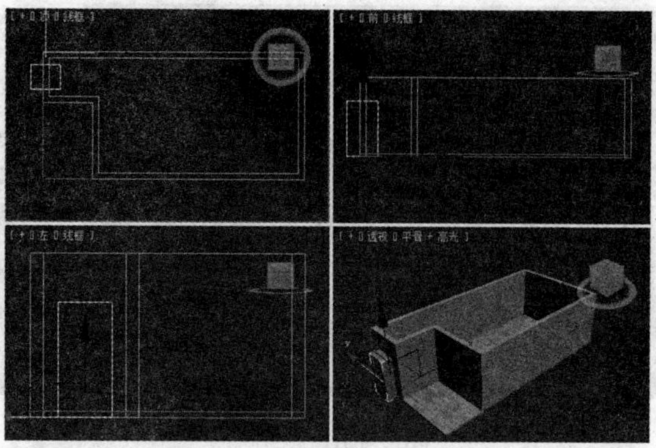

图 3.137

步骤 5：单击 长方体 按钮，在顶视图中创建一个长方体并命名为“布尔对象 02”，具体参数设置如图 3.138 所示，其在各个视图中的位置如图 3.139 所示。

图 3.138

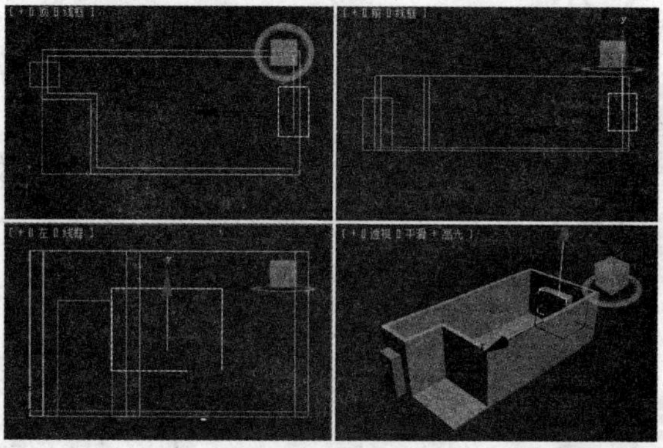

图 3.139

步骤 6：选择“墙体”，(创建)→(几何体)转到【几何体】浮动面板，单击 标准基本体 右边的 按钮，弹出下拉列表，在下拉列表中选择 复合对象 命令。

步骤 7：单击 布尔 → 拾取操作对象 B 按钮，将鼠标移到【透视】图中的“布尔对象 01”上单击即可进行布尔运算，再单击 布尔 → 拾取操作对象 B 按钮，将鼠标移到【透视】图中的“布尔对象 02”上，单击即可进行布尔运算，最终效果如图 3.140 所示。

步骤 8：制作墙脚线。制作方法同墙体的制作方法相同，在这里就不再叙述(注意墙角线的高度为 250mm、轮廓宽度为-250mm)，最终效果如图 3.141 所示。

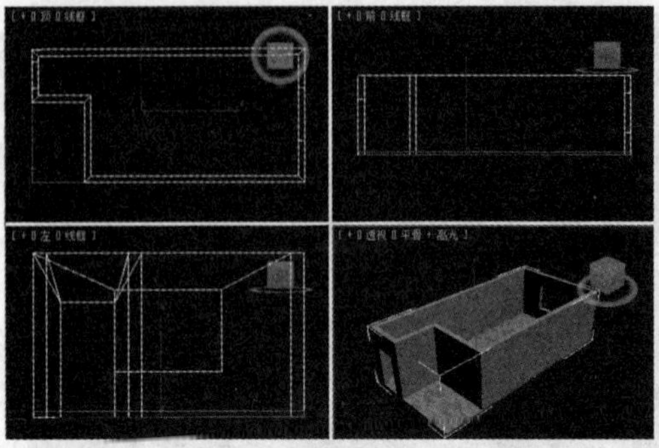

图 3.140

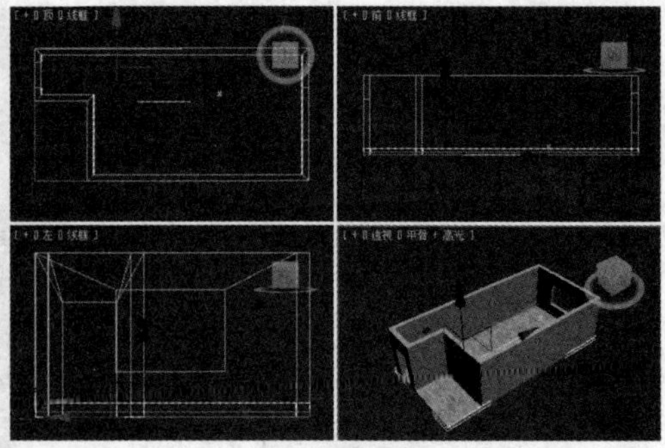

图 3.141

3) 创建墙体和墙脚线的材质

(1) 创建“墙体贴图”材质。

步骤 1：单击(材质编辑器)按钮，弹出【材质编辑器】设置对话框，在【材质编辑器】设置对话框中单击一个空白示例球并命名为“墙体贴图”材质。

步骤 2：单击 漫反射: 右边的按钮，在【材质/贴图浏览器】中双击位图项。弹出【选择位图图像文件】设置对话框，具体设置如图 3.142 所示。单击打开(O)按钮，返回【材质编辑器】，单击(转到父对象)按钮，返回上一级，具体参数设置如图 3.143 所示。

步骤 3：单击(转到父对象)按钮，返回上一级，具体参数设置如图 3.144 所示。

图 3.142

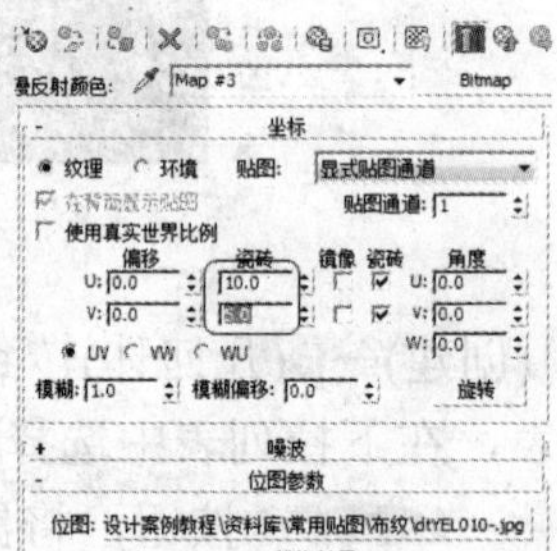

图 3.143

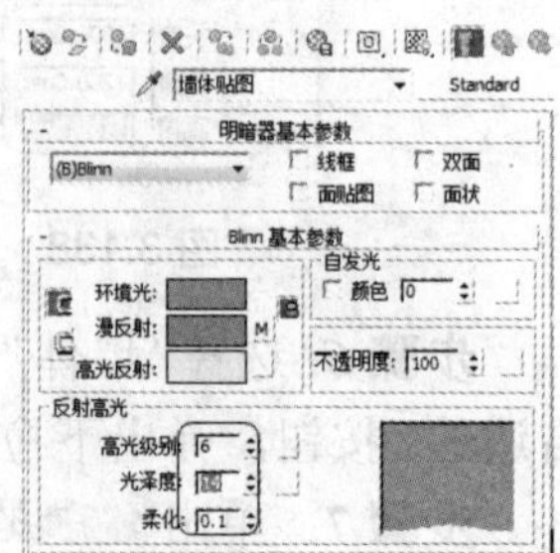

图 3.144

步骤 4：单击 贴图 左边的+号，展开 贴图 卷展栏，单击凹凸右边的 None 按钮，弹出【材质/贴图浏览器】，在【材质/贴图浏览器】中双击位图项，弹出【选择位图图像文件】设置对话框。具体设置如图 3.145 所示。单击打开(O)按钮，返回【材质编辑器】，具体参数设置如图 3.146 所示。

步骤 5： 单击(转到父对象)按钮，返回上一级，具体参数设置如图 3.147 所示。

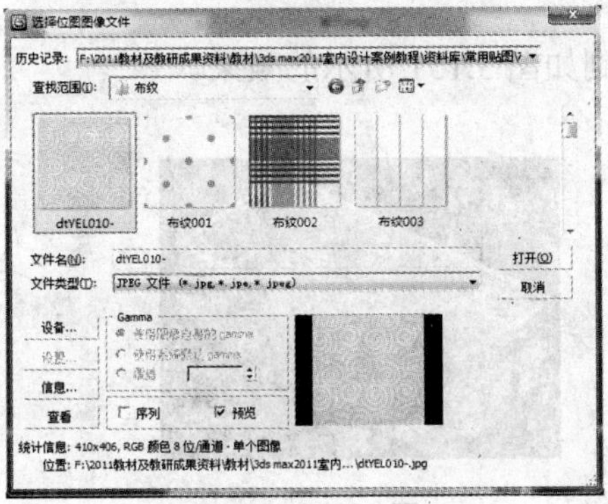

图 3.145

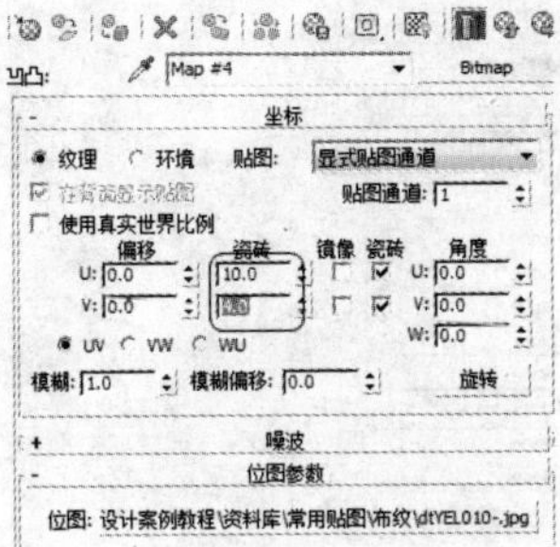

图 3.146

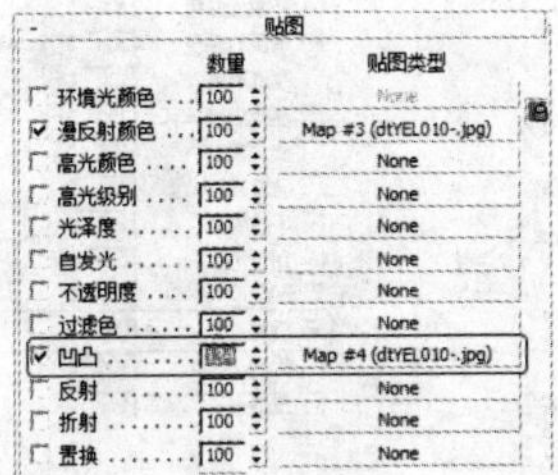

图 3.147

(2) 创建“木纹”材质。

步骤 1： 在【材质编辑器】设置对话框中单击一个空白示例球并命名为“木纹”材质。

步骤 2： 单击漫反射:右边的按钮，在【材质/贴图浏览器】中双击位图项，弹出【选择位图图像文件】设置对话框，具体设置如图 3.148 所示。单击打开(O)按钮，返回到【材质编辑器】，单击(转到父对象)按钮，返回上一级，具体参数设置如图 3.149 所示。

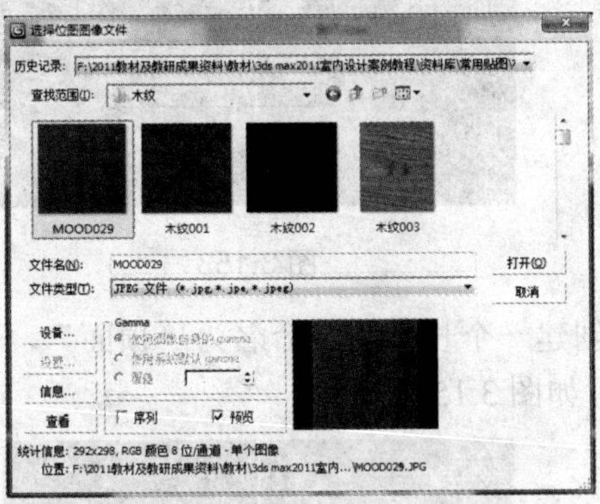

图 3.148

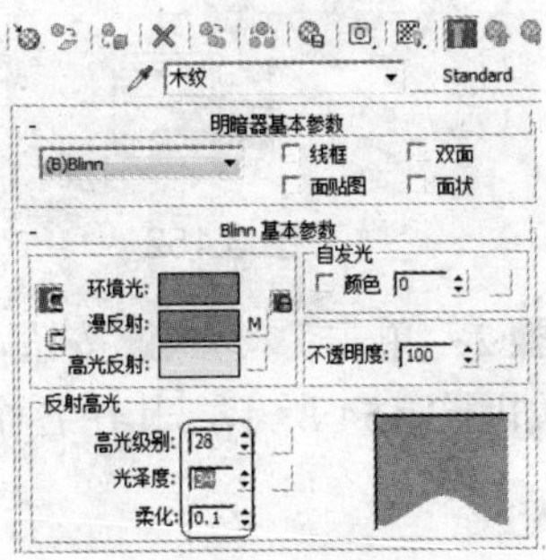

图 3.149

步骤 3： 单击 贴图 左边的+号，展开【贴图】卷展栏，单击反射右边的 None 按钮，弹出【材质/贴图浏览器】，在【材质/贴图浏览器】中双击光线跟踪项，单击(转到父对象)按钮，返回上一级，具体参数设置如图 3.150 所示。

步骤 4： 选择“墙脚线”，单击(将材质指定选定对象)和(在视口中显示标准贴图)按钮即可赋予材质。

步骤 5：单击“墙体贴图”材质示例球，选择“墙体”，单击(将材质指定选定对象)和(在视口中显示标准贴图)按钮即可赋予材质。

步骤 6：单击工具栏中的(渲染产品)按钮，得到如图 3.151 所示的效果。

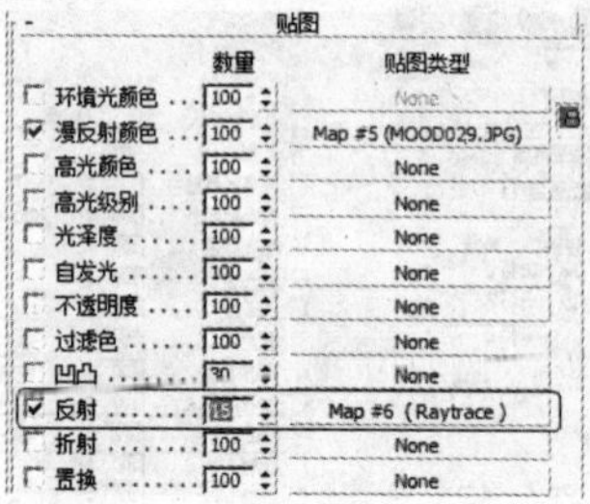

图 3.150

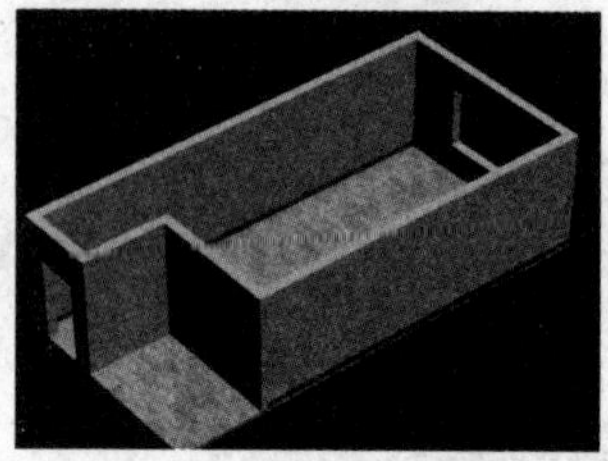

图 3.151

4) 创建卧室框架顶面

步骤 1：单击(创建)→(几何体)→ 长方体 按钮，在顶视图中创建一个长方体并命名为“顶面横梁”，具体参数设置如图 3.152 所示，其在各个视图中的位置如图 3.153 所示。

图 3.152

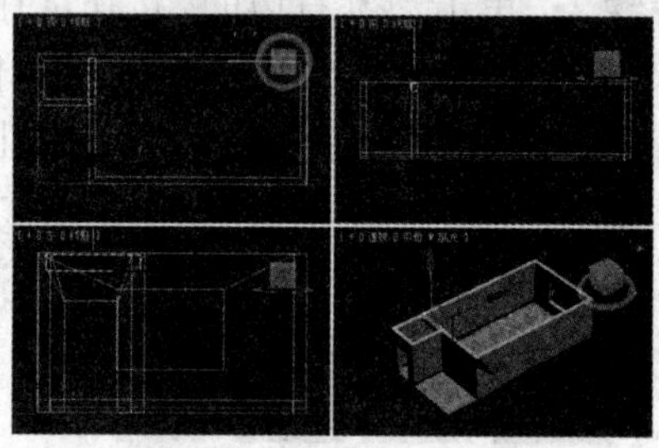

图 3.153

步骤 2：单击 长方体 按钮，在顶视图中创建一个长方体并命名为“顶面”，具体参数设置如图 3.154 所示，其在各个视图中的位置如图 3.155 所示。

图 3.154

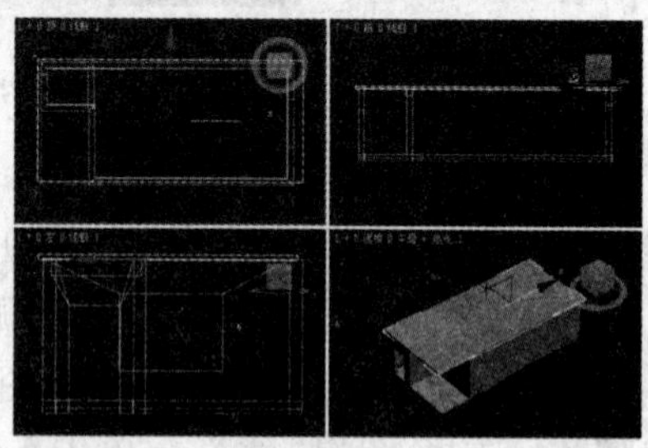

图 3.155

步骤 3：单击(材质编辑器)按钮，弹出【材质编辑器】设置对话框，在【材质编辑器】设置对话框中单击一个空白示例球并命名为“白色乳胶漆”材质。

步骤 4：将【环境光】、【漫反射】和【高光反射】的 RGB 值都设置为(R：255，G：255，B：255)。

步骤 5：单击贴图左边的+号，展开【贴图】卷展栏，单击反射右边的 None 按钮，弹出【材质/贴图浏览器】，在【材质/贴图浏览器】中双击光线跟踪项，单击(转到父对象)按钮，返回上一级，具体参数设置如图 3.156 所示。

图 3.156

步骤 6：选择“顶面横梁”和“顶面”，单击(将材质指定选定对象)和(在视口中显示标准贴图)按钮即可赋予材质。

步骤 7：保存文件。按 Ctrl+S 键保存文件。

3. 创建摄影机

步骤 1：在浮动面板中单击(创建)→(摄影机)→目标按钮，在【顶】视图中创建摄影机并命名为“摄影机”，具体参数设置如图 3.157 所示。

步骤 2：在浮动面板中单击(创建)→(灯光)→泛光灯按钮，在视图中创建一盏灯光，参数设置采用默认值。将【透视】视图转到【摄影机】视图，调整好灯光和摄影机的位置，最终效果如图 3.158 所示。

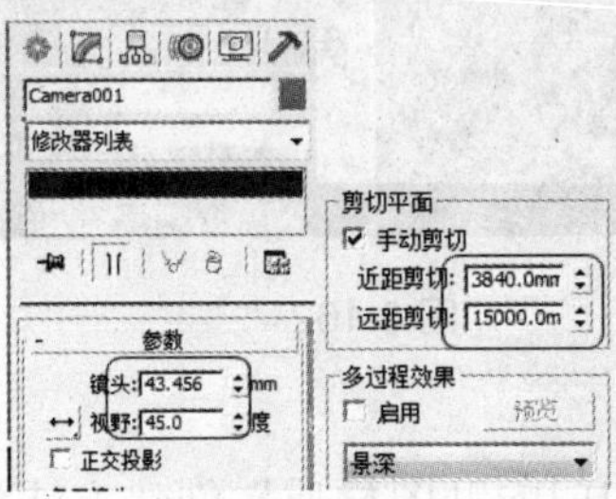

图 3.157

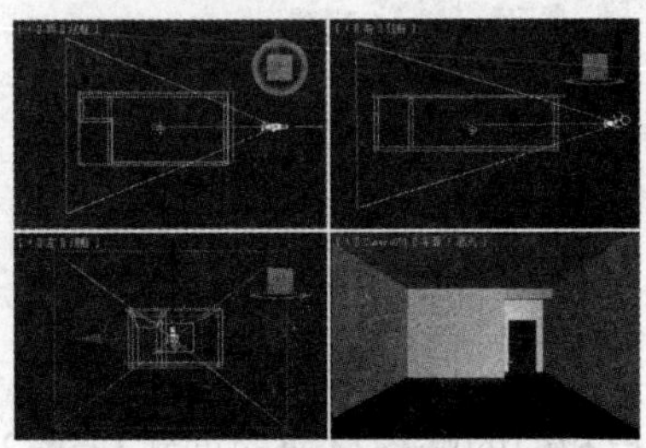

图 3.158

4. 创建卧室的窗户和门

1) 创建窗户和门

步骤 1：在浮动面板中单击(创建)→(几何体)按钮，选择标准基本体右边的按钮，弹出下拉列表，在下拉列表中选择窗命令转到【窗】浮动面板。

步骤 2：单击推拉窗按钮，在顶视图中绘制“窗户”并命名为“推拉窗”，具体参数设置如图 3.159 所示，其在各个视图中的位置如图 3.160 所示。

图 3.159

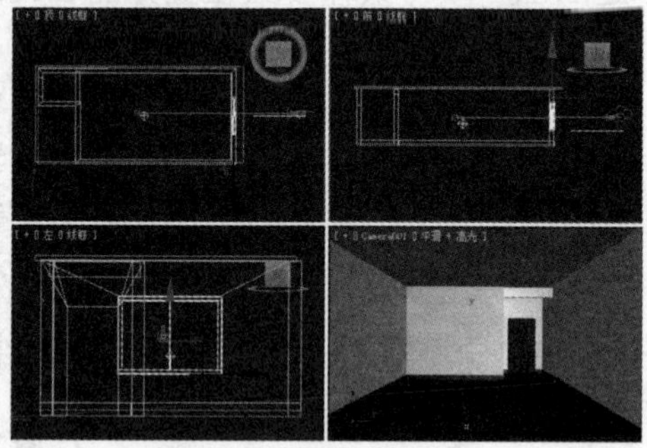

图 3.160

步骤 3：在浮动面板中单击(创建)→(几何体)按钮，单击标准基本体右边的按钮，弹出下拉列表，在下拉列表中选择门命令转到【门】浮动面板。

步骤 4：单击枢轴门按钮，在顶视图中绘制“门”并命名为“门”，具体参数设置如图 3.161 所示，其在各个视图中的位置如图 3.162 所示。

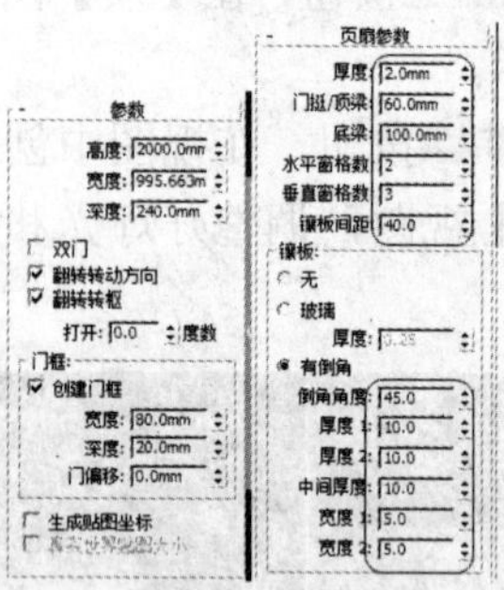

图 3.161

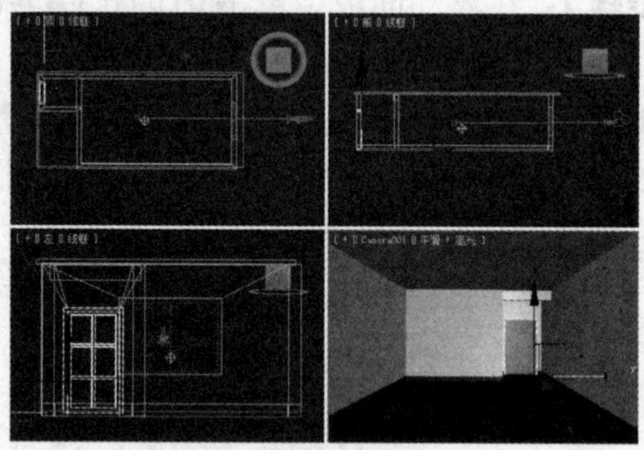

图 3.162

2) 创建窗户和门的贴图材质

窗户和门的贴图材质的创建与第 2 章中的“窗户和门的贴图材质”创建方法相同，在这里就不再叙述，读者可参考前面的制作方法。

将创建的材质赋予窗户和门。

5. 制作卧室的吊顶

卧室的吊顶很简单，主要由木条吊顶和筒灯构成。下面详细介绍它们的制作过程。

1) 创建卧室吊顶

步骤 1： 单击(创建)→(几何体)→ 长方体 按钮，在顶视图中创建一个长方体并命名为“吊顶木条”，具体参数设置如图 3.163 所示，其在各个视图中的位置如图 3.164 所示。

图 3.163

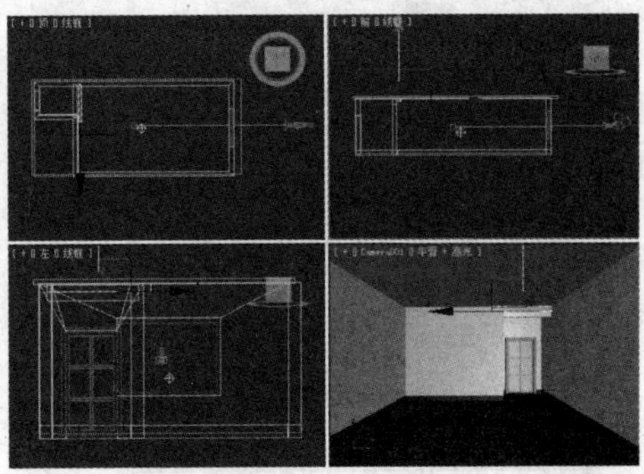

图 3.164

步骤 2： 以“实例”的方式将“吊顶木条”复制 24 个，其在各个视图中的位置如图 3.165 所示。

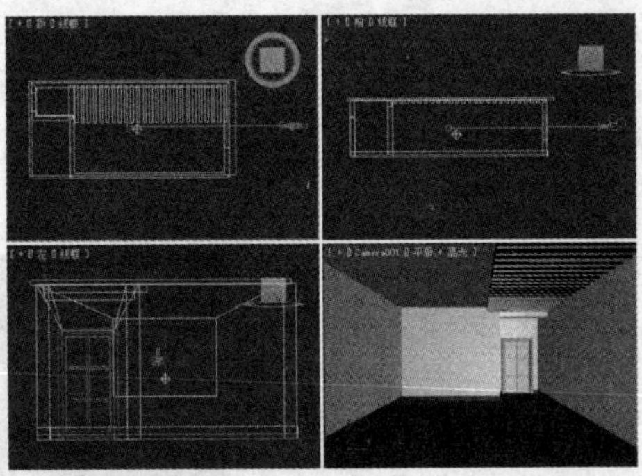

图 3.165

步骤 3： 单击(材质编辑器)按钮，弹出【材质编辑器】设置对话框，在【材质编辑器】设置对话框中单击一个空白示例球并命名为“米黄色乳胶漆”材质。

步骤 4： 将【环境光】、【漫反射】和【高光反射】的 RGB 值分别设置为(R：255，G：245，B：174)和(R：255，G：255，B：255)，其他参数设置为默认值。

步骤 5：单击(按名称选择)按钮，弹出【从场景选择】设置对话框，在【从场景选择】设置对话框中选中所有“吊顶木条”，如图 3.166 所示，单击 确定 按钮即可选中所有“吊顶木条”并成组为“吊顶木条组”。

步骤 6：单击(将材质指定选定对象)和(在视口中显示标准贴图)按钮即可赋予材质。

步骤 7：单击工具栏中的(渲染产品)按钮，得到如图 3.167 所示的效果。

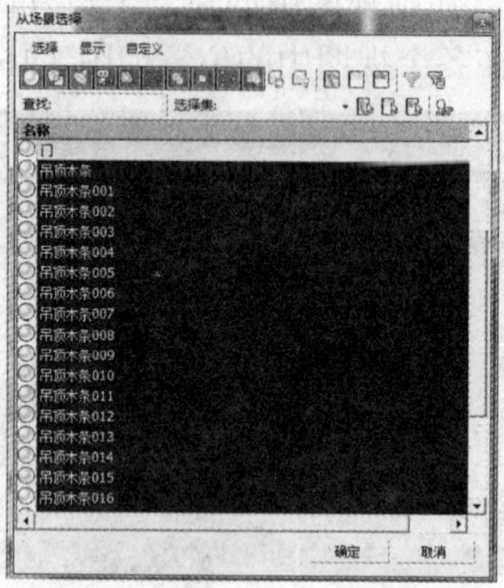

图 3.166

图 3.167

2) 创建卧室筒灯

步骤 1：单击(创建)→(图形)→ 圆环 按钮，在顶视图中绘制一个圆环并命名为“筒灯框架”。具体参数设置如图 3.168 所示。

步骤 2：单击(修改)按钮，转到【修改】浮动面板，单击 修改器列表 右边的按钮弹出下拉列表，在下拉列表中选择 挤出 命令，具体参数设置如图 3.169 所示，其在各个视图中的位置如图 3.170 所示。

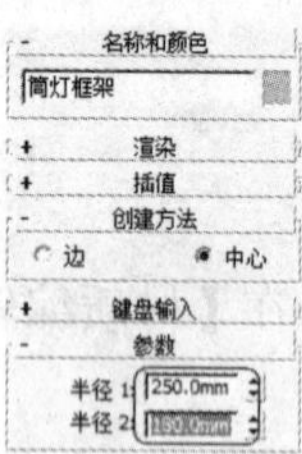

图 3.168

图 3.169

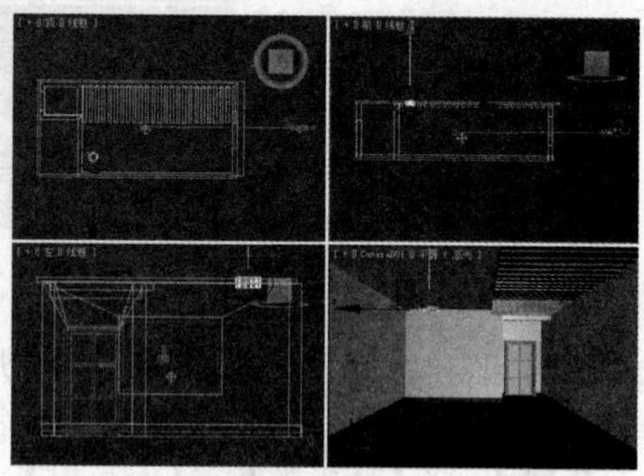

图 3.170

步骤 3：单击(创建)→(几何体)→圆柱体按钮，在顶视图中创建一个圆柱体并命名为“筒灯”，具体参数设置如图 3.171 所示，在各个视图中的位置如图 3.172 所示。

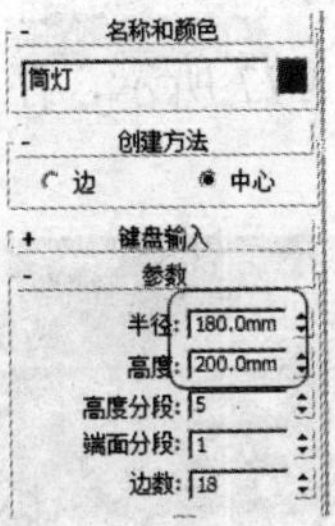

图 3.171

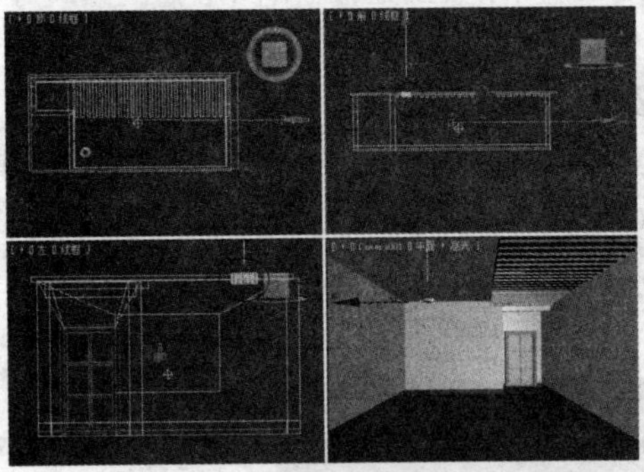

图 3.172

步骤 4：单击(材质编辑器)按钮，弹出【材质编辑器】设置对话框，在【材质编辑器】设置对话框中单击一个空白示例球并命名为“自发光”材质。

步骤 5：设置“颜色”为白色并启用颜色选项，具体设置如图 3.173 所示。

步骤 6：单击(将材质指定选定对象)和(在视口中显示标准贴图)按钮即可赋予材质。

步骤 7：选择“筒灯框架”，单击“木纹”材质示例球，单击(将材质指定选定对象)和(在视口中显示标准贴图)按钮即可将材质赋予筒灯框架。

步骤 8：选中“筒灯框架”和“筒灯”，在菜单栏中选择组(G)→成组(G)命令，弹出【组】设置对话框，具体设置如图 3.174 所示，单击确定按钮即可。

步骤 9：将成组的“筒灯”以实例的方式复制 9 盏，具体位置如图 3.175 所示。

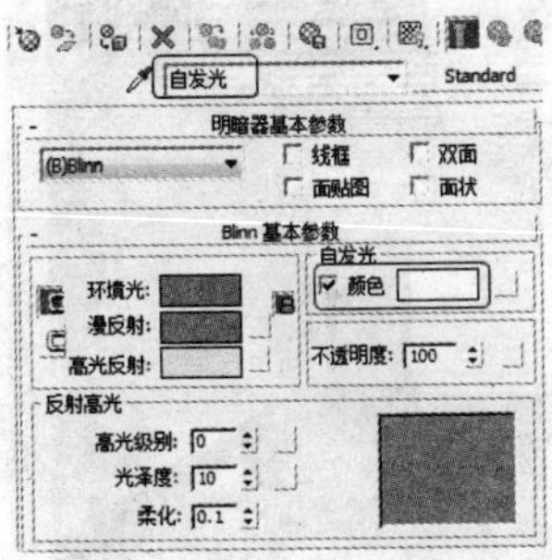

图 3.173

图 3.174

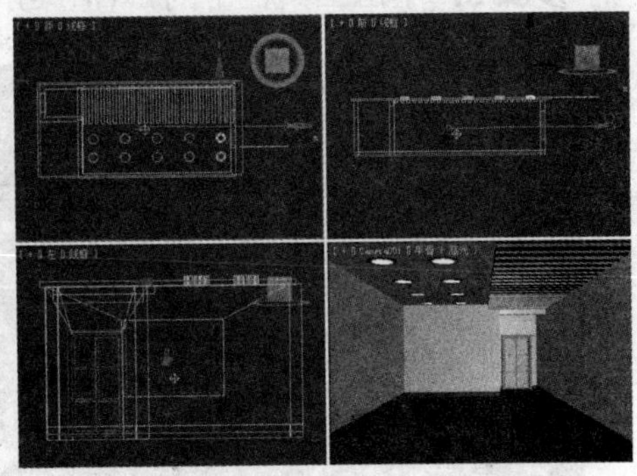

图 3.175

步骤 10：保存文件。按 Ctrl+S 键保存文件。

6. 制作墙面装饰造型

步骤 1：单击(创建)→(图形)→ 线 按钮。在前视图中绘制如图 3.176 所示的曲线，命名为“床背景装饰 01”。

步骤 2：单击(修改)按钮，转到【修改】浮动面板，单击 修改器列表 右边的按钮，弹出下拉列表，在下拉列表中选择 挤出 命令，具体参数设置如图 3.177 所示，在各个视图中的位置如图 3.178 所示。

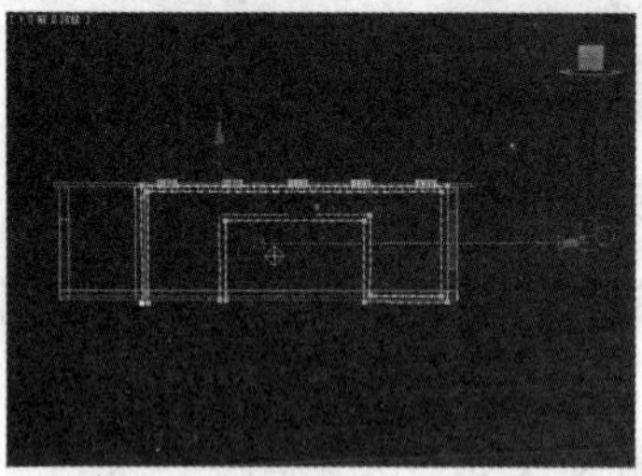

图 3.176

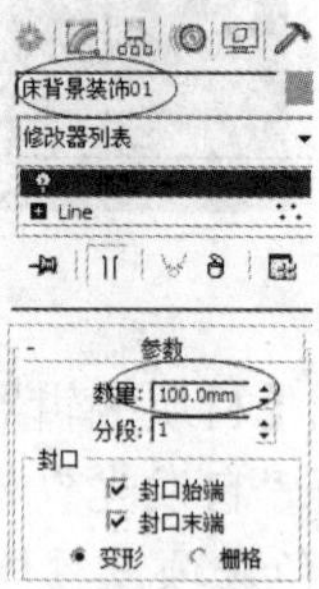

图 3.177

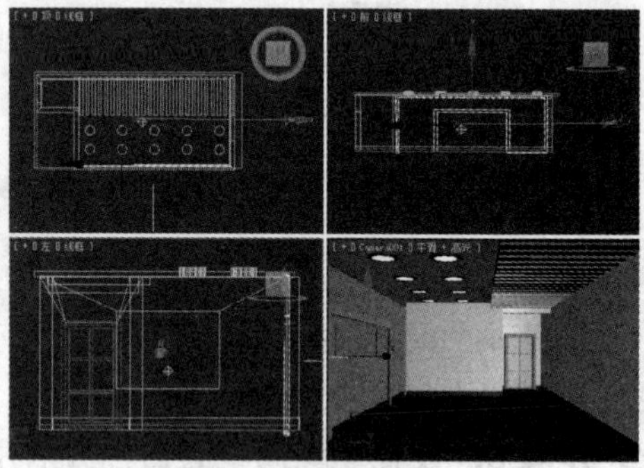

图 3.178

步骤 3：单击(创建)→(几何体)→ 长方体 按钮，在前视图中创建长方体，在各个视图中的位置如图 3.179 所示。

步骤 4：在【材质编辑器】中单击“木纹”材质实例球，选择床的所有背景装饰，单击(将材质指定选定对象)和(在视口中显示标准贴图)按钮即可赋予材质。

步骤 5：单击工具栏中的(渲染产品)按钮即可得到如图 3.180 所示的效果。

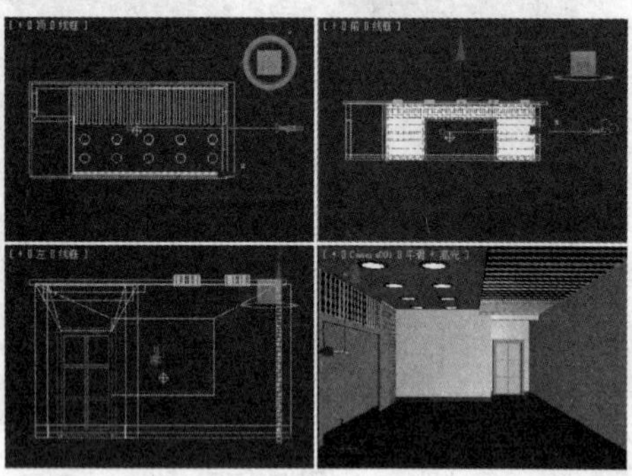

图 3.179

图 3.180

四、拓展训练

制作如下图所示的卧室效果。

案例练习图

3.7　卧室装饰设计的后期处理

一、案例效果

案例效果图

【参考视频】

二、案例制作流程(步骤)分析

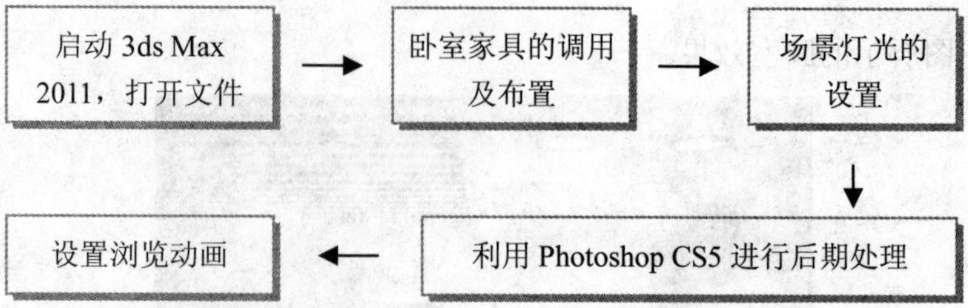

三、详细操作步骤

1. 卧室家具的调用及布置

本节主要介绍卧室家具的调用及布置。卧室家具主要包括“双人床”、“梳妆台”、“床头柜”和“电视机”等造型。读者可以直接从配套光盘中调用，也可以根据个人的创意重新建模，从而制作出更具个性的效果图。

步骤 1： 将“卧室装饰设计.max”另存为“卧室装饰设计的后期处理.max”，冻结场景中的所有对象。

步骤 2： 选择→导入→合并命令，弹出【合并文件】设置对话框，具体设置如图 3.181 所示。

步骤 3： 单击打开(O)按钮，弹出【合并】选择对话框，选择需要合并的对象，如图 3.182 所示。

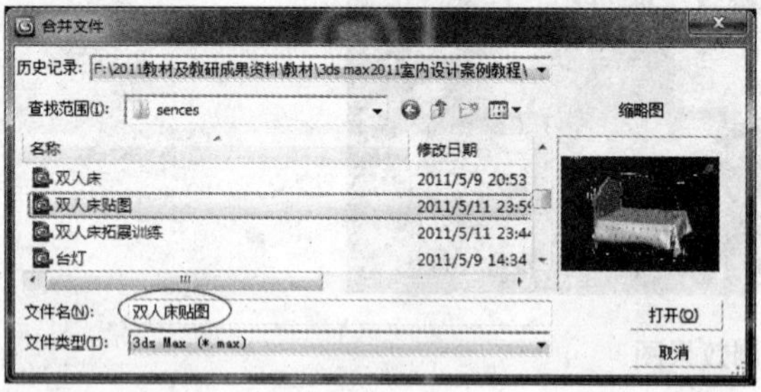

图 3.181

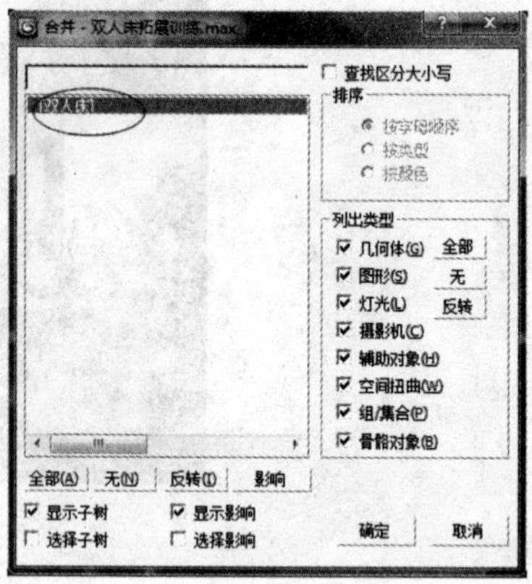

图 3.182

步骤 4：单击确定按钮，弹出【重复材质名称】设置对话框，如图 3.183 所示，单击自动重命名合并材质按钮即可将材质合并到场景中。

步骤 5：使用(移动)工具、(选择并移动)和(选择并均匀缩放)工具对合并进来的“双人床”适当进行大小、旋转和位置的调整，最终效果如图 3.184 所示。

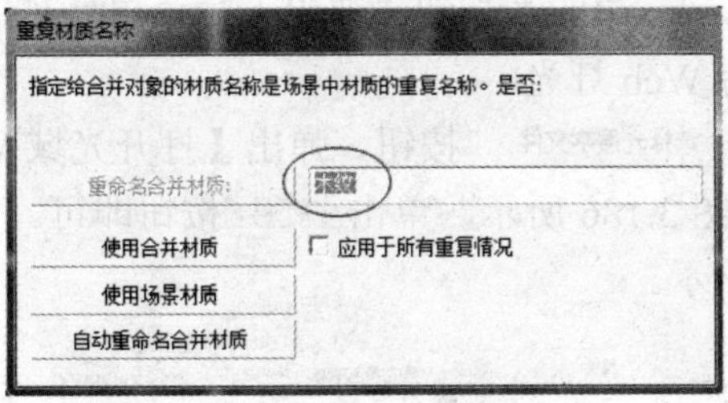

图 3.183

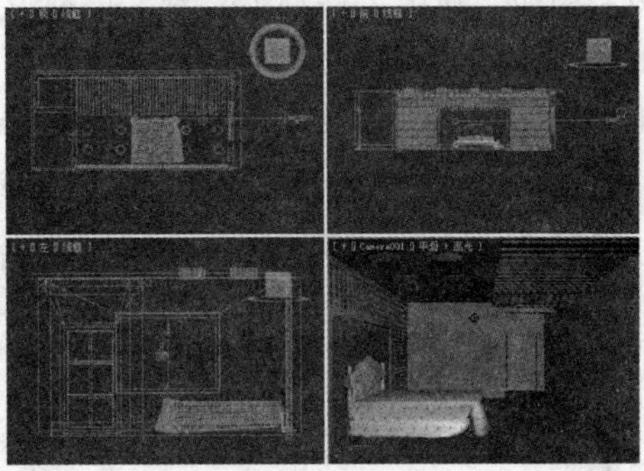

图 3.184

步骤 6：方法同上，将其他家具合并进来并调整好位置，单击工具栏中的(渲染产品)按钮，得到如图 3.185 所示的效果。

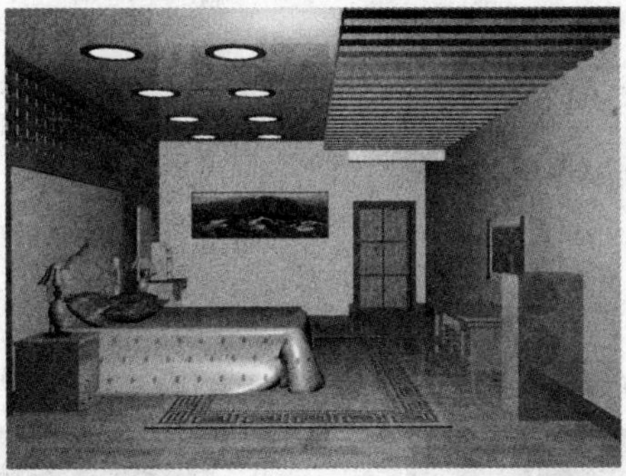

图 3.185

步骤 7：保存文件。按 Ctrl+S 键保存文件。

2. 场景灯光的设置

灯光是效果图的灵魂，材质与构件形体只能通过灯光来表现，如果没有灯光，再好的材质与构件形体也没有意义。本节主要讲解卧室灯光的设置，以便更好地表现效果图的材质效果及场景的层次感。

步骤 1：打开“卧室的装饰设计.max”文件，将文件另存为“卧室装饰设计的后期处理灯光.max”。

步骤2：在工具栏中单击全部右边的按钮，弹出下拉列表，在下拉列表中选择L-灯光命令。此时，只能对灯光进行操作而其他对象不受影响。

步骤3：单击(创建)→(灯光)，转到灯光浮动面板，单击浮动面板标准右边的按钮，弹出下拉列表，在下拉列表中选择光度学命令，再单击自由灯光按钮，在顶视图中单击即可创建自由点光源，命名为“床头射灯”。

步骤4：在灯光分布（类型）卷展栏中单击统一球形右边的按钮，弹出下拉菜单，在下拉菜单中选择光度学Web命令即可将自由点光源转变为Web灯光。

步骤5：在分布(光度学Web)卷展栏中单击<选择光度学文件>按钮，弹出【打开光域Web文件】设置对话框，选择合适的“光域网”，如图3.186所示，单击打开(O)按钮即可。

步骤6：“射灯”的具参数设置如图3.187所示。

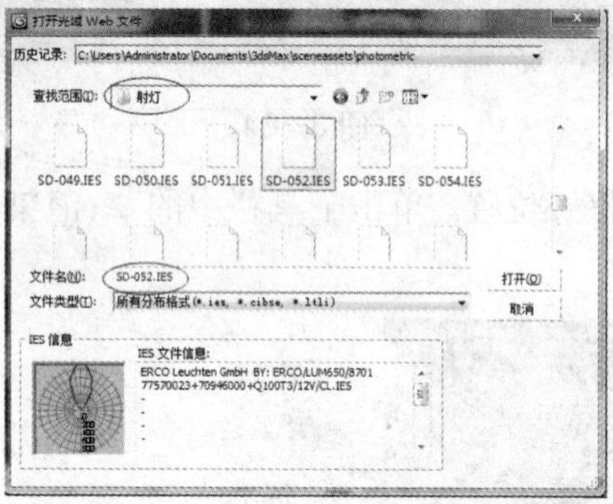

图3.186

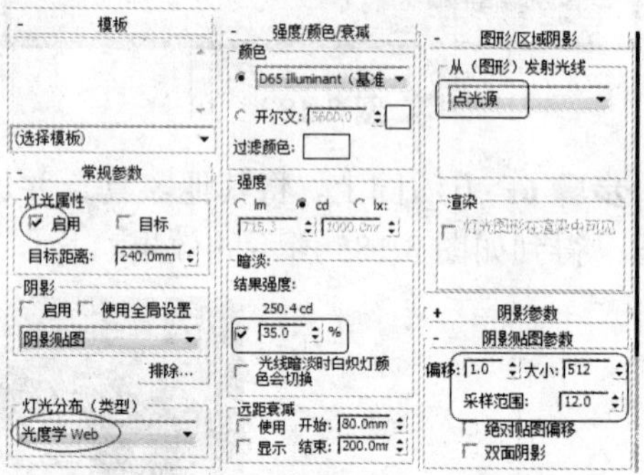

图3.187

步骤7：调整好“射灯”的位置，其在各个视图中的位置如图3.188所示。

步骤 8：以实例的方式复制6盏“射灯”，其在各个视图中的位置如图3.189所示。

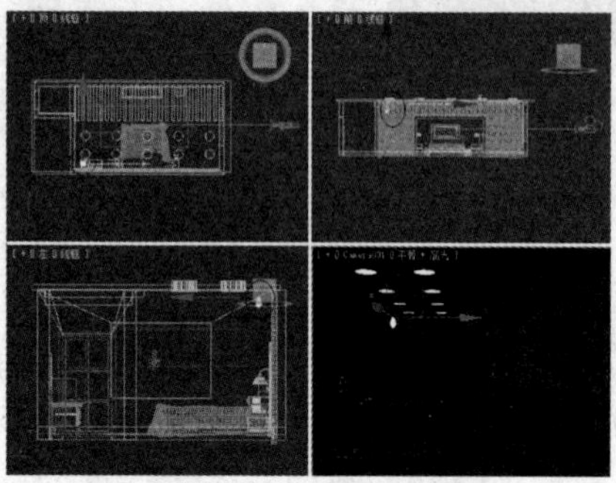

图3.188

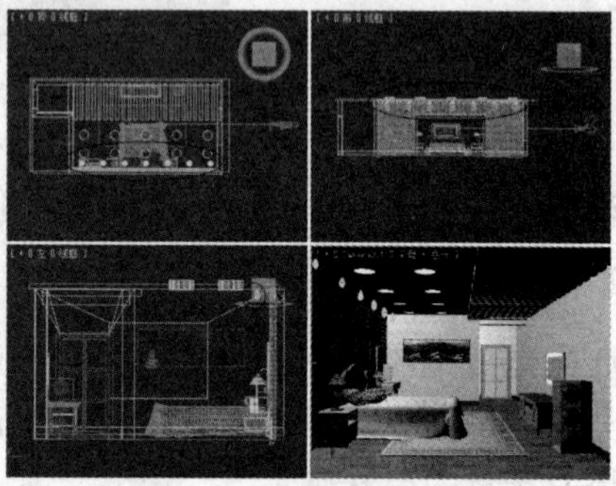

图3.189

步骤 9：单击(创建)→(灯光)→ 泛光灯 按钮，在顶视图中创建一盏“泛光灯”并命名为“照明阴影灯”，具体参数设置如图 3.190 所示，其在各个视图中的位置如图 3.191 所示。

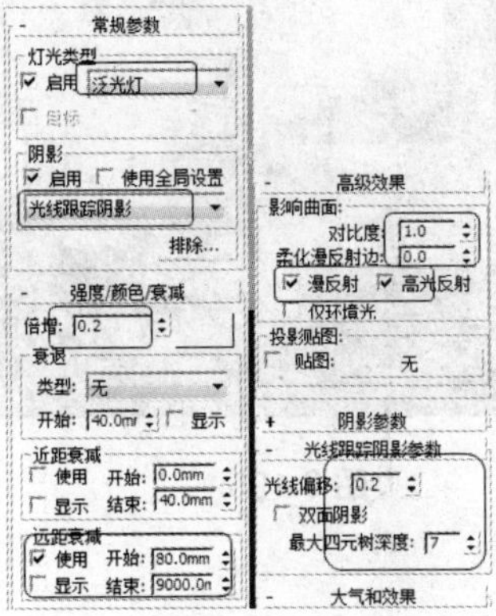

图 3.190

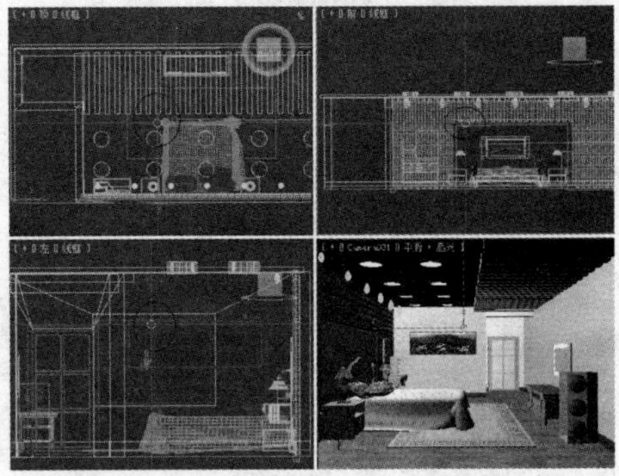

图 3.191

步骤 10：单击 泛光灯 按钮，在顶视图中创建一盏“泛光灯”并命名为“照明灯”，具体参数设置如图 3.192 所示。再以实例方式复制 7 盏“照明灯”，其在各个视图中的位置如图 3.193 所示。

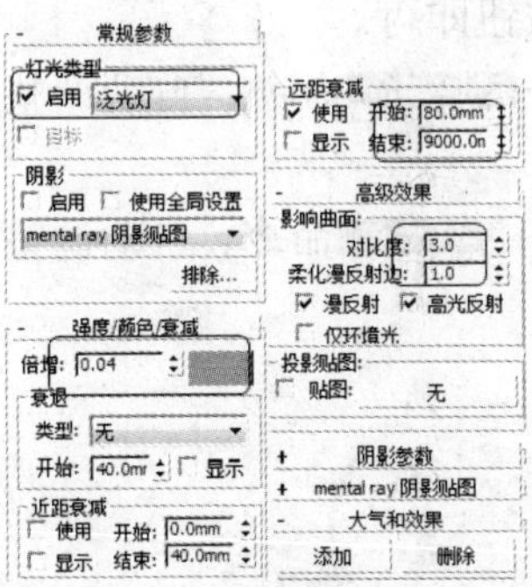

图 3.192

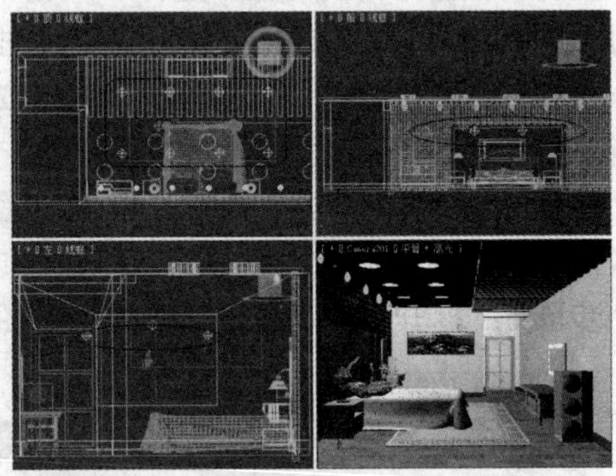

图 3.193

步骤 11：保存文件。按 Ctrl+S 键保存文件。

步骤 12：单击工具箱中的(渲染设置)按钮，弹出【渲染设置】对话框，具体参数设置如图 3.194 所示。

步骤 13：单击 渲染 按钮，即可渲染出如图 3.195 所示的效果。

图 3.194

图 3.195

3. 利用 Photoshop CS5 进行后期处理

在这里主要讲解如何对卧室的渲染图像进行后期处理，以改善和增强效果图的品质。具体操作步骤如下。

步骤 1： 启动 Photoshop CS5 软件。

步骤 2： 打开渲染出来的效果图“卧室设计后期灯光图.jpg”文件。

步骤 3： 进行曲线调整。选择工具箱中的图像(I)→调整(A)→曲线(U)...命令，弹出【曲线】调整对话框。具体调整如图 3.196 所示，单击确定按钮即可。

步骤 4： 调整色阶。选择工具箱中的图像(I)→调整(A)→自动色阶(A)命令，自动调整色阶(如果读者对自动色阶不满意，可以进行手动调节)。

步骤 5： 调整颜色。选择工具箱中的图像(I)→调整(A)→自动颜色(O)命令，自动调整颜色(如果读者对自动颜色不满意，可以进行手动调节)。

步骤 6： 打开 3 张如图 3.197 所示的图片。

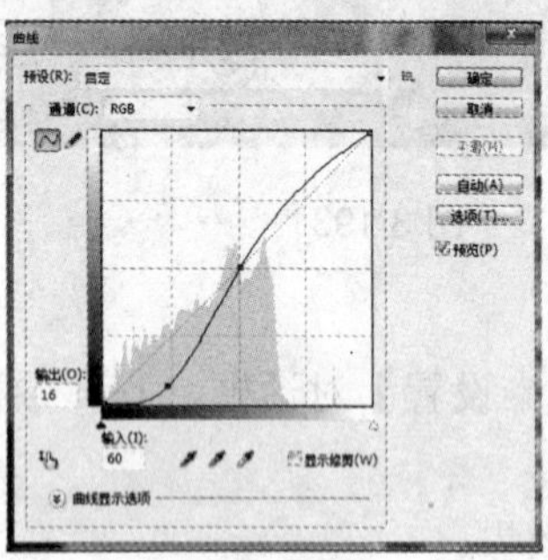

图 3.196

图 3.197

步骤 7：并拖到“卧室设计后期灯光图.jpg”文件中，使用变形工具和移动工具进行大小和位置调整，最终效果如图 3.198 所示。

图 3.198

步骤 8：将处理好的效果图进行保存，命名为“卧室设计后期灯光图.psd”和“卧室设计后期灯光图.jpg”两种格式的文件。

4. 设置浏览动画

步骤 1：打开“卧室设计后期灯光图.max”文件。

步骤 2：单击动画控制区中的(时间配置)按钮弹出【时间配置】对话框，具体设置如图 3.199 所示，单击 确定 按钮即可配置好时间。

步骤 3：在浮动面板中单击(创建)→(图形)→ 线 按钮，在顶视图中绘制如图 3.200 所示的曲线，将曲线命名为“路径”。

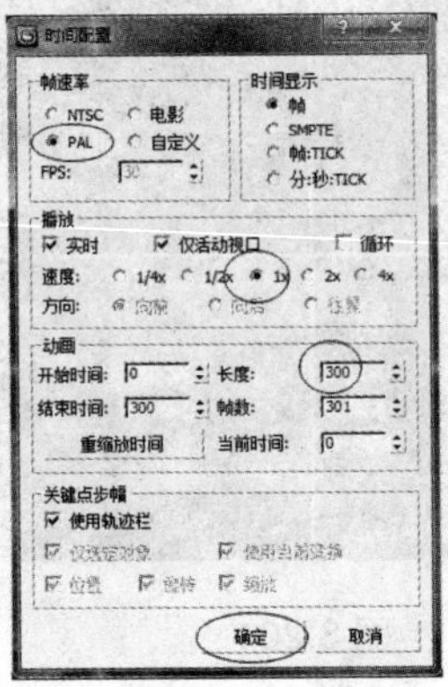

图 3.199

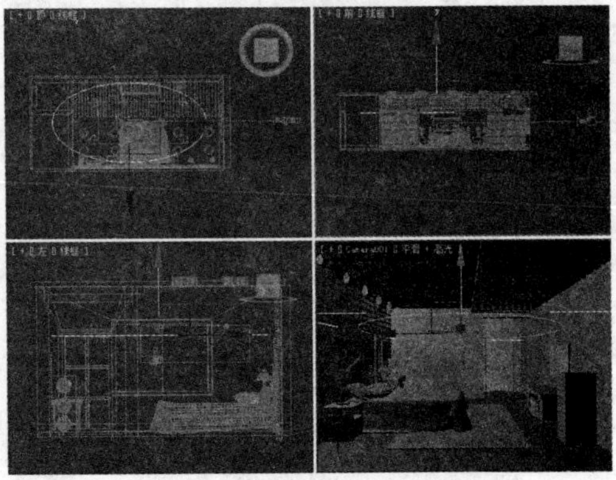

图 3.200

步骤4：在浮动面板中单击(创建)→(摄影机)→目标按钮，在顶视图中创建一架摄影机，具体参数设置如图3.201所示。摄影机在各个视图中的位置如图3.202所示。

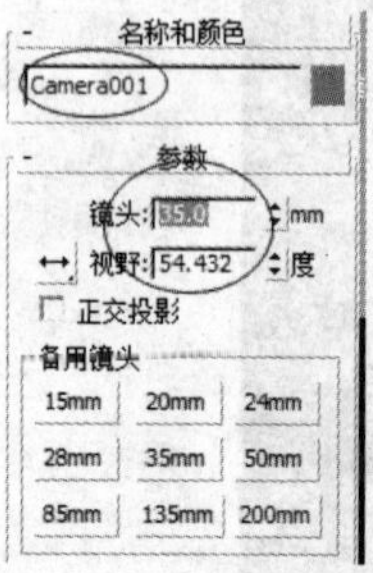

图3.201

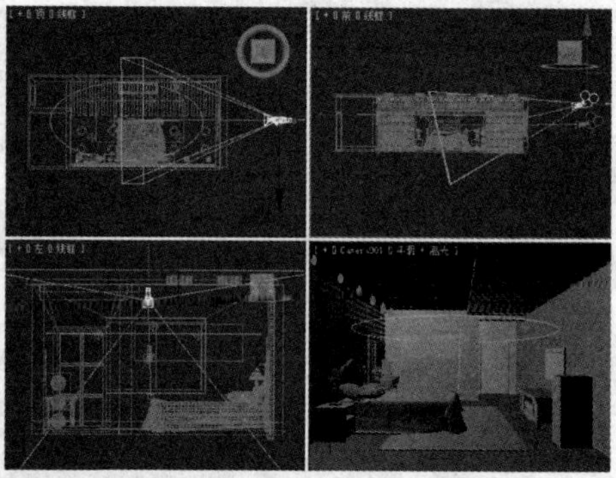

图3.202

步骤5：在【浮动】面板中单击(运动)→参数按钮，单击指定控制器左边的+号，展开【指定控制器】卷展栏。

步骤6：确保"Camera001"摄影机被选中，单击位置：位置XYZ，然后单击(指定控制器)按钮弹出【指定 位置 控制器】设置对话框，具体设置如图3.203所示，单击确定按钮返回。

步骤7：单击路径参数卷展栏中的添加路径按钮，单击顶视图中绘制的曲线即可将Camera001摄影机约束到路径上。

步骤8：将视图转到"Camera002"视图中，如图3.204所示。

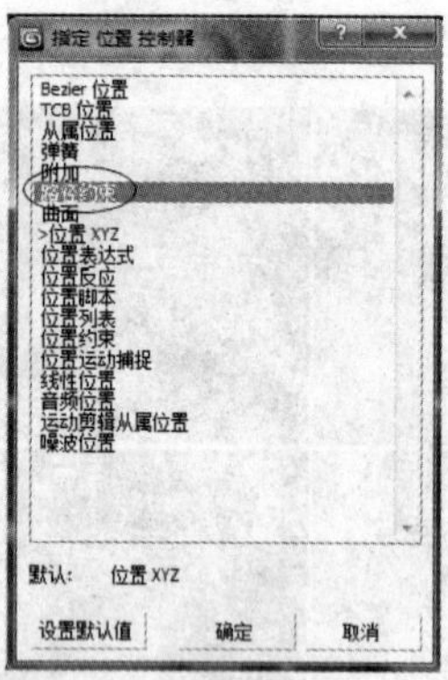

图3.203

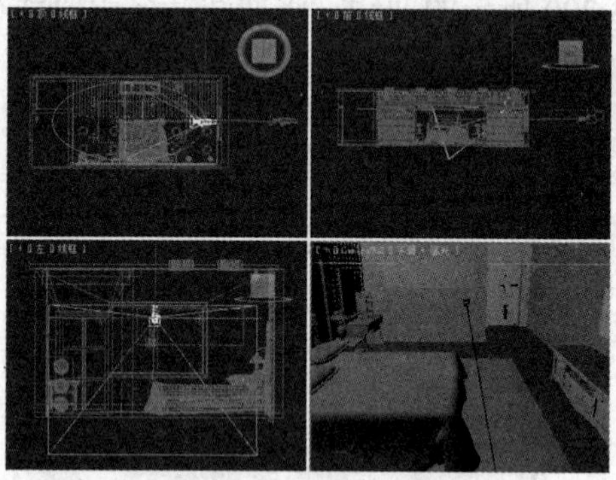

图3.204

步骤9：保存文件。按Ctrl+S键保存文件。

步骤 10： 单击工具栏中的(渲染设置)按钮，弹出【渲染设置】对话框，具体参数设置如图 3.205 所示。

步骤 11： 单击渲染按钮即可对 Camera001 摄影机视图进行动画渲染。截图如图 3.206 所示。

图 3.205

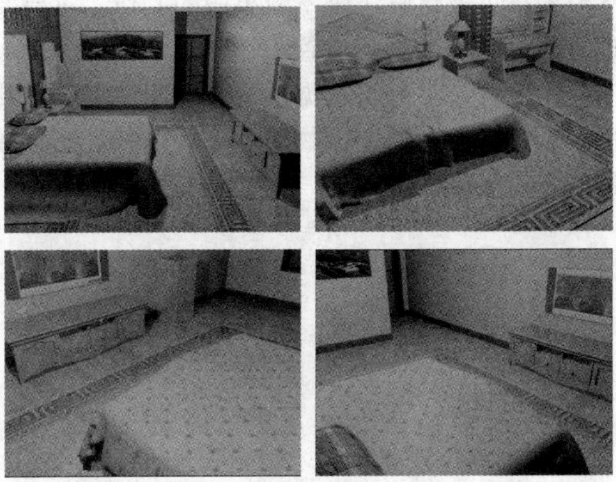

图 3.206

步骤 12： 保存文件。将文件另存为“卧室设计后期浏览动画.max”。

四、拓展训练

制作如下图所示的卧室效果。

(a)

(b)

案例练习图

提示：老师可以根据学生的实际情况出发，对于接受能力比较强的学生，可以要求将拓展训练的效果图制作出来；对于基础比较薄弱、接受能力相对比较差的学生，可以不作要求。

本 章 小 结

本章主要讲解了卧室效果图的制作，主要要求掌握建模技术、灯光布局技术、后期处理方法、浏览动画的设置和输出。一般情况下，对于室内小场景中的灯光布局，只要设置一盏主光灯，另外再根据场景的照明情况设置几盏辅助光源即可，辅助光源主要用来照亮局部场景或一些特定的物体。了解各种灯光参数的作用是布置灯光的基本功，也是设计出最佳室内效果的关键。

第 4 章

儿童房装饰设计

技能点

1. 写字桌的制作
2. 椅子的制作
3. 儿童沙发的制作
4. 儿童床的制作
5. 床头柜的制作
6. 儿童房模型的创建
7. 儿童房家具的调用及布置
8. 场景灯光的设置
9. 基本贴图技术
10. 利用 Photoshop 进行后期处理
11. 设置浏览动画

【素材下载】

说 明

本章主要介绍儿童房中基本家具的制作方法、儿童房模型的创建、基本贴图技术、文件合并、场景灯光的设置、利用 Photoshop 进行后期处理和设置浏览动画等相关知识。

本章主要要求掌握建模技术、灯光布置技术、后期处理方法、设计儿童房的注意事项、浏览动画的设置和输出等。

教学建议课时数

一般情况下需要16课时，其中理论4课时，实际操作12课时(特殊情况可做相应调整)。

在设计儿童房时，既要符合总体设计原则,又要体现出儿童的心理与生理特征。大多数的儿童房设计可采用灵活、卡通的设计效果，可选用活泼、对比强烈和鲜艳的颜色，例如，蓝色、绿色、粉红色等(颜色的选定应充分考虑儿童的性别、年龄、性格特征)。同时，安全性也是设计者要考虑的重要因素。家具的选购、造型的设计应尽量避免尖角的出现，给儿童创设一个舒适、安全的活动小天地。本案例最终效果如下图所示。

儿童房装饰效果图

儿童房家具设计的基础造型主要包括枕头、儿童床、床头柜、写字桌、沙发和玩具等。为了方便初学者学习和理解。首先学习单独制作儿童床、床头柜和玩具等造型并保存为线架文件，再学习制作儿童房的模型，最后将它们合并、渲染输出即可。

4.1　写字桌的制作

一、案例效果

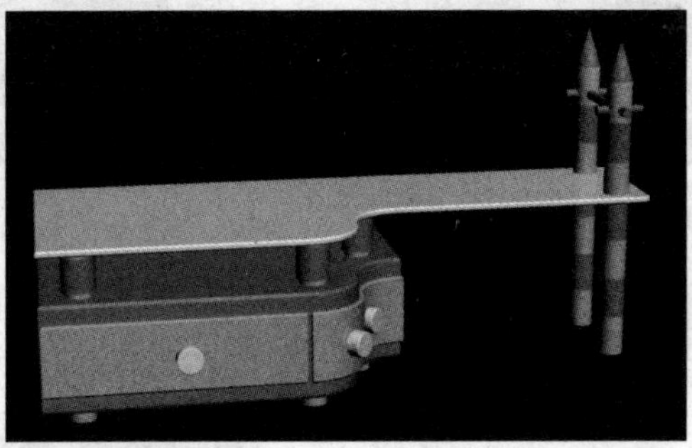

二、案例制作流程(步骤)分析

启动 3ds Max 2011，设置单位 → 使用 3ds Max 中的相关命令制作写字桌模型 → 给写字桌模型添加材质贴图

三、详细操作步骤

1. 设置单位

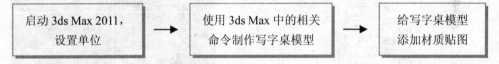

步骤 1： 启动 3ds Max 2011 并保存文件为“写字桌.max”。

步骤 2： 设置单位。单位的设置同 2.1 节中的单位设置完全一样。

2. 制作写字桌模型

步骤 1： 单击浮动面板中的(创建)→(图形)→ 线 按钮，在顶视图中绘制如图 4.1 所示的闭合曲线，命名为“写字桌桌面”(最大长度为 3800mm、最大宽度 1600mm)。

步骤 2： 单击(修改)→(顶点)→ 圆角 按钮，将鼠标移到顶视图中需要进行圆角的顶点进行圆角，最终效果如图 4.2 所示。

【参考视频】

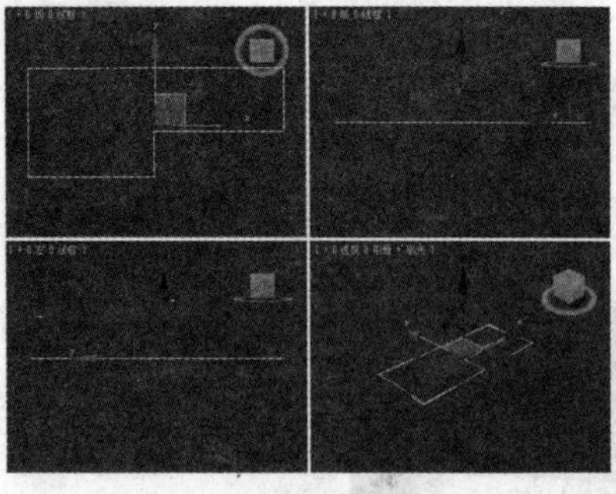

图 4.1

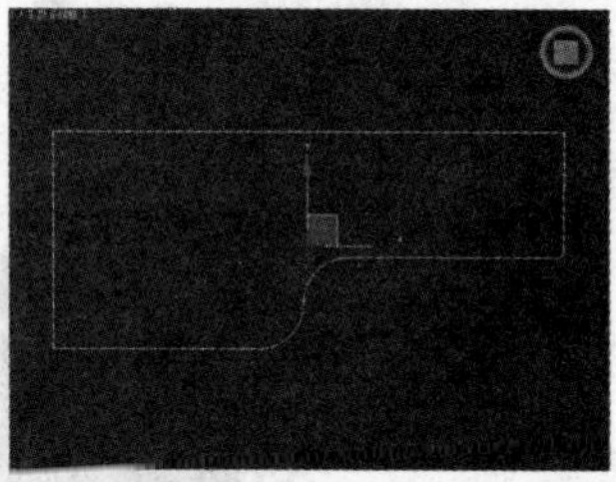

图 4.2

步骤 3：单击修改器列表右边的按钮，弹出下拉列表，在下拉列表中选择倒角命令，【倒角】命令的具体参数设置如图 4.3 所示，最终效果如图 4.4 所示。

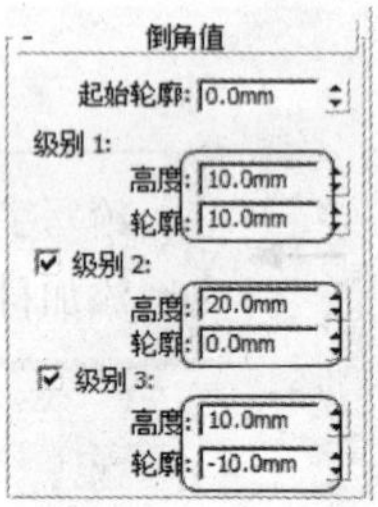

图 4.3

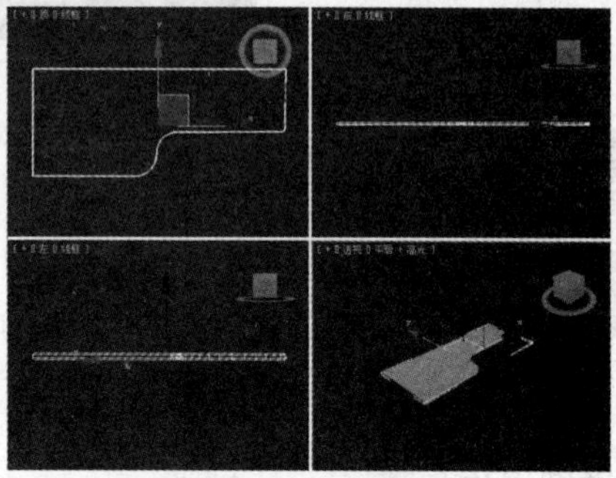

图 4.4

步骤 4：利用步骤 1 和步骤 2 的方法再制作一条闭合曲线，命名为“写字桌主体”，如图 4.5 所示。

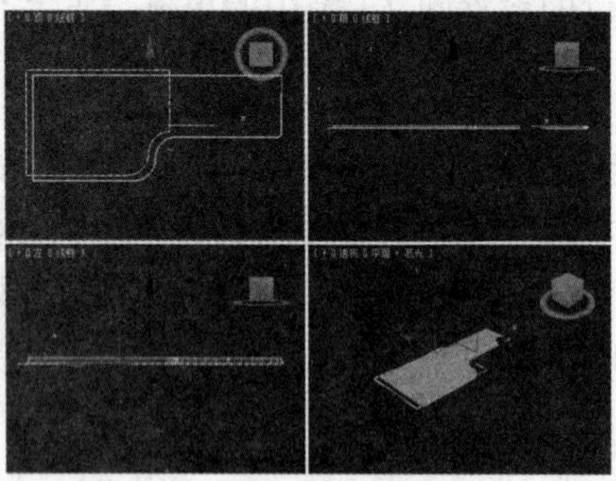

图 4.5

步骤 5：单击修改器列表右边的按钮，弹出下拉列表，在下拉列表中选择倒角命令，【倒角】命令的具体参数设置如图 4.6 所示，最终效果如图 4.7 所示。

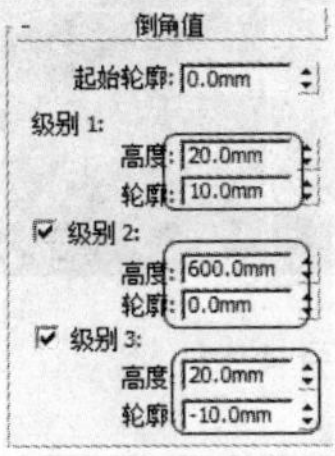

图 4.6

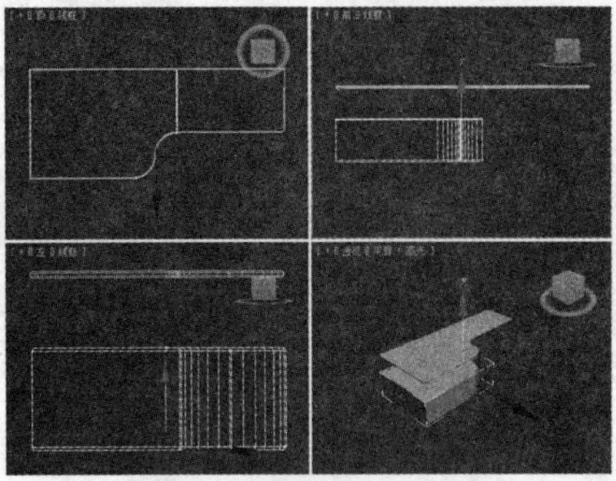

图 4.7

步骤 6：单击【浮动】面板中的(创建)→(几何体)→圆柱体按钮，在顶视图中绘制一个圆柱体并命名为“写字桌腿”，具体参数设置如图 4.8 所示。

步骤 7：“写字桌腿”在各个视图中的位置如图 4.9 所示。

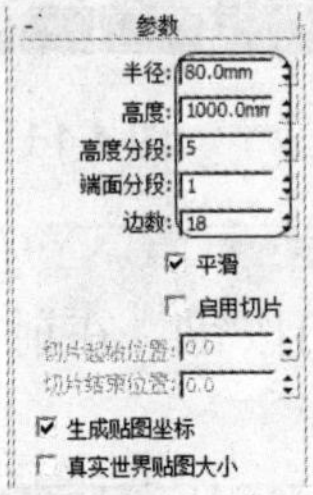

图 4.8

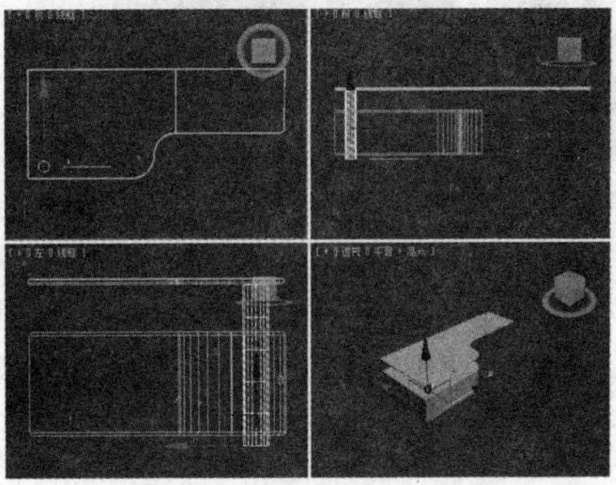

图 4.9

步骤 8：单击【浮动】面板中的(创建)→(几何体)→圆柱体按钮，在顶视图中绘制一个圆柱体并命名为“写字桌腿装饰”，具体参数设置如图 4.10 所示，其在各个视图中的位置如图 4.11 所示。

步骤 9：选中“写字桌腿”和“写字桌腿装饰”两个对象，再以实例方式复制 4 个，被复制的对象在各个视图中的位置如图 4.12 所示。

步骤 10：单击【浮动】面板中的(创建)→(几何体)→圆柱体按钮，在顶视图中绘制圆柱体并命名为“铅笔腿 01”，具体参数设置如图 4.13 所示，其在各个视图中的位置如图 4.14 所示。

图 4.10

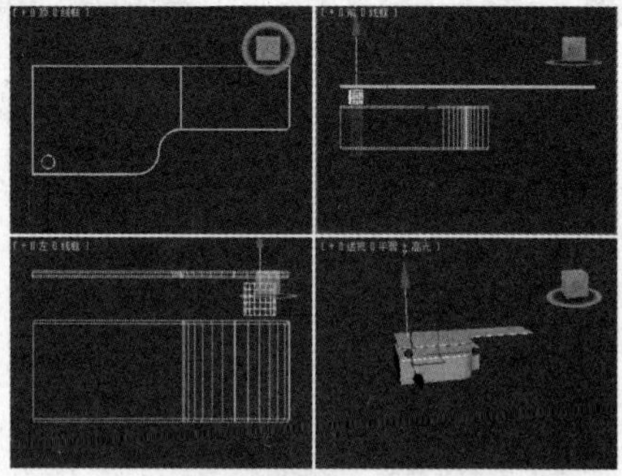

图 4.11

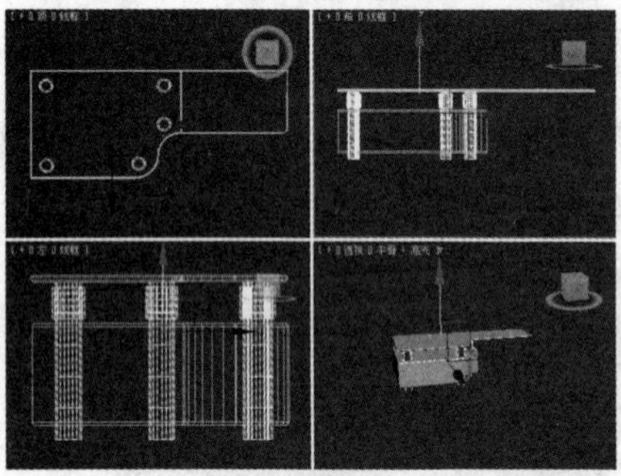

图 4.12

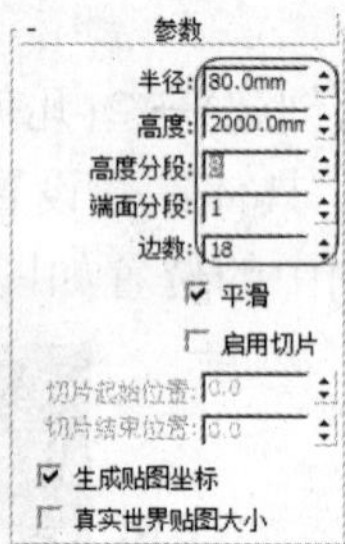

图 4.13

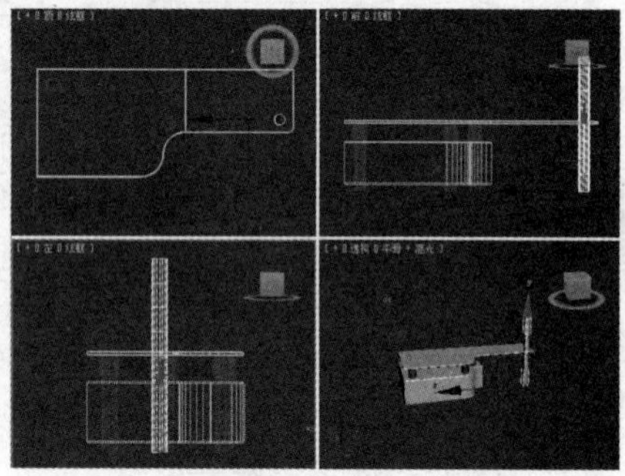

图 4.14

步骤 11： 单击(修改)项，转到【修改】浮动面板，单击修改器列表右边的按钮，弹出下拉列表，在下拉列表中选择编辑网格命令，单击(顶点)按钮，在前视图中选中如图 4.15 所示的顶点，单击塌陷按钮，最终效果如图 4.16 所示。

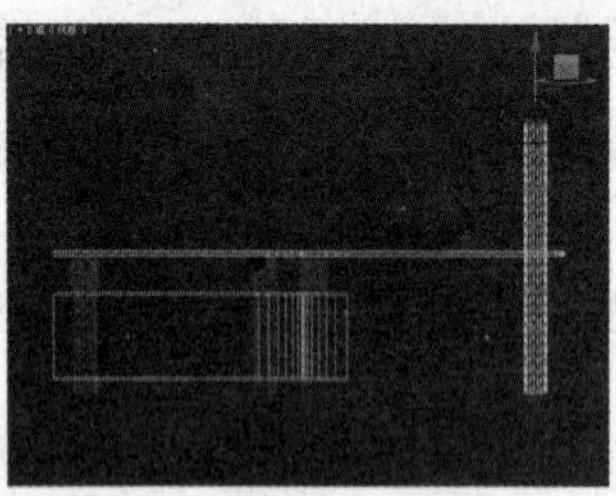

图 4.15

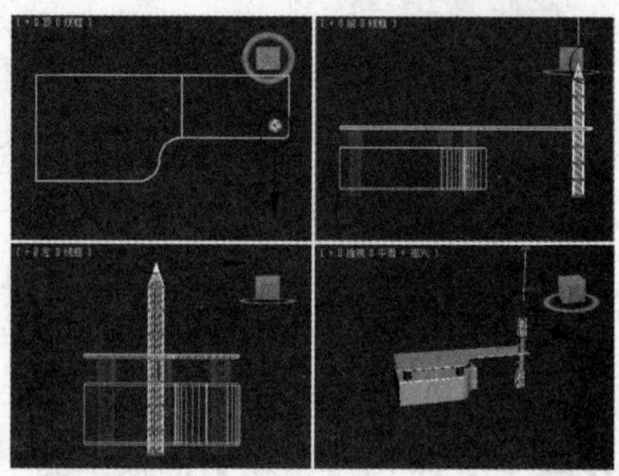

图 4.16

步骤 12：单击■(多边形)按钮，在前视图中选中如图 4.17 所示的多变形，设置材质 ID 号为 1，如图 4.18 所示。

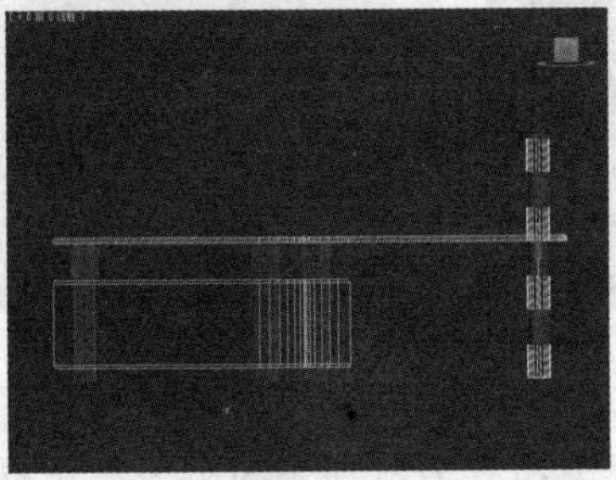

图 4.17

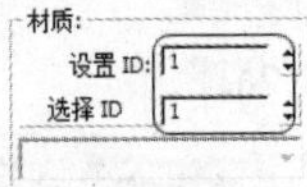

图 4.18

步骤 13：在前视图中重新选择如图 4.19 所示的多边形，设置材质 ID 号为 2。

步骤 14：将“铅笔腿 01”以实例的方式复制 1 个，自动命名为“铅笔腿 02”，其在各个视图中的位置如图 4.20 所示。

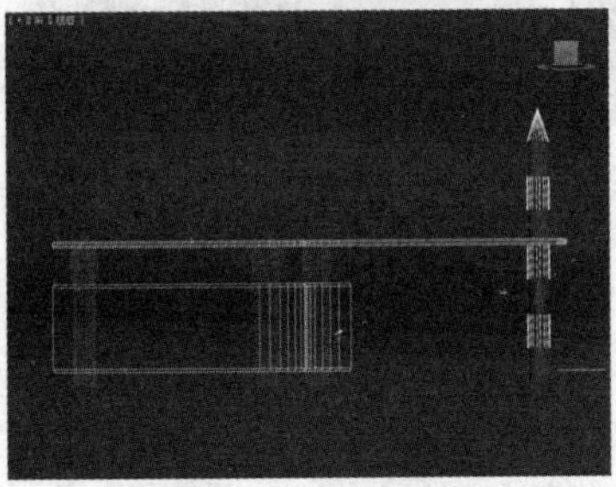

图 4.19

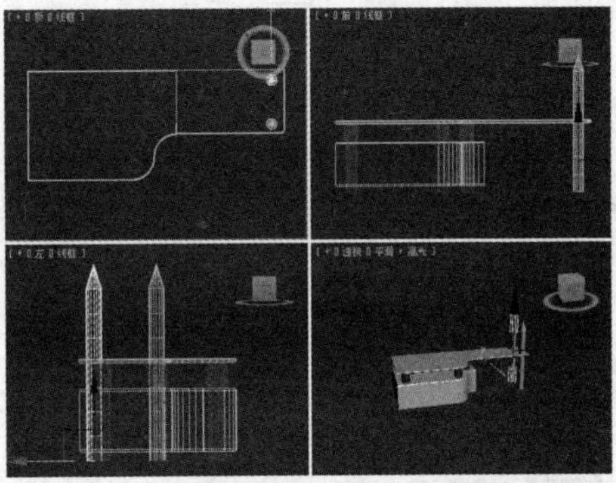

图 4.20

步骤 15：单击【浮动】面板中的(创建)→(几何体)→ 圆柱体 按钮，在视图中创建 3 个圆柱体，分别命名为“写字桌装饰横条 01”、“写字桌装饰横条 02”和“写字桌装饰横条 03”，大小和长度根据实际情况来定，其在各个视图中的位置如图 4.21 所示。

步骤 16：利用前面所学知识，在顶视图中创建如图 4.22 所示的曲线，命名为“写字桌门”。

步骤 17：单击(样条线)→ 轮廓 按钮，在 轮廓 按钮右边的文本输入框中输入数值“20”，按 Enter 键即可创建轮廓，如图 4.23 所示。

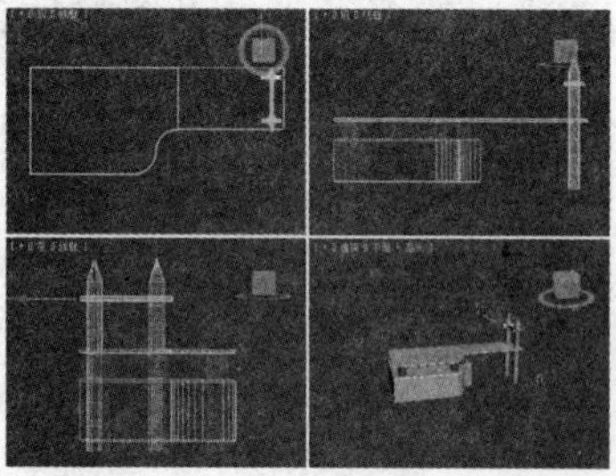

图 4.21

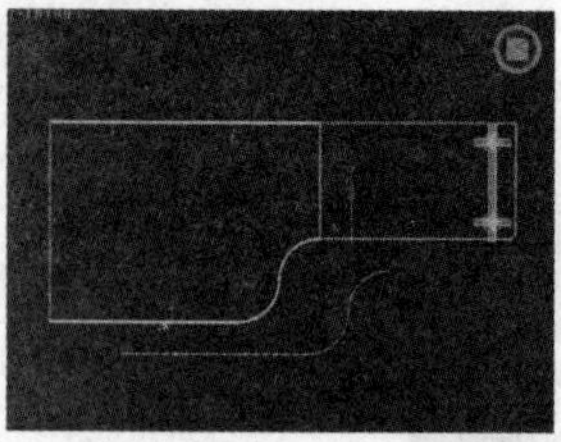

图 4.22

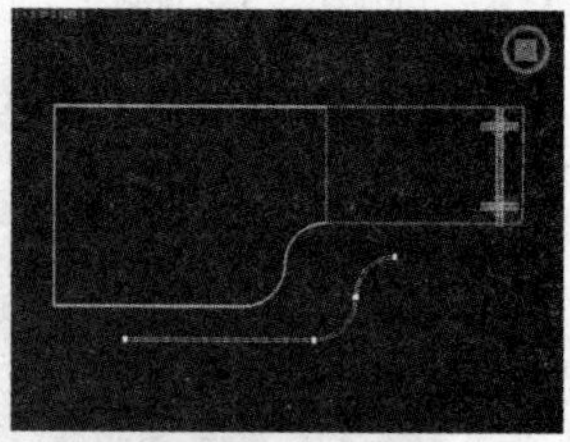

图 4.23

步骤 18：单击 修改器列表 右边的按钮，弹出下拉列表，在下拉列表中选择 倒角 命令，倒角命令的具体参数设置如图 4.24 所示，最终效果如图 4.25 所示。

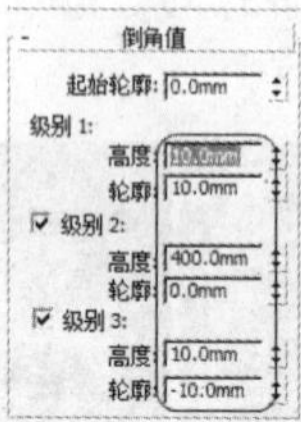

图 4.24

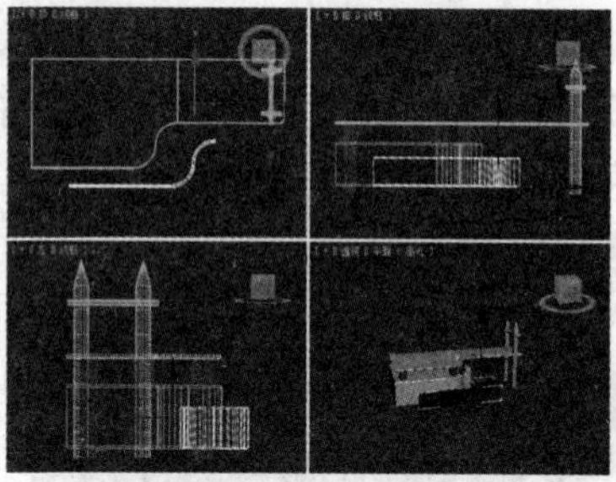

图 4.25

步骤 19：单击【浮动】面板中的(创建)→(几何体)→ 长方体 按钮，在视图中创建 2 个长方体，大小和位置如图 4.26 所示。

步骤 20：选中“写字桌门”对象，单击【浮动】面板中的(创建)→(几何体)→ 标准基本体 按钮，右边的按钮弹出下拉列表，在下拉列表中选择 复合对象 命令，在复合浮动面板中单击 布尔 按钮进行 2 次布尔运算，最终效果如图 4.27 所示。

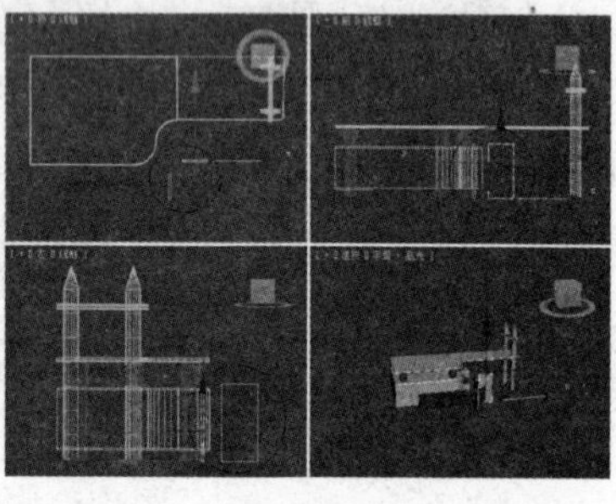

图 4.26

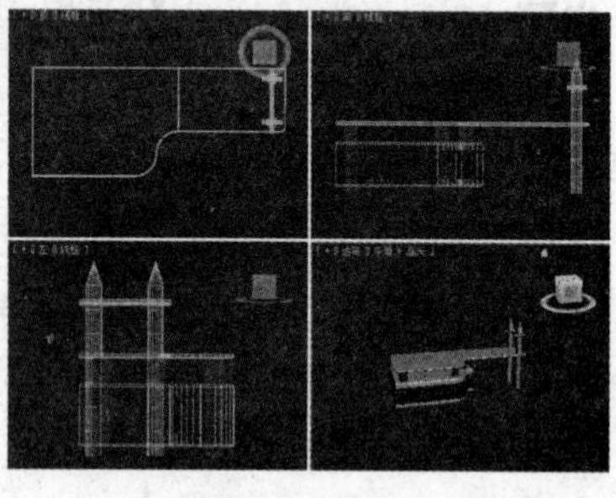

图 4.27

步骤 21：单击【浮动】面板中的 (创建)→ (几何体)→ 复合对象 按钮右边的 按钮弹出下拉列表，在下拉列表中选择 扩展基本体 命令，在扩展基本体浮动面板中单击 切角圆柱体 按钮，在视图中创建 3 个相同的切角圆柱体，分别命名为“门拉手 01”、“门拉手 02”和“门拉手 03”，具体参数设置如图 4.28 所示，其在各个视中的位置如图 4.29 所示。

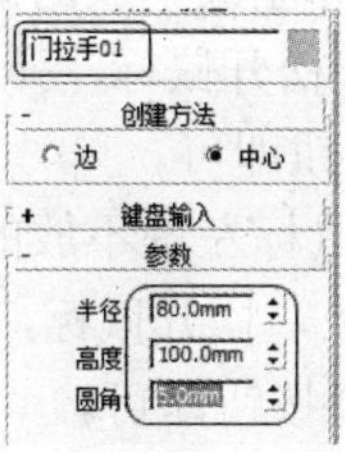

图 4.28

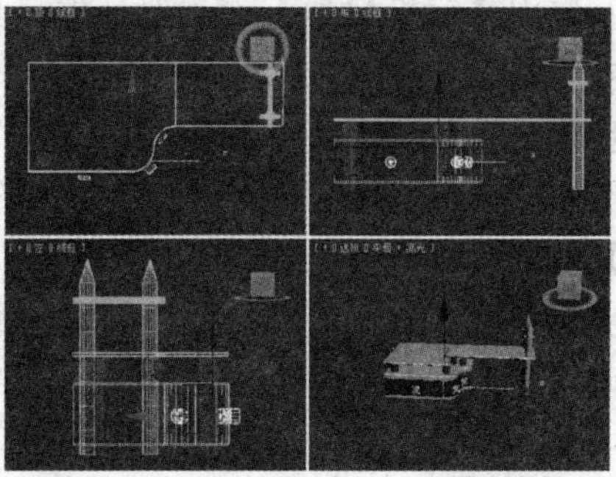

图 4.29

步骤 22：保存文件。按 Ctrl+S 键保存文件。

3. 创建写字桌材质

1) 创建“白色乳胶漆”材质

步骤 1：在工具栏中单击 (材质编辑器)按钮，弹出【材质编辑器】设置对话框，在【材质编辑器】设置对话框中选择一个空白的示例球，将其命名为“白色乳胶漆”材质。

步骤 2：将【环境光】、【漫反射】和【高光反射】的 RGB 值都设置为(R：255，G：255，B：255)。

步骤 3：单击 贴图 左边的 + 符号，展开【贴图】卷展栏，单击 反射 右边的 None 按钮，弹出【材质/贴图浏览器】，在【材质/贴图浏览器】中双击 光线跟踪 项，单击 (转到父对象)按钮，返回上一级，具体参数设置如图 4.30 所示。

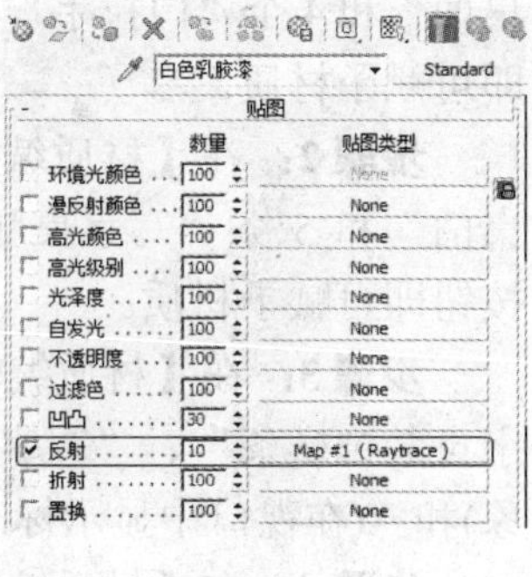

图 4.30

2) 创建“蓝色乳胶漆”材质

制作“蓝色乳胶漆”的方法与制作“白色乳胶漆”的方法相同，将【环境光】、【漫反射】和【高光反射】的 RGB 值都设置为(R：0，G：170，B：220)即可，其他参数设置完全相同。

3) 制作粉红色乳胶漆

制作“粉红色乳胶漆”的方法与制作“白色乳胶漆”的方法相同，将【环境光】、【漫反射】和【高光反射】的 RGB 值都设置为(R：229，G：154，B：215)即可，其他参数设置完全相同。

4) 创建铅笔材质

步骤 1：在【材质编辑器】设置对话框单击一个空白示例球并命名为“铅笔材质”。

步骤 2：单击 Standard 按钮，弹出【材质/贴图浏览器】设置对话框，双击多维/子对象命令项，弹出【替换材质】设置对话框，具体设置如图 4.31 所示。单击确定按钮，返回多维/子对象基本参数卷展栏参数设置对话框，具体设置如图 4.32 所示。

步骤 3：将鼠标移到“蓝色乳胶漆”示例球上，按住鼠标左键不放的同时拖到“铅笔材质”多维/子对象基本参数卷展栏中 ID 号为 1 的“子材质”按钮上，松开鼠标，弹出【实例(副本)材质】设置对话框，具体设置如图 4.33 所示，单击确定按钮即可。

步骤 4：将鼠标移到“粉红色乳胶漆”示例球上，按住鼠标左键不放的同时拖到“铅笔材质”多维/子对象基本参数卷展栏中 ID 号为 2 的“子材质”按钮上，松开鼠标，弹出【实例(副本)材质】设置对话框，具体设置如图 4.34 所示，单击确定按钮即可。

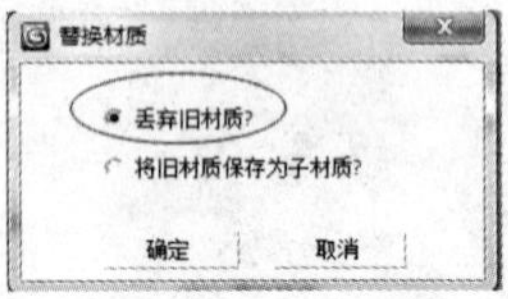

图 4.31

图 4.32

图 4.33

图 4.34

5) 给“写字桌”赋予材质

步骤 1：在【材质编辑器】设置对话框中单击“白色乳胶漆”示例球，选择“写字桌桌面”和 4 个“门拉手”，单击(将材质指定选定对象)和(在视口中显示标准贴图)按钮即可赋予材质。

步骤 2：在【材质编辑器】设置对话框中单击“粉红色乳胶漆”示例球，选择“写字桌门”和 5 条“写字桌腿”， 单击(将材质指定选定对象)和(在视口中显示标准贴图)按钮即可赋予材质。

步骤 3：在【材质编辑器】设置对话框中单击“蓝色乳胶漆”示例球，选中 3 条“写字桌装饰横条”、“写字桌主体”和 5 个“写字桌腿装饰”， 单击(将材质指定选定对象)和(在视口中显示标准贴图)按钮即可赋予材质。

步骤 4：在【材质编辑器】设置对话框中单击“铅笔材质”示例球，选中 2 条“铅笔腿”，单击(将材质指定选定对象)和(在视口中显示标准贴图)按钮即可赋予材质。

步骤 5：单击工具栏中的(渲染产品)按钮即得到如图 4.35 所示的效果。

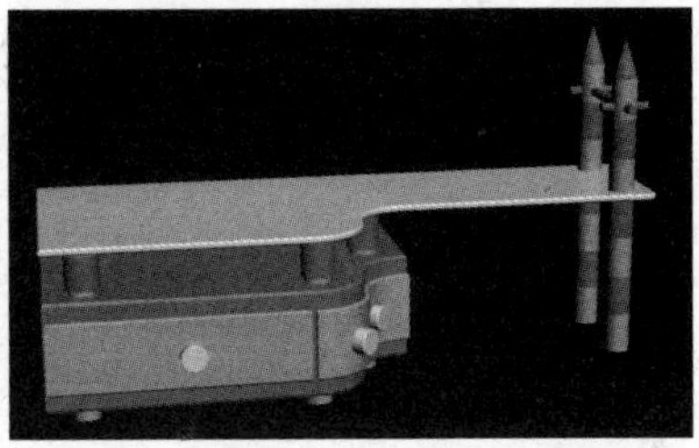

图 4.35

四、拓展训练

制作如下图所示的写字桌效果。

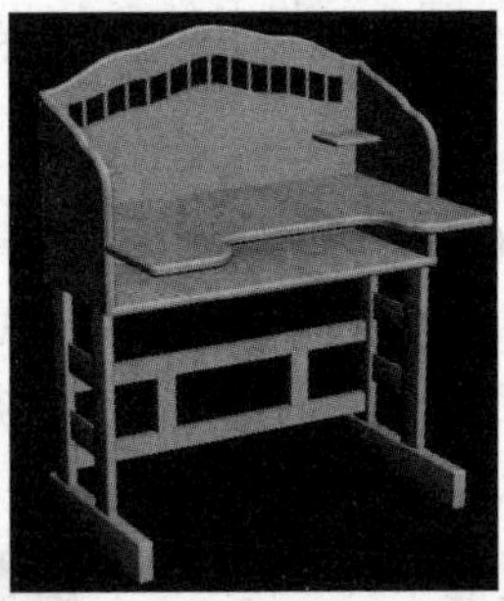

案例练习图

4.2　椅子的制作

一、案例效果

案例效果图

【参考视频】

二、案例制作流程(步骤)分析

启动 3ds Max 2011，设置单位 → 使用 3ds Max 中的相关命令制作椅子模型 → 给椅子模型添加材质贴图

三、详细操作步骤

1. 设置单位

步骤 1：启动 3ds Max 2011 并保存文件为“椅子.max”。

步骤 2：设置单位。单位的设置同 2.1 节中的单位设置完全一样。

2. 制作椅子模型

步骤 1：单击浮动面板中的(创建)→(图形)→线按钮，在顶视图中绘制如图 4.36 所示的闭合曲线，命名为“椅子面”(最大长度为 500mm、最大宽度 500mm)。

步骤 2：单击(修改)→(顶点)→圆角按钮，在顶视图中选中闭合曲线的 4 个顶点，在圆角右边的文本输入框中输入数值“45”，按 Enter 键即可得到如图 4.37 所示的效果。

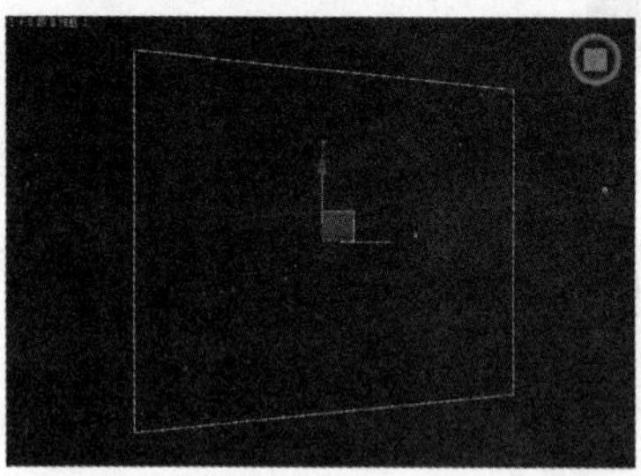

图 4.36

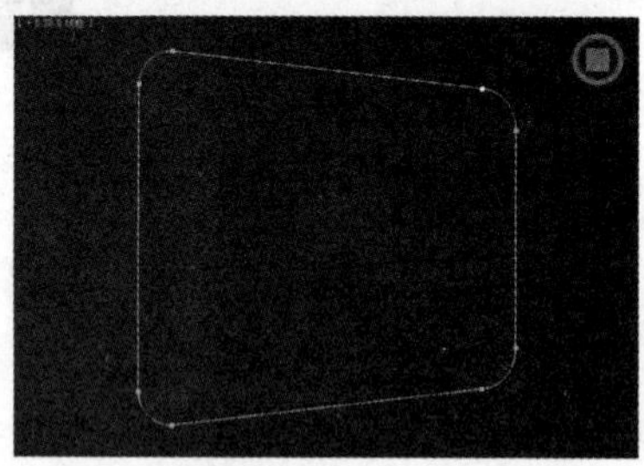

图 4.37

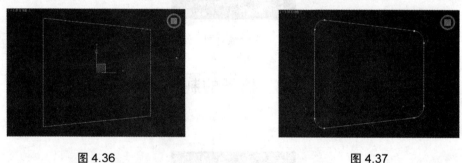

步骤 3：单击修改器列表右边的按钮，弹出下拉列表，在下拉列表中选择倒角命令，倒角命令的具体参数设置如图 4.38 所示，最终效果如图 4.39 所示。

步骤 4：单击浮动面板中的(创建)→(几何体)，单击标准基本体右边的按钮，弹出下拉列表，在下拉列表中选择扩展基本体命令，在【扩展基本体】中单击切角圆柱体按钮，在顶视图中创建一个圆柱体，命名为“椅子长腿”，具体参数设置如图 4.40 所示。

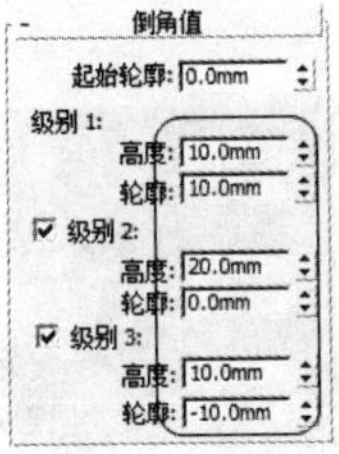

图 4.38

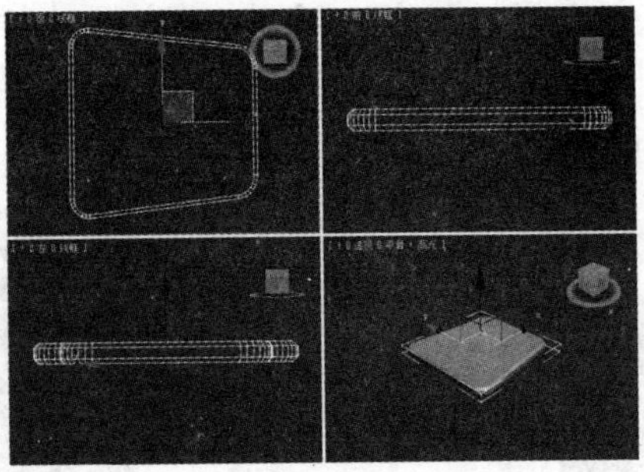

图 4.39

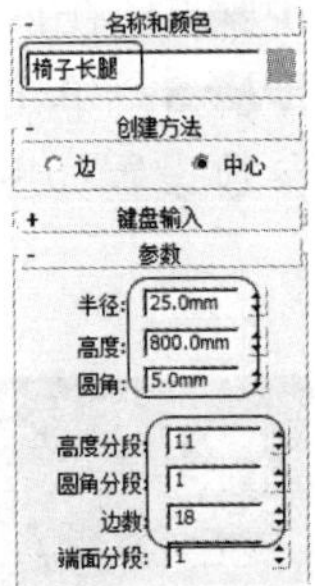

图 4.40

步骤 5： 单击(修改)项，转到【修改】浮动面板，单击修改器列表右边的按钮，弹出下拉列表，在下拉列表中选择编辑网格命令，单击(顶点)按钮，在前视图中选中如图 4.41 所示的顶点，单击工具栏中的(选择并均匀缩放)按钮，在顶视图中进行缩放，最终效果如图 4.42 所示。

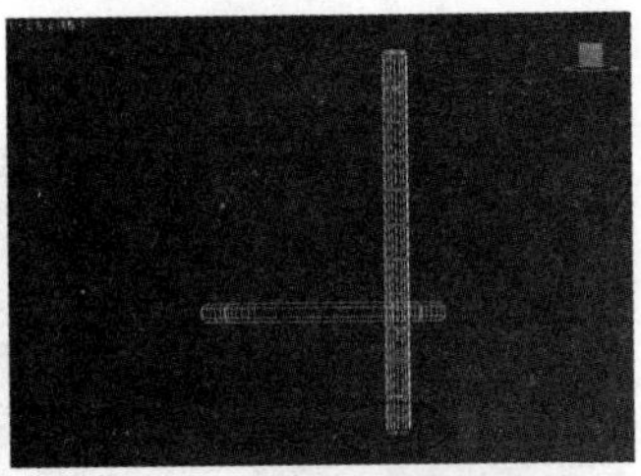

图 4.41

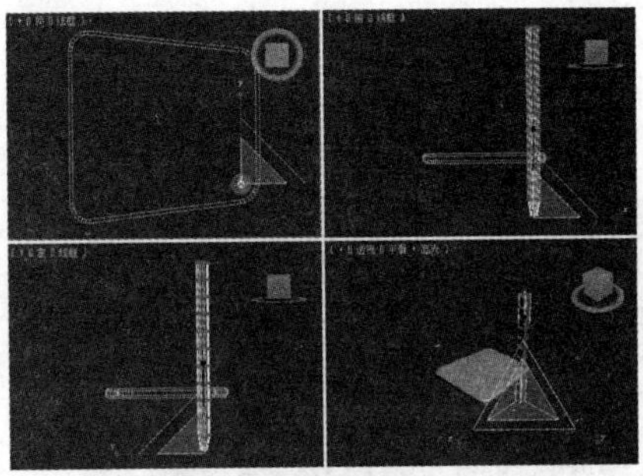

图 4.42

步骤 6： 单击(多边形)按钮，在前视图中选中如图 4.43 所示的多边形，设置材质 ID 号为 1，如图 4.44 所示。

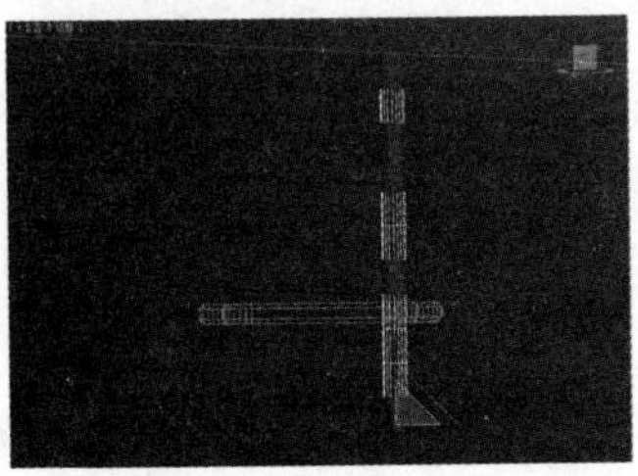

图 4.43

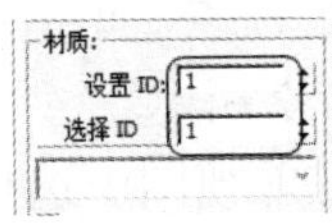

图 4.44

步骤 7：在前视图中重新选择如图 4.45 所示的多边形，设置材质 ID 号为 2。

步骤 8：单击修改器列表右边的按钮弹出下拉列表，在下拉列表中选择弯曲命令，具体参数设置如图 4.46 所示，其在各个视图中的位置如图 4.47 所示。

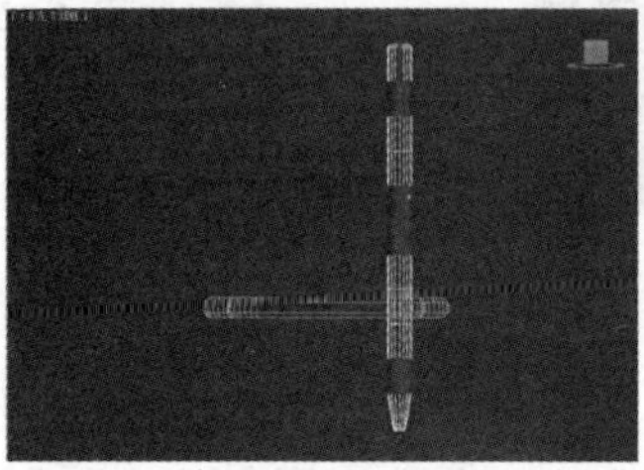

图 4.45

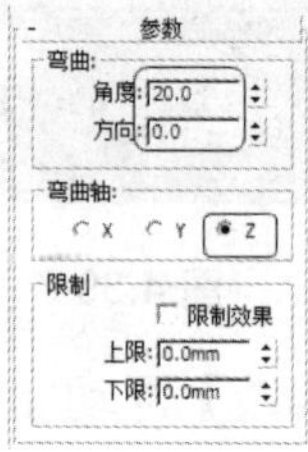

图 4.46

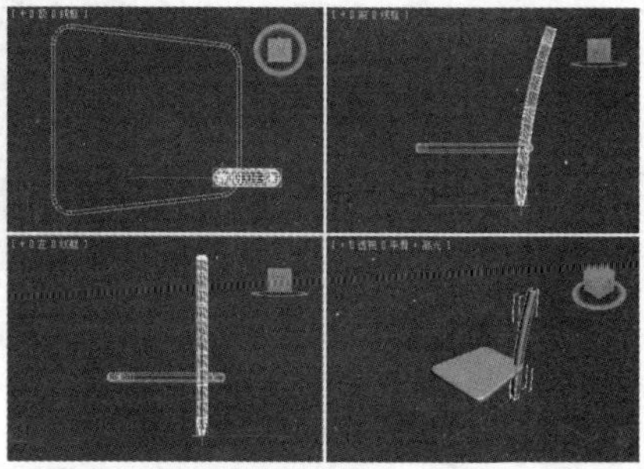

图 4.47

步骤 9：将“椅子长腿”以实例的方式复制一个，自动命名为“椅子长腿 01”，其在各个视图中的位置如图 4.48 所示。

步骤 10：单击(创建)→切角圆柱体按钮，在顶视图中绘制一个切角圆柱体并命名为“椅子腿”，具体参数设置如图 4.49 所示，其在各个视图中的位置如图 4.50 所示。

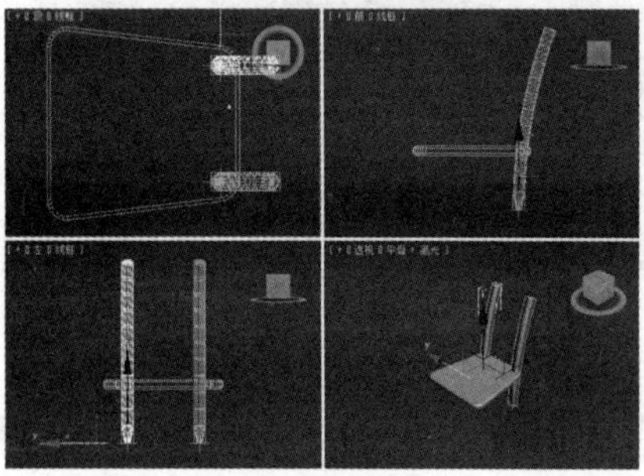

图 4.48

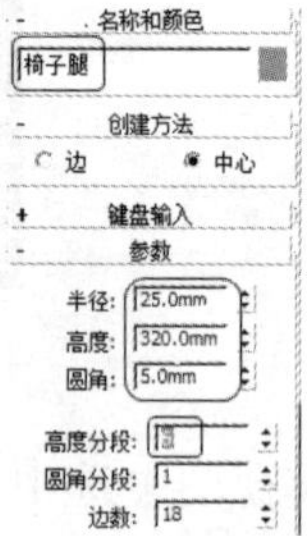

图 4.49

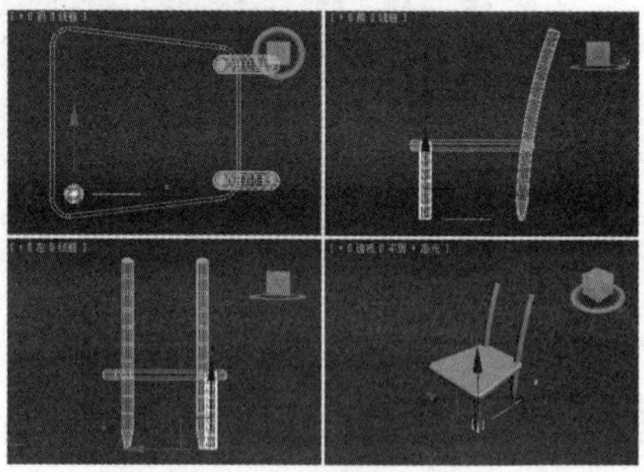

图 4.50

步骤 11：单击(修改)按钮，转到【修改】浮动面板，单击修改器列表右边的按钮，弹出下拉列表，在下拉列表中选择编辑网格命令，单击(顶点)按钮，在前视图中选中如图 4.51 所示的顶点，单击工具栏中的(选择并均匀缩放)按钮，在顶视图中进行缩放，最终效果如图 4.52 所示。

步骤 12：在前视图中选择如图 4.53 所示的多边形，设置材质 ID 号为 1，如图 4.54 所示。

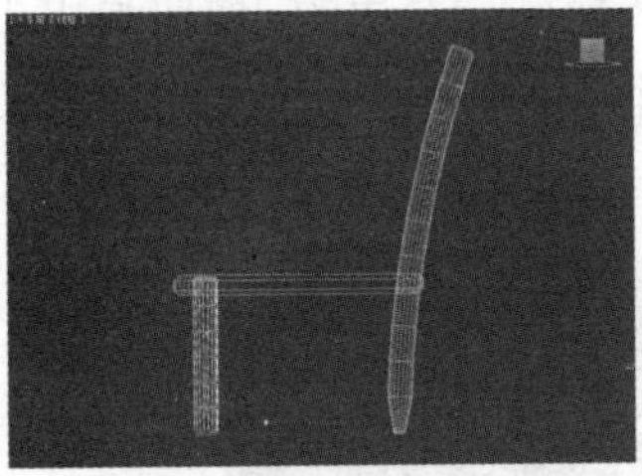

图 4.51

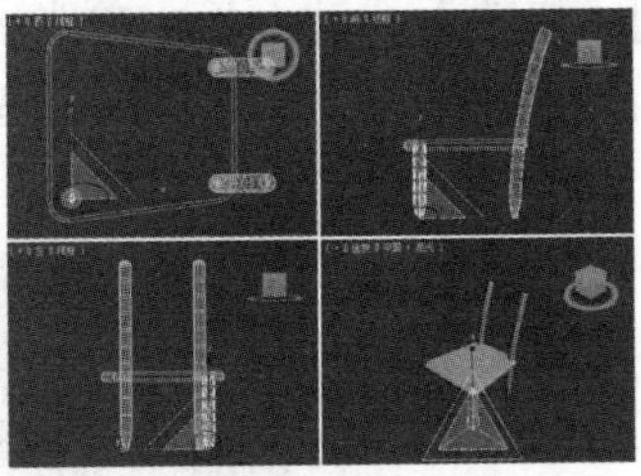

图 4.52

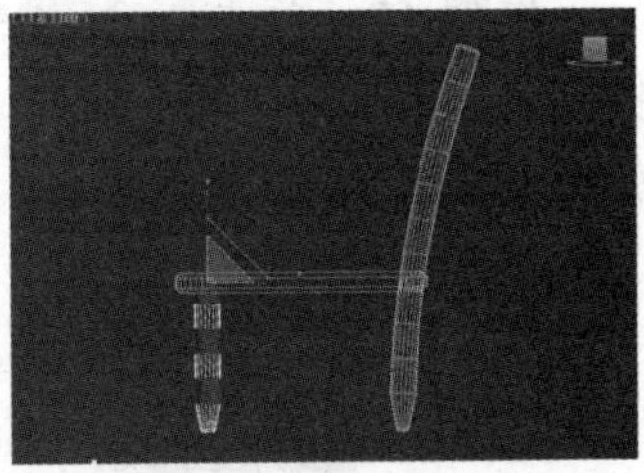

图 4.53

步骤 13：在前视图中重新选择如图 4.55 所示的多边形，设置材质 ID 号为 2。

步骤 14：将“椅子腿”以实例的方式复制一个，并自动命名为“椅子腿 01”，其在各个视图中的位置如图 4.56 所示。

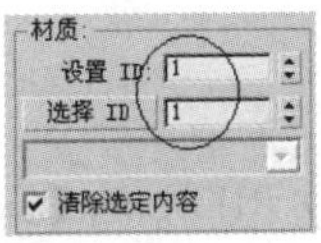

图 4.54

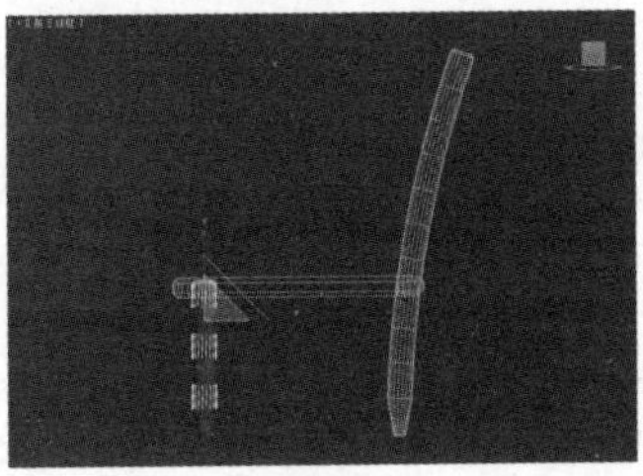

图 4.55

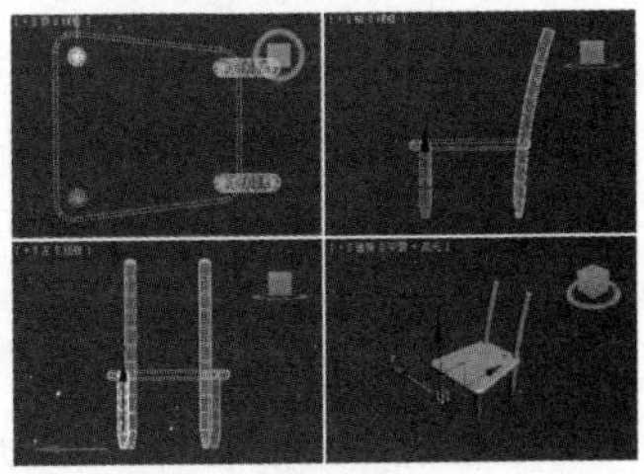

图 4.56

步骤 15：单击(创建)→ 切角圆柱体 按钮，分别在前视图中和左视图中各绘制 2 条椅子横条，4 条椅子横条在各个视图中的位置如图 4.57 所示(切角圆柱体的半径为 15，高度根据椅子腿的宽度而定，圆角都为 5)。

步骤 16：单击浮动面板中(创建)→(图形)→ 线 按钮，在前视图中绘制如图 4.58 所示的闭合曲线，命名为“椅子靠背”。

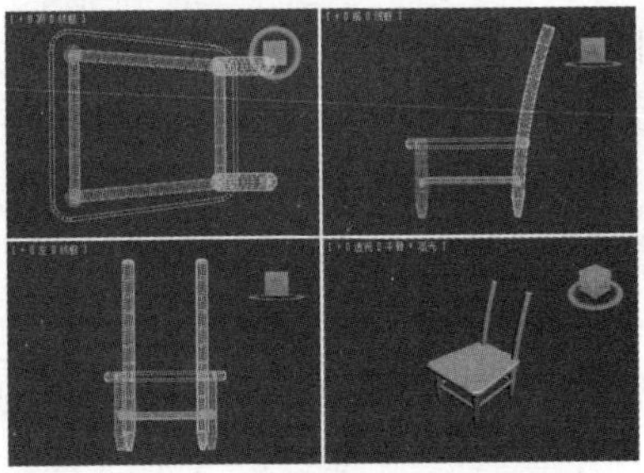

图 4.57

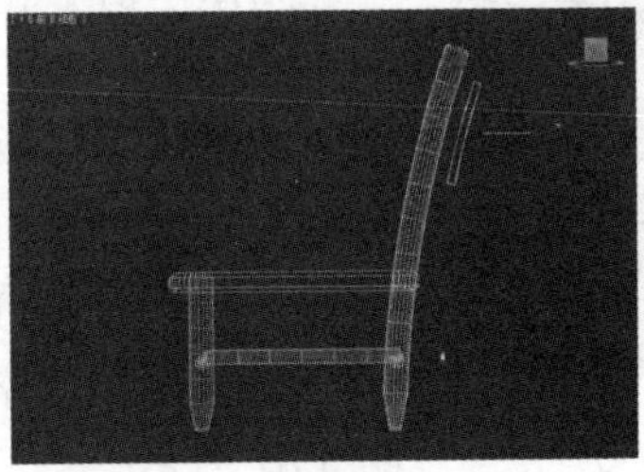

图 4.58

步骤 17：单击(创建)转到【修改】浮动面板，单击修改器列表右边的按钮弹出下拉列表，在下拉列表中选择挤出命令，具体参数设置如图 4.59 所示，其在各个视图中的位置如图 4.60 所示。

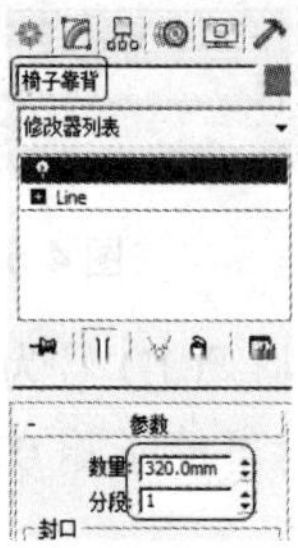

图 4.59

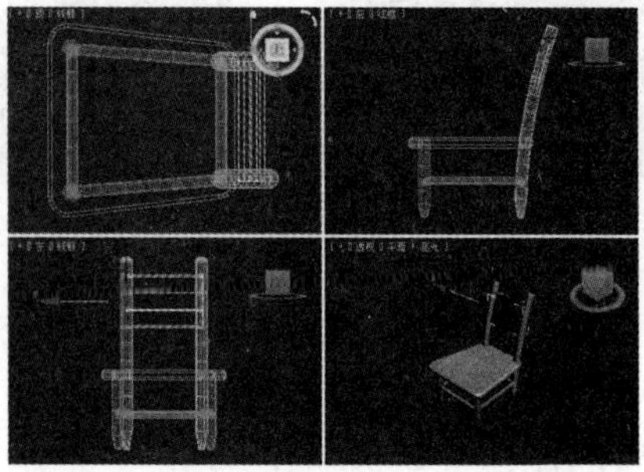

图 4.60

步骤 18：保存文件。按 Ctrl+S 键保存文件。

3. 创建椅子材质

1) 创建“蓝色乳胶漆“材质

制作“蓝色乳胶漆”的方法同 4.1 节中制作 “白色乳胶漆”的方法相同。将【环境光】、【漫反射】和【高光反射】的 RGB 值都设置为(R：0，G：174，B：187)即可，其他参数设置完全相同。

2) 创建“米黄色乳胶漆“材质

制作“米黄色乳胶漆”的方法同案例 1 中制作 “白色乳胶漆”的方法相同。将【环境光】、【漫反射】和【高光反射】的 RGB 值都设置为(R：253，G：209，B：11)即可，其他参数设置完全相同。

图 4.61

3) 制作“椅子腿”材质

制作“椅子腿”材质的方法同案例 1 中制作“铅笔”的方法相同。将 1 号材质的【环境光】、【漫反射】和【高光反射】的 RGB 值都设置为(R：253，G：209，B：11)，将 2 号材质的【环境光】、【漫反射】和【高光反射】的 RGB 值都设置为(R：233，G：71，B：41)即可。

4) 给椅子赋予材质

根据前面所学知识将材质赋予椅子的不同部分，最终渲染效果如图 4.61 所示。

四、拓展训练

制作如下图所示的椅子效果。

案例练习图

4.3　儿童沙发的制作

一、案例效果

案例效果图

二、案例制作流程(步骤)分析

启动 3ds Max 2011，设置单位 → 使用 3ds Max 中的相关命令制作儿童沙发模型 → 给儿童沙发模型添加材质贴图

三、详细操作步骤

1. 设置单位

步骤 1：启动 3ds Max 2011 并保存文件为“儿童沙发.max”。

步骤 2：设置单位。单位的设置同 2.1 节中的单位设置完全一样。

【参考视频】

2. 制作儿童沙发模型

步骤 1：单击【浮动】面板中的(创建)→(几何体)按钮，单击标准基本体按钮右边的按钮，弹出下拉列表，在下拉列表中选择扩展基本体命令，在【扩展基本体】中单击切角圆柱体按钮，在顶视图中创建一个圆柱体并命名为“儿童沙发圆柱”，具体参数设置如图 4.62 所示。

步骤 2：单击【浮动】面板中的(创建)→(图形)→弧按钮，在顶视图中绘制如图 4.63 所示的弧线，命名为“儿童沙发坐垫”。

步骤 3：单击(修改)转到【修改】浮动面板，单击修改器列表右边的按钮弹出下拉列表，在下拉列表中选择编辑样条线命令。

步骤 4：单击(样条线)→轮廓按钮，在轮廓右边的文本输入框中输入数值“-500”，按 Enter 键即可得到如图 4.64 所示的闭合曲线。

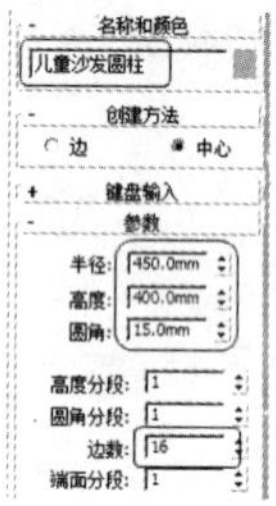

图 4.62

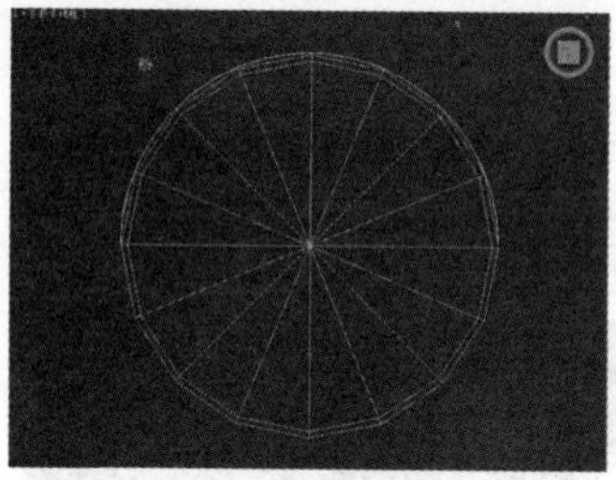

图 4.63

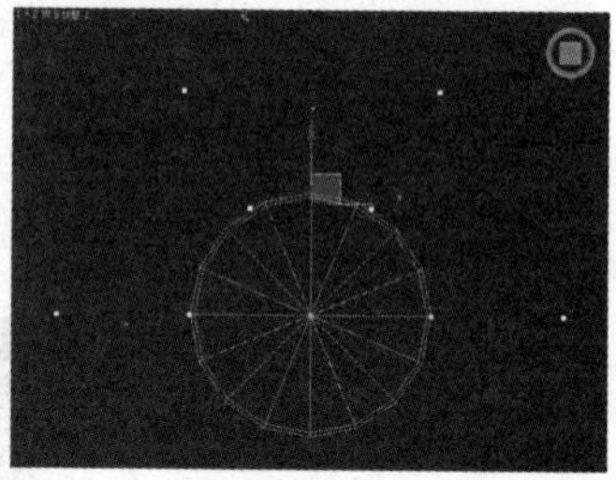

图 4.64

步骤 5：单击修改器列表右边的按钮弹出下拉列表，在下拉列表中选择倒角命令，【倒角】命令的具体参数设置如图 4.65 所示，最终效果如图 4.66 所示。

步骤 6：方法同步骤 2～4，制作一个“儿童沙发坐垫 01”，使用工具栏中的(选择并移动)和(选择并旋转)按钮进行位置的调整，最终效果如图 4.67 所示。

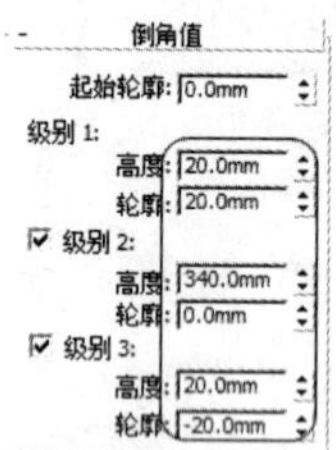

图 4.65

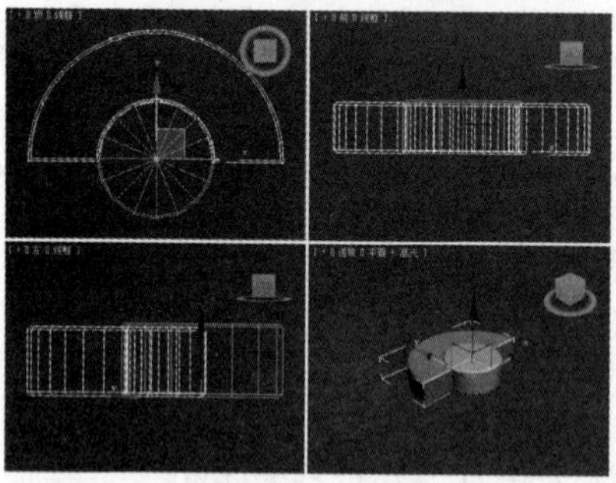

图 4.66

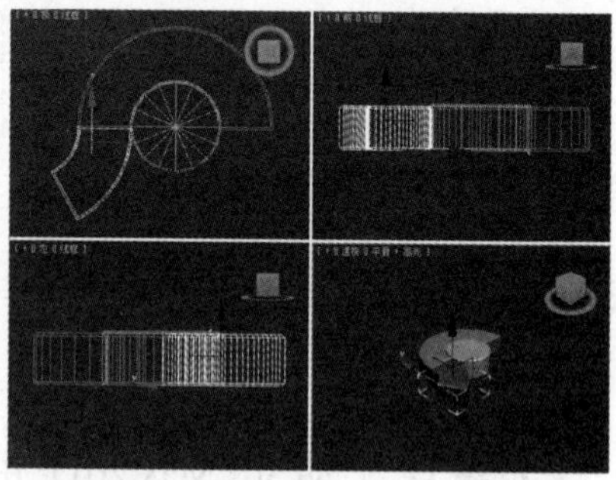

图 4.67

步骤 7：方法同步骤 2～4，再制作两个“儿童沙发靠背”，使用工具栏中的✥(选择并移动)和↻(选择并旋转)按钮进行位置的调整，最终效果如图 4.68 所示。

步骤 8：选择所有对象，以实例方式复制所有对象，使用工具栏中的✥(选择并移动)和↻(选择并旋转)按钮进行位置的调整，最终效果如图 4.69 所示。

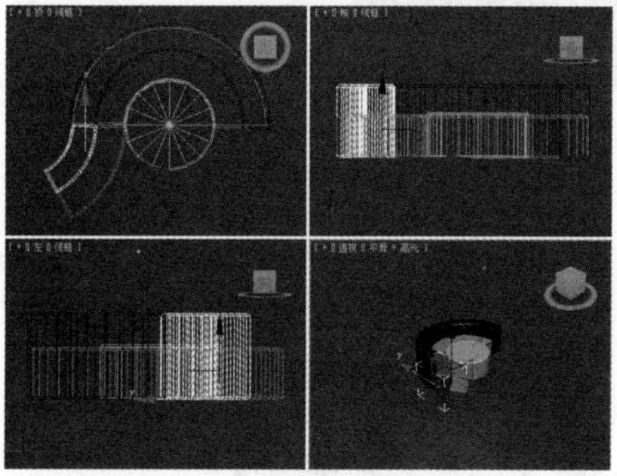

图 4.68

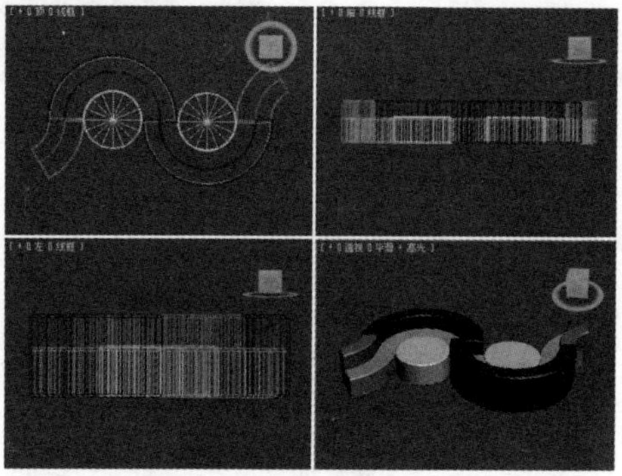

图 4.69

步骤 9：保存文件。按 Ctrl+S 键保存文件。

3. 创建儿童沙发材质

1) 创建“蓝色乳胶漆”材质

制作“蓝色乳胶漆”的方法同 4.1 节中的制作“白色乳胶漆”的方法相同。将【环境光】、【漫反射】和【高光反射】的 RGB 值都设置为(R：0，G：174，B：187)即可，其他参数设置完全相同。

2) 创建“米黄色乳胶漆”材质

制作“米黄色乳胶漆”的方法同 4.1 节中的制作“白色乳胶漆”的方法相同。将【环境光】、【漫反射】和【高光反射】的 RGB 值都设置为(R：253，G：209，B：11)即可，其他参数设置完全相同。

3) 创建“粉红色乳胶漆”材质

制作“粉红色乳胶漆”的方法同 4.1 节中的制作“白色乳胶漆”的方法相同。将【环境光】、【漫反射】和【高光反射】的 RGB 值都设置为(R：233，G：71，B：41)即可，其他参数设置完全相同。

4) 给儿童沙发赋予材质

根据前面所学知识将材质赋予儿童沙发的不同部分。最终渲染效果如图 4.70 所示。

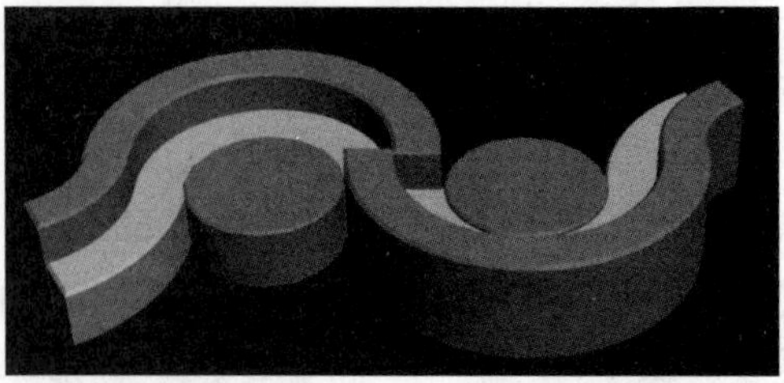

图 4.70

四、拓展训练

制作如下图所示的儿童沙发效果。

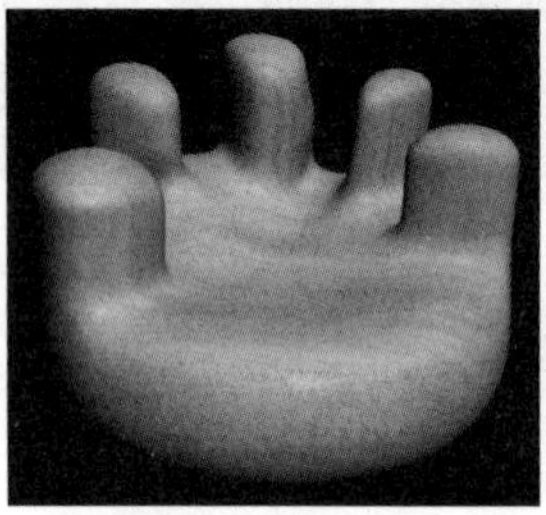

(a)

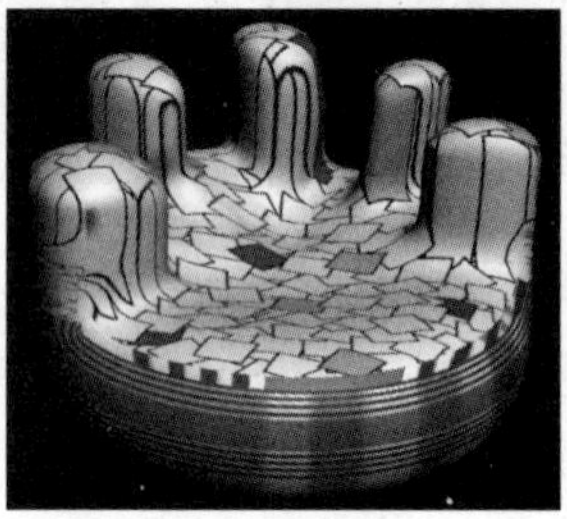

(b)

案例练习图

4.4　儿童床的制作

一、案例效果

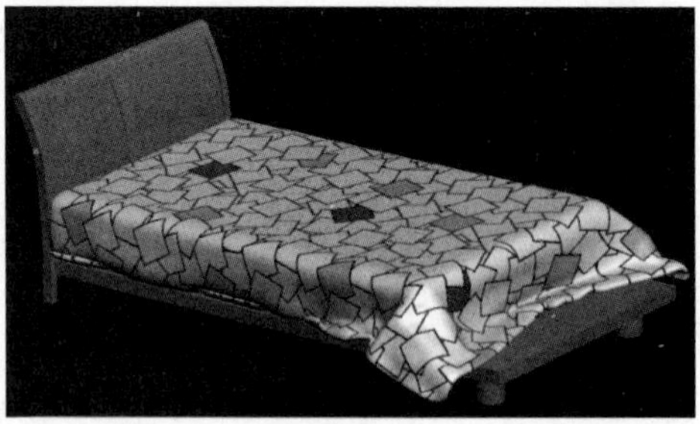

案例效果图

【参考视频】

二、案例制作流程(步骤)分析

启动 3ds Max 2011，设置单位 → 使用 3ds Max 中的相关命令制作儿童床模型 → 给儿童床模型添加材质贴图

三、详细操作步骤

1. 设置单位

步骤 1： 启动 3ds Max 2011，保存文件为“儿童床.max”。

步骤 2： 设置单位。单位的设置同 2.1 节中的单位设置完全一样。

2. 制作儿童床模型

步骤 1： 单击【浮动】面板中的(创建)→(图形)→线按钮，在前视图中绘制如图 4.71 所示的闭合曲线，命名为“儿童床床头板 01”(最高高度为 700mm、最宽宽度为 80mm)。

步骤 2： 单击(修改)→(顶点)→圆角按钮，在前视图中对 4 个顶点进行圆角处理，最终效果如图 4.72 所示。

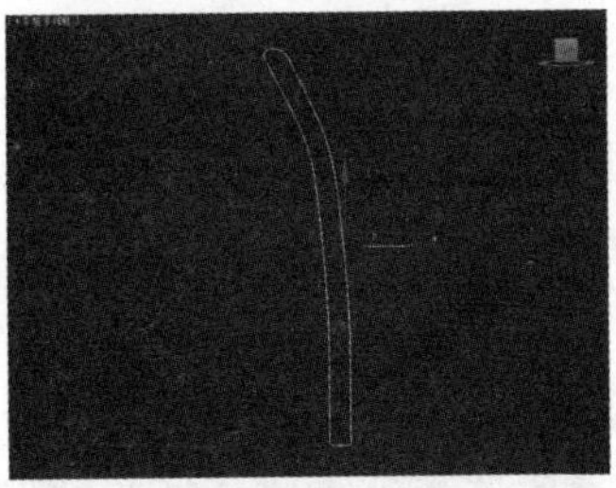

图 4.71

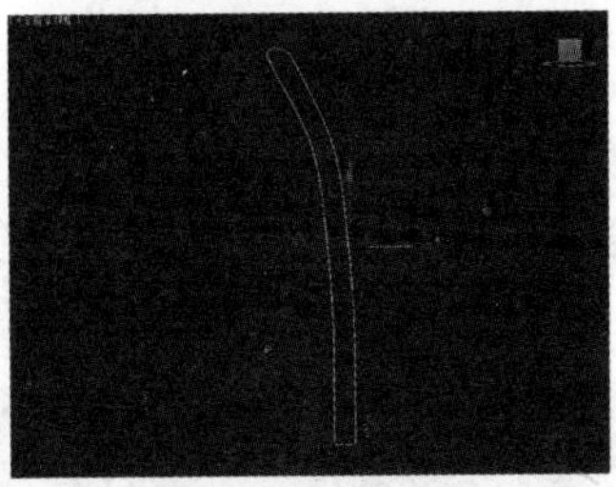

图 4.72

步骤 3： 单击修改器列表右边的按钮弹出下拉列表，在下拉列表中选择倒角命令，【倒角】命令的具体参数设置如图 4.73 所示，其在各个视图中的位置如图 4.74 所示。

步骤 4： 将“儿童床床头板 01”以实例方式再复制一个，系统同时自动命名为“儿童床床头板 02”。调整好位置，如图 4.75 所示。

步骤 5： 单击【浮动】面板中的(创建)→(几何体)→线按钮，在前视图中绘制如图 4.76 所示曲线，命名为“床头板”。

步骤 6： 单击修改器列表右边的按钮弹出下拉列表，在下拉列表中选择倒角命令，

【倒角】命令的具体参数设置如图 4.77 所示，在各个视图中的位置如图 4.78 所示。

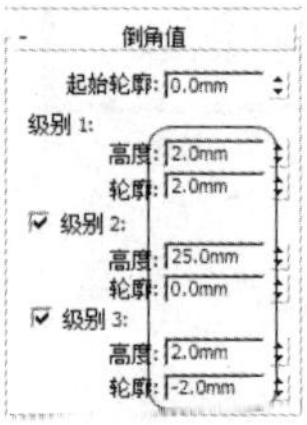

图 4.73

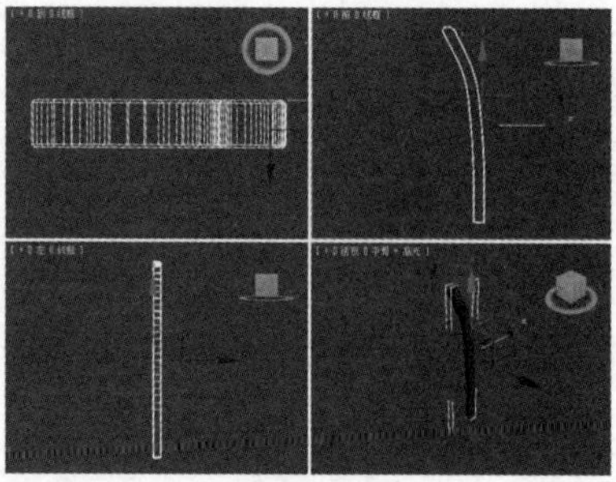

图 4.74

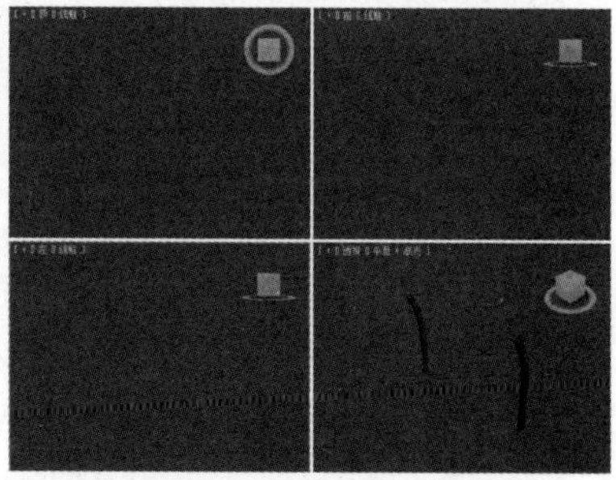

图 4.75

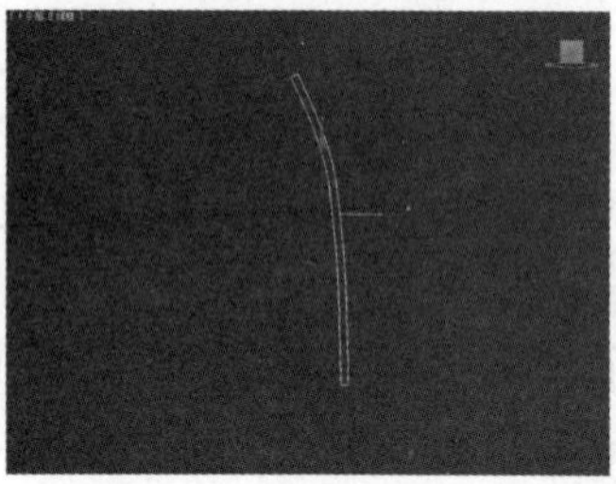

图 4.76

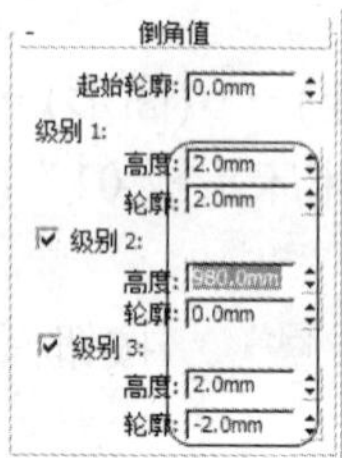

图 4.77

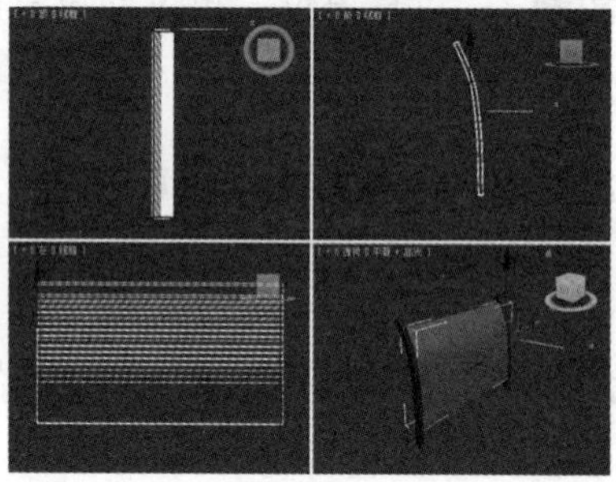

图 4.78

步骤 7：方法同步骤 5～6，制作如 4.79 所示的“床头横梁”。

步骤 8：单击【浮动】面板中的(创建)→(几何体)→ 线 按钮，在前视图中绘制如图 4.80 所示的曲线，命名为“床头竖梁”。

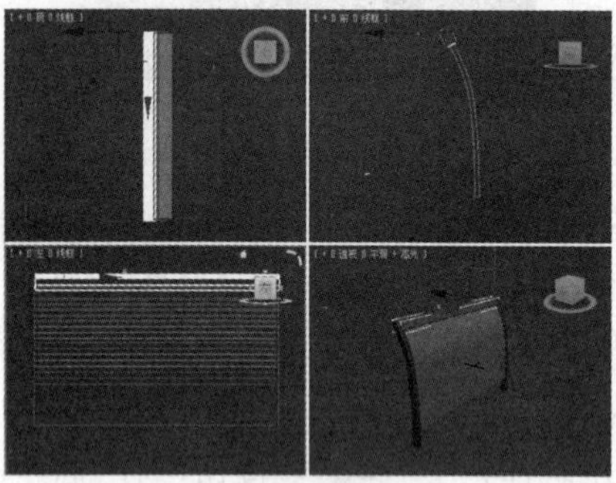

图 4.79

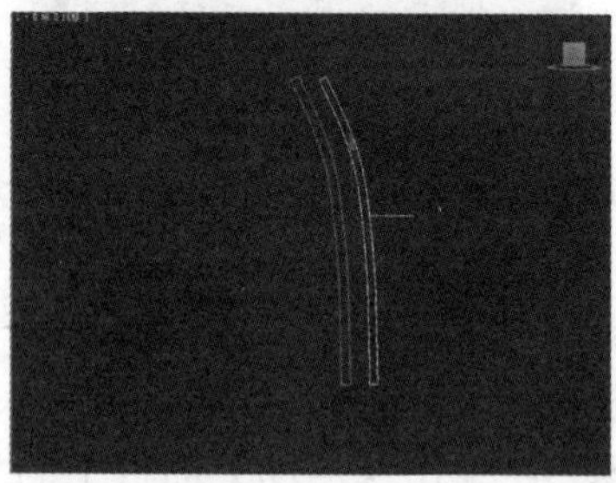

图 4.80

步骤 9：单击修改器列表右边的按钮，弹出下拉列表，在下拉列表中选择倒角命令，【倒角】命令的具体参数设置如图 4.81 所示。

步骤 10：在各个视图中调整好位置，如图 4.82 所示。

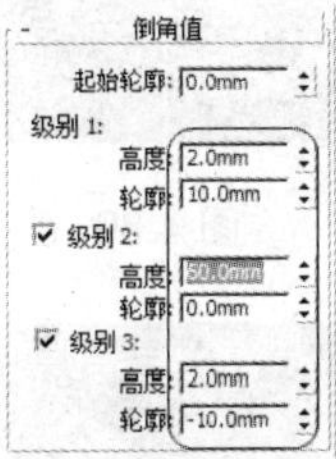

图 4.81

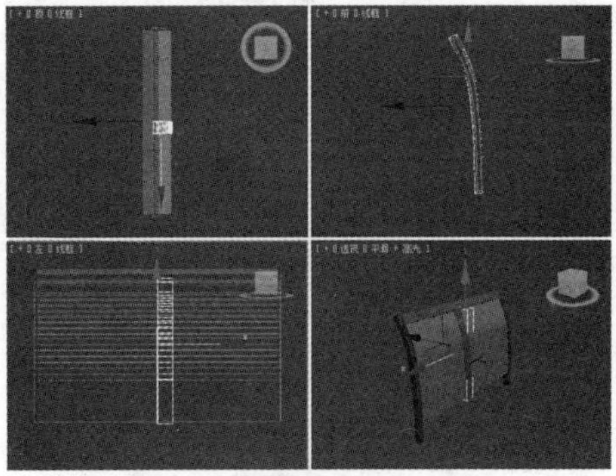

图 4.82

步骤 11：单击【浮动】面板中的(创建)→(几何体)→长方体按钮，在前视图中绘制一个长方体，具体参数设置如图 4.83 所示。其在各个视图中的位置如图 4.84 所示。

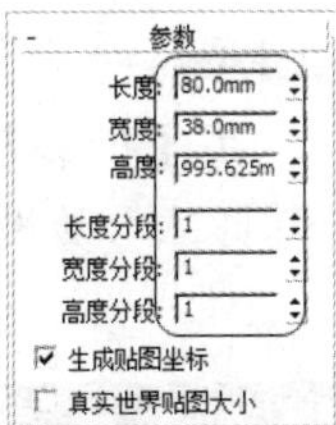

图 4.83

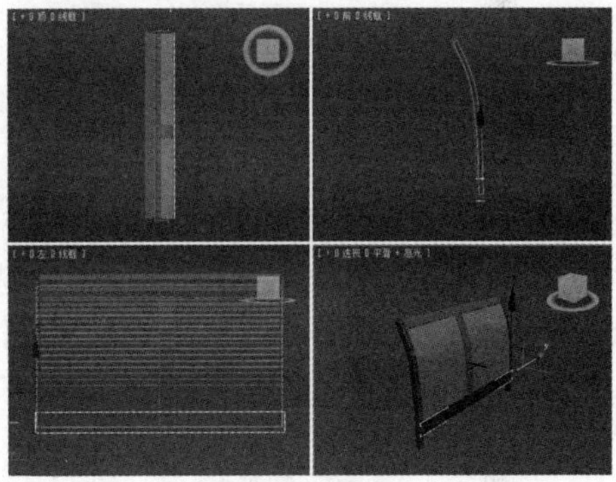

图 4.84

步骤 12：单击【浮动】面板中的(创建)→(几何体)→长方体按钮，在前视图中绘制一个长方体，命名为“床板”，具体参数设置如图 4.85 所示。其在各个视图中的位置如图 4.86 所示。

步骤 13：单击【浮动】面板中的(创建)→(几何体)→圆柱体按钮，在顶视图绘制两个圆柱体，命名为“床腿 01”和“床腿 02”。具体参数如图 4.87 所示，调整好位置如图 4.88 所示。

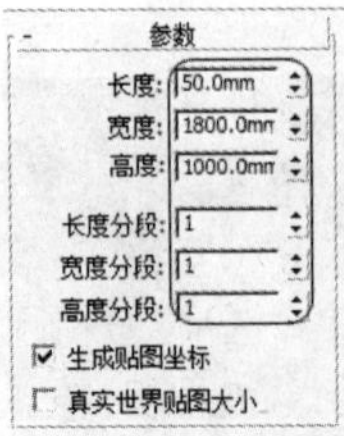

图 4.85

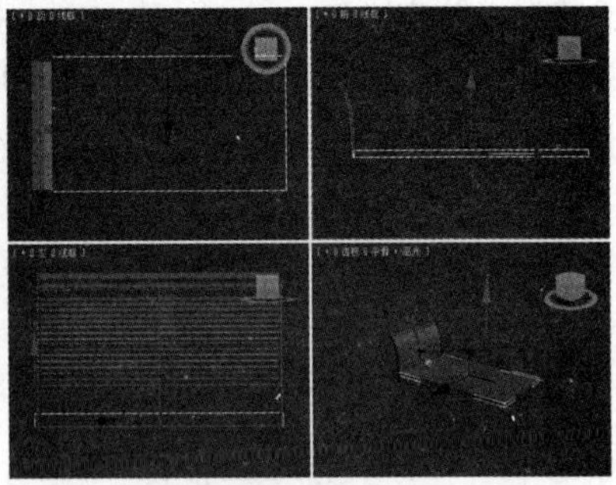

图 4.86

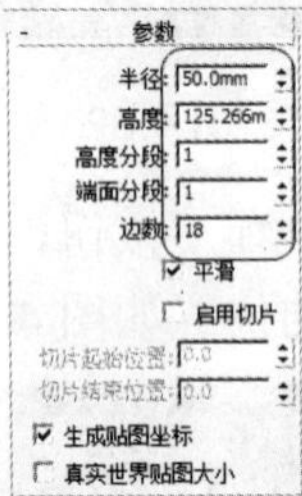

图 4.87

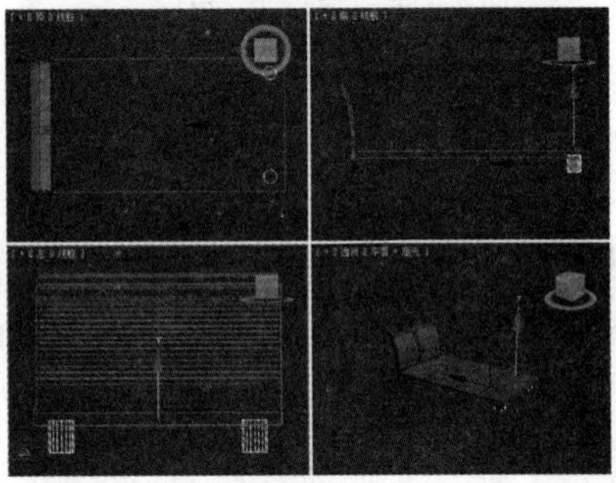

图 4.88

步骤 14：单击【浮动】面板中的(创建)→(几何体)，单击标准基本体按钮右边的按钮弹出下拉列表，在下拉列表中选择扩展基本体命令，在【扩展基本体】中单击切角长方体按钮，在顶视图中创建一个立方体，命名为“床垫”，具体参数设置如图 4.89 所示。其在各个视图中的位置如图 4.90 所示。

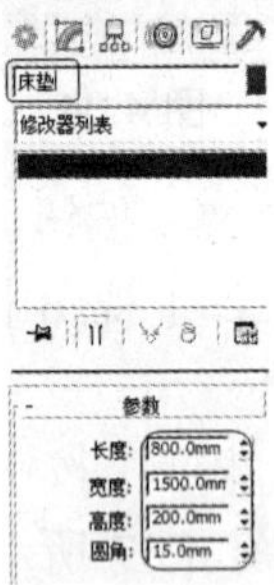

图 4.89

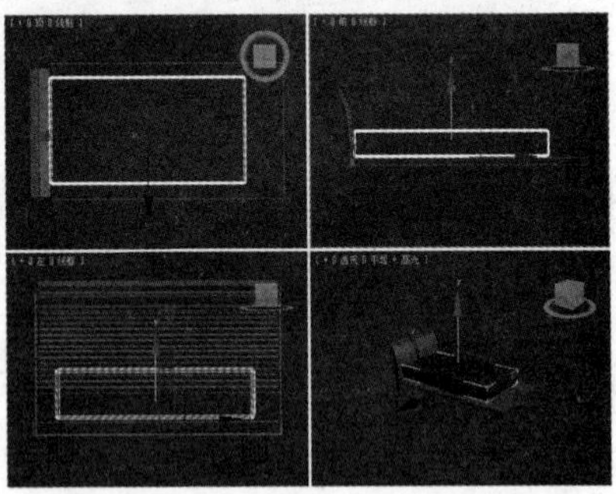

图 4.90

步骤 15：制作儿童床床单。单击 平面 按钮，在顶视图中绘制一个平面，命名为“床单”，具体参数设置如图 4.91 所示，其在各个视图中的位置如图 3.92 所示。

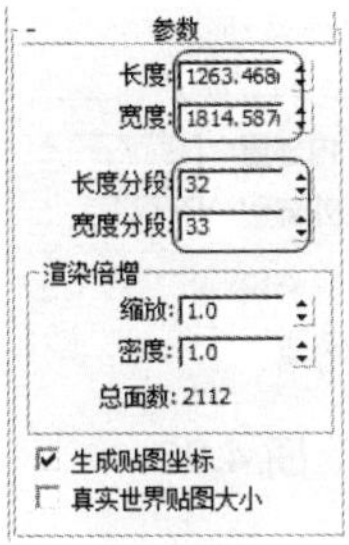

图 4.91

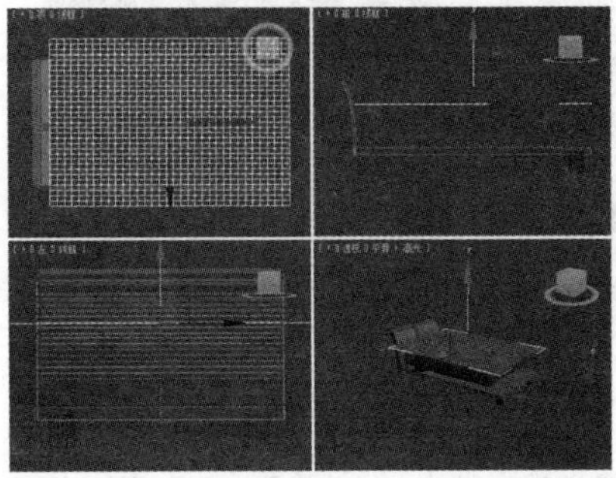

图 4.92

步骤 16：单选“床单”，单击(应用 cloth 修改器)按钮，再单击(创建 cloth 集合)按钮。

步骤 17：选择“床垫”和“床板”两个对象。单击(创建刚体集合)按钮。

步骤 18：单击(预览动画)按钮。弹出【Rector 实时预览(OpenGL)】对话框，如图 4.93 所示。

步骤 19：选择 模拟(S) → 播放/暂停(P) 命令开始预览，再选择 模拟(S) → 播放/暂停(P) 命令停止预览，如图 4.94 所示。

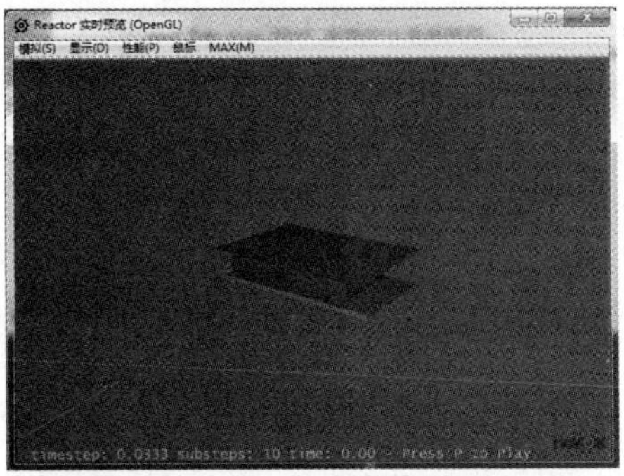

图 4.93

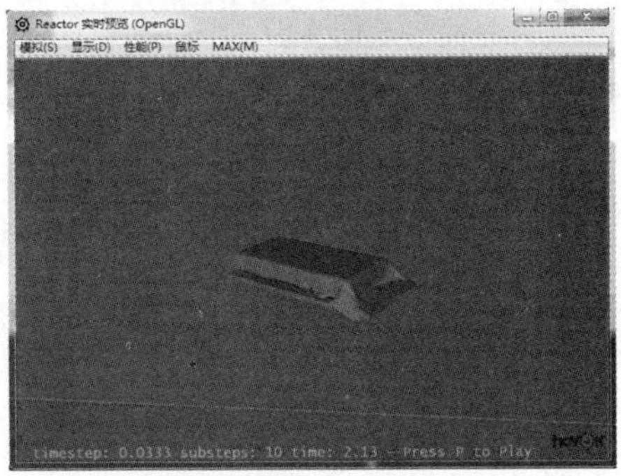

图 4.94

步骤 20：选择 MAX(M) → 更新 MAX(U) 命令。将解算好的“床单”更新到视图中。单击按钮，关闭【Rector 实时预览(OpenGL)】对话框，效果如图 4.95 所示。

步骤 21：选中“床单”，单击 修改器列表 右边的按钮弹出下拉列表，在下拉列表中选择 壳 命令，【壳】命令的具体参数设置如图 4.96 所示。

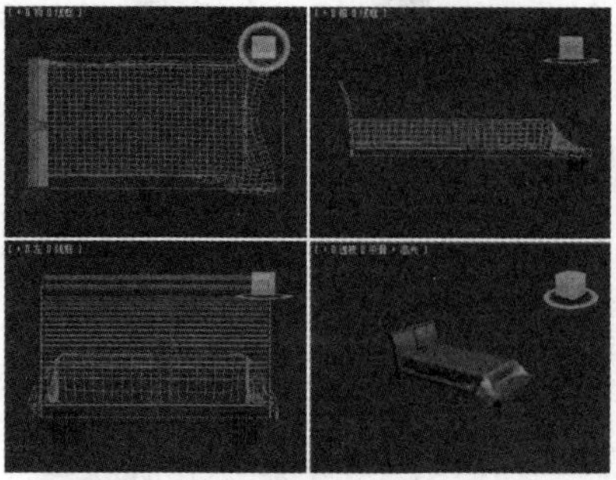

图 4.95

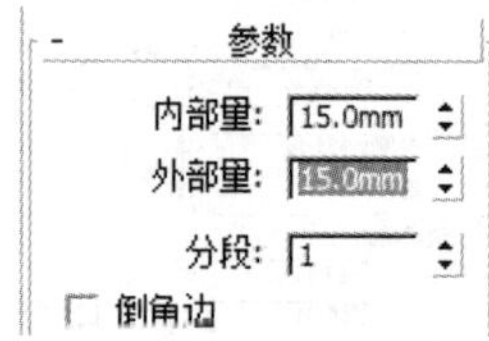

图 4.96

步骤 22： 选中“床单”，单击修改器列表右边的按钮弹出下拉列表，在下拉列表中选择网格平滑命令，【网格平滑】命令的具体参数设置如图 4.97 所示。

步骤 23： 使用(选择并均匀缩放)对床单进行缩放操作。最终效果如图 4.98 所示。

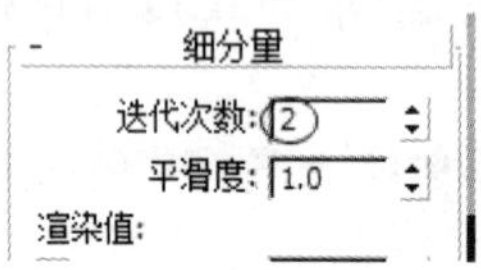

图 4.97

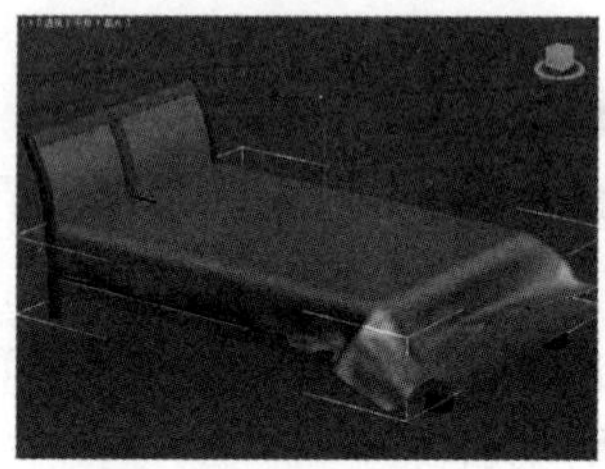

图 4.98

3. 创建儿童床材质

1) 创建“蓝色乳胶漆”材质

制作“蓝色乳胶漆”的方法同案例 1 中制作“白色乳胶漆”的方法相同。将【环境光】、【漫反射】和【高光反射】的 RGB 值都设置为(R：0，G：174，B：187)即可，其他参数设置完全相同。

2) 创建“粉红色乳胶漆”材质

制作“粉红色色乳胶漆”的方法同案例 1 中节制作“白色乳胶漆”的方法相同。将【环境光】、【漫反射】和【高光反射】的 RGB 值都设置为(R：233，G：71，B：41)即可，其他参数设置完全相同。

3) 创建“床单”材质

步骤 1： 单击工具栏中的(材质编辑器)按钮，在弹出的【材质编辑器】设置对话框中选择一个空白的示例球，将其命名为“床单”材质。

步骤 2：单击漫反射:右边的按钮，弹出【材质/贴图浏览器】对话框，在该对话框中双击位图按钮。弹出【选择位图图像文件】对话，具体设置如图 4.99 所示。

步骤 3：单击打开(O)按钮。返回【材质编辑器】对话框，再单击(转到父对象)按钮，具体设置如图 4.100 所示。

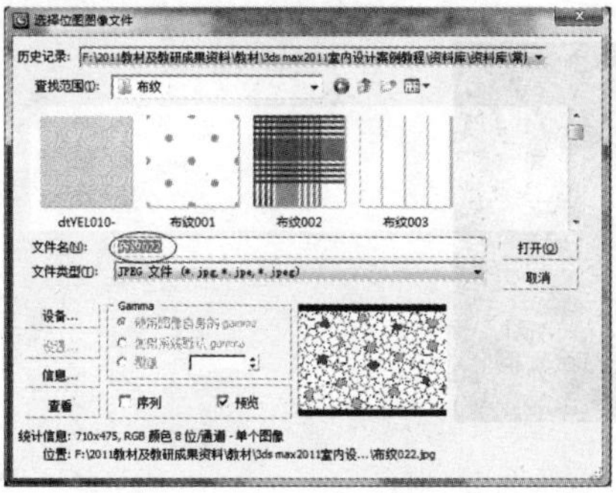

图 4.99

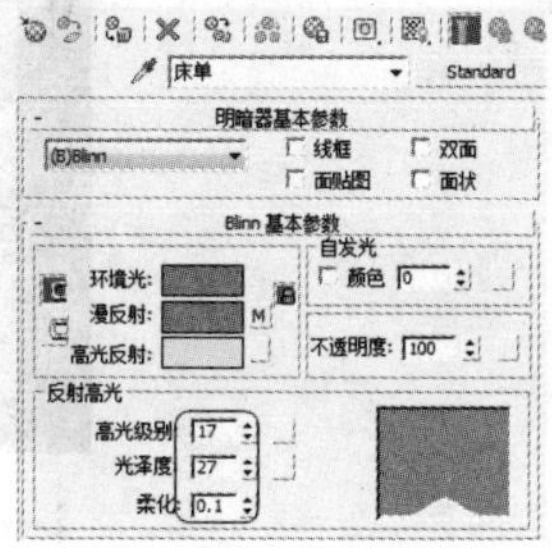

图 4.100

4) 给儿童床赋予材质

根据前面所学知识将材质赋予儿童床的不同部分。最终渲染效果如图 4.101 所示。

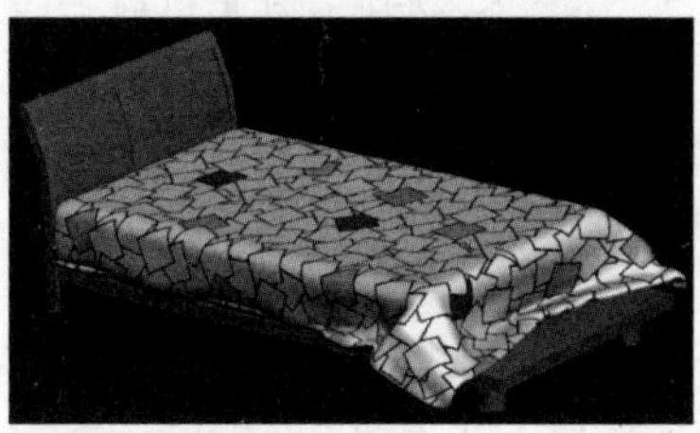

图 4.101

四、拓展训练

制作如下图所示的儿童床效果。

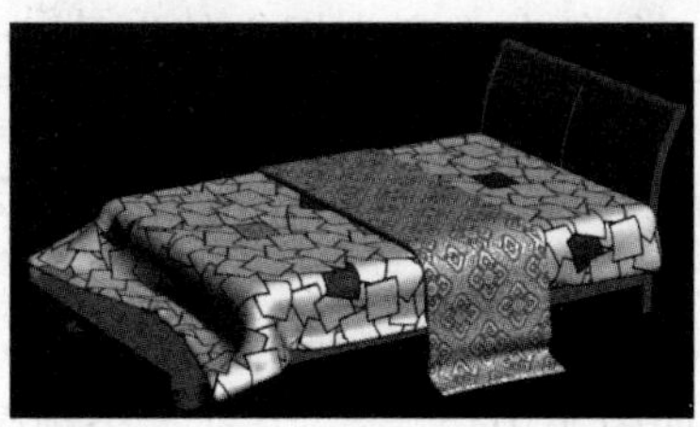

案例练习图

4.5　床头柜的制作

一、案例效果

案例效果图

二、案例制作流程(步骤)分析

启动 3ds Max 2011，设置单位 → 使用 3ds Max 中的相关命令制作床头柜模型 → 给床头柜模型添加材质贴图

三、详细操作步骤

1. 设置单位

步骤 1：启动 3ds Max 2011 并保存文件为“床头柜.max”。

步骤 2：设置单位。单位的设置同 2.1 节中的单位设置完全一样。

2. 制作床头柜模型

步骤 1：单击【浮动】面板中的(创建)→(图形)→线按钮，在顶视图中绘制如图 4.102 所示的闭合曲线，命名为“床头柜主体”(绘制的闭合曲线的宽度和长度都 500mm)。

步骤 2：单击(修改)→(顶点)→圆角按钮，对需要圆角的顶点进行圆角化，最终效果如图 4.103 所示。

步骤 3：单击修改器列表右边的按钮，弹出下拉列表，在下拉列表中选择倒角命令，【倒角】命令的具体参数设置如图 4.104 所示，其在各个视图中的效果如图 4.105 所示。

【参考视频】

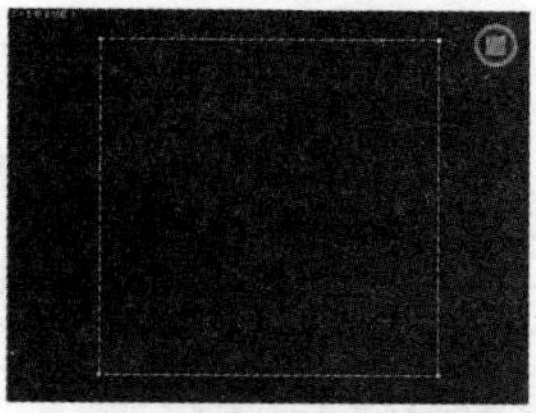

图 4.102

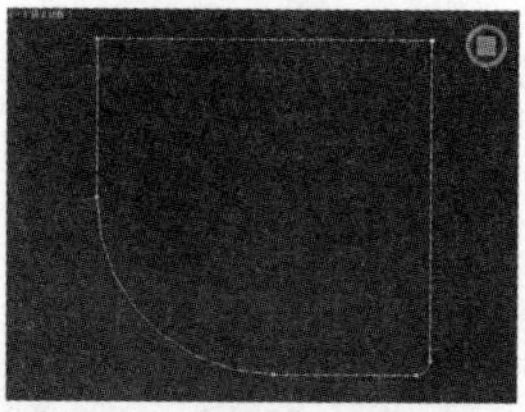

图 4.103

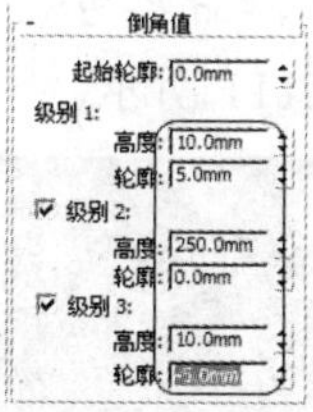

图 4.104

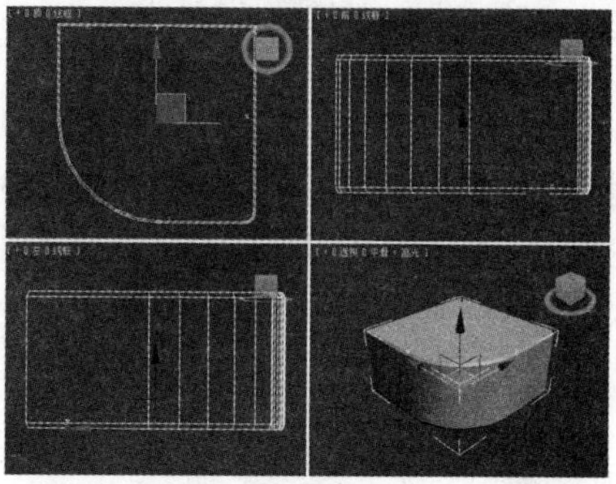

图 4.105

步骤 4：将“床头柜主体”复制一个系统自动命名为“床头柜主体 01”，修改【倒角】参数如图 4.106 所示。其在各个视图中的位置如图 4.107 所示。

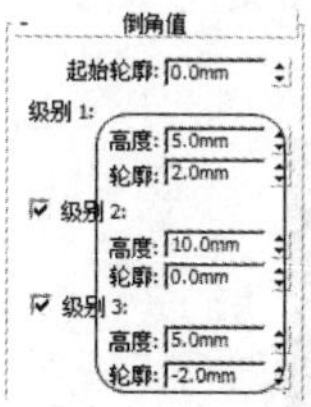

图 4.106

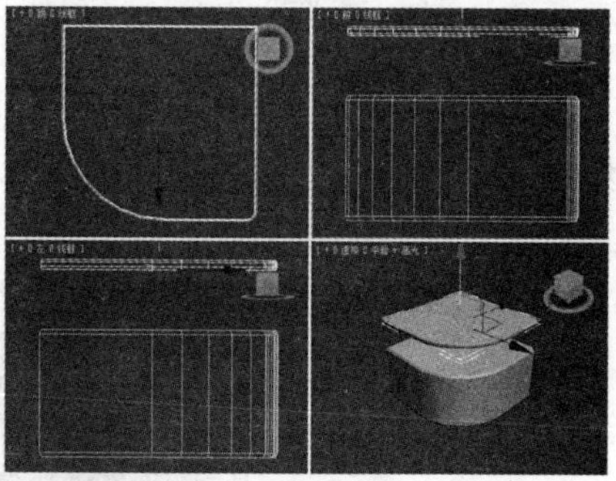

图 4.107

步骤 5：单击【浮动】面板中的(创建)→(几何体)，单击 标准基本体 按钮右边的按钮弹出下拉列表，在下拉列表中选择 扩展基本体 命令，在【扩展基本体】中单击 切角圆柱体 按钮，在【顶】视图中创建一个圆柱体。命名为“床头柜脚”，具体参数设置如图 4.108 所示，在各个视图中的位置如图 4.109 所示。

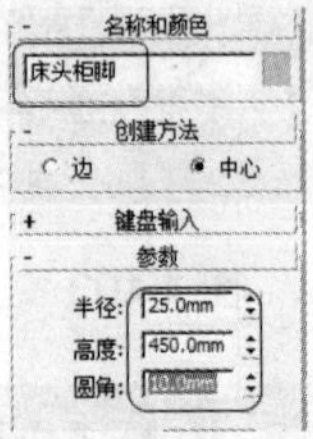

图 4.108

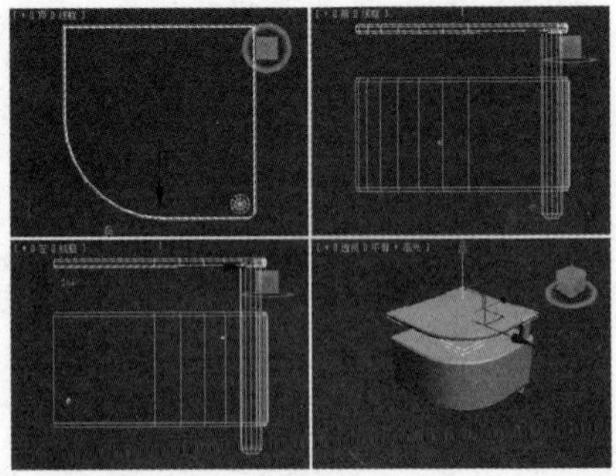

图 4.109

步骤 6：单击 切角圆柱体 按钮，在顶视图中创建一个圆柱体，命名为“床头柜脚 01”，具体参数设置如图 4.110 所示，其在各个视图中的位置如图 4.111 所示。

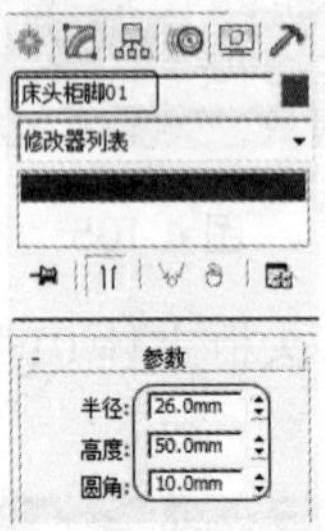

图 4.110

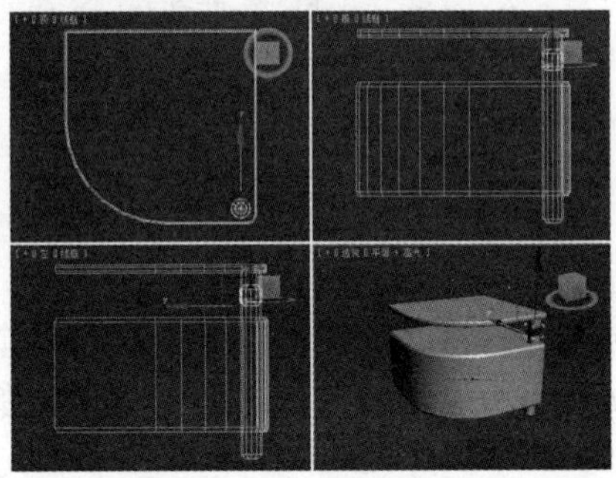

图 4.111

步骤 7：选中“床头柜脚”和“床头柜 01”，以实例方式复制 4 个，其在各个视图中的位置如图 4.112 所示。

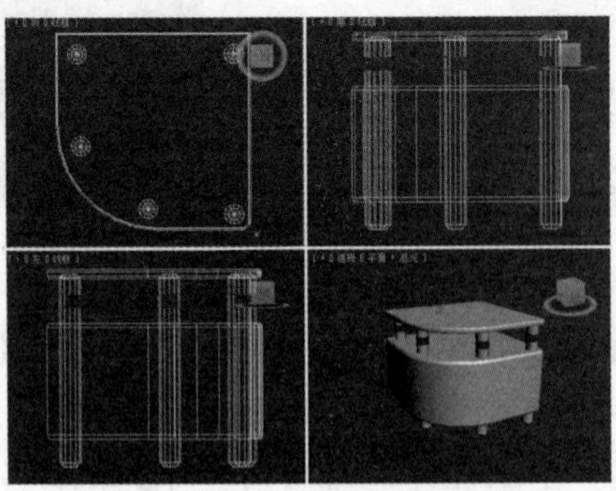

图 4.112

步骤 8：单击【浮动】面板中的(创建)→(几何体)，单击标准基本体右边的按钮，弹出下拉列表，在下拉列表中选择扩展基本体命令，在【扩展基本体】中单击切角长方体按钮，在前视图和左视图中创建两个切角长方体，命名为“床头柜门 01”和“床头柜门 02”，具体参数设置如图 4.113 所示，其在各个视图中的位置如图 4.114 所示。

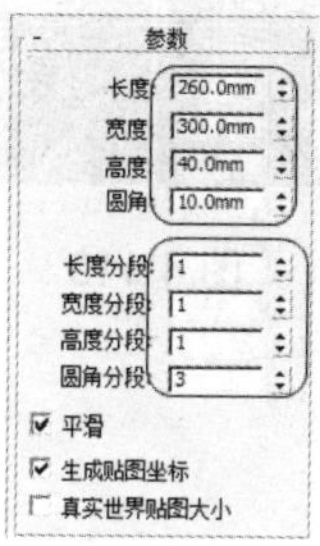

图 4.113

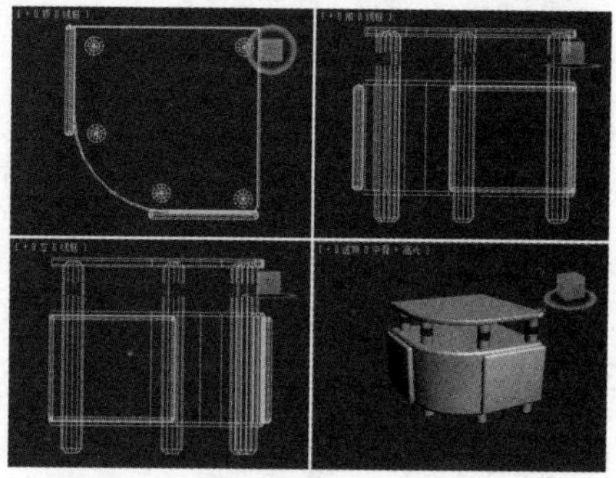

图 4.114

步骤 9：单击【浮动】面板中的(创建)→(图形)→线按钮，在顶视图中绘制如图 4.115 所示的闭合曲线，命名为“床头柜门 03”。

步骤 10：单击(修改)项，转到【修改】浮动面板，单击修改器列表右边的按钮弹出下拉列表，在下拉列表中选择倒角命令，【倒角】命令的具体参数设置如图 4.116 所示，其在各个视图中的效果如图 4.117 所示。

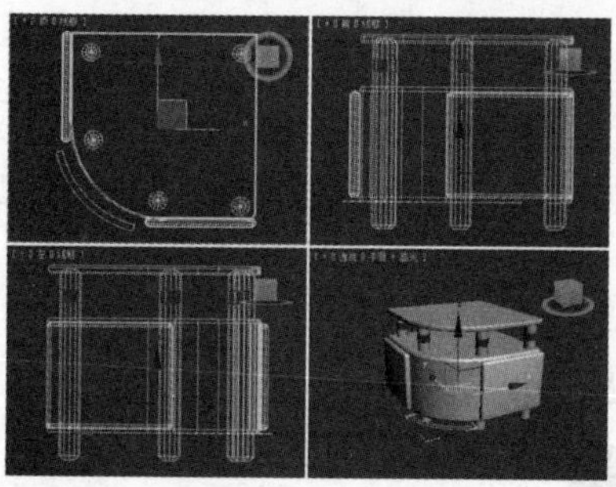

图 4.115

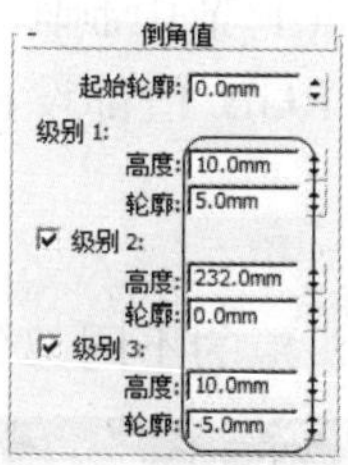

图 4.116

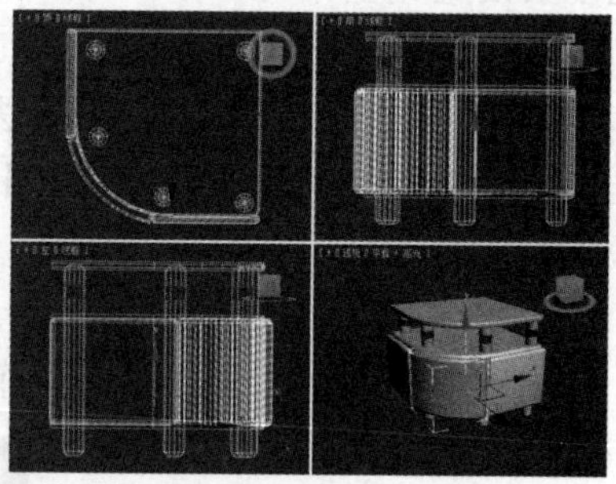

图 4.117

步骤 11：单击【浮动】面板中的(创建)→(几何体)→切角圆柱体按钮，在前视图和左视图中创建 4 个切角圆柱体，分别命名为“床头柜门拉手 01”、“床头柜门拉手 02”、“床头柜门拉手 03”和“床头柜门拉手 04”，具体参数设置如图 4.118 所示，其在各个视图中的位置如图 4.119 所示。

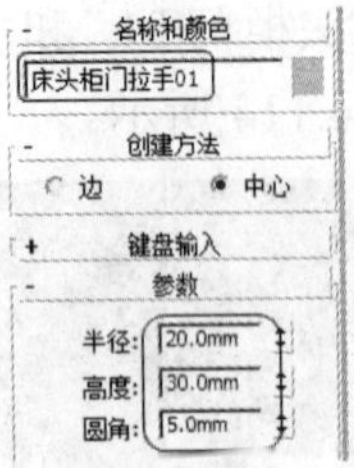

图 4.118

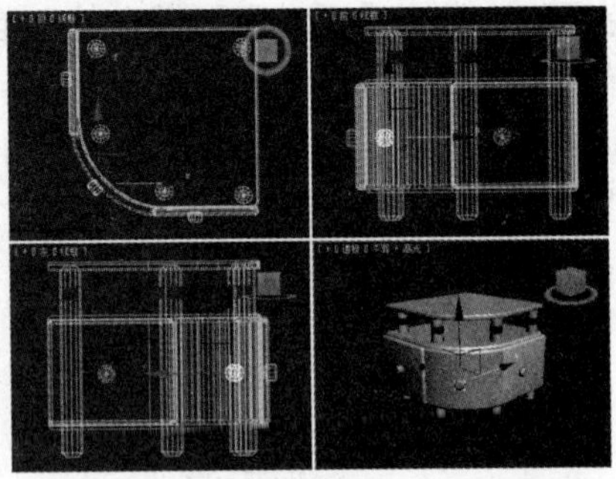

图 4.119

3. 创建床头柜材质

1) 创建“蓝色乳胶漆”材质

制作“蓝色乳胶漆”的方法与 4.1 节中制作 “白色乳胶漆”的方法相同。将【环境光】、【漫反射】和【高光反射】的 RGB 值都设置为(R：0，G：174，B：187)即可，其他参数设置完全相同。

2) 创建“米黄色乳胶漆”材质

制作“米黄色乳胶漆”的方法与 4.1 节中制作“白色乳胶漆”的方法相同。将【环境光】、【漫反射】和【高光反射】的 RGB 值都设置为(R：253，G：209，B：11)即可，其他参数设置完全相同。

3) 创建“粉红色乳胶漆”材质

制作“粉红色乳胶漆”的方法同 4.1 节中制作“白色乳胶漆”的方法相同。将【环境光】、【漫反射】和【高光反射】的 RGB 值都设置为(R：233，G：71，B：41)，其他参数设置完全相同。

4) 给床头柜赋予材质

根据前面所学知识将材质赋予床头柜的不同部分，最终渲染效果如图 4.120 所示。

图 4.120

四、拓展训练

制作如下图所示的床头柜效果。

案例练习图

4.6　儿童房的制作

一、案例效果

案例效果图

二、案例制作流程(步骤)分析

启动 3ds Max 2011，设置单位 → 使用 3ds Max 中的各种命令创建儿童房框架 → 创建摄影机 → 创建儿童房的窗户和门 → 制作儿童房的灯装饰

【参考视频】

三、详细操作步骤

儿童房模型的创建主要由室内框架、吊顶和墙面装饰造型等构成。在建模时，可以将儿童房模型拆分为地板、墙体、吊顶、家具等，其中家具主要通过合并线架文件的方式调入，灯光主要运用标准灯光和光度学灯光对卧室的光影进行模拟。

1. 设置单位

步骤 1： 启动 3ds Max 2011 并保存文件为“儿童房模型.max”。

步骤 2： 设置单位。单位的设置同 2.1 节中的单位设置完全一样。

2. 创建儿童房框架

儿童房框架主要由地板和墙体构成。下面详细介绍这两部分的制作过程。

1) 创建儿童房地面

步骤 1： 单击【浮动】面板中的(创建)→(几何体)→长方体按钮，在顶视图中创建一个长方体，命名为“地面”，具体参数设置如图 4.121 所示。

步骤 2： 单击视图控制面板中的(所有视图最大化显示)按钮，得到如图 4.122 所示的效果。

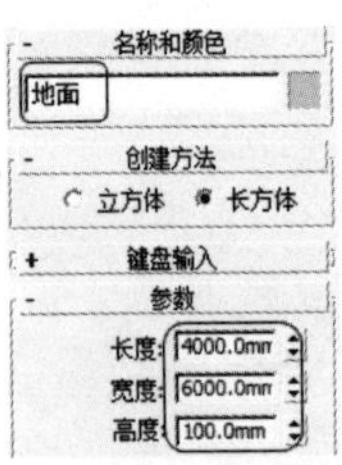

图 4.121

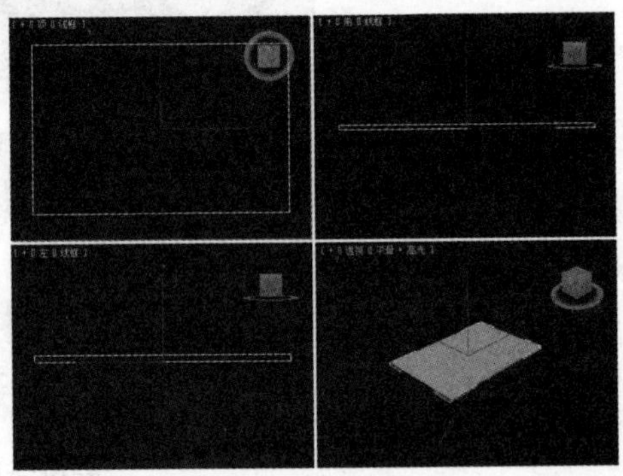

图 4.122

步骤 3： 单击(材质编辑器)按钮，弹出【材质编辑器】设置对话框，在【材质编辑器】设置对话框中单击一个空白示例球并命名为“地面”材质。

步骤 4： 单击漫反射:右边的按钮，弹出【材质/贴图浏览器】，在【材质/贴图浏览器】中双击位图项，弹出【选择位图图像文件】设置对话框。具体设置如图 4.123 所示。单击打开(O)按钮，返回【材质编辑器】，具体参数设置如图 4.124 所示。

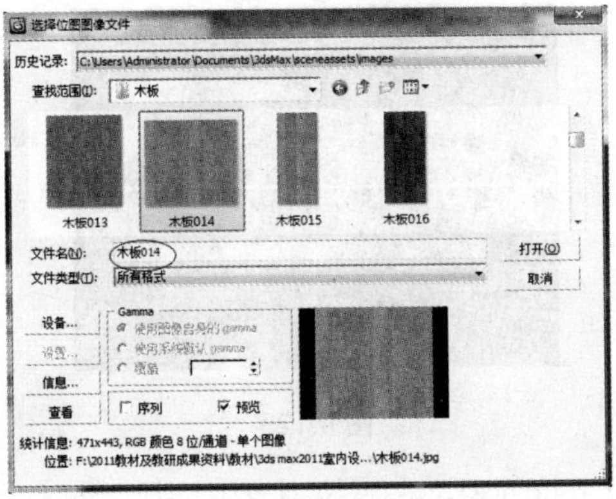

图 4.123

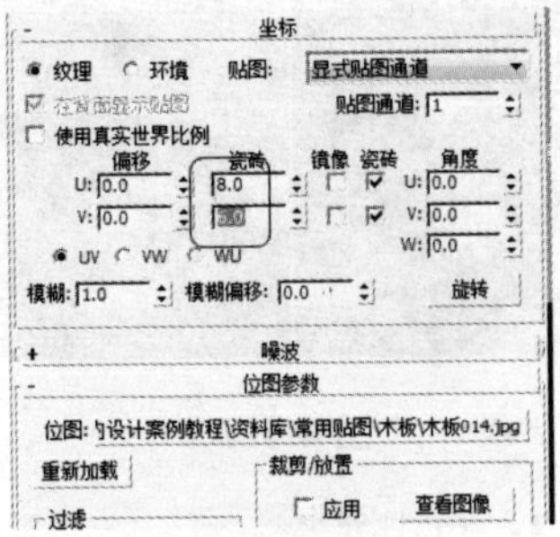

图 4.124

步骤 5：单击(转到父对象)按钮，返回上一级，具体参数设置如图 4.125 所示。

步骤 6：单击 贴图 左边的+符号，展开【贴图】卷展栏，单击 反射 右边的 None 按钮，弹出【材质/贴图浏览器】，在【材质/贴图浏览器】中双击 光线跟踪 项，单击(转到父对象)按钮，返回上一级，具体参数设置如图 4.126 所示。

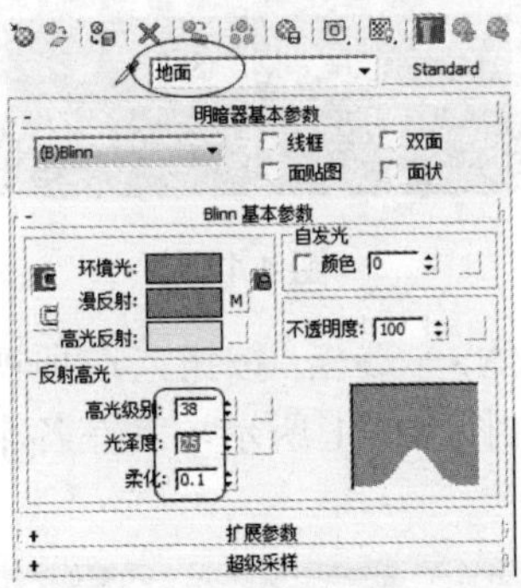

图 4.125

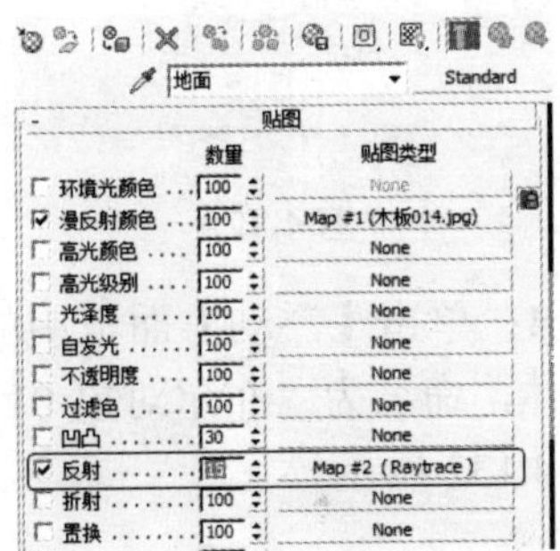

图 4.126

步骤 7：选择“地面”，单击(将材质指定选定对象)和(在视口中显示贴图)按钮即可赋予材质。

2) 创建儿童房墙体

步骤 1：单击【浮动】面板中的(创建)→(图形)→ 线 按钮，在顶视图中绘制如图 4.127 所示的曲线，命名为“墙体”。

步骤 2：单击(修改)→(样条线)按钮，在 轮廓 右边的文本输入框中输入数值“-240”，按 Enter 键进行【轮廓】处理，如图 4.128 所示。

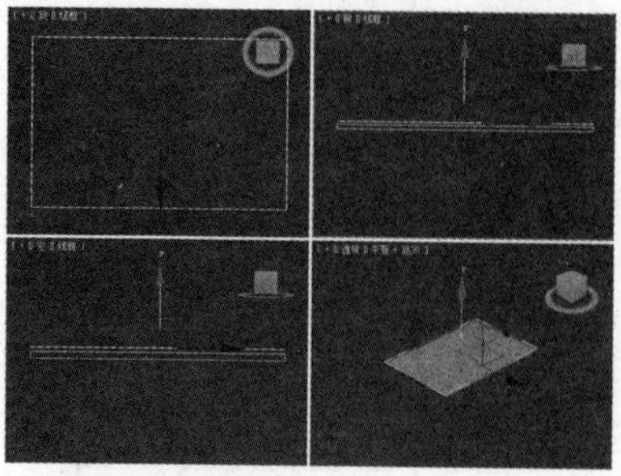

图 4.127

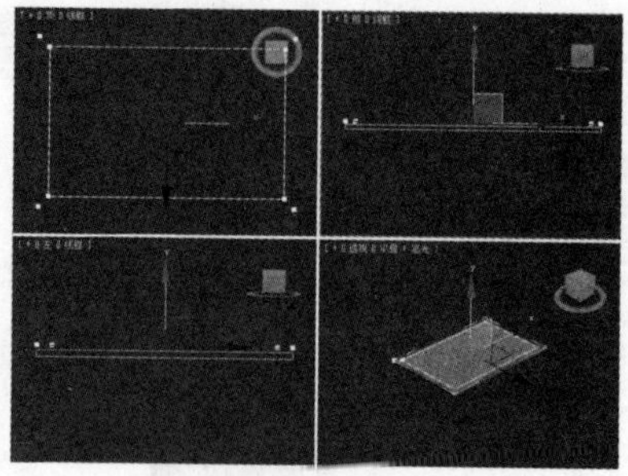

图 4.128

步骤 3：单击 修改器列表 右边的按钮弹出下拉列表，在下拉列表中选择 挤出 命令，具体参数设置如图 4.129 所示。在各个视图中的位置如图 4.130 所示。

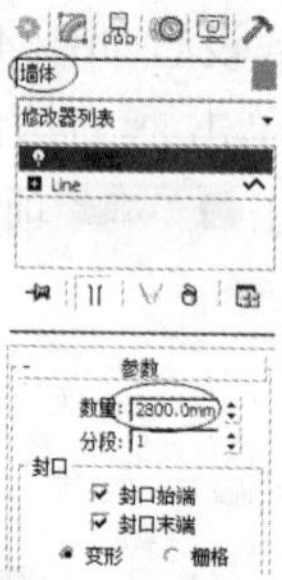

图 4.129

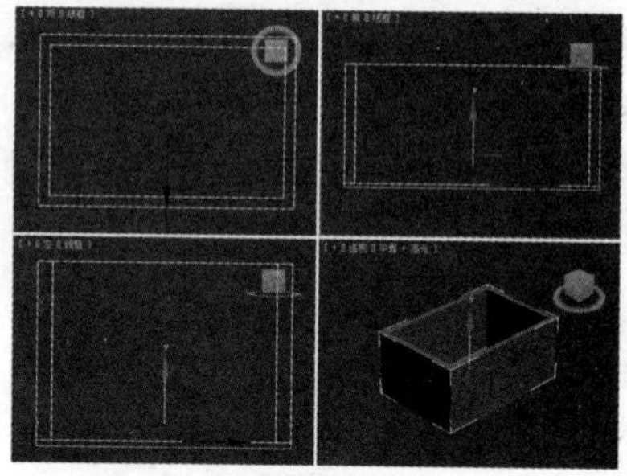

图 4.130

步骤 4：单击【浮动】面板中的(创建)→(几何体)→ 长方体 按钮，在顶视图中创建一个长方体，命名为“布尔对象 01”，具体参数设置如图 4.131 所示，其在各个视图中的位置如图 4.132 所示。

图 4.131

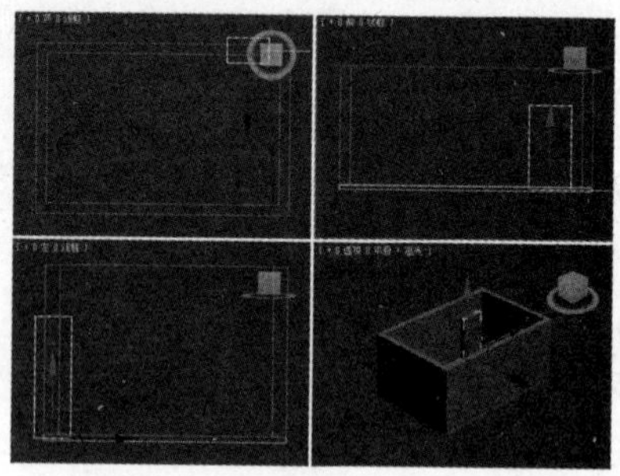

图 4.132

步骤 5： 单击 长方体 按钮，在顶视图中创建一个长方体，命名为“布尔对象 02”，具体参数设置如图 4.133 所示，其在各个视图中的位置如图 4.134 所示。

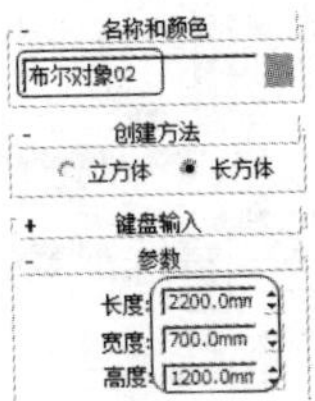

图 4.133

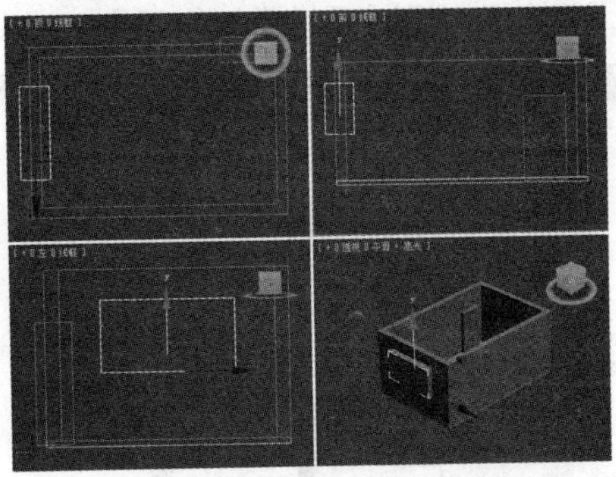

图 4.134

步骤 6： 单击“墙体”，(创建)→(几何体)按钮，转到【几何体】浮动面板，单击 标准基本体 右边的按钮，弹出下拉列表，在下拉列表中选择 复合对象 命令。

步骤 7： 单击 布尔 → 拾取操作对象 B 按钮，将鼠标移到【透视】图中的“布尔对象 01”上单击即可进行布尔运算，再单击 布尔 → 拾取操作对象 B 按钮，将鼠标移到【透视】图中的“布尔对象 02”上单击即可进行布尔运算，最终效果如图 4.135 所示。

步骤 8： 制作墙的脚线。制作方法与墙体相同，在这里就不再叙述(注意墙角线的高度为 250mm、轮廓宽度为 260mm)，最终效果如图 4.136 所示。

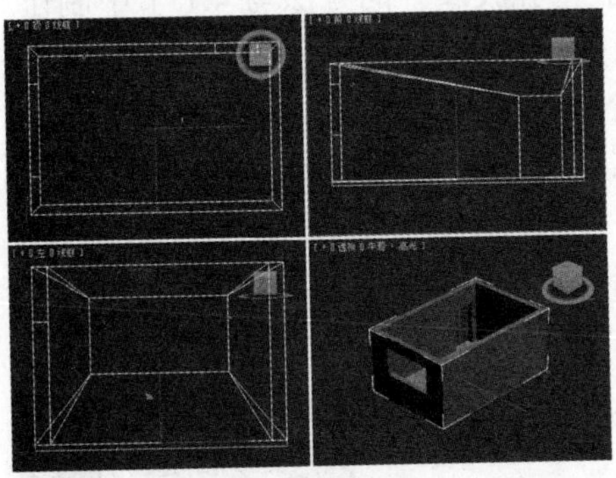

图 4.135

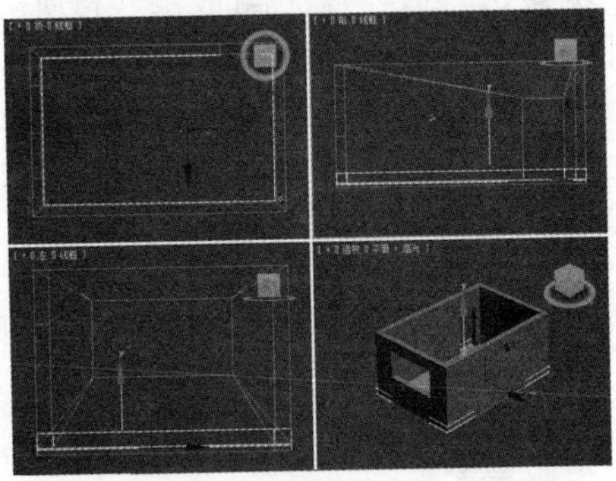

图 4.136

3) 创建墙体和墙脚线的材质

步骤 1： 单击(材质编辑器)按钮，弹出【材质编辑器】设置对话框，在【材质编辑器】设置对话框中单击一个空白示例球并命名为“墙体贴图”材质。

步骤2：单击漫反射右边的按钮，弹出【材质/贴图浏览器】，在【材质/贴图浏览器】中双击位图项，弹出【选择位图图像文件】设置对话框。具体设置如图4.137所示。单击打开(O)按钮，返回【材质编辑器】，具体参数设置如图4.138所示。

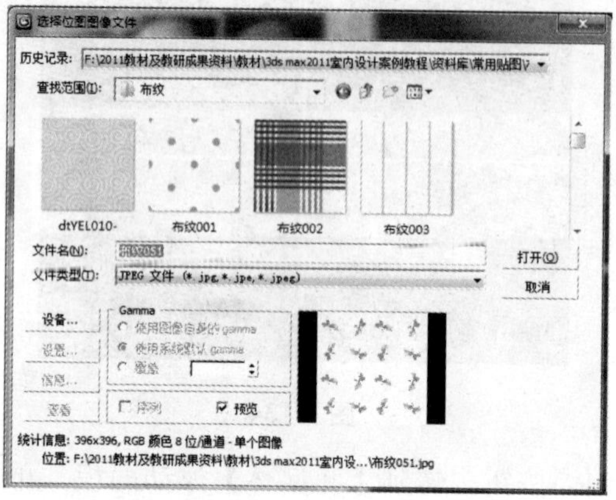

图4.137

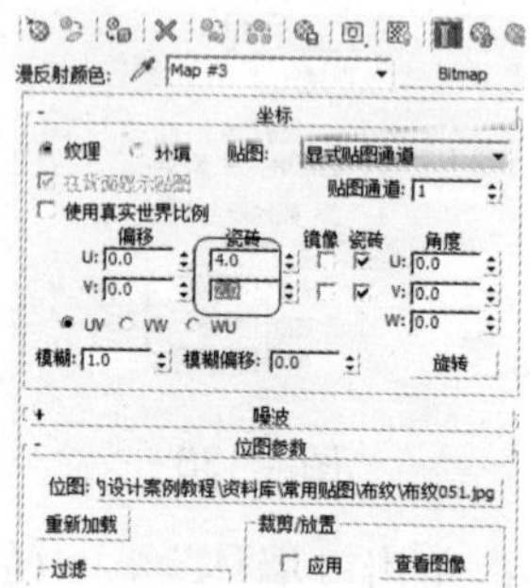

图4.138

步骤3：单击(转到父对象)按钮，返回上一级，具体参数设置如图4.139所示。

步骤4：单击贴图左边的符号，展开【贴图】卷展栏，单击反射右边的None按钮，弹出【材质/贴图浏览器】，在【材质/贴图浏览器】中双击光线跟踪项，单击(转到父对象)按钮，返回上一级，具体参数设置如图4.140所示。

步骤5：创建“蓝色乳胶漆”材质。制作“蓝色乳胶漆”的方法与4.1节中制作 “白色乳胶漆”的方法相同。将【环境光】、【漫反射】和【高光反射】的RGB值都设置为(R：0，G：174，B：187)即可，其他参数设置完全相同。

步骤6：给“墙体”和“墙脚线”贴图。根据前面所学知识将材质赋予“墙体”和“墙脚线”。最终渲染效果如图4.141所示。

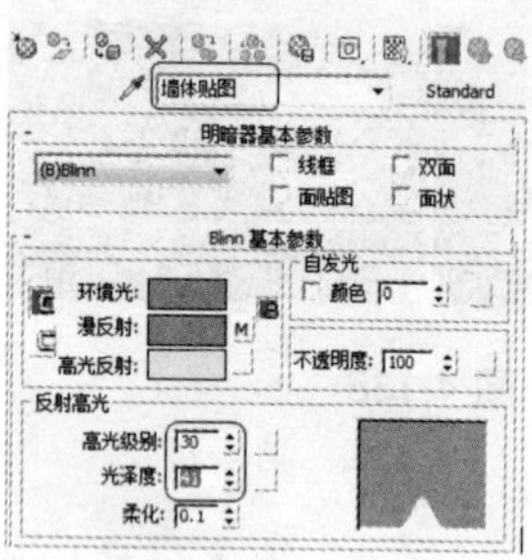

图4.139

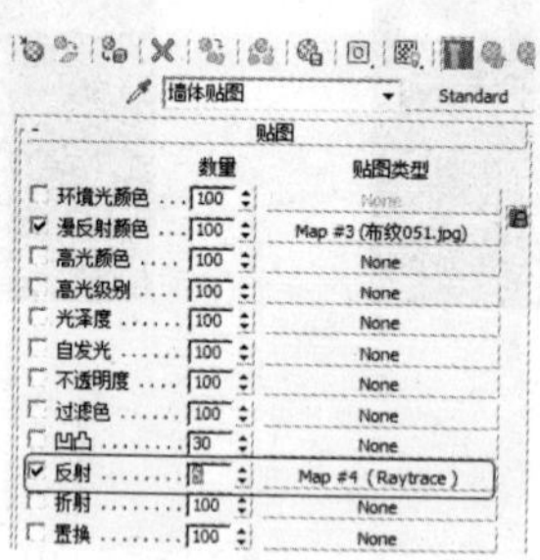

图4.140

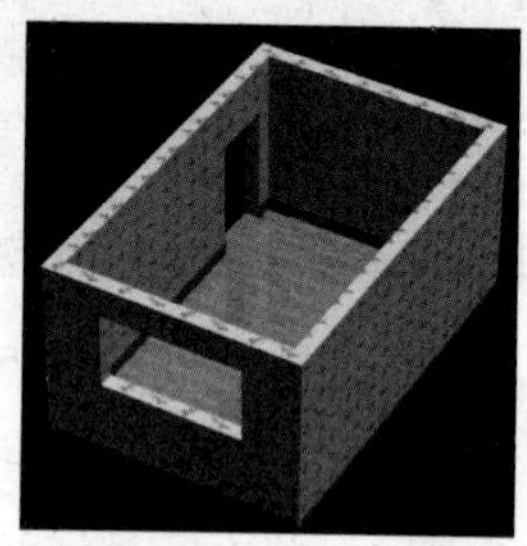

图4.141

4) 创建儿童房框架顶面造型

步骤 1： 单击【浮动】面板中的(创建)→(图形)→ 线 按钮，在顶视图中绘制如图 4.142 所示的曲线，命名为“顶面 01”。

步骤 2： 再在前视图中绘制闭合曲线，命名为“放样截面”，如图 4.143 所示。

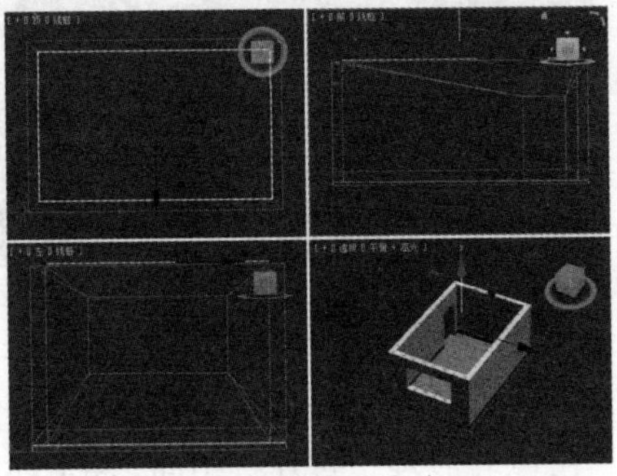

图 4.142

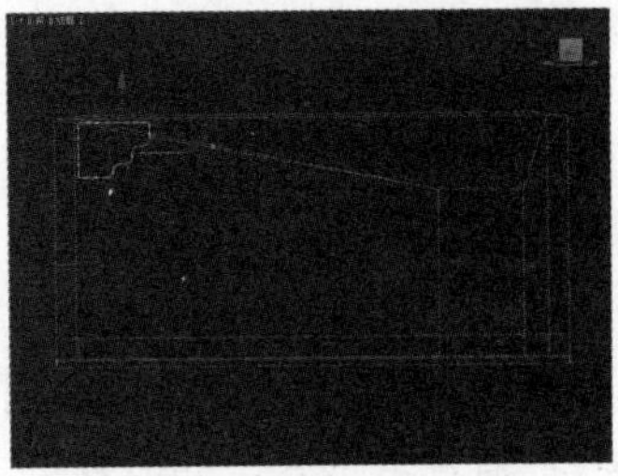

图 4.143

步骤 3： 单击【浮动】面板中的(创建)→(几何体)按钮，转到【几何体】浮动面板，单击 标准基本体 右边的按钮，弹出下拉列表，在下拉列表中选择 复合对象 命令。

步骤 4： 单选“顶面 01”闭合曲线，单击 放样 → 获取图形 按钮，再在视图中单击“放样截面”曲线，得到放样对象。单击(选择并均匀缩放)按钮，调整放样好的对象。最终效果如图 4.144 所示。

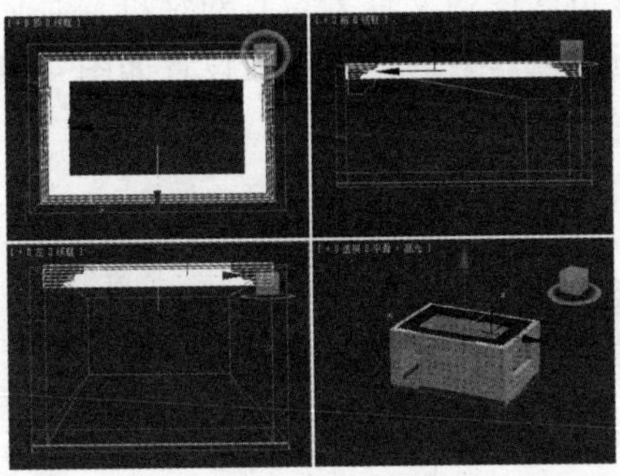

图 4.144

步骤 5： 单击【浮动】面板中的(创建)→(几何体)按钮，转到【几何体】浮动面板，单击 复合对象 右边的按钮，弹出下拉列表，在下拉列表中选择 标准基本体 命令。

步骤 6： 单击 长方体 按钮，在顶视图中绘制立方体并命名为“顶面 02”。具体参数设置如图 4.145 所示，其在各个视图中的位置如图 4.146 所示。

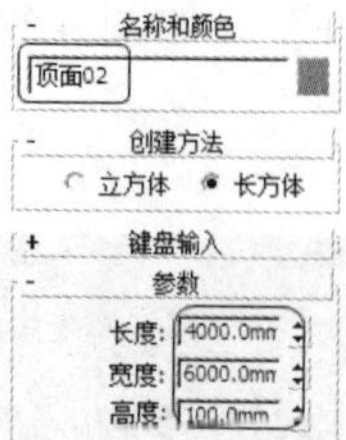

图 4.145

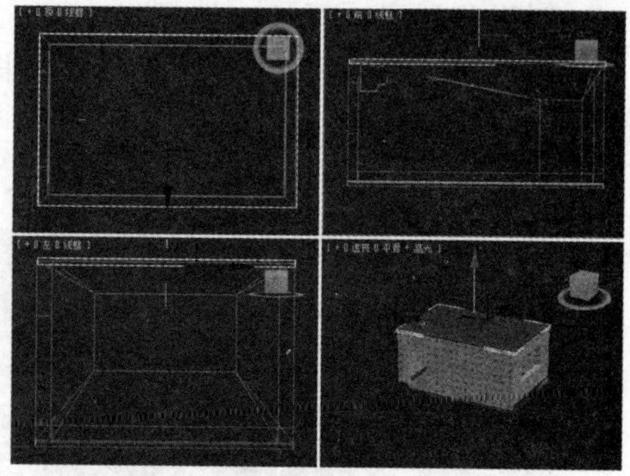

图 4.146

5) 创建儿童房框架顶面造型材质

制作“蓝色乳胶漆”的方法与 4.1 节中制作 “白色乳胶漆”的方法相同。将【环境光】、【漫反射】和【高光反射】的 RGB 值都设置为(R：0，G：174，B：187)即可，其他参数设置完全相同，在这里就不再叙述。

6) 创建“蓝色星空”材质

步骤 1：单击(材质编辑器)按钮，弹出【材质编辑器】设置对话框，在【材质编辑器】设置对话框中单击一个空白示例球并命名为“蓝色星空”材质。

步骤 2：单击 漫反射: 右边的按钮，弹出【材质/贴图浏览器】，在【材质/贴图浏览器】中双击 位图 项，弹出【选择位图图像文件】设置对话框，具体设置如图 4.147 所示。单击 打开(O) 按钮，返回到【材质编辑器】，具体参数设置如图 4.148 所示。

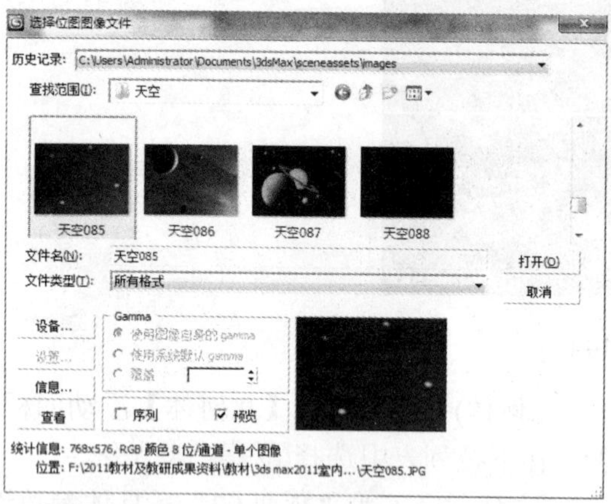

图 4.147

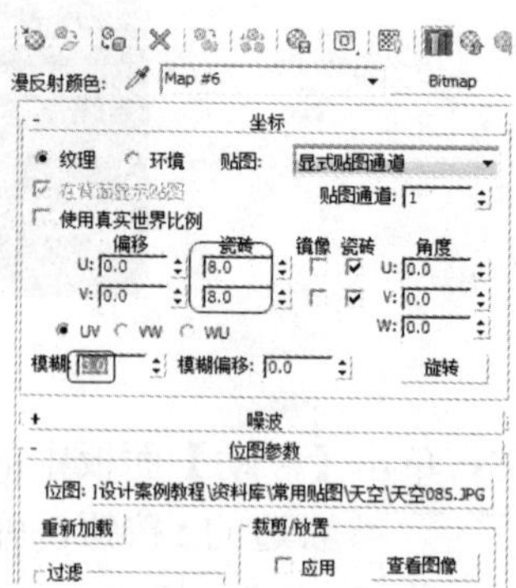

图 4.148

步骤 3： 单击(转到父对象)按钮，返回上一级，具体参数设置如图 4.149 所示。

步骤 4： 单击贴图左边的+符号，展开【贴图】卷展栏，单击反射右边的 None 按钮，弹出【材质/贴图浏览器】，在【材质/贴图浏览器】中双击光线跟踪项，单击(转到父对象)按钮，返回上一级，具体参数设置如图 4.150 所示。

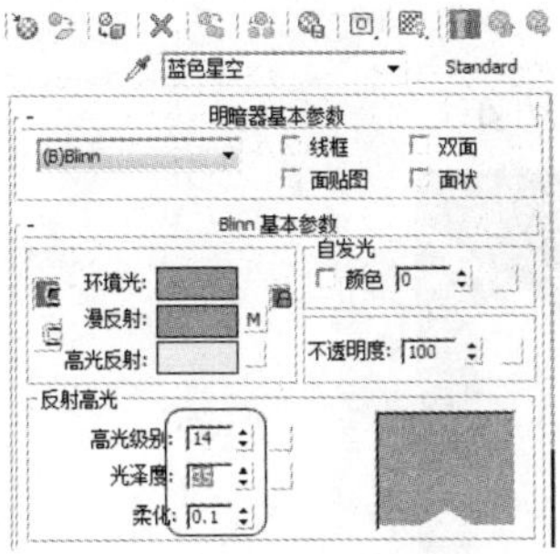

图 4.149

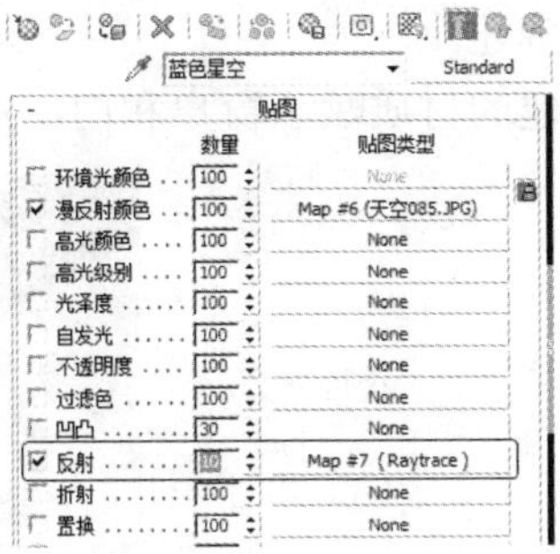

图 4.150

步骤 5： 将"蓝色乳胶漆"材质赋予"顶面 01"，将"蓝色星空"材质赋予"顶面 02"。单击(将材质指定选定对象)和(在视口中显示标准贴图)按钮即可赋予材质。

步骤 6： 保存文件。按 Ctrl+S 键保存文件。

3. 创建摄影机

步骤 1： 在【浮动】面板中单击(创建)→(摄影机)→ 目标 按钮，在顶视图中创建摄影机并命名为"摄影机"。具体参数设置如图 4.151 所示。

步骤 2： 在【浮动】面板中单击(创建)→(灯光)→ 泛光灯 按钮，在视图中创建一盏灯光，参数设置采用默认值。将【透视】视图转到【摄影机】视图，调整好灯光和摄影机的位置，最终效果如图 4.152 所示。

图 4.151

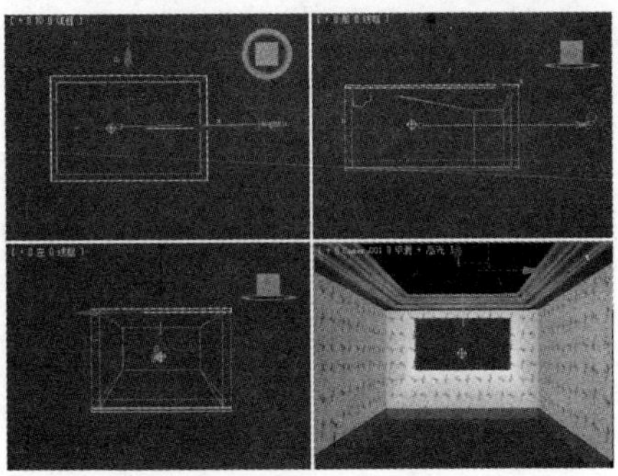

图 4.152

4. 创建儿童房的窗户和门

儿童房的窗户和门的创建方法和步骤与第 3 章中窗户和门的创建方法和步骤完全相同，在这里就不再叙述。

窗户和门的贴图材质的创建与第 2 章中的“窗户和门的贴图材质”创建方法相同，在这里不再赘述。

将创建的材质赋予窗户和门，最终效果如图 4.153 所示。

图 4.153

5. 制作儿童房的灯装饰

儿童房的灯装饰很简单，主要由支撑木架和筒灯构成，下面详细介绍它们的制作过程。

1) 创建儿童房的灯装饰模型

步骤 1：单击【浮动】面板中的(创建)→(几何体)→长方体按钮，在顶视图中创建一个长方体，命名为“灯装饰架 01”，具体参数设置如图 4.154 所示，其在各视图中的位置如图 4.155 所示。

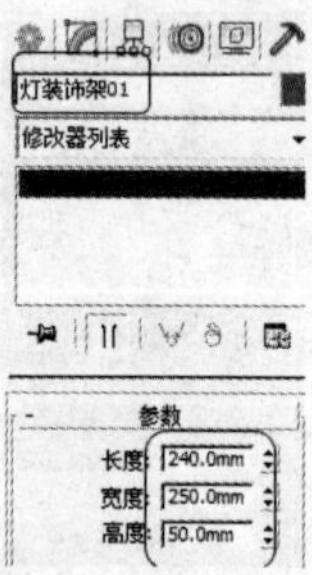

图 4.154

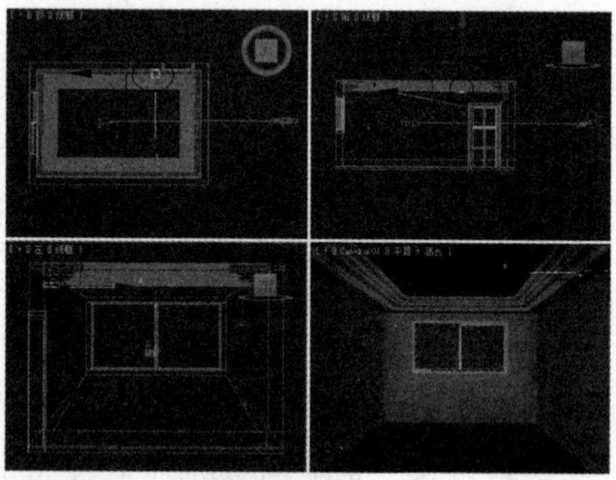

图 4.155

步骤 2： 单击【浮动】面板中的 (创建)→ (几何体)→ 长方体 按钮，在顶视图中创建一个长方体，命名为"灯装饰架 02"，具体参数设置如图 4.156 所示，其在各个视图中的位置如图 4.157 所示。

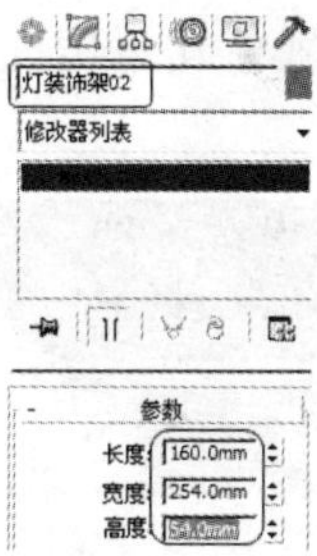

图 4.156

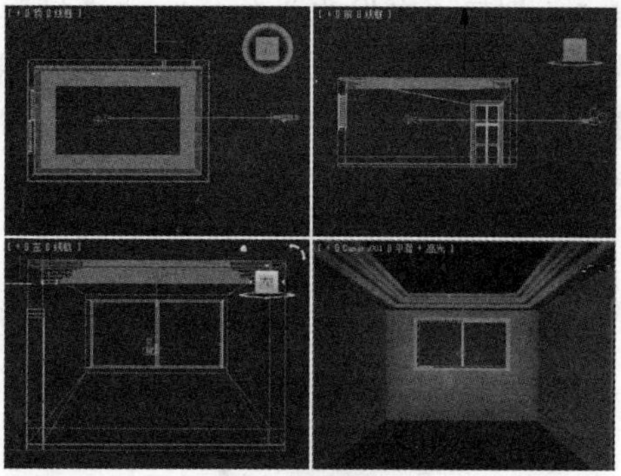

图 4.157

步骤 3： 单击【浮动】面板中的 (创建)→ (几何体)按钮。单击 标准基本体 右边的 按钮，弹出下拉列表，在下拉列表中选择 扩展基本体 命令，在【扩展基本体】中单击 切角圆柱体 按钮，在顶视图中创建一个圆柱体，命名为"筒灯"，具体参数设置如图 4.158 所示，其在各个视图中的位置如图 4.159 所示。

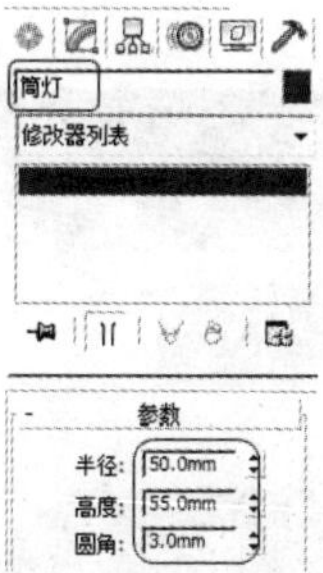

图 4.158

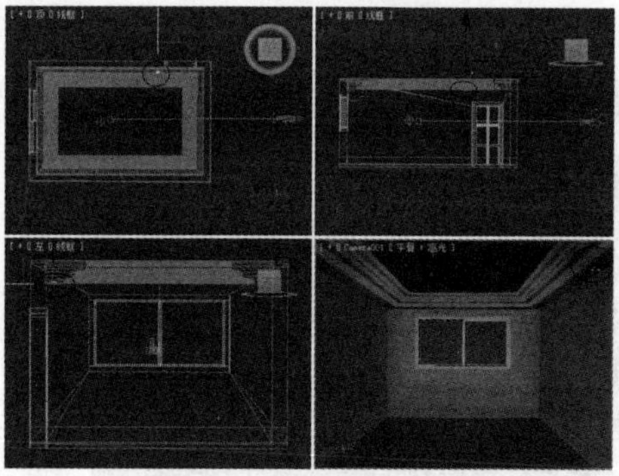

图 4.159

2) 创建儿童房的灯装饰模型材质

步骤 1： 创建"蓝色乳胶漆"材质。制作"蓝色乳胶漆"的方法与 4.1 节中制作"白色乳胶漆"的方法相同，只要将【环境光】、【漫反射】和【高光反射】的 RGB 值都设置为(R：0，G：174，B：187)即可，其他参数设置完全相同。

步骤 2：创建“米黄色乳胶漆”材质。制作“米黄色乳胶漆”的方法与 4.1 节中制作 “白色乳胶漆” 的方法相同。将【环境光】、【漫反射】和【高光反射】的 RGB 值都设置为(R：233，G：71，B：41)即可，其他参数设置完全相同。

步骤 3：创建“自发光”材质。在【材质编辑器】设置对话框中单击一个空白示例球并命名为“自发光”材质，具体参数设置如图 4.160 所示。

步骤 4：给儿童房吊顶赋予材质。根据前面所学知识将材质赋予儿童房的灯装饰，最终渲染效果如图 4.161 所示。

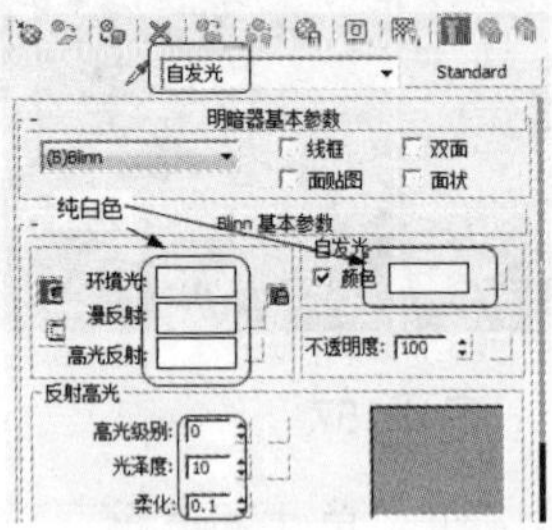

图 4.160

图 4.161

步骤 5：选择“灯装饰架 01”、“灯装饰架 02”和“筒灯”，将其成组，命名为“筒灯及装饰架”，将成组的对象以实例的方式复制 25 个，其在各个视图中的位置如图 4.162 所示，最终渲染效果如图 4.163 所示。

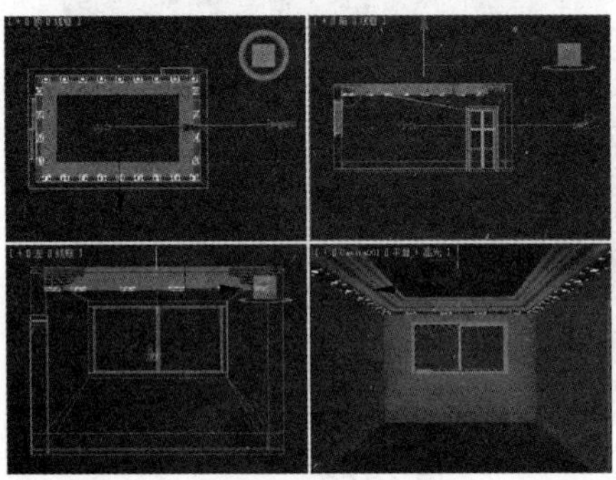

图 4.162

图 4.163

步骤 6：保存文件。按 Ctrl+S 键保存文件。

四、拓展训练

制作如下图所示的儿童房效果。

案例练习图

4.7　儿童房装饰设计后期处理

一、案例效果

案例效果图

二、案例制作流程(步骤)分析

儿童房家具的调用及布置 → 场景灯光的设置 → 利用 Photoshop CS5 进行后期处理 → 设置浏览动画

三、详细操作步骤

本案例主要介绍儿童房家具的调用、布置、灯光设置、利用 Photoshop 进行后期处理和设置浏览动画等知识点。儿童房家具主要包括“儿童床”、“写字桌”、“儿童床头柜”

【参考视频】

和“儿童沙发”等造型。读者可以直接从配套光盘中调用，也可以根据个人的创意重新建模，从而制作出更具有个性的效果图。

1. 儿童房家具的调用及布置

步骤1：打开“儿童房模型.max”文件，另存为“儿童房装饰设计后期处理.max”文件，将场景中的所有对象进行冻结。

步骤2：合并文件。选择 → (导入)→(合并)命令，弹出【合并文件】设置对话框，具体设置如图4.164所示。

步骤3：单击 打开(O) 按钮，弹出【合并】选择对话框，选择需要合并的对象，如图4.165所示。

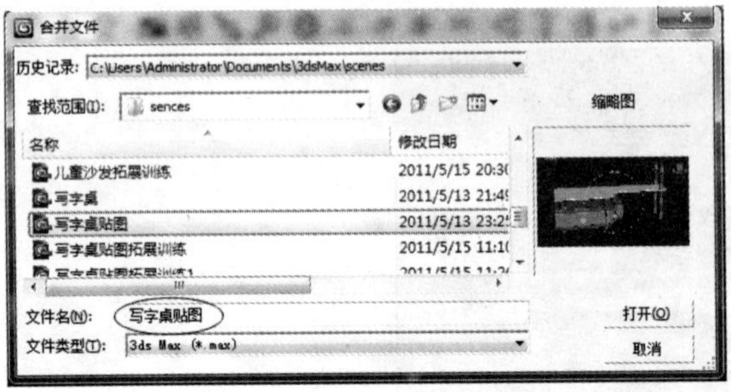

图4.164

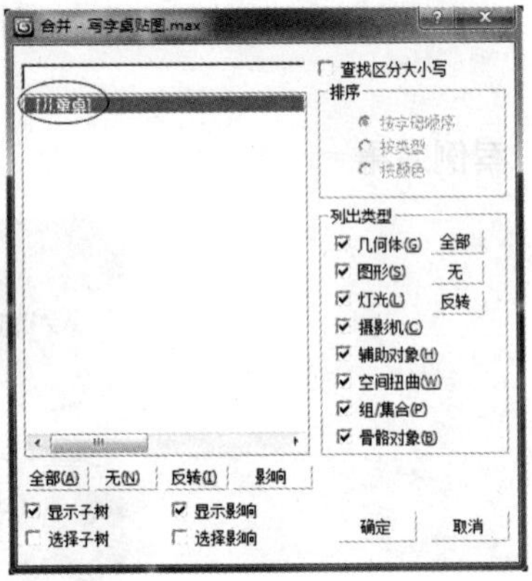

图4.165

步骤4：单击 确定 按钮弹出【重复材质名称】设置对话框，如图4.166所示，单击 自动重命名合并材质 按钮即可将材质合并到场景中。

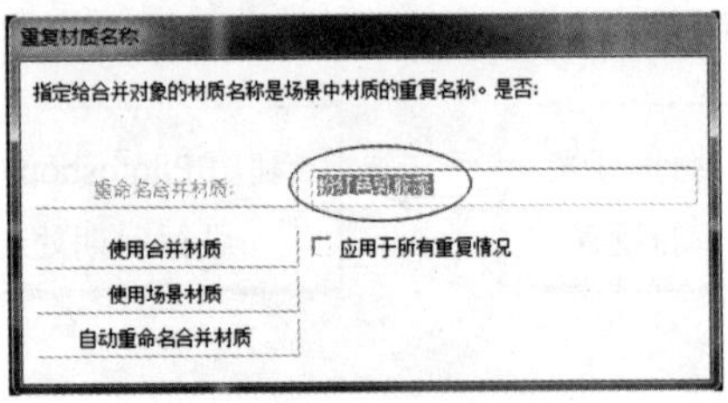

图4.166

步骤5：使用(选择并移动)工具、(选择并旋转)和(选择并均匀缩放)工具对合并进来的“写字桌”大小、位置进行适当的调整、旋转。最终效果如图4.167所示。

步骤 6： 方法同上将其他家具合并进来并调整好位置。单击(渲染产品)按钮即可得到如图 4.168 所示。

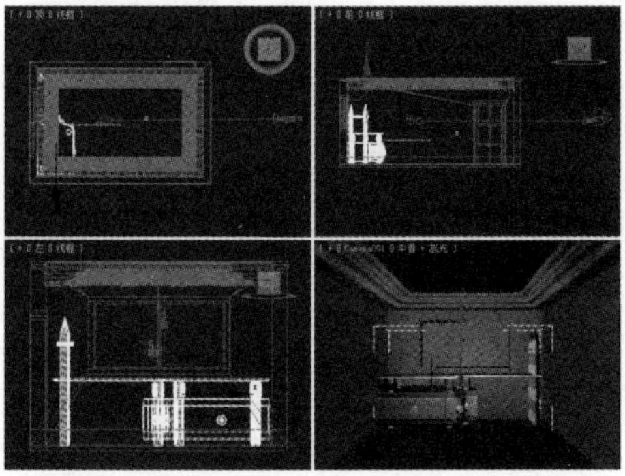

图 4.167

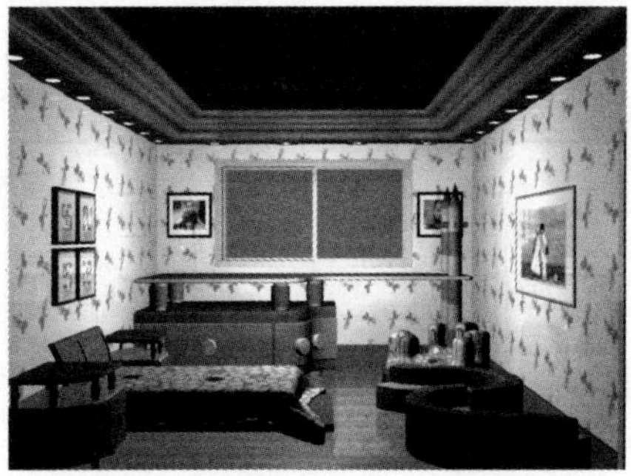

图 4.168

步骤 7： 保存文件。按 Ctrl+S 键保存文件。

2. 场景灯光的设置

在室内效果图制作中，灯光是很重要的一部分内容，一套好的装饰效果必须通过良好的灯光设置才能得到表现。作为室内设计者，掌握好灯光布局方法，是制作高质量建筑效果的一项重要内容。

步骤 1： 打开“儿童房装饰设计后期处理.max”文件，另存为“儿童房装饰设计灯光设置.max”文件。

步骤 2： 在工具栏中单击全部右边的按钮，弹出下拉列表，在下拉列表中选择灯光命令。此时，对灯光进行操作而其他对象不受影响。

步骤 3： 单击(创建)→(灯光)转到灯光浮动面板，单击浮动面板标准右边的按钮，弹出下拉列表，在下拉列表中选择光度学命令，再单击自由灯光按钮，在顶视图中单击即可创建自由点光源，命名为“吊顶筒灯”。

步骤 4： 在分布 (光度学 Web)卷展栏中单击<选择光度学文件>按钮，弹出【打开光域 Web 文件】对话框，具体设置如图 4.169 所示。

步骤 5： “吊顶筒灯”的具参数设置如图 4.170 所示。

步骤 6： 调整好“吊顶筒灯”的位置，其在各个视图中的位置如图 4.171 所示。

步骤 7： 以实例的方式复制 25 盏“吊顶筒灯”，其在各个视图中的位置如图 4.172 所示。

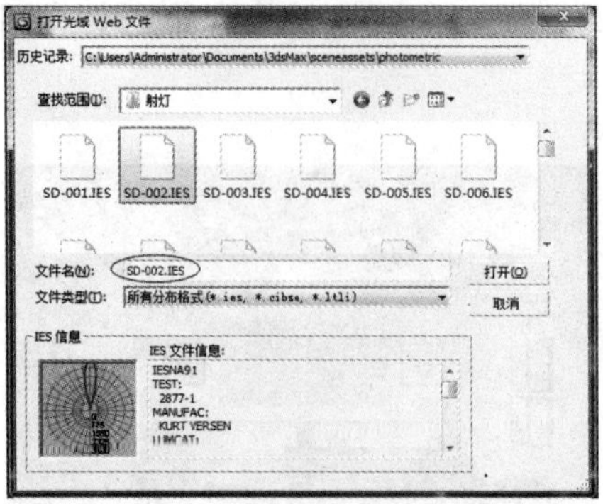

图 4.169

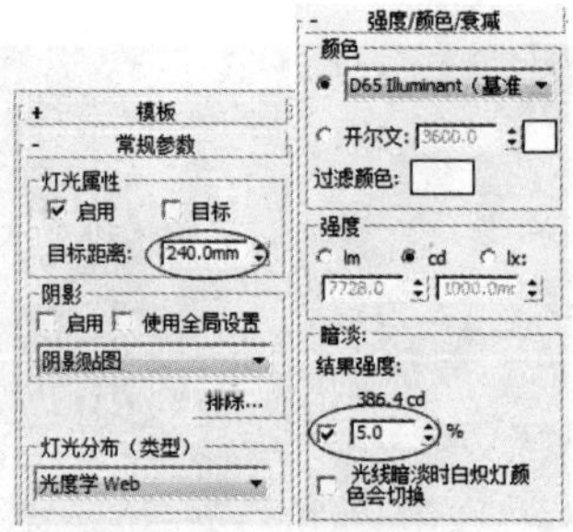

图 4.170

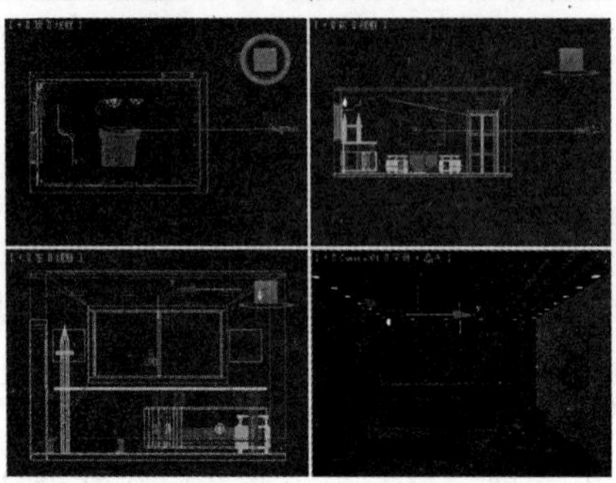

图 4.171

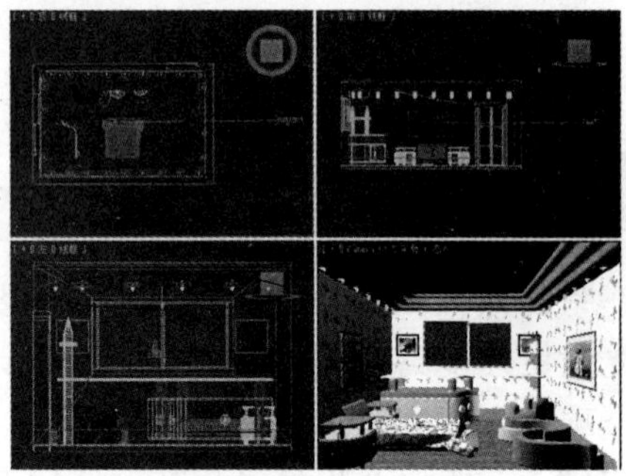

图 4.172

步骤 8：单击(创建)→(灯光)→ 泛光灯 按钮，在顶视图中创建一盏“泛光灯”并命名为“照明灯”，具体参数设置如图 4.173 所示，其在各个视图中的位置如图 4.174 所示。

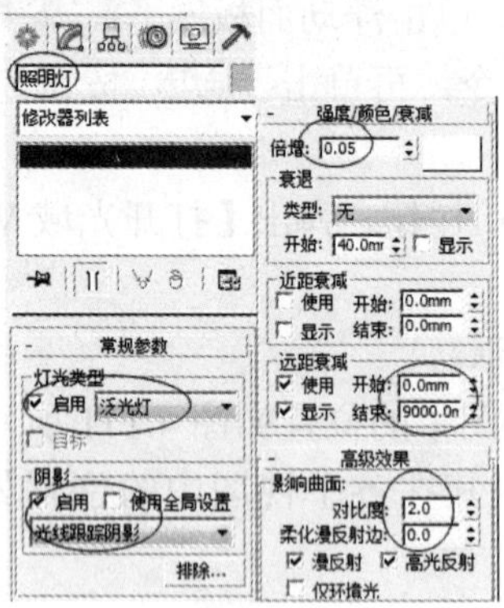

图 4.173

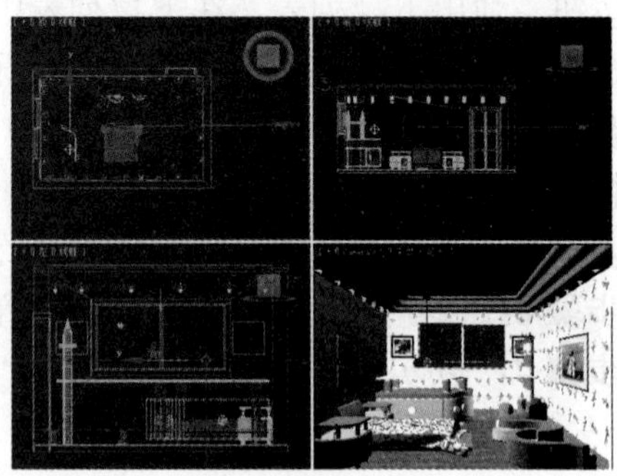

图 4.174

步骤 9：以实例的方式复制 7 盏“照明灯”，其在各个视图中的位置如图 4.175 所示。

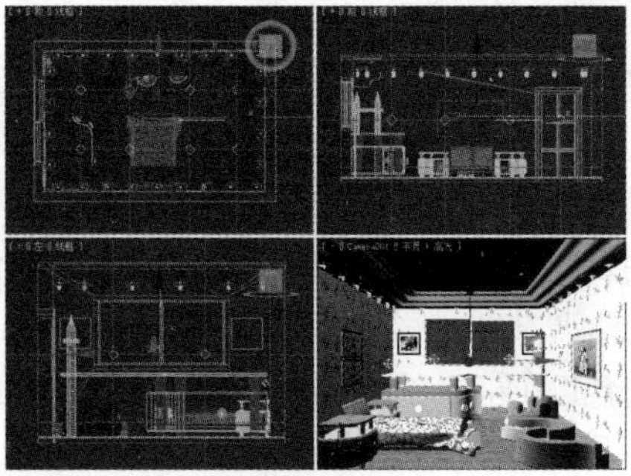

图 4.175

步骤 10：保存文件。按 Ctrl+S 键保存文件。

步骤 11：单击工具箱中的(渲染设置)按钮，弹出【渲染场景】对话框，具体参数设置如图 4.176 所示。

步骤 12：单击渲染按钮，即可渲染出如图 4.177 所示的效果。

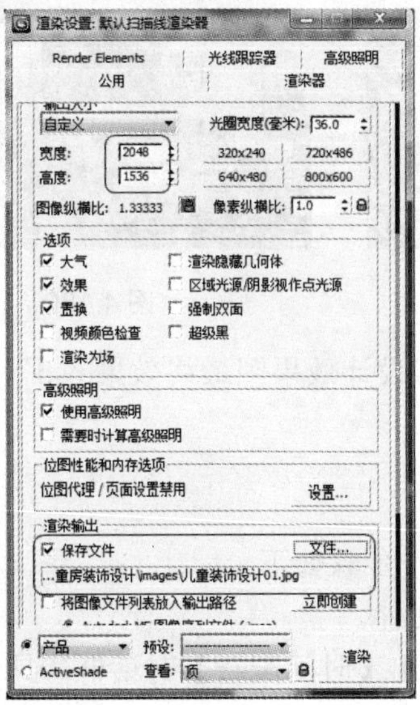

图 4.176

图 4.177

3. 利用 Photoshop CS5 进行后期处理

在这里主要讲解如何对儿童房的渲染图像进行后期处理，以改善和增强效果图的品质。

具体操作步骤如下。

步骤 1：启动 Photoshop CS5 软件。

步骤 2：打开在前一节中 3ds max 渲染出来的效果图“儿童房装饰设计 1.jpg”文件。

步骤 3：进行曲线调整。选择工具箱中的图像(I)→调整(A)→曲线(U)...命令，弹出【曲线】调整对话框，具体调整如图 4.178 所示，单击确定按钮即可。

步骤 4：调整色阶。选择工具箱中的图像(I)→自动色调(N)命令，自动调整色调(如果读者对自动色阶，不满意可以进行手动调节)。

步骤 5：调整颜色。选择工具箱中的图像(I)→自动对比度(U)命令，自动调整对比度(如果读者对自动颜色不满意，可以进行手动调节)。

步骤 6：打开两张如图 4.179 所示的图片并拖到“儿童房设计 1.jpg”文件中，使用变形工具和移动工具进行大小和位置调整，最终效果如图 4.180 所示。

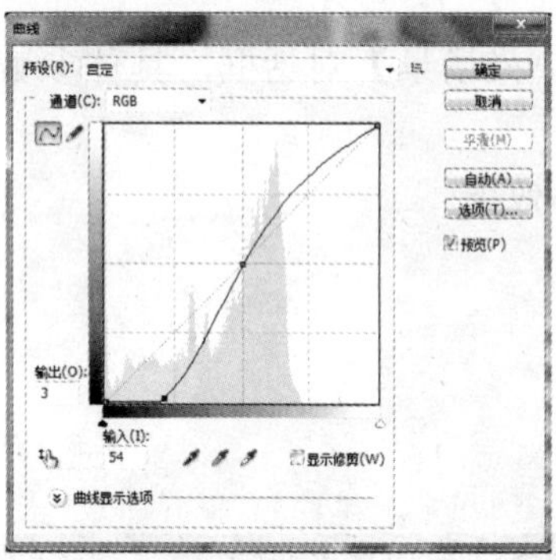

图 4.178

图 4.179

图 4.180

步骤 7：将处理好的效果图保存，命名为“儿童房设计效果图最终效果.psd”和“儿童房设计效果图最终效果.jpg”两种格式的文件。

4. 设置浏览动画

本节主要讲解设置动画浏览的相关操作。具体操作步骤如下。

步骤 1：打开“儿童房装饰设计灯光设置.max”文件。

步骤 2：单击动画控制区中的(时间配置)按钮弹出【时间配置】对话框，具体设置如图 4.181 所示，单击确定按钮即可配置好时间。

步骤 3：在浮动面板中单击(创建)→(图形)→线按钮，在顶视图中绘制如图 4.182 所示的曲线，将曲线命名为“路径”。

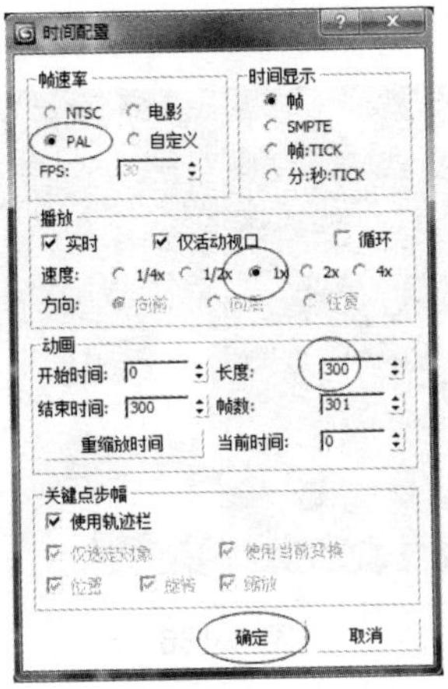

图 4.181

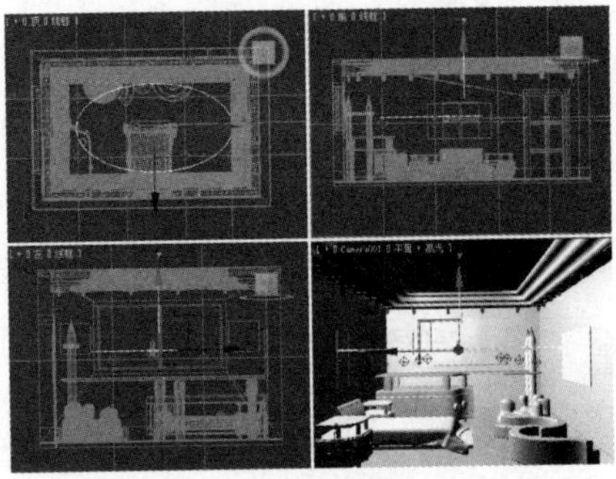

图 4.182

步骤 4：在浮动面板中单击(创建)→(摄影机)→目标按钮，在顶视图中创建一架摄影机，具体参数设置如图 4.183 所示。摄影机在各个视图中的位置如图 4.184 所示。

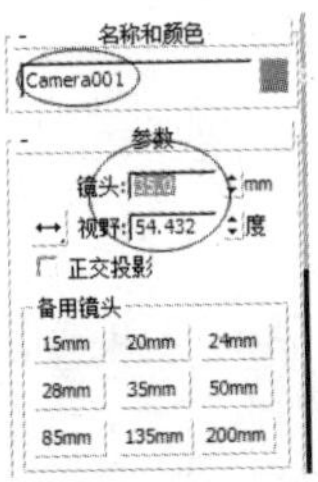

图 4.183

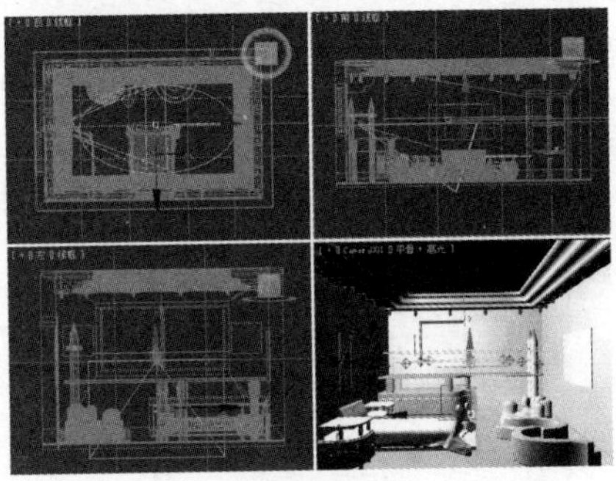

图 4.184

步骤 5：在【浮动】面板中单击(运动)→参数按钮，单击指定控制器左边的号，展开【指定控制器】卷展栏。

步骤 6：确保“Camera001”摄影机被选中，单击位置：位置 XYZ选项，然后单击(指定控制器)按钮弹出【指定 位置 控制器】设置对话框，具体设置如图 4.185 所示，单击确定按钮返回。

步骤 7：单击路径参数卷展栏中的添加路径按钮，单击顶视图中绘制的曲线即可将 Camera01 摄影机约束到路径上。

步骤 8：将视图转到“Camera002”视图中，如图 4.186 所示。

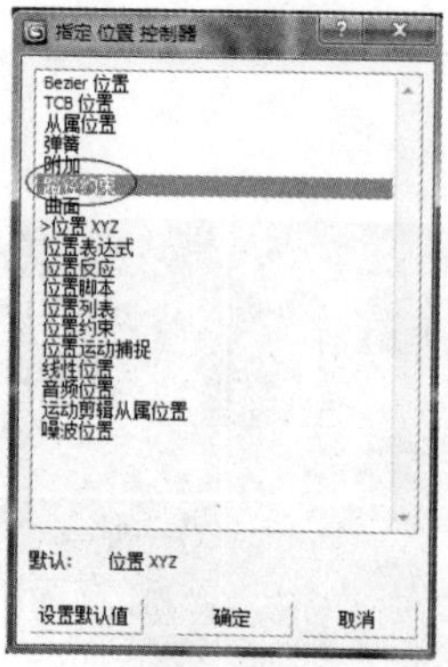

图 4.185

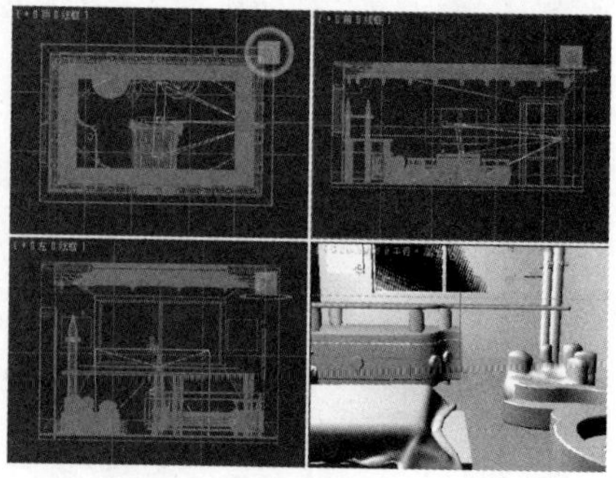

图 4.186

步骤 9：保存文件。按 Ctrl+S 键保存文件。

步骤 10：单击工具栏中的(渲染设置)按钮，弹出【渲染设置】对话框，具体参数设置如图 4.187 所示。

步骤 11：单击渲染按钮，即可对 Camera01 摄影机视图进行动画渲染。截图如图 4.188 所示。

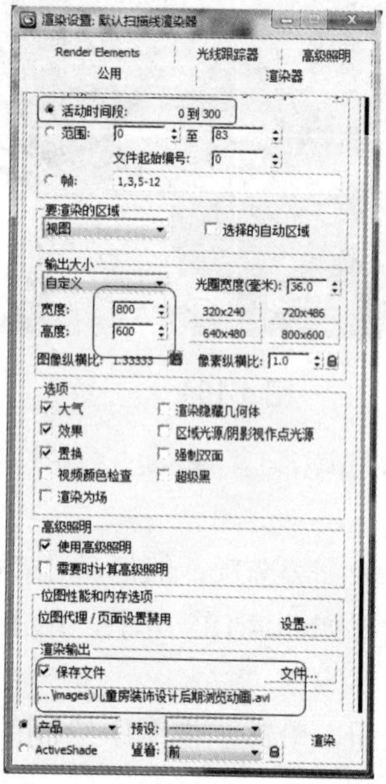

图 4.187

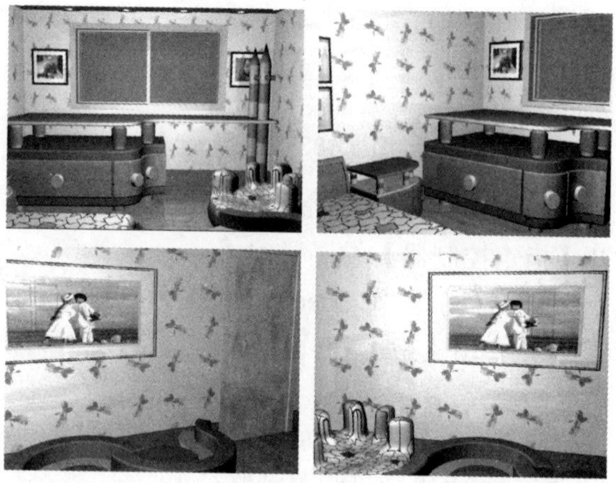

图 4.188

步骤 12：保存文件。将文件另存为“儿童房装饰设计后期浏览动画.max”。

四、拓展训练

制作如下图所示的儿童房效果。

(a)

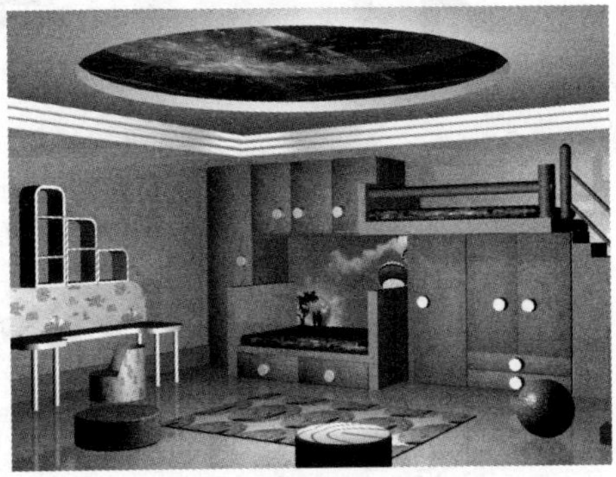

(b)

案例练习图

提示：老师可以根据学生的实际情况出发，对于接受能力比较强的学生，可以要求将拓展训练的效果图制作出来；对于基础比较薄弱、接受能力相对比较差的学生，可以不作要求。

本 章 小 结

本章主要讲解了儿童房的制作。它与卧室效果图的制作没有多大区别，只是在功能设计、造型设计、颜色搭配等方面倾向于儿童的心理和生理特点。设计儿童房最重要的是要考虑安全性设计原则。安全性主要包括材料和结构布局两个方面。

第5章

书房装饰设计

技能点

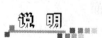

1. 书桌的制作
2. 明式官帽椅的制作
3. 几案的制作
4. 书柜的制作
5. 书房模型的创建
6. 书房家具的调用及布置
7. 场景灯光的设置
8. 基本贴图技术
9. 利用 Photoshop 进行后期处理
10. 设置浏览动画

【素材下载】

说 明

本章主要讲解书房中各种家具的设计方法、基础贴图技术、灯光技术和渲染图的后期处理等知识，重点要掌握书房中各种家具的制作方法和灯槽中的光带制作技术。

设计书房时，在注意光线和色彩合理搭配的同时，也要注意整个结构和布局的美观协调和使用的舒适性，以给主人创造一个宁静简约而功能齐全的读写空间。

教学建议课时数

一般情况下需要 16 课时，其中理论 4 课时，实际操作 12 课时(特殊情况可做相应调整)。

随着家庭居住条件的不断改善和生活水平的提高，越来越多的家庭设置了书房，这是人们在满足物质生活的同时，开始注意对文化生活品味的追求的体现。书房的装潢设计通常采用简约庄重的色彩、细腻的线条排布。书房中的家具一般包括书柜、书桌、椅子、沙发等。设计书房时，在要注意整个结构和布局美观协调的同时，要兼顾使用的舒适性，以给主人创造一个宁静简洁而功能齐全的读写空间。

书房装饰效果图

书房家具设计的基础造型主要包括书桌、书柜、椅子和沙发等。为了方便初学者学习和理解，首先学习单独制作书桌、书柜、椅子和沙发等造型并保存为线架文件，再来学习制作书房的模型，最后将它们合并、渲染输出即可。

5.1　书桌的制作

一、案例效果

案例效果图

二、案例制作流程(步骤)分析

启动3ds Max 2011，设置单位 → 使用3ds Max中的相关命令制作书桌模型 → 给书桌模型添加材质贴图

三、详细操作步骤

1. 设置单位

步骤1：启动3ds Max 2011，保存文件为“书桌.max”。

步骤2：设置单位。单位的设置同2.1节中的单位设置完全一样。

2. 制作书桌模型

步骤1：单击浮动面板中的(创建)→(图形)→ 线 按钮，在顶视图中绘制如图5.1所示的闭合曲线，命名为“书桌面”(最大长度为2000mm、最大宽度600mm)。

步骤2：单击 弧 →(捕捉开关)按钮，将鼠标移到“书桌面”的一个端点，单击并按住鼠标左键不放的同时移到“书桌面”的另一个端点处单击，松开鼠标并移动鼠标直到得到如图5.2所示的弧线时单击鼠标即可。

步骤3：单击(捕捉开关)按钮，取消捕捉功能。单击(选择并移动)按钮，再在顶视图中单击“书桌面”曲线。

步骤4：单击(修改)→(样条线)→ 附加 按钮，将鼠标移到顶视图中的“弧线”上

【参考视频】

单击即可将弧线附加到“书桌面”曲线中，再单击附加按钮，退出附加命令。

步骤 5：单击(顶点)按钮，在顶视图中选中如图 5.3 所示的顶点。

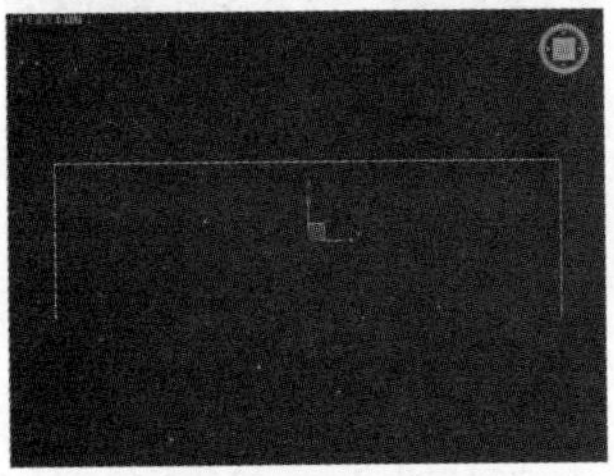

图 5.1

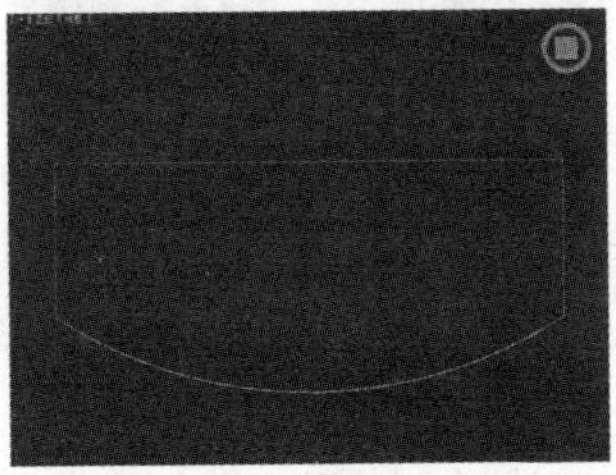

图 5.2

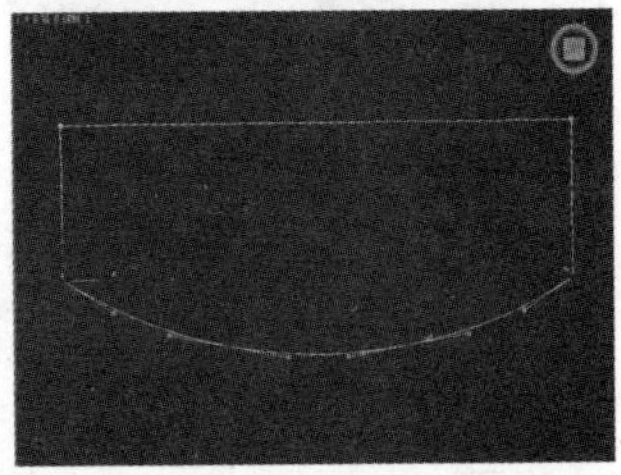

图 5.3

步骤 6：在焊接右边的文本输入框中输入数值“4”，单击焊接按钮即可将分离的顶点焊接在一起形成闭合曲线。

步骤 7：单击【浮动】面板中的(创建)→(图形)→线按钮，在前视图中绘制如图 5.4 所示的闭合曲线，命名为“剖面倒角曲线”(最大长度为 100mm、最大宽度为 100mm)。

步骤 8：选中“书桌面”曲线，选择修改器列表右边的按钮弹出下拉列表，在下拉列表中选择倒角剖面命令，在【倒角剖面】面板中单击拾取剖面按钮，将鼠标移到前视图中的“剖面倒角曲线”上单击即可得到如图 5.5 所示的效果。

步骤 9：单击【浮动】面板中的(创建)→(图形)→线按钮，在顶视图中绘制如图 5.6 所示的闭合曲线，命名为“书桌主体”。

图 5.4

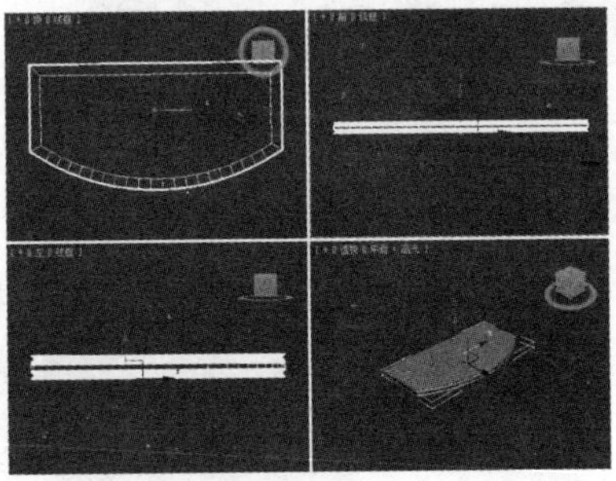

图 5.5

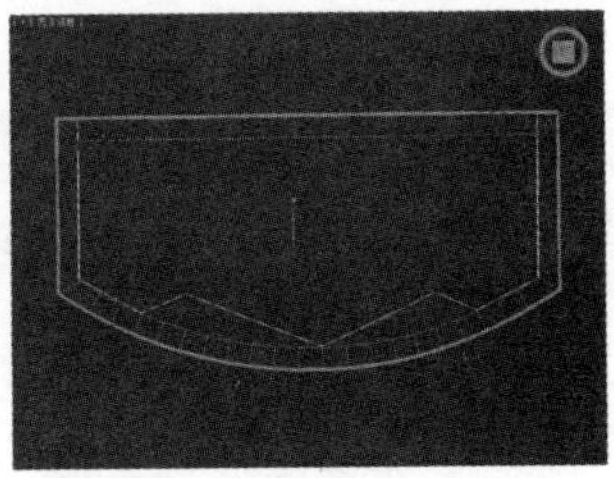

图 5.6

步骤 10：单击(修改)→(顶点)按钮，在中间点上右击，在快捷菜单中选择平滑命令即可将该点转化为平滑点，如图 5.7 所示。

步骤 11：对需要进行圆角化的顶点进行圆角，最终效果如图 5.8 所示。

步骤 12：单击(样条线)按钮，在轮廓右边的文本输入框中输入数值“50”，按 Enter 键即可得到如图 5.9 所示的效果。

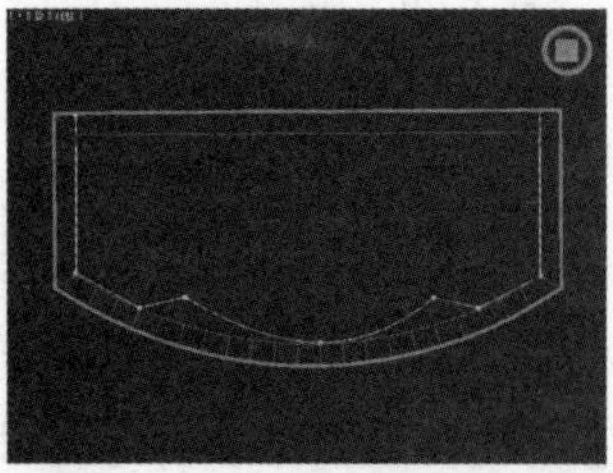

图 5.7

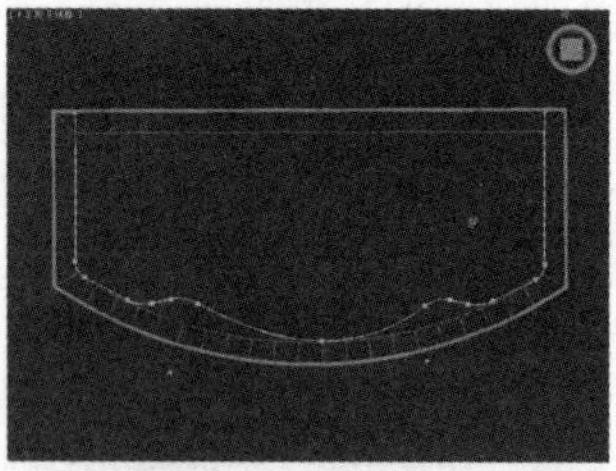

图 5.8

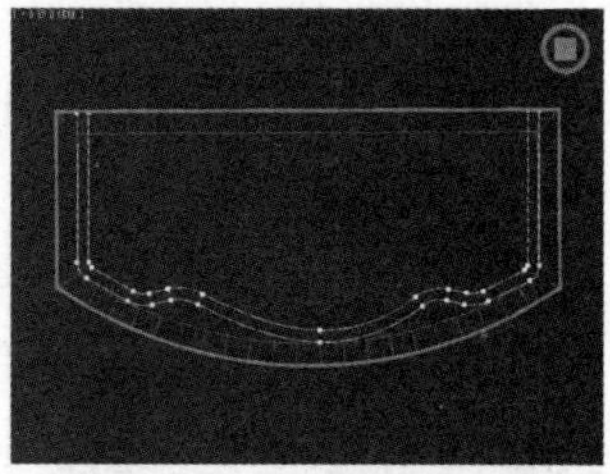

图 5.9

步骤 13：单击修改器列表右边的按钮，弹出下拉菜单，在下拉菜单中选择挤出命令，具体参数设置如图 5.10 所示。

步骤 14：调整好“书桌主体”的位置。其在各个视图中的位置如图 5.11 所示。

步骤 15：利用步骤 9～12 的方法，在前视图中再制作一条如图 5.12 所示的曲线闭合曲线，命名为“书桌主体装饰”。

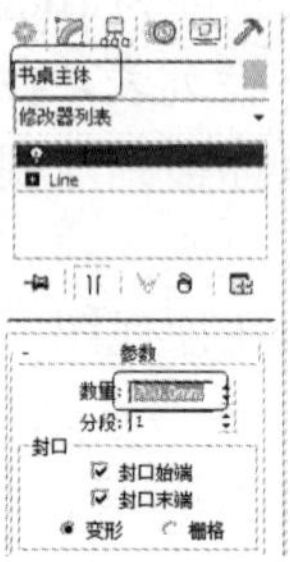

图 5.10

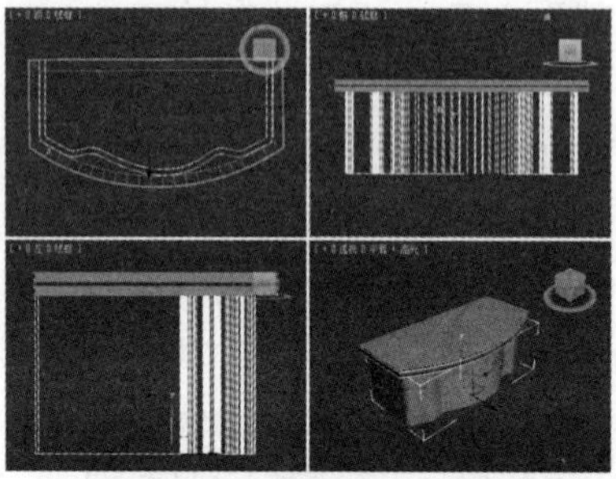

图 5.11

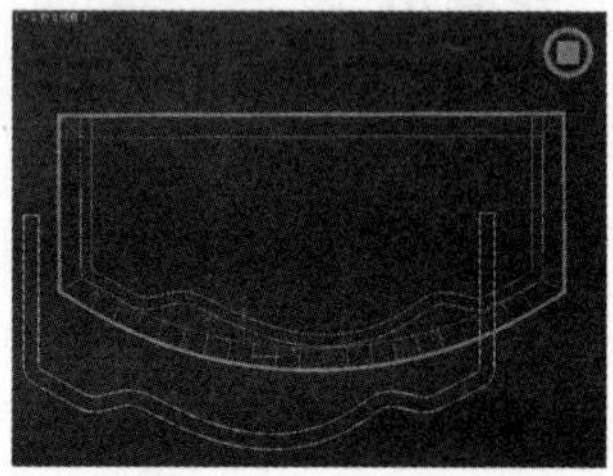

图 5.12

步骤 16：单击修改器列表右边的按钮，弹出下拉菜单，在下拉菜单中选择倒角命令，具体参数设置如图 5.13 所示，其在各个视图中的位置如图 5.14 所示。

图 5.13

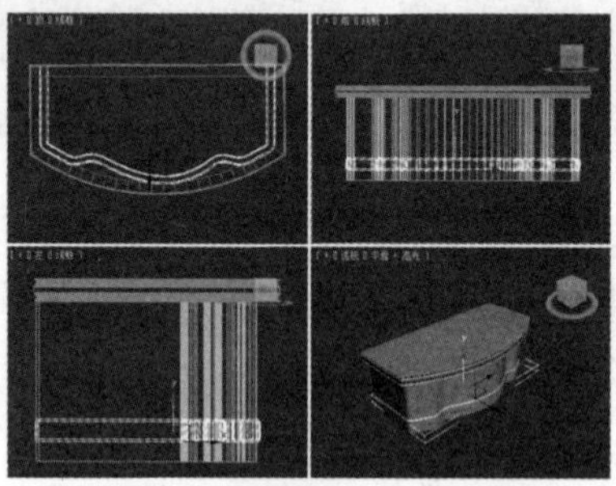

图 5.14

步骤 17： 单击【浮动】面板中的(创建)→(几何体)→圆柱体按钮，在顶视图中创建两个圆柱体，命名为“装饰 01”和“装饰 02”，具体参数设置如图 5.15 所示，其在各个视图中的位置如图 5.16 所示。

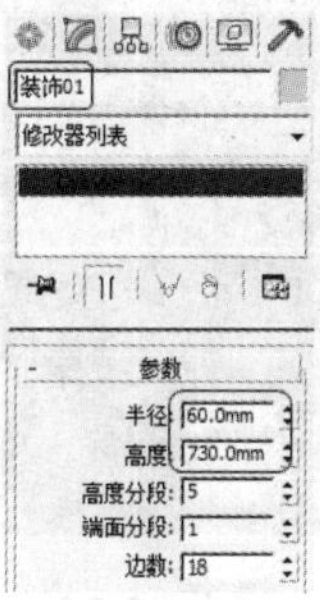

图 5.15

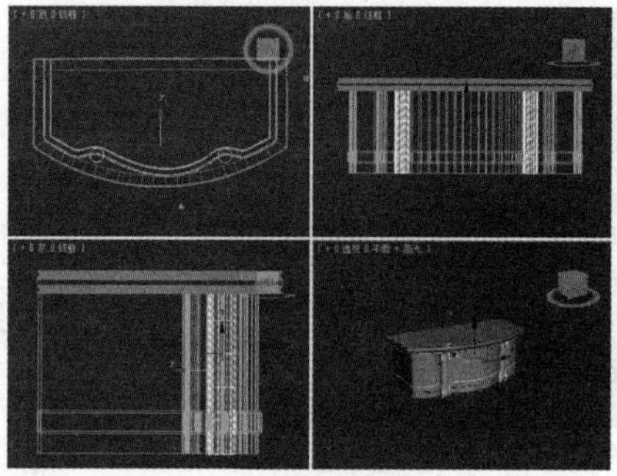

图 5.16

步骤 18： 单击标准基本体右边的按钮，弹出下拉列表，在下拉列表中选择扩展基本体命令转到【扩展基本体】面板，单击切角长方体按钮，在顶视图中创建一个切角长方体，命名为“书桌前装饰”，具体参数设置如图 5.17 所示。

步骤 19： 单击修改器列表右边的按钮，弹出下拉菜单，在下拉菜单中选择编辑网格命令，单击(多变形)按钮，在忽略背面前面打上“√”，选中“书桌前装饰”对象中的多变形，如图 5.18 所示。

步骤 20： 将选中的多变形的材质 ID 号设置为 1，如图 5.19 所示。

步骤 21： 选中“书桌前装饰”对象中的多边形，如图 5.20 所示。将选中的多变形的材质 ID 号设置为 2。

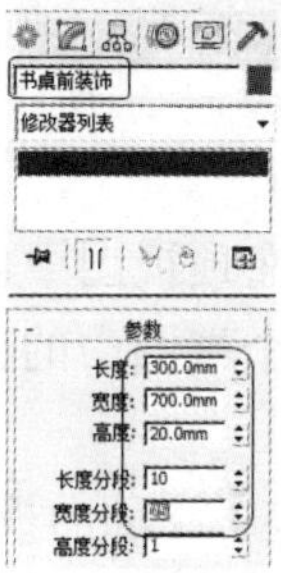

图 5.17

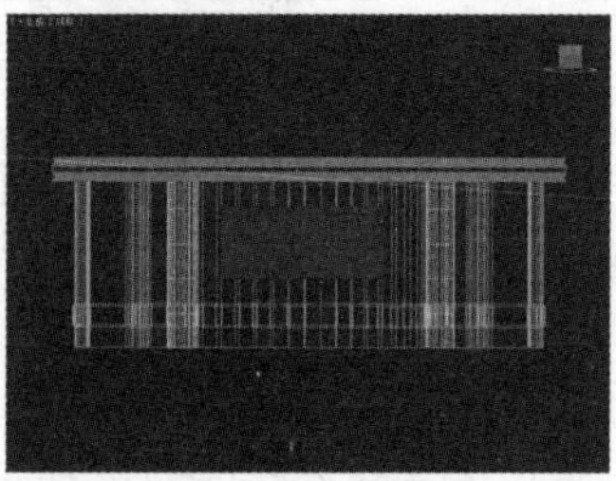

图 5.18

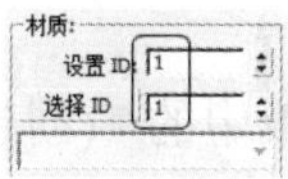

图 5.19

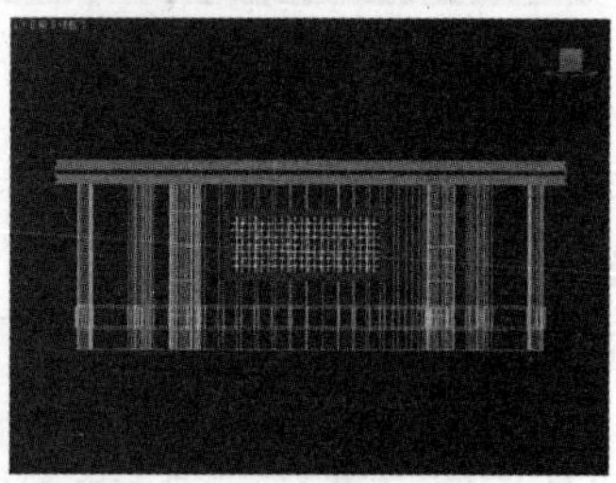

图 5.20

步骤 22： 单击挤出按钮，在挤出右边的文本输入框中输入数值“-20”，按 Enter 键。

步骤 23： 单击倒角按钮，在倒角右边的文本输入框中输入数值“10”，按 Enter

键，调整好“书桌前装饰”对象的位置，如图 5.21 所示。

步骤 24：单击修改器列表右边的按钮，弹出下拉列表，在下拉列表中选择弯曲命令，具体参数设置如图 5.22 所示，其在各个视图中的位置如图 5.23 所示。

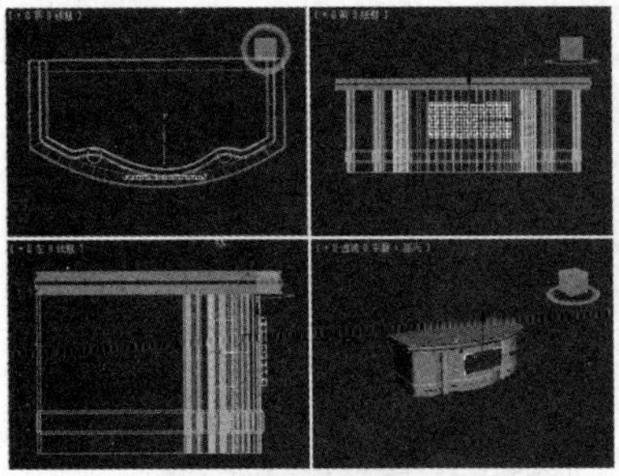

图 5.21

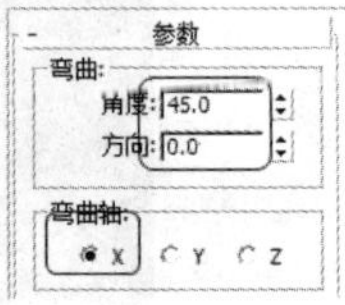

图 5.22

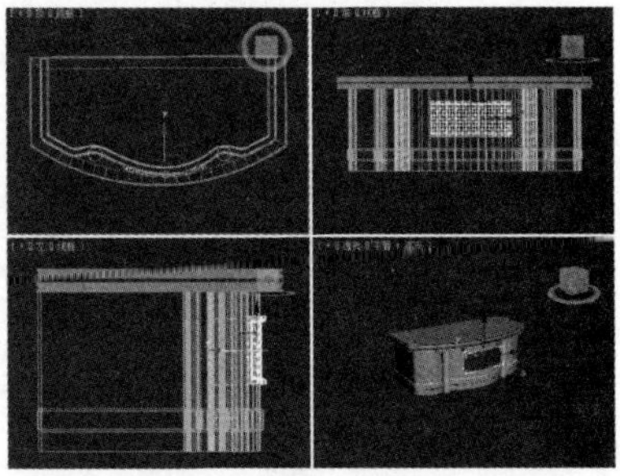

图 5.23

步骤 25：方法步骤同步骤 18～25。再制作两个“书桌侧装饰”，分别命名为“书桌侧装饰 01”和“书桌侧装饰 02”，其在各个视图中的位置如图 5.24 所示。

步骤 26：单击(创建)→切角长方体按钮，在顶视图中创建一个切角长方体，命名为“书桌面装饰”，具体参数设置如图 5.25 所示，其在各个视图中的位置如图 5.26 所示。

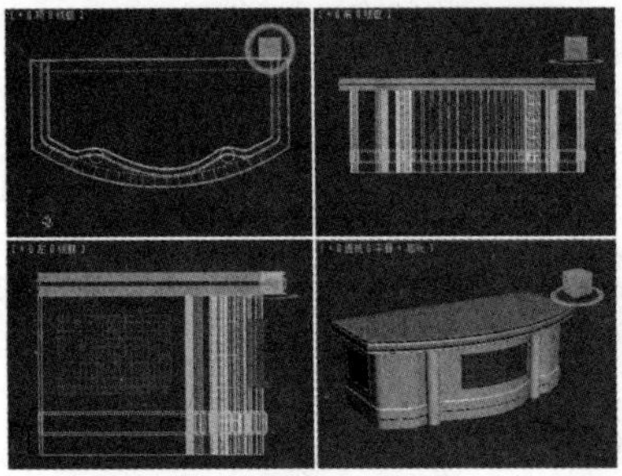

图 5.24

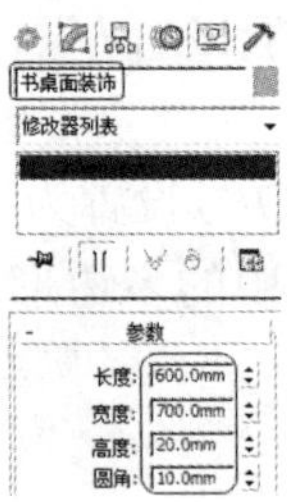

图 5.25

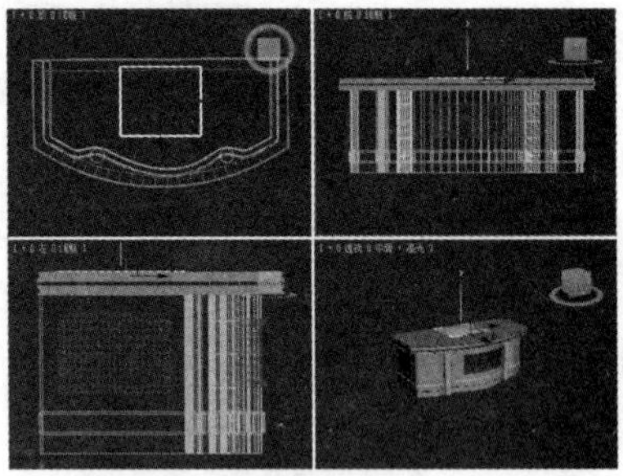

图 5.26

步骤 27：单击【浮动】面板中的(创建)→(几何体)→长方体按钮，在顶视图中创建一个长方体，命名为“书桌侧柜”，具体参数设置如图 5.27 所示，其在各个视图中的位置如图 5.28 所示。

步骤 28：单击【浮动】面板中的(创建)→(几何体)按钮，转到【几何体】浮动面板，单击标准基本体右边的按钮，弹出下拉列表，在下拉列表中选择扩展基本体命令，单击切角长方体按钮，在顶视图中创建一个切角长方体，命名为“书桌侧柜顶面”，具体参数设置如图 5.29 所示，其在各个视图中的位置如图 5.30 所示。

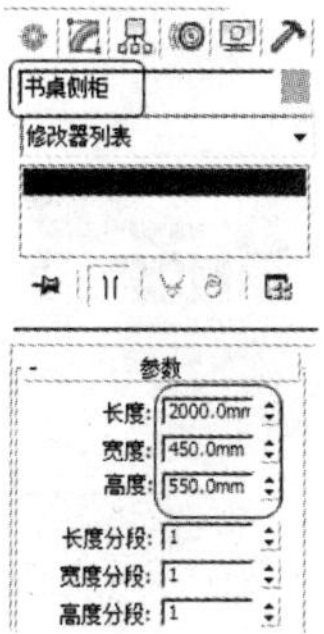

图 5.27

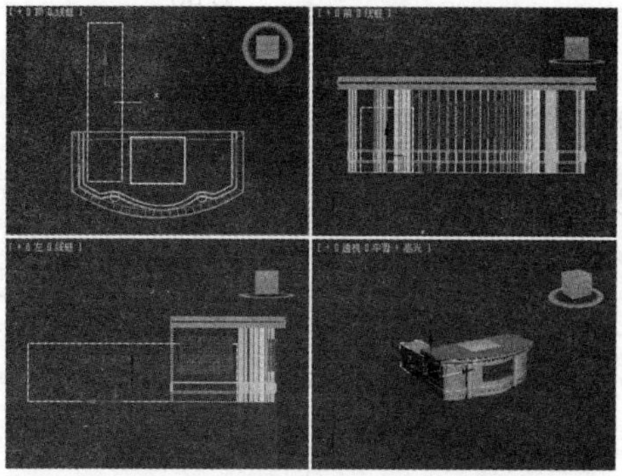

图 5.28

图 5.29

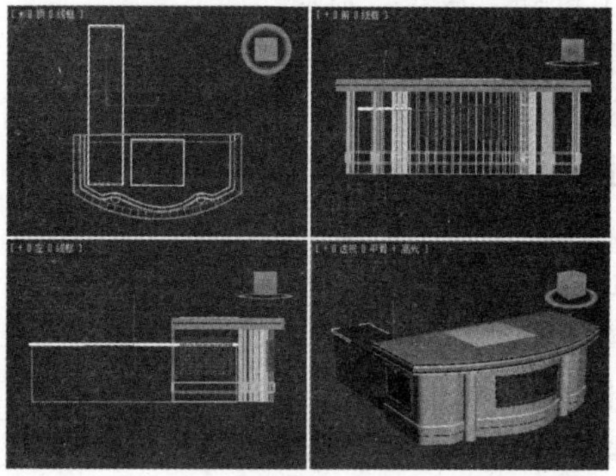

图 5.30

3. 创建书桌模型的材质

1) 创建“木纹”材质

步骤 1：在工具栏中单击(材质编辑器)按钮，弹出【材质编辑器】设置对话框，在【材质编辑器】设置对话框中选择一个空白的示例球，将其命名为“木纹”材质。

步骤 2：单击漫反射:右边的按钮，弹出【材质/贴图浏览器】设置对话框，在【材质/贴图浏览器】设置对话框中双击位图命令项，弹出【选择位图图向文件】设置对话框，具体设置如图 5.31 所示。单击打开(O)按钮，单击(转到父对象)按钮，转到参数设置对话框，具体设置如图 5.32 所示。

步骤 3：单击贴图左边的+符号，展开【贴图】卷展栏，单击反射右边的 None 按钮，弹出【材质/贴图浏览器】，在【材质/贴图浏览器】中双击光线跟踪项，单击(转到父对象)按钮，返回上一级，具体参数设置如图 5.33 所示。

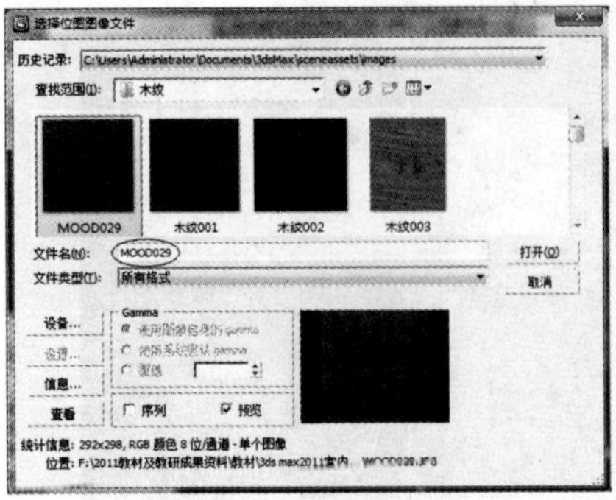

图 5.31

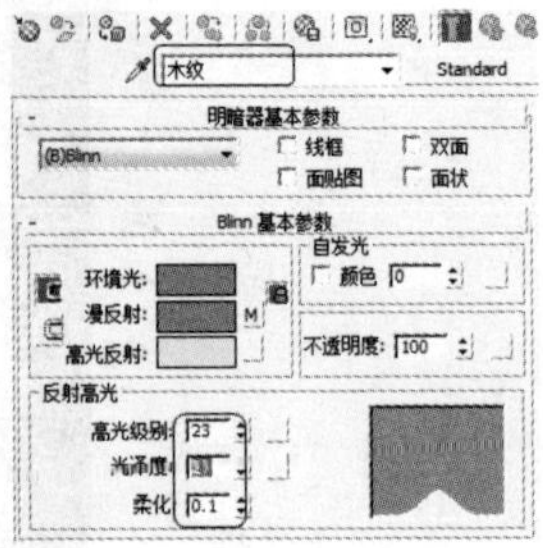

图 5.32

图 5.33

2) 创建“皮纹”材质

步骤 1：在工具栏中单击(材质编辑器)按钮，弹出【材质编辑器】设置对话框，在【材质编辑器】设置对话框中选择一个空白的示例球，将其命名为“皮纹”材质。

步骤 2：单击漫反射:右边的按钮，弹出【材质/贴图浏览器】设置对话框，在【材质/贴图浏览器】设置对话框中双击位图命令项，弹出【选择位图图向文件】设置对话框，具体设置如图 5.34 所示。单击打开(O)按钮，单击(转到父对象)按钮，转到参数设置对话框，具体设置如图 5.35 所示。

步骤 3：单击贴图左边的+符号，展开【贴图】卷展栏，单击反射右边的None按钮，弹出【材质/贴图浏览器】对话框，在【材质/贴图浏览器】对话框中双击光线跟踪项，单击(转到父对象)按钮，返回上一级，具体参数设置如图 5.36 所示。

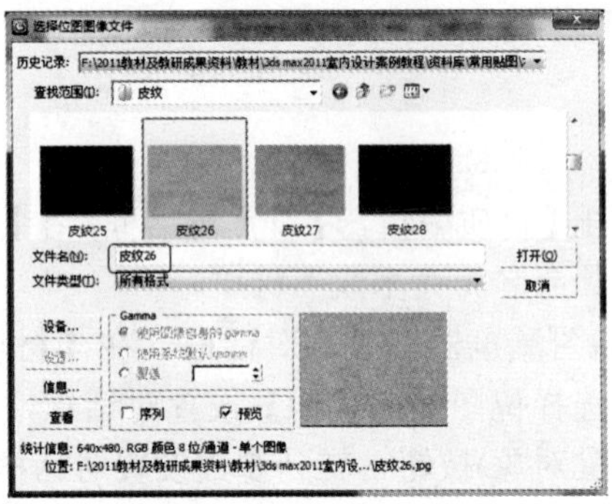

图 5.34

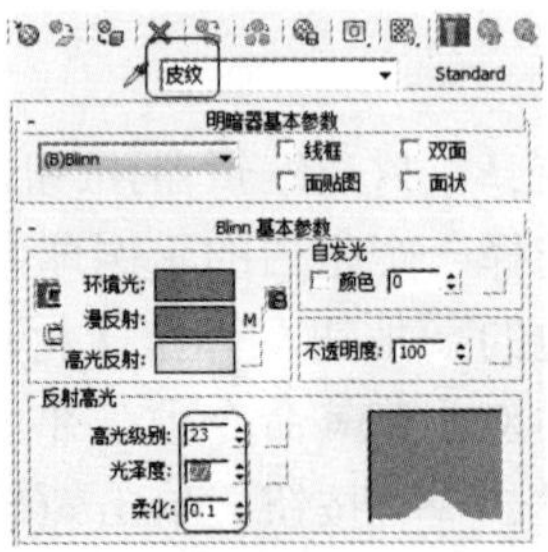

图 5.35

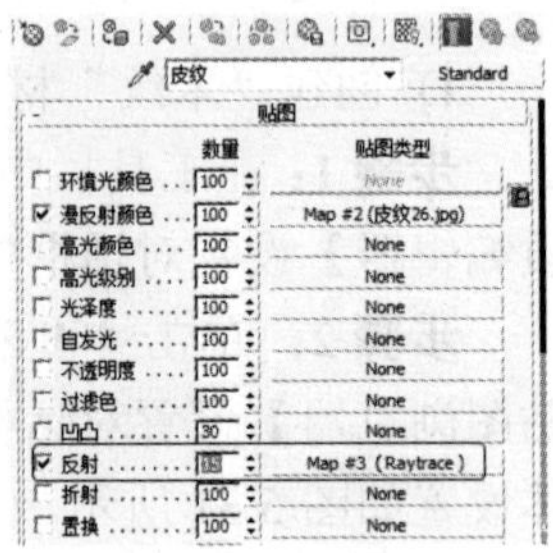

图 5.36

3) 创建“装饰混合”材质

步骤 1：单击(材质编辑器)按钮，弹出【材质编辑器】设置对话框，在【材质编辑器】

设置对话框中单击一个空白示例球并命名为“装饰混合”材质。

步骤 2： 单击 Standard 按钮，弹出【材质/贴图浏览器】设置对话框，双击 多维/子对象 项，弹出【替换材质】设置对话框，具体设置如图 5.37 所示，单击 确定 按钮返回 多维/子对象基本参数 卷展栏。

步骤 3： 多维/子对象基本参数 卷展栏参数具体设置如图 5.38 所示。

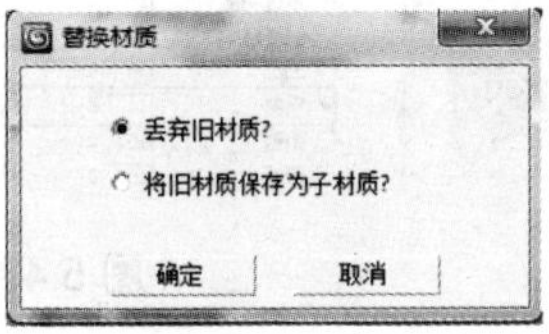

图 5.37

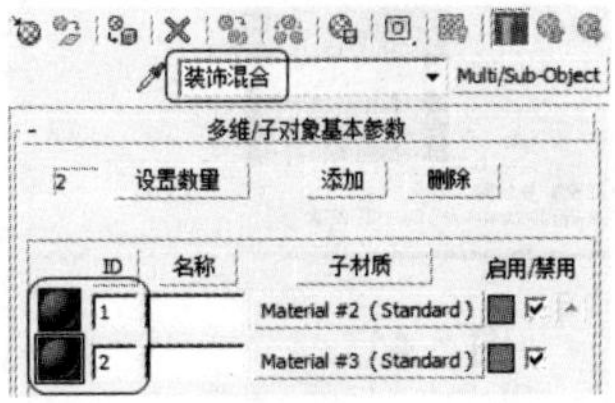

图 5.38

步骤 4： 单击 Material #2 (Standard) 按钮转到 1 号材质参数设置卷展栏，如图 5.39 所示。

步骤 5： 1 号材质的设置与前面“木纹”材质的参数设置和选择的“位图”完全相同，读者可以参考“木纹”材质的创建的步骤和方法，在这里就不再介绍。

步骤 6： 单击 Material #3 (Standard) 按钮，转到 2 号材质参数设置卷展栏，如图 5.40 所示。

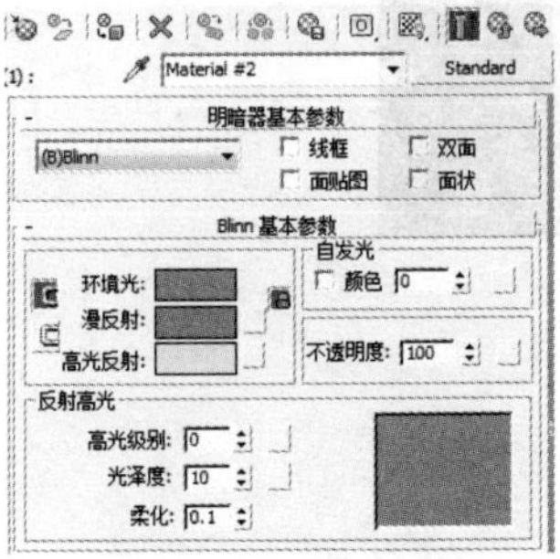

图 5.39

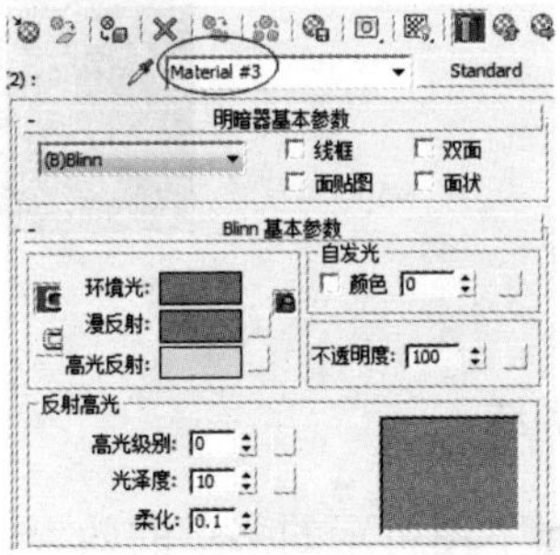

图 5.40

步骤 7： 单击 漫反射: 右边的 按钮，弹出【材质/贴图浏览器】设置对话框，在【材质/贴图浏览器】设置对话框中双击 位图 命令项，弹出【选择位图图向文件】设置对话框，具体设置如图 5.41 所示。单击 打开(O) 按钮，单击 (转到父对象)按钮，转到参数设置对话框，具体设置如图 5.42 所示。

步骤 8： 单击 贴图 左边的 + 符号，展开【贴图】卷展栏，单击 反射 右边的 None 按钮，弹出【材质/贴图浏览器】设置对话框，在【材质/贴图浏览器】设置对话框中双击 光线跟踪 项，单击 (转到父对象)按钮，返回上一级，具体参数设置如图 5.43 所示。

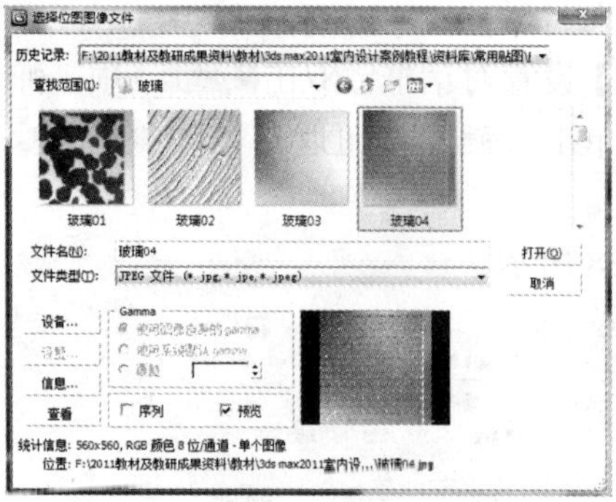

图 5.41

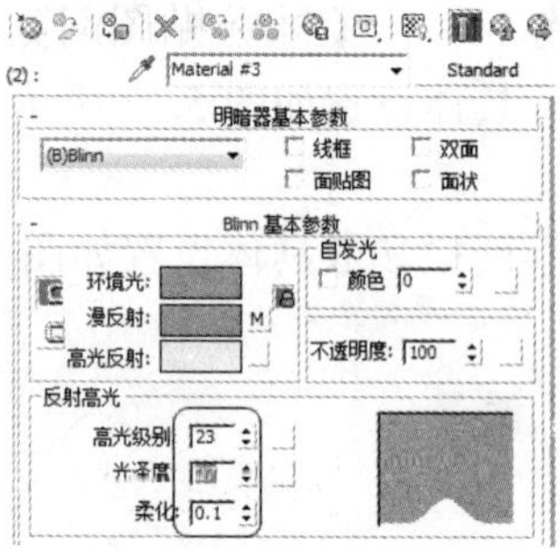

图 5.42

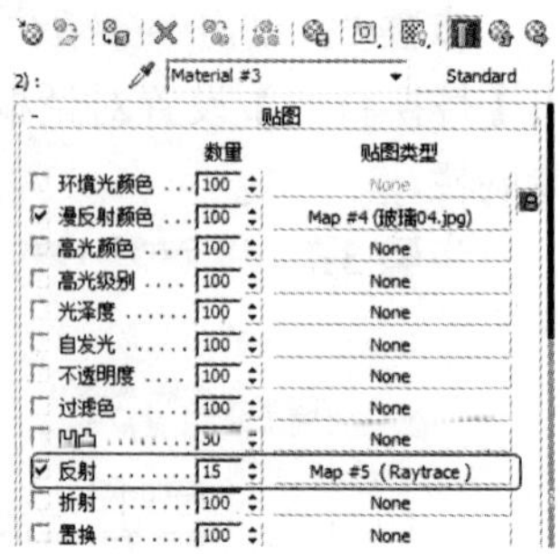

图 5.43

4) 给“书桌”赋予材质

利用前面所学知识给“书桌”各个部分赋予对应材质。单击工具栏中的 (渲染产品)按钮，即可得到如图 5.44 所示的渲染效果。

图 5.44

四、拓展训练

制作如下图所示的书桌的效果。

(a)

(b)

案例练习图

5.2　明式官帽椅的制作

一、案例效果

案例效果图

二、案例制作流程(步骤)分析

启动 3ds Max 2011，设置单位 → 使用 3ds Max 中的各种命令制作明式官帽椅模型 → 给明式官帽椅模型添加材质贴图

三、详细操作步骤

1. 设置单位

步骤 1：启动 3ds Max 2011 并保存文件为“明式官帽椅.max”。

步骤 2：设置单位。单位的设置同 2.1 节中的单位设置完全一样。

2. 制作明式官帽椅模型

步骤 1：单击【浮动】面板中的(创建)→(几何体)→长方体按钮，在顶视图中创建一个长方体，命名为“椅面”，具体参数设置如图 5.45 所示。

步骤 2：单击(修改)按钮转到【修改】浮动面板，单击修改器列表右边的按钮弹出下拉列表，在下拉列表中选择编辑网格命令。

步骤 3：单击(多边形)按钮，将顶视图转为底视图，在底视图中选中“椅面”的底面。

【参考视频】

步骤 4：单击 挤出 按钮，在 挤出 按钮右边的文本输入框中输入数值“5”，按 Enter 键。

步骤 5：单击 倒角 按钮，在 倒角 按钮右边的文本输入框中输入数值“-15”，按 Enter 键，其在各个视图中的效果如图 5.46 所示。

步骤 6：将底视图转为顶视图，单击浮动面板中的(创建)→(几何体)→ 长方体 按钮，在顶视图中创建一个长方体，命名为“椅面 01”，具体参数设置如图 5.47 所示。

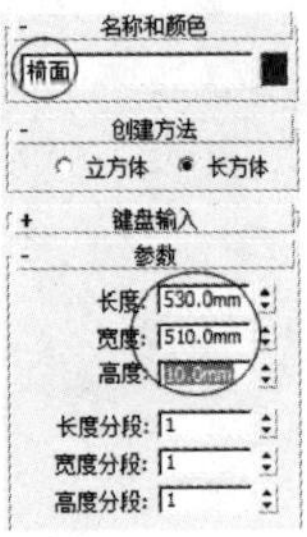

图 5.45

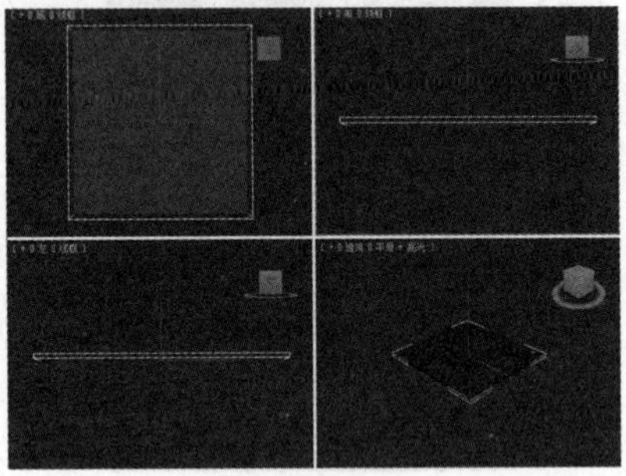

图 5.46

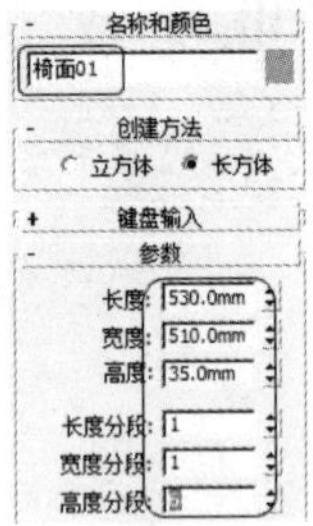

图 5.47

步骤 7：单击(修改)按钮，转到【修改】浮动面板，单击 修改器列表 右边的按钮，弹出下拉列表，在下拉列表中选择 锥化 命令。具体参数设置如图 5.48 所示，其在各个视图中的位置如图 5.49 所示。

步骤 8：单击【浮动】面板中的(创建)→(图形)→ 线 按钮，在前视图中绘制如图 5.50 所示的曲线，命名为“椅靠背”。

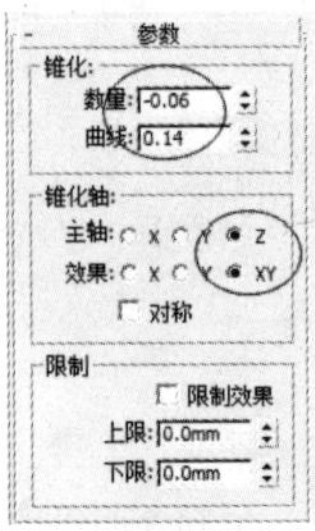

图 5.48

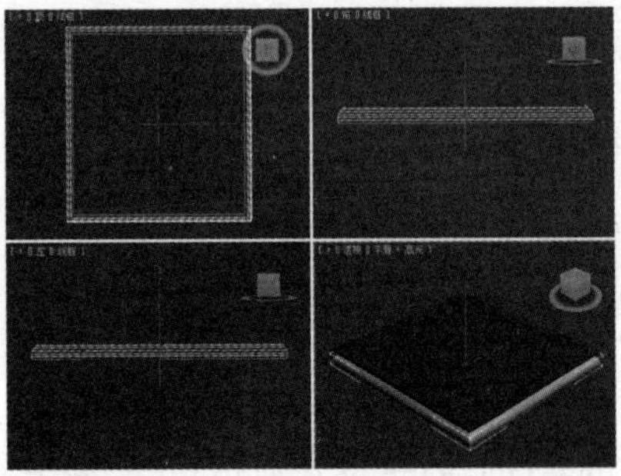

图 5.49

图 5.50

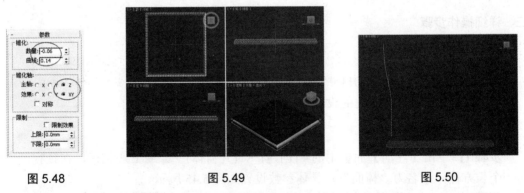

步骤 9：单击(修改)按钮，转到【修改】浮动面板，单击(样条线)→ 轮廓 按钮，在 轮廓 按钮右边的文本输入框中输入数值“15”，按 Enter 键即可得到如图 5.51 所示的效果。

步骤 10： 单击修改器列表右边的按钮，弹出下拉列表，在下拉列表中选择倒角命令。具体参数设置如图 5.52 所示，其在各个视图中的位置如图 5.53 所示。

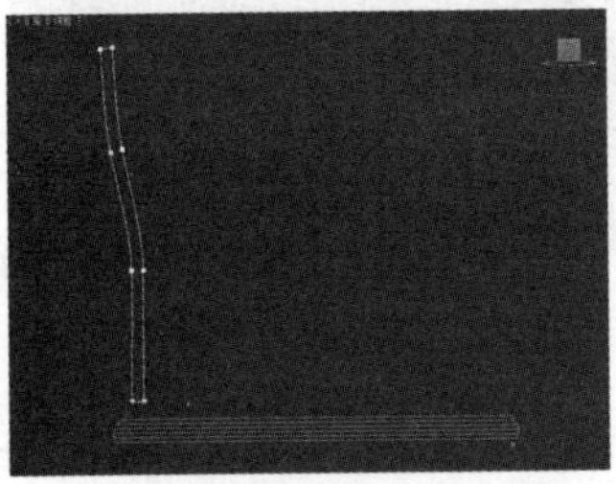

图 5.51

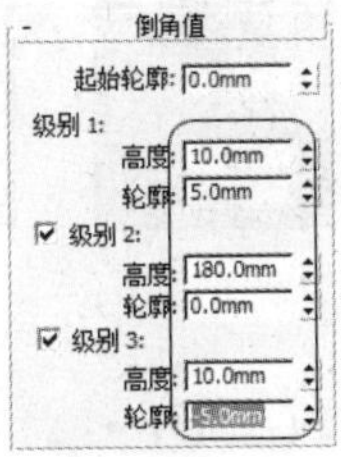

图 5.52

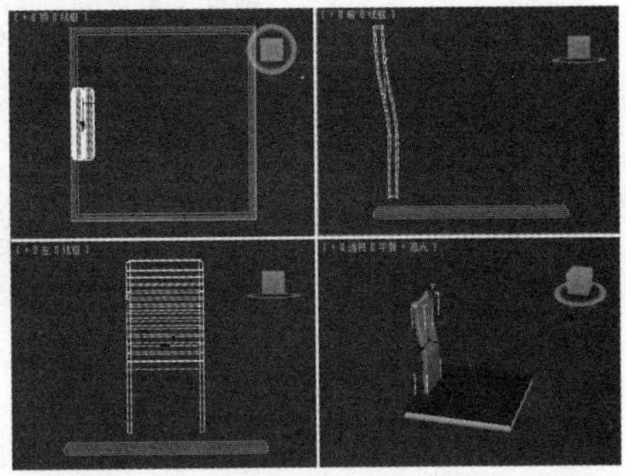

图 5.53

步骤 11： 单击浮动面板中的(创建)→(图形)→线按钮，在左视图中绘制如图 5.54 所示的曲线，命名为“椅子靠背 01”。

步骤 12： 单击(修改)按钮，转到【修改】浮动面板，单击(顶点)按钮，在前视图中调整顶点的位置，最终效果如图 5.55 所示。

步骤 13： 单击(样条线)→轮廓按钮，在轮廓按钮右边的文本输入框中输入数值“14”按 Enter 键，单击(顶点)按钮，对个别顶点进行调整，即可得到如图 5.56 所示的效果。

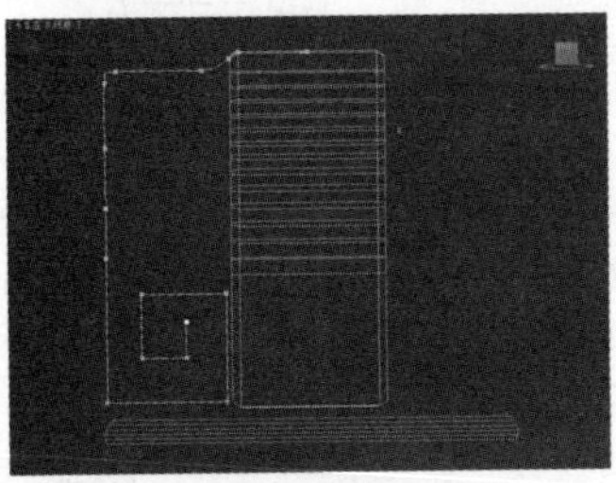

图 5.54

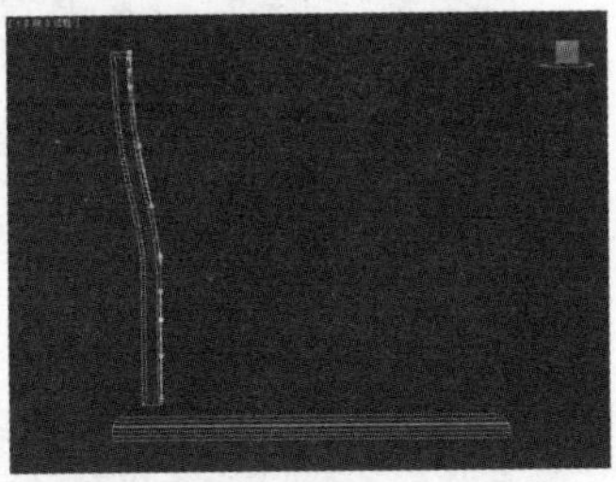

图 5.55

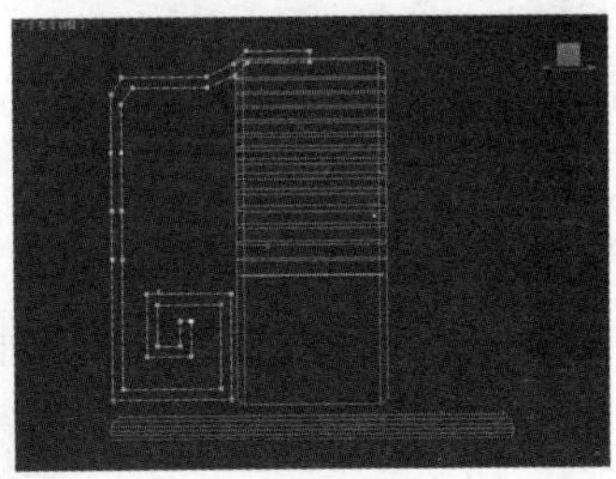

图 5.56

步骤 14： 单击修改器列表右边的按钮，弹出下拉列表，在下拉列表中选择倒角命令，具体参数设置如图 5.57 所示，最终效果如图 5.58 所示。

步骤 15： 再以实例方式复制一个“椅子靠背”并调整好位置，如图 5.59 所示。

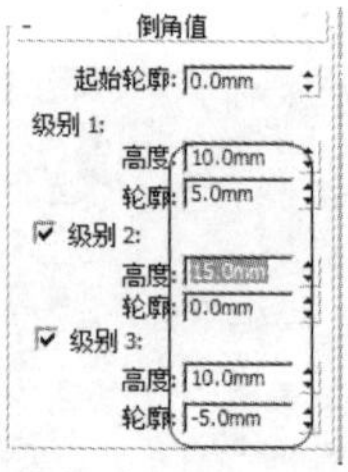

图 5.57

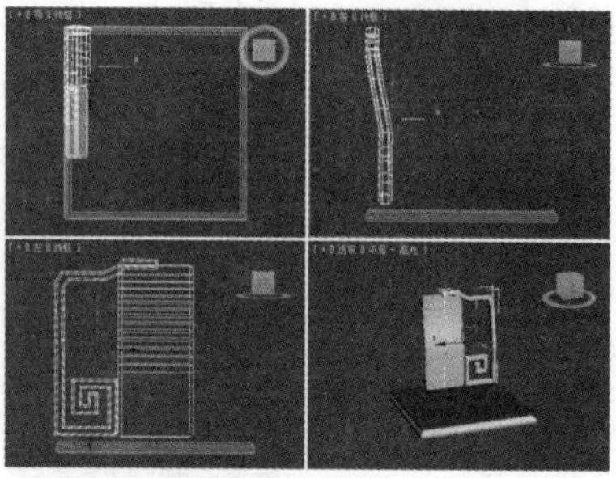

图 5.58

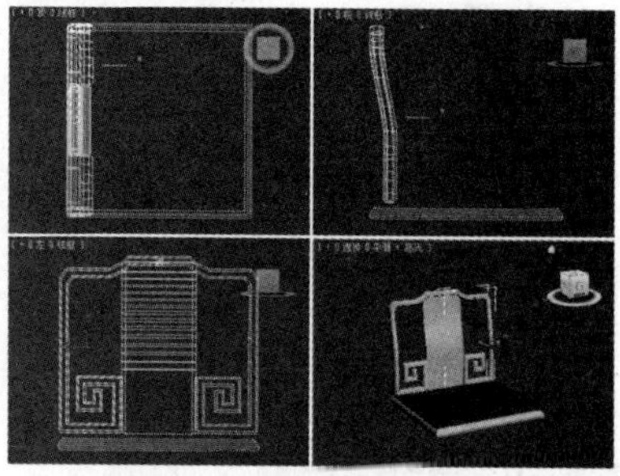

图 5.59

步骤 16：单击浮动面板中的(创建)→(图形)→ 线 按钮，在前视图中绘制如图 5.60 所示的曲线，命名为“椅子扶手 01”。

步骤 17：单击(修改)按钮，转到【修改】浮动面板，单击(样条线)→ 轮廓 按钮，在 轮廓 按钮右边的文本输入框中输入数值“15”，按 Enter 键，如图 5.61 所示。

步骤 18：单击 修改器列表 右边的按钮，弹出下拉菜单，在下拉菜单中选择 倒角 命令，具体参数设置如图 5.62 所示。

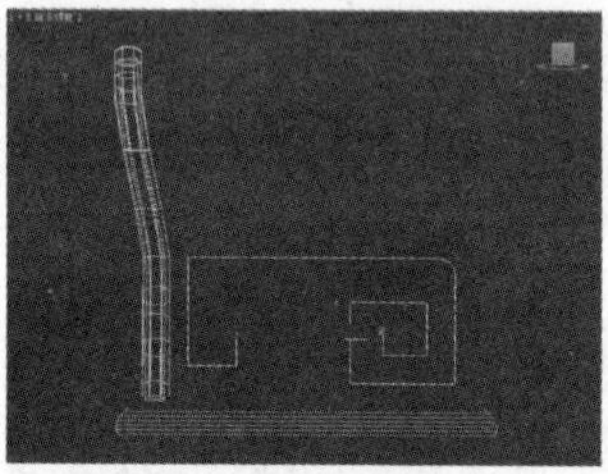

图 5.60

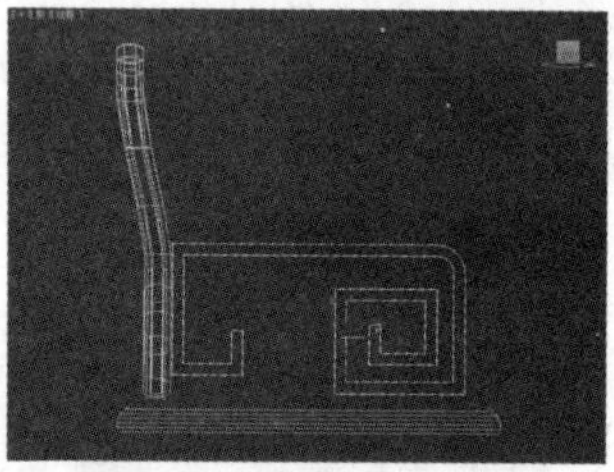

图 5.61

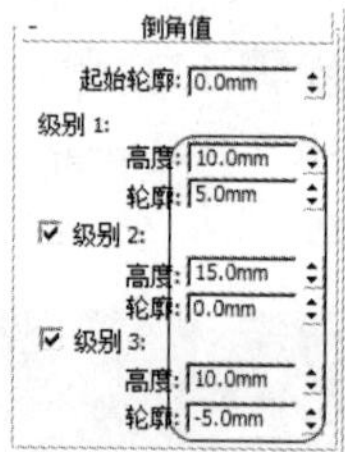

图 5.62

步骤 19：再以实例方式复制一个“椅子扶手”调整好位置，最终效果如图 5.63 所示。

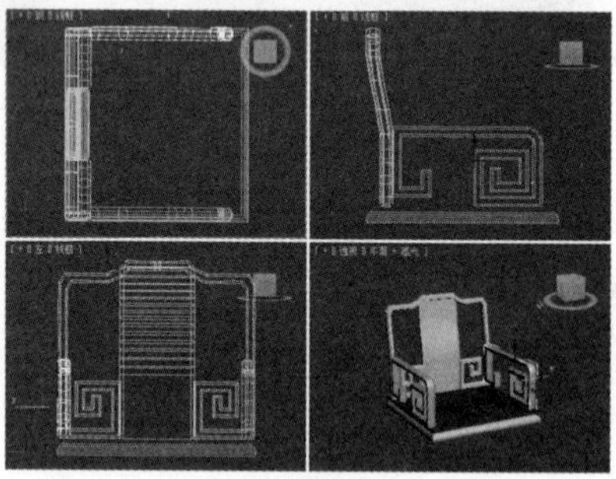

图 5.63

步骤 20：在视图中选中“椅面 01”，将顶视图转到底视图，单击修改器列表右边的按钮，弹出下拉菜单，在下拉菜单中选择编辑网格命令，单击(多边形)按钮，在底视图中选中“椅面 01”的底面，如图 5.64 所示。

步骤 21：单击挤出按钮，在挤出按钮右边的文本输入框中输入数值“5”，按 Enter 键。

步骤 22：单击倒角按钮，在倒角按钮右边的文本输入框中输入数值“-15”，按 Enter 键。

步骤 23：单击挤出按钮，在挤出按钮右边的文本输入框中输入数值“15”，按 Enter 键。最终效果如图 5.65 所示。

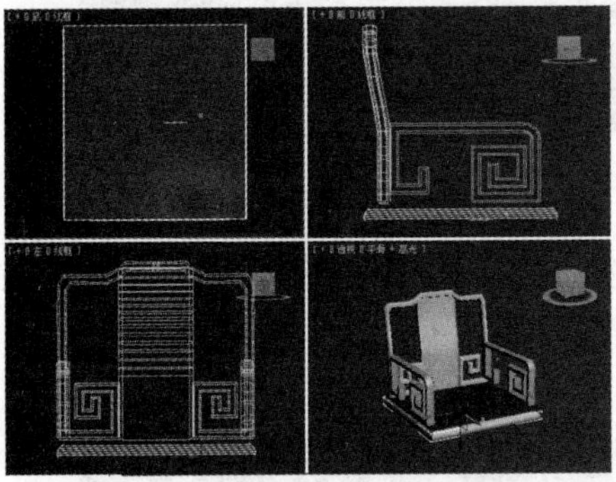

图 5.64

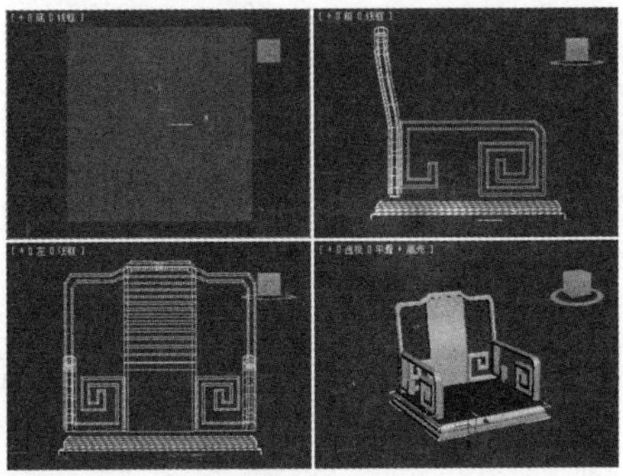

图 5.65

步骤 24：将底视图转到顶视图，单击浮动面板中的(创建)→(几何体)→长方体按钮，在顶视图中创建 4 个长方体，分别命名为“椅子腿 01”、“椅子腿 02”、“椅子腿 03”和“椅子腿 04”，具体参数设置如图 5.66 所示，其在各个视图中的位置如图 5.67 所示。

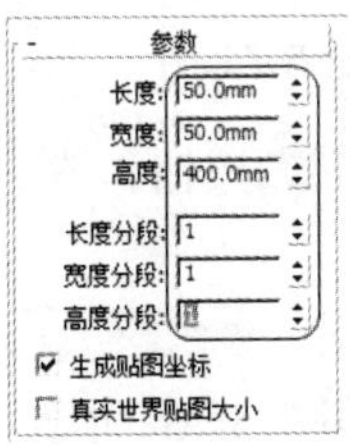

图 5.66

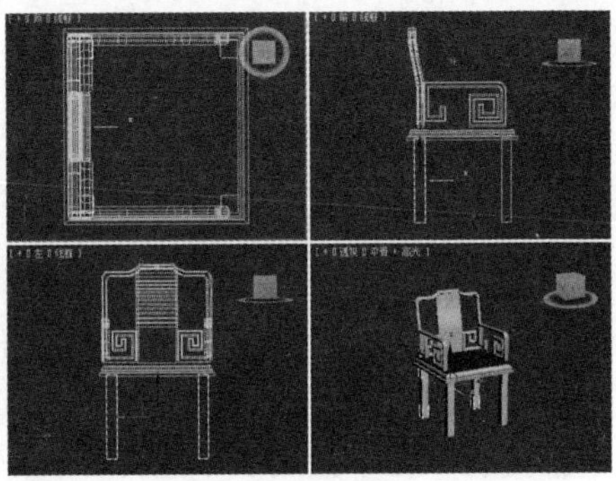

图 5.67

步骤 25： 单击浮动面板中的 (创建)→ (几何体)→ 长方体 按钮，在左视图中创建两个长方体，分别命名为“椅子腿横梁 01”和“椅子腿横梁 02”，具体参数设置如图 5.68 所示，其在各个视图中的位置如图 5.69 所示。

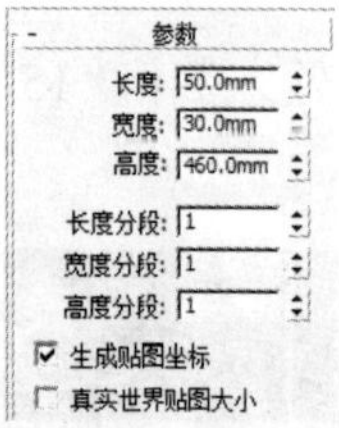

图 5.68

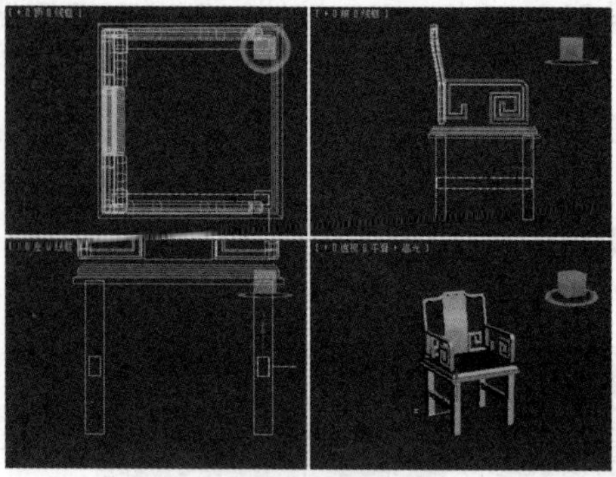

图 5.69

步骤 26： 单击浮动面板中的 (创建)→ (几何体)→ 长方体 按钮，在前视图中创建两个长方体，分别命名为“椅子腿横梁 03”和“椅子腿横梁 04”，具体参数设置如图 5.70 所示，其在各个视图中的位置如图 5.71 所示。

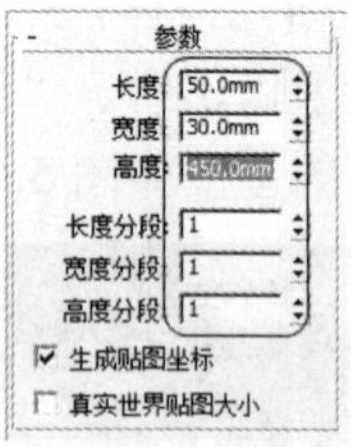

图 5.70

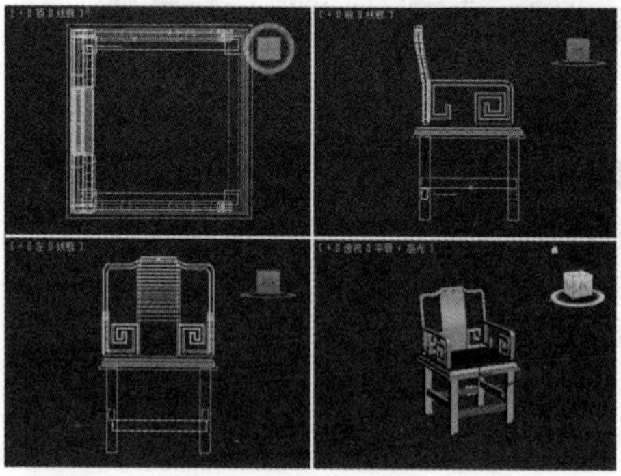

图 5.71

步骤 27： 单击浮动面板中的 (创建)→ (图形)→ 线 按钮，在左视图中绘制如图 5.72 所示的曲线，命名为“椅子腿装饰”。

步骤 28： 单击 (修改)按钮，转到【修改】浮动面板，单击 修改器列表 右边的 按钮，弹出下拉列表，在下拉列表中选择 倒角 命令，具体参数设置如图 5.73 所示，再以实例方式复制一个“椅子腿装饰”，调整好位置，其在各个视图中的位置如图 5.74 所示。

步骤 29： 将文件保存，命名为“明式官帽椅.max”。

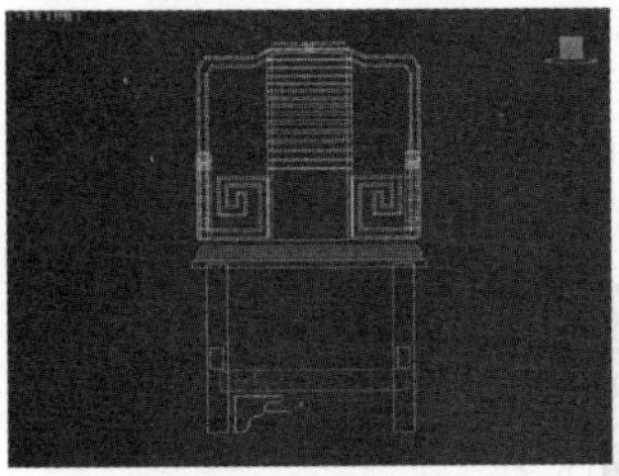

图 5.72

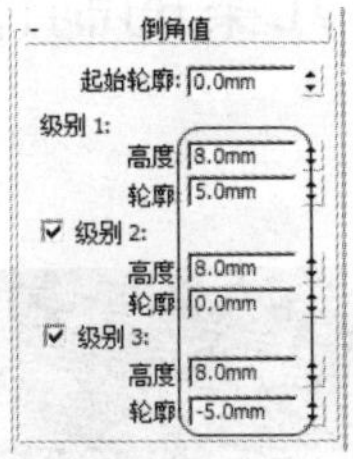

图 5.73

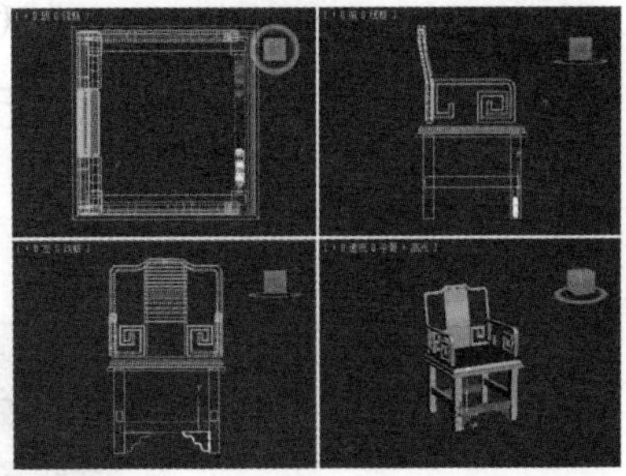

图 5.74

3. 给明式官帽椅制作材质

步骤 1：创建“木纹”材质。“木纹”材质的创建的方法与 5.1 节中“木纹”材质的创建方法和参数设置完全相同。将【漫反射】中的贴图文件“MOOD029.jpg”换成“木纹 011.jpg”即可。

步骤 2：给“明式官帽椅”赋予材质。利用前面所学知识给“明式官帽椅”赋予木纹材质。单击工具栏中的 (渲染产品)按钮，即可得到如图 5.75 所示的渲染效果。

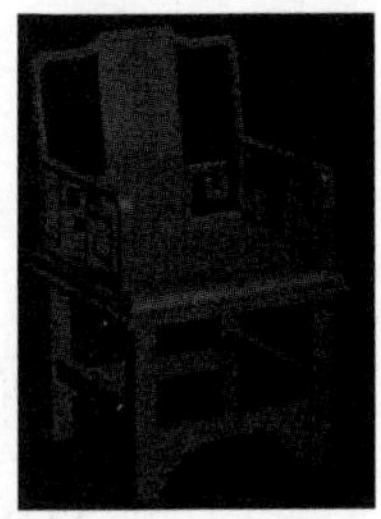

图 5.75

四、拓展训练

制作如下图所示的椅子效果。

(a)

(b)

案例练习图

5.3　几案的制作

一、案例效果

案例效果图

二、案例制作流程(步骤)分析

启动 3ds Max 2011，设置单位 → 使用 3ds Max 中的各种命令制作几案模型 → 给几案模型添加材质贴图

三、详细操作步骤

1. 设置单位

步骤 1： 启动 3ds Max 2011，保存文件为“几案.max”。

步骤 2： 设置单位。单位的设置同 2.1 节中的单位设置完全一样。

2. 制作几案模型

步骤 1： 单击【浮动】面板中的(创建)→(几何体)→长方体按钮，在顶视图中创建一个长方体，命名为“几案面 01”，具体参数设置如图 5.76 所示。

步骤 2： 单击(修改)按钮，转到【修改】浮动面板，单击修改器列表右边的按钮，弹出下拉列表，在下拉列表中选择锥化命令。具体参数设置如图 5.77 所示，其在各个视图中的位置如图 5.78 所示。

【参考视频】

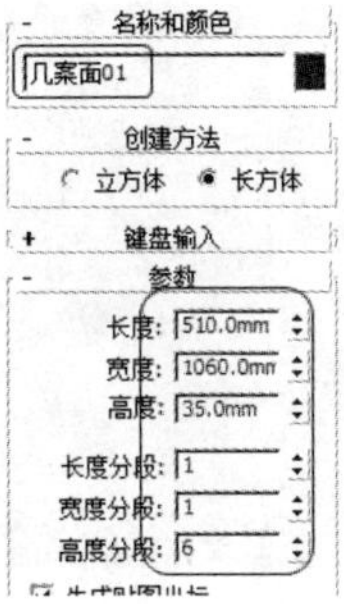

图 5.76

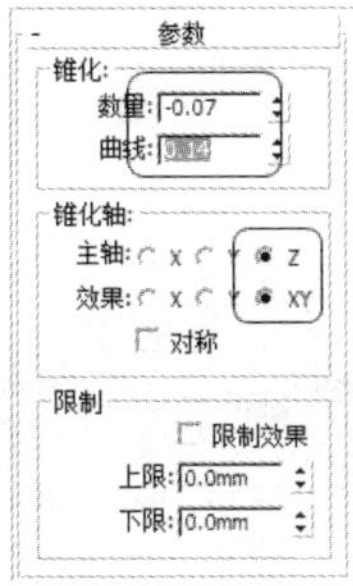

图 5.77

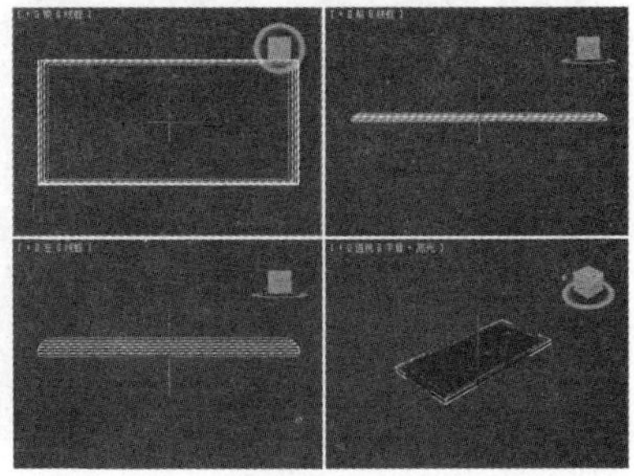

图 5.78

步骤 3：单击浮动面板中的(创建)→(几何体)按钮，单击标准基本体右边的按钮，弹出下拉列表，在下拉列表中选择扩展基本体命令。

步骤 4：单击切角长方体按钮，在顶视图中创建一个切角长方体，命名为“几案面 02”，具体参数设置如图 5.79 所示，其在各个视图中的位置如图 5.80 所示。

步骤 5：在视图中选中“几案面 01”，将顶视图转到底视图，单击修改器列表右边的按钮，弹出下拉列表，在下拉列表中选择编辑网格命令，单击(多边形)按钮，在底视图中选中多边形面，如图 5.81 所示。

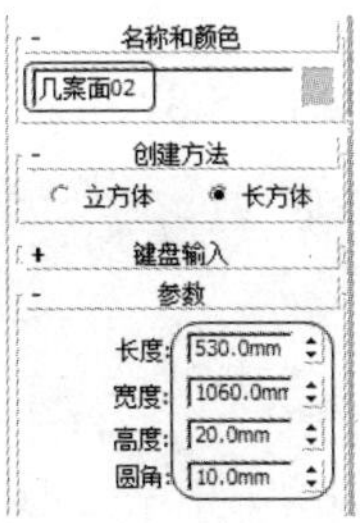

图 5.79

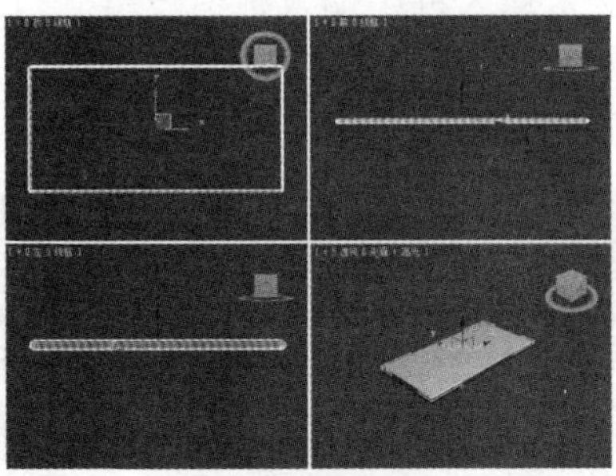

图 5.80

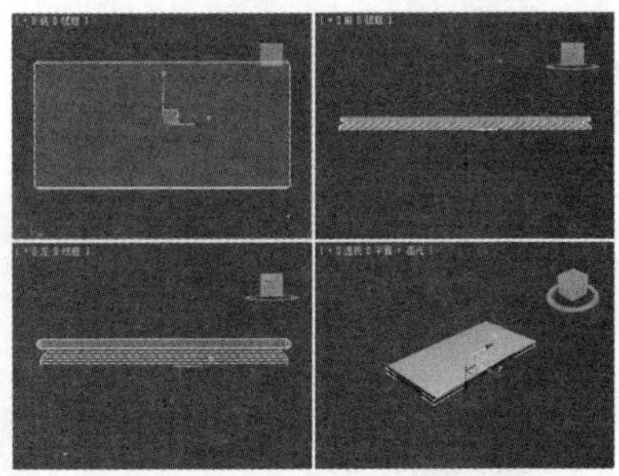

图 5.81

步骤 6：单击挤出按钮，在挤出按钮右边的文本输入框中输入数值“35”，按 Enter 键，其在各个视图中的位置如图 5.82 所示。将底视图转回到顶视图。

步骤 7：单击浮动面板中的(创建)→(几何体)按钮，单击扩展基本体右边的按钮，弹出下拉列表，在下拉列表中选择标准基本体命令。

步骤 8：单击长方体按钮，在顶视图中创建一个长方体，命名为“几案腿 01”，具体参数设置如图 5.83 所示，其在各个视图中的位置如图 5.84 所示。

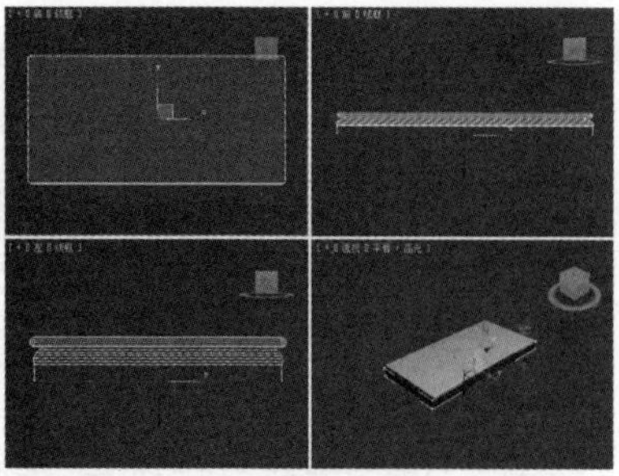

图 5.82

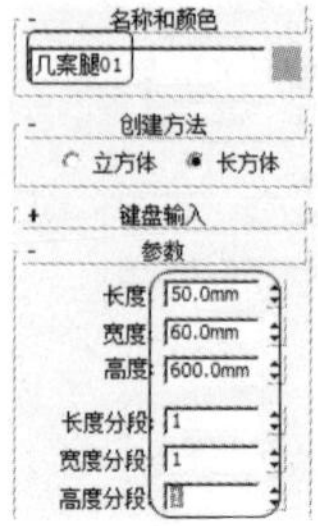

图 5.83

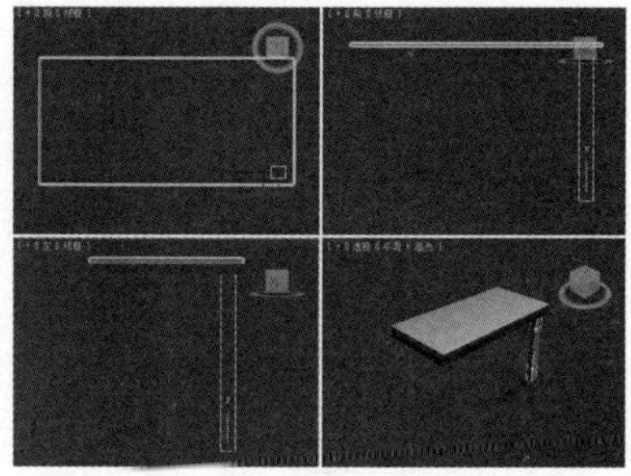

图 5.84

步骤 9：单击(修改)按钮，转到【修改】浮动面板，单击修改器列表右边的按钮弹出下拉列表，在下拉列表中选择编辑网格命令，单击(多边形)按钮，在底视图中选中多边形面，如图 5.85 所示。

步骤 10：在挤出按钮右边的文本输入框中输入数值“25”，按 Enter 键。

步骤 11：在倒角按钮右边的文本输入框中输入数值“15”，按 Enter 键。

步骤 12：在挤出按钮右边的文本输入框中输入数值“25”，按 Enter 键。

步骤 13：在挤出按钮右边的文本输入框中输入数值“25”，按 Enter 键。

步骤 14：在倒角按钮右边的文本输入框中输入数值“-15”，按 Enter 键，最终效果如图 5.86 所示。

步骤 15：以实例方式克隆 3 个“几案腿”，其在各个视图中的位置如图 5.87 所示。

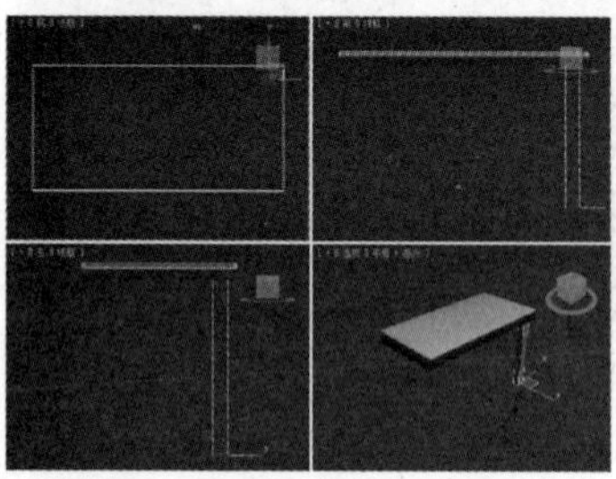

图 5.85

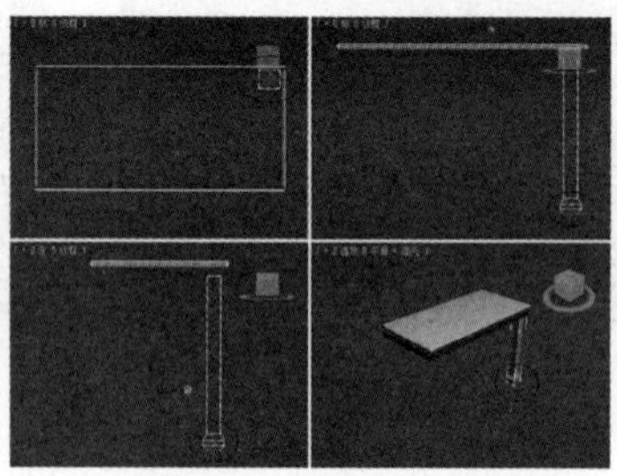

图 5.86

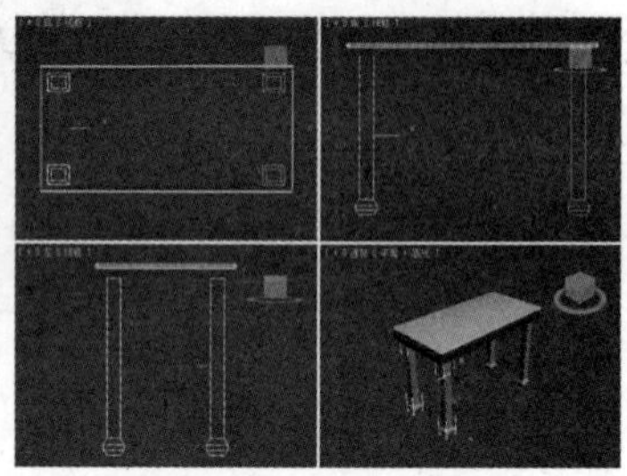

图 5.87

步骤 16：将底视图转到顶视图。

步骤 17：单击浮动面板中的(创建)→(几何体)→长方体按钮，在左视图中创建两个长方体，命名为“几案横梁 01”和“几案横梁 02”，具体参数设置如图 5.88 所示，其在各个视图中的位置如图 5.89 所示。

步骤 18：单击长方体按钮，在前视图中创建两个长方体，命名为“几案横梁 03”

和“几案横梁 04”，具体参数设置如图 5.90 所示，其在各个视图中的位置如图 5.91 所示。

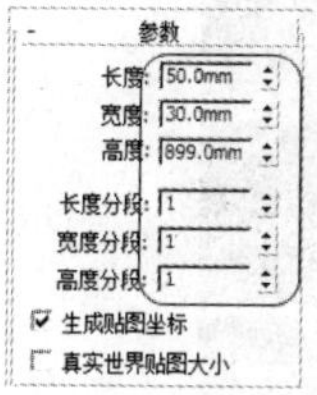

图 5.88

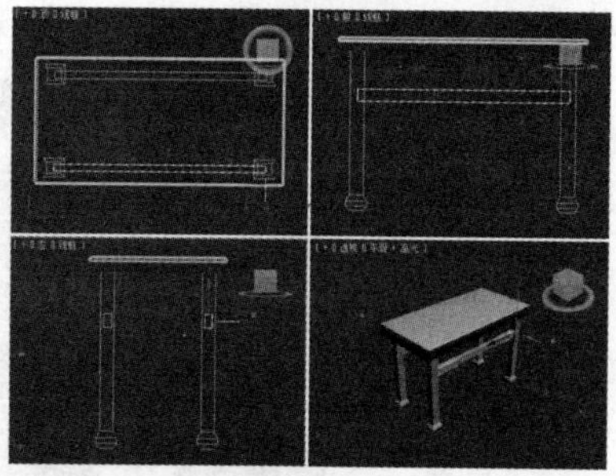

图 5.89

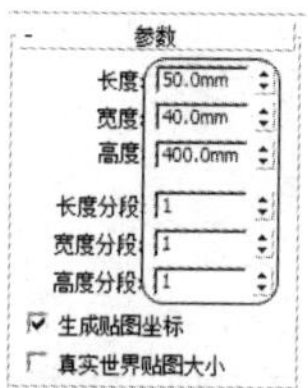

图 5.90

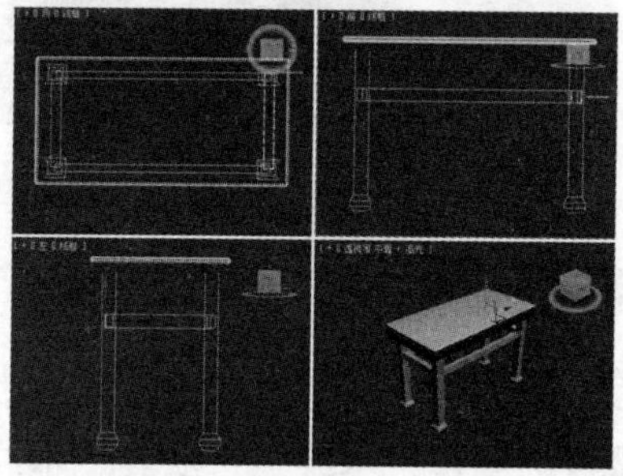

图 5.91

步骤 19：单击浮动面板中的(创建)→(图形)→ 线 按钮，在前视图中绘制如图 5.92 所示的曲线，命名为“几案装饰 01”。

步骤 20：单击(修改)按钮，转到【修改】浮动面板，单击(样条线)→ 轮廓 按钮，在 轮廓 按钮右边的文本输入框中输入数值“20”，按 Enter 键，如图 5.93 所示。

步骤 21：单击 修改器列表 右边的按钮，弹出下拉列表，在下拉列表中选择 倒角 命令，具体参数设置如图 5.94 所示，

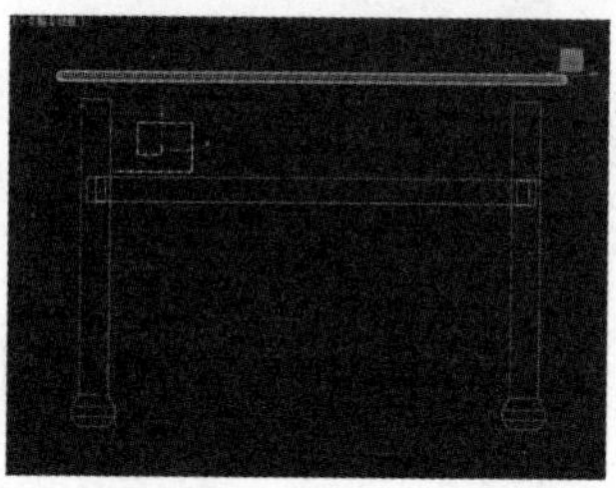

图 5.92

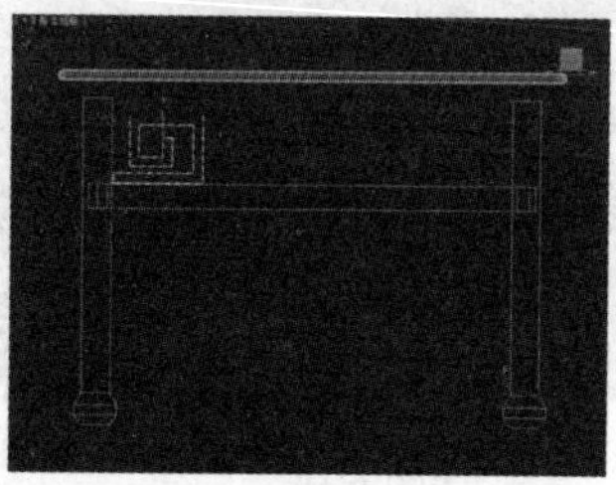

图 5.93

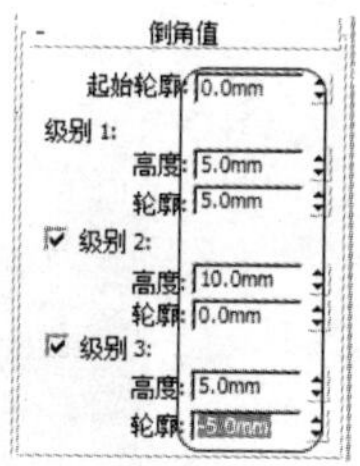

图 5.94

步骤22：以实例方式克隆12个“几案装饰01”，再使用(镜像)工具、(选择并旋转)工具和(选择并移动)对克隆的“几案装饰”进行旋转和调整，最终效果如图5.95所示。

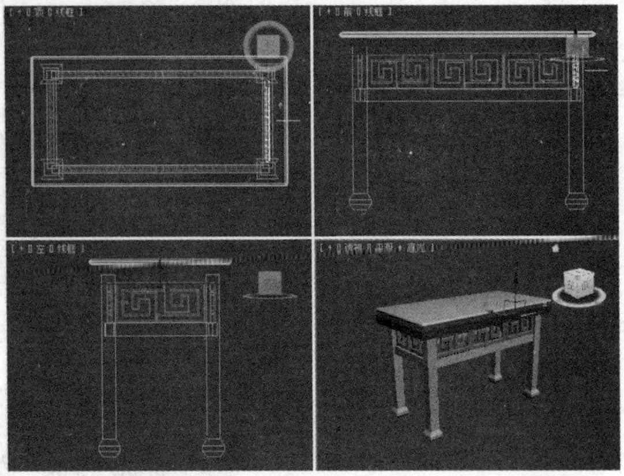

图5.95

步骤23：保存文件。按Ctrl+S键。

3. 给几案制作材质

步骤1：创建“木纹”材质。“木纹”材质的创建的方法与5.11中“木纹”材质的创建方法和参数设置完全相同。将【漫反射】中的贴图文件“MOOD029.jpg”换成“木纹011.jpg”即可。

步骤2：给“几案”赋予材质。利用前面所学知识给“几案”赋予木纹材质。单击工具栏中的(渲染产品)按钮，即可得到如图5.96所示的渲染效果。

图5.96

四、拓展训练

制作如下图所示的几案效果。

(a)　　　　(b)

案例训练图

5.4　书柜的制作

一、案例效果

案例效果图

二、案例制作流程(步骤)分析

启动 3ds Max 2011，设置单位 → 使用 3ds Max 中的各种命令制作书柜模型 → 给书柜模型添加材质贴图

【参考视频】

三、详细操作步骤

1. 设置单位

步骤1： 启动3ds Max 2011并保存文件为“书柜.max”。

步骤2： 设置单位。单位的设置同2.1节中的单位设置完全一样。

2. 制作书柜模型

步骤1： 在【浮动】面板中单击(图形)→ 线 按钮，在侧视图中绘制如图5.97所示的曲线，命名为“书柜顶面”(最大长度为20mm、最大宽度为320mm)。

步骤2： 在【浮动】面板中单击(顶点)按钮，使用 圆角 命令，对曲线的点进行圆角处理。最终效果如图5.98所示。

步骤3： 单击 标准基本体 右边的按钮，弹出下拉列表，在下拉列表中选择 倒角 命令。具体参数设置如图5.99所示。

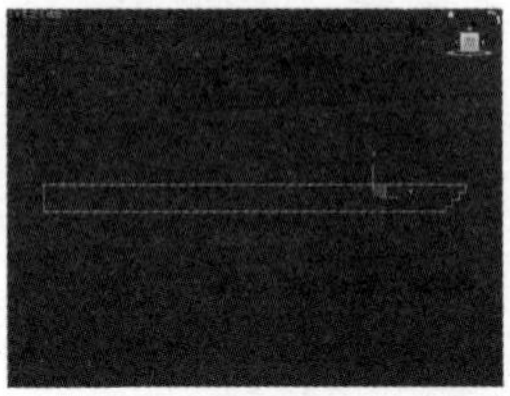

图5.97

图5.98

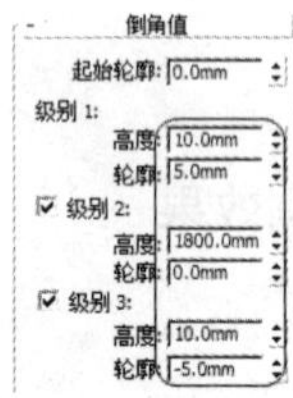

图5.99

步骤4： 单击(创建)→(几何体)按钮，转到【几何体】面板。单击 标准基本体 右边的按钮，弹出下拉菜单，在下拉菜单中选择 扩展基本体 命令，转到【扩展基本体】面板。

步骤5： 单击 切角长方体 按钮，在顶视图中创建一个切角长方体，命名为“书柜背面01”，具体参数设置如图5.100所示，其在各个视图中的位置如图5.101所示。

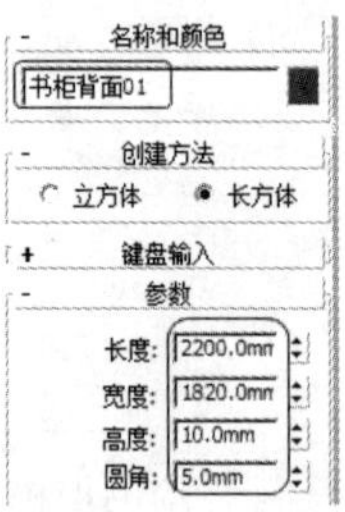

图5.100

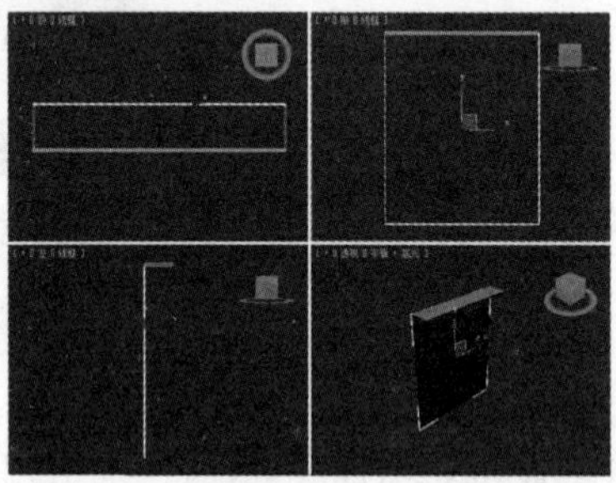

图5.101

步骤 6：单击浮动面板中的(创建)→ 切角长方体 按钮，在顶视图中创建两个切角长方体，命名为“书柜侧面 01”和“书柜侧面 02”，具体参数设置如图 5.102 所示，其在各个视图中的位置如图 5.103 所示。

步骤 7：单击 切角长方体 按钮，在视图中绘制 7 个切角长方体，其在视图中位置如图 5.104 所示。

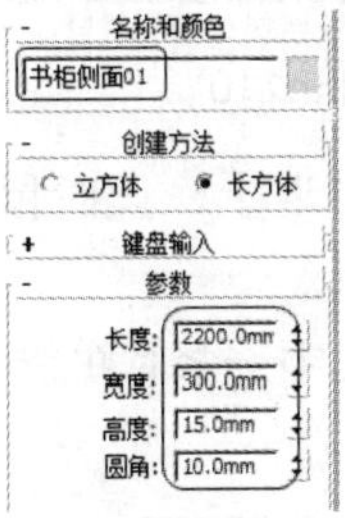

图 5.102

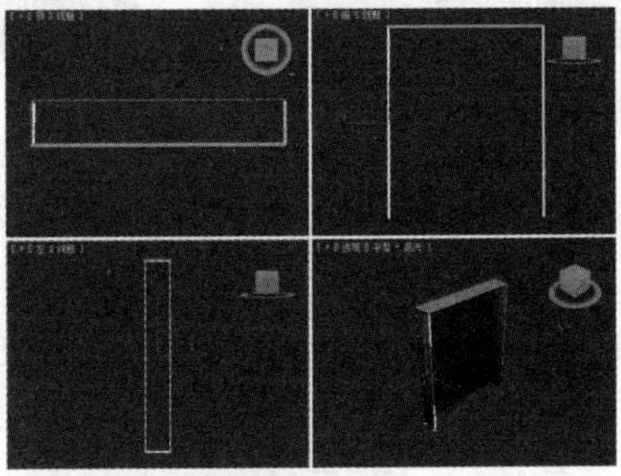

图 5.103

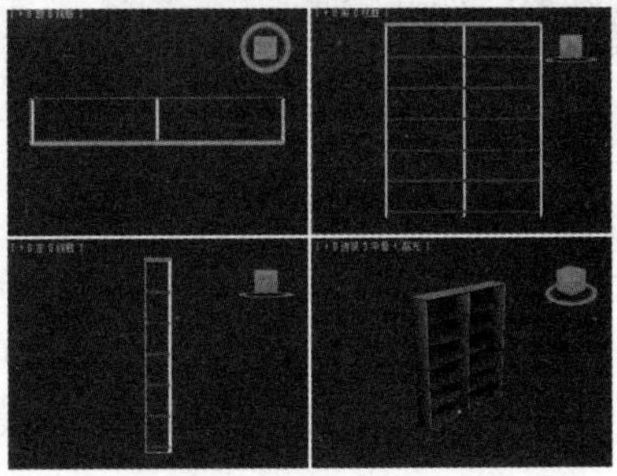

图 5.104

步骤 8：单击【浮动】面板中的(创建)→(图形)→ 矩形 按钮，在前视图中绘制曲线，命名为“矩形”，具体参数设置如图 5.105 所示的。

步骤 9：单击 矩形 按钮，在前视图中绘制曲线，命名为“矩形 01”，具体参数设置如图 5.106 所示，位置如图 5.107 所示。

图 5.105

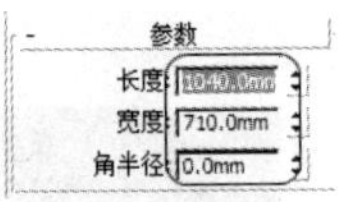

图 5.106

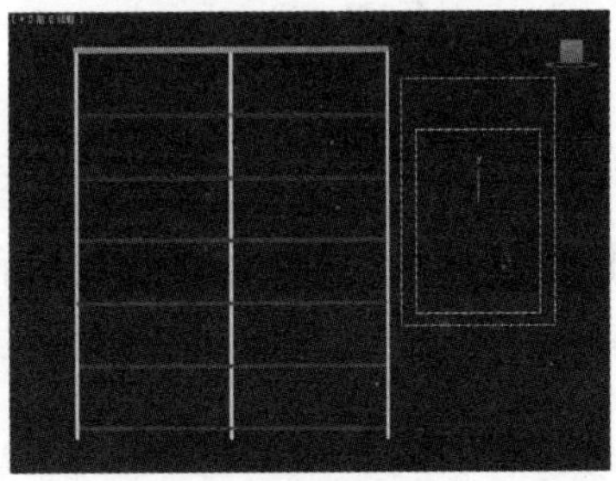

图 5.107

步骤 10：单选“矩形 01”，单击 修改器列表 右边的按钮，弹出下拉菜单，在下拉菜单中选择 编辑样条线 命令。将“矩形 02”转换为可编辑多边形并选中上边的线段，如图 5.108 所示。

步骤 11：单击(分段)按钮，在 拆分 右边的文本输入框中输入“1”。单击 拆分 按钮，将选中的线段分成两段，如图 5.109 所示。

步骤 12：单击(顶点)按钮，调节点的位置，最终效果如图 5.110 所示。

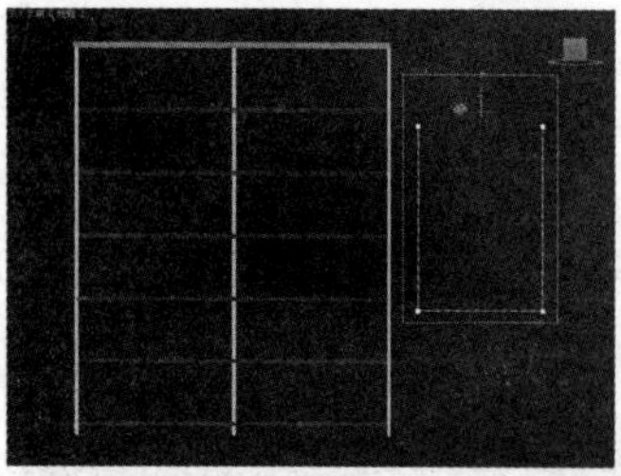

图 5.108

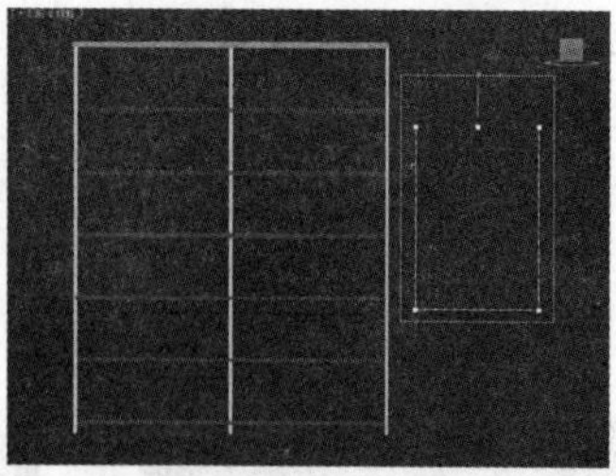

图 5.109

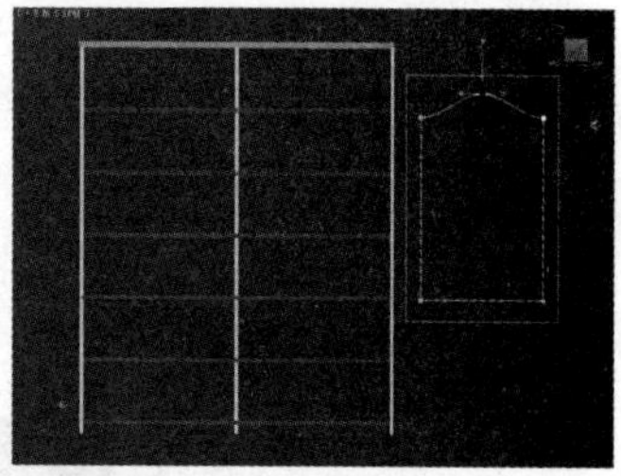

图 5.110

步骤 13：单选“矩形 02”，再单击 附加 按钮。将鼠标到“矩形 01”上，此时鼠标变成形状，单击即可将“矩形 01”和“矩形 02”附加在一起。

步骤 14：单击 修改器列表 右边的按钮，弹出下拉列表，在下拉列表中选择 倒角 命令，具体参数设置如图 5.111 所示，最终效果如图 5.112 所示。

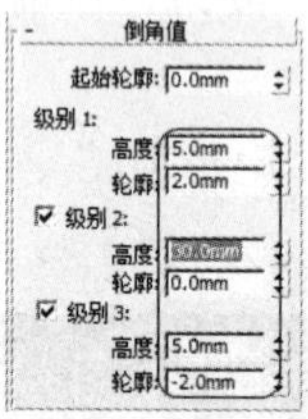

图 5.111

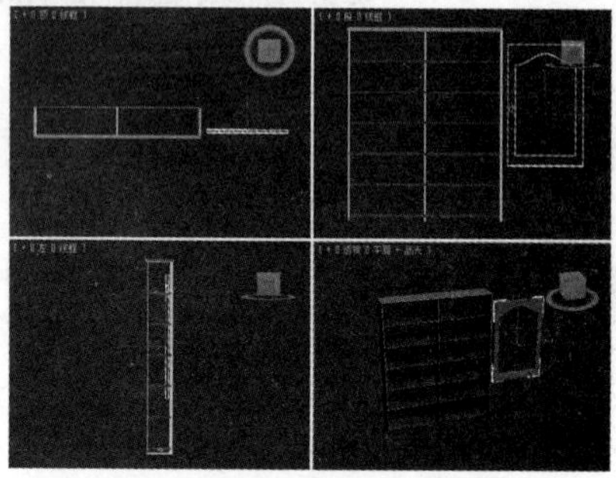

图 5.112

步骤 15：单击 长方体 按钮，在前视图中创建一个立方体，具体参数设置如图 5.113 所示，位置如图 5.114 所示。

图 5.113

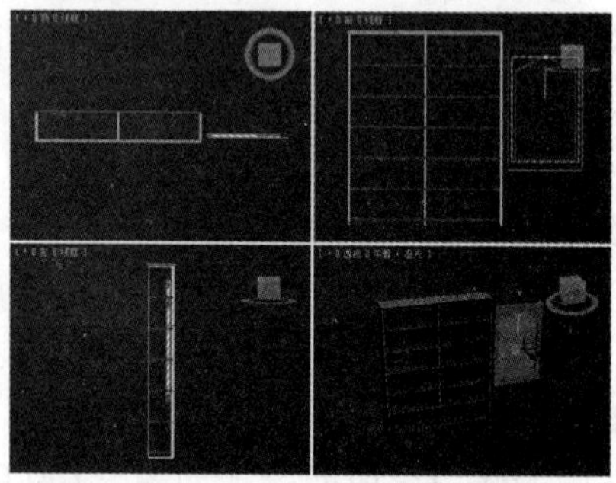

图 5.114

步骤 16：单击切角长方体按钮，在前视图中创建一个切角长方体，分别命名为“门拉手 01”，具体参数设置如图 5.115 所示，其在各个视图中的位置如图 5.116 所示。

步骤 17：选中“门拉手 01”、“玻璃”和“矩形 02”，将其成组，组门为“书柜门 01”。再以实例方式克隆 1 个，调整好位置，如图 5.117 所示。

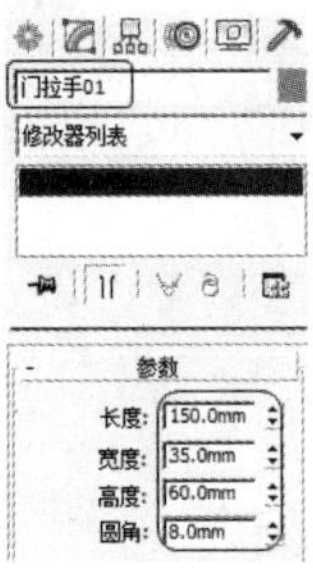

图 5.115

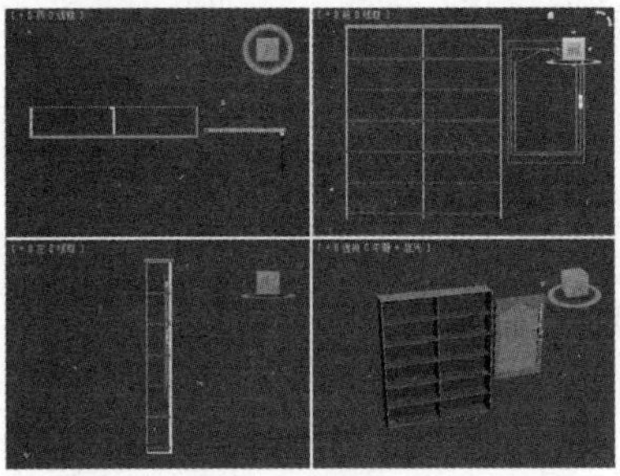

图 5.116

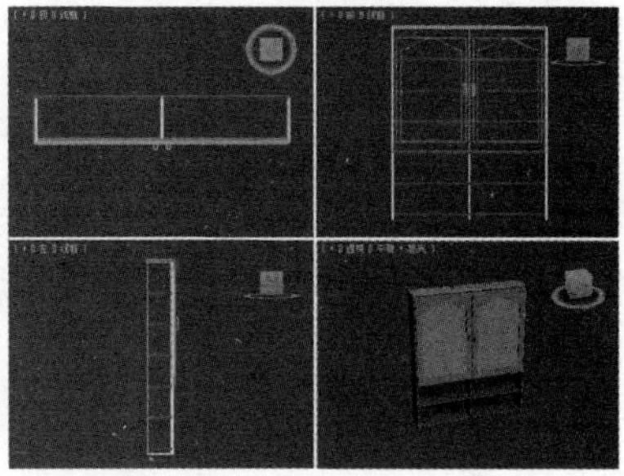

图 5.117

步骤 18：方法同上。再制作两扇书柜门，最终效果如图 5.118 所示。

步骤 19：单击长方体按钮，在视图中创建 8 个立方体，并命名为“书籍 01”、“书籍 02”、……、“书籍 08”。最终效果如图 5.119 所示。

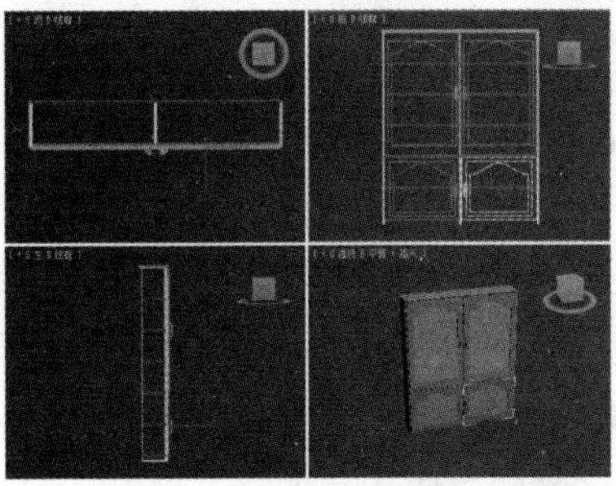

图 5.118

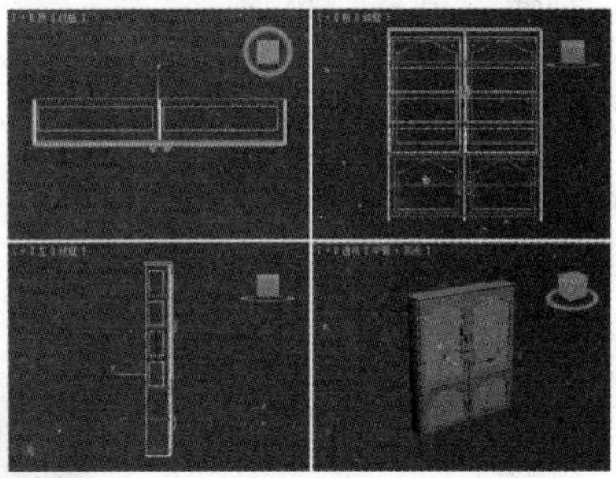

图 5.119

3. 创建材质

1) 创建“木纹”材质

“木纹”材质的创建的方法与 5.1 节中“木纹”材质的创建方法和参数设置完全相同。

2) 创建“白色乳胶漆”材质

步骤 1：在工具栏中单击(材质编辑器)按钮，弹出【材质编辑器】设置对话框，在【材质编辑器】设置对话框中选择一个空白的示例球，将其命名为“白色乳胶漆”材质。

步骤 2：将【环境光】、【漫反射】和【高光反射】的 RGB 值都设置为(R：255，G：255，

B：255)。

步骤 3： 单击贴图左边的符号展开【贴图】卷展栏，单击反射右边的 None 按钮弹出【材质/贴图浏览器】，在【材质/贴图浏览器】中双击光线跟踪项，单击(转到父对象)按钮返回上一级，具体参数设置如图 5.120 所示。

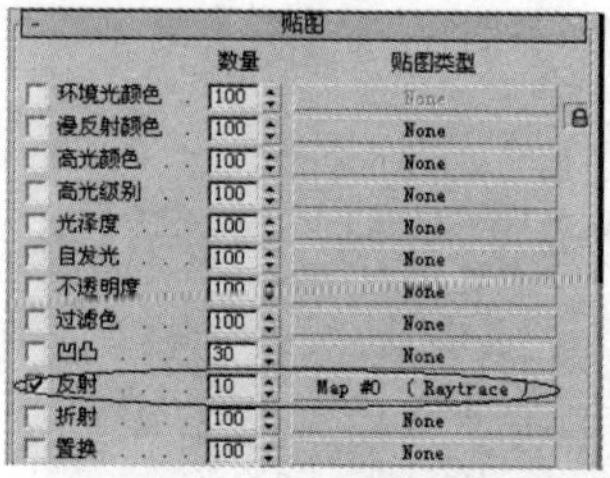

图 5.120

3) 制作“玻璃”材质

制作“玻璃”材质的方法与制作“白色乳胶漆”的方法相同。将【环境光】、【漫反射】和【高光反射】的 RGB 值都设置为(R：200，G：254，B：255)，【不透明度】设置为 80 即可，其他参数设置完全相同。

4) 制作“书籍”材质

“书籍”材质的创建方法与案例中“木纹”材质的创建方法和参数设置完全相同。将【漫反射】中的贴图文件“MOOD029.jpg”换成“书籍 01.jpg 或书籍 02.jpg”即可。

5) 给“书柜”赋予材质

根据自己的需要将材质赋予“书柜”的相应部分。单击工具栏中的(渲染产品)按钮，即可得到如图 5.121 所示的渲染效果。

图 5.121

四、拓展训练

制作如下图所示的书柜效果。

(a)

(b)

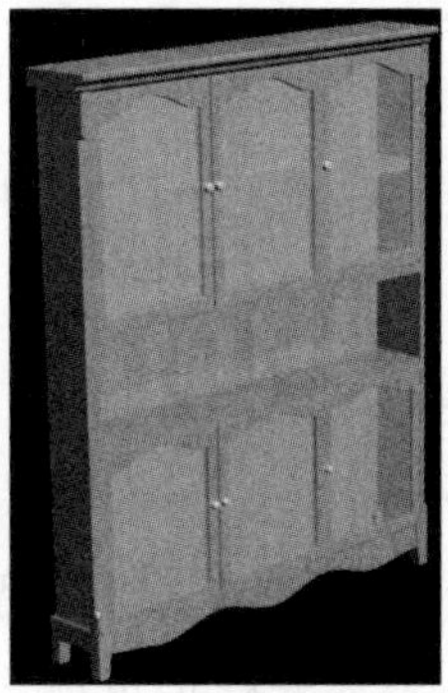

(c)

案例练习图

5.5　书房的制作

一、案例效果

案例效果图

【参考视频】

二、案例制作流程(步骤)分析

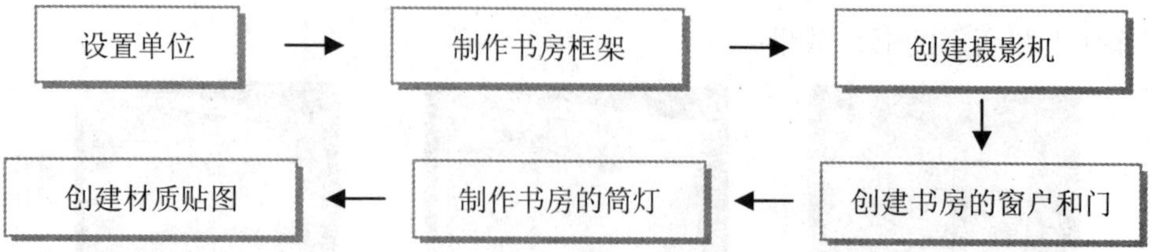

三、详细操作步骤

书房模型的创建主要由室内框架、吊顶和墙面装饰造型等构成。在建模时，可以将书房模型拆分为地板、墙体、吊顶、家具等，其中家具主要通过合并线架文件的方式调入，灯光主要运用标准灯光和光度学灯光对书房的光影进行模拟。

1. 设置单位

步骤 1： 启动 3ds Max 2011 并保存文件为“书房.max”。

步骤 2： 设置单位。单位的设置同 2.1 节中的单位设置完全一样。

2. 制作书房框架

书房框架主要由地板、墙体和顶面构成。下面详细介绍这 3 部分的制作过程。

1) 创建书房地面

步骤 1： 在【浮动】面板中(创建)→(几何体)→ 长方体 按钮，在顶视图中创建一个长方体，命名为“地面”，具体参数如图 5.122 所示。

步骤 2： 单击视图控制面板中的(所有视图最大化显示)按钮即可得到如图 5.123 所示的效果。

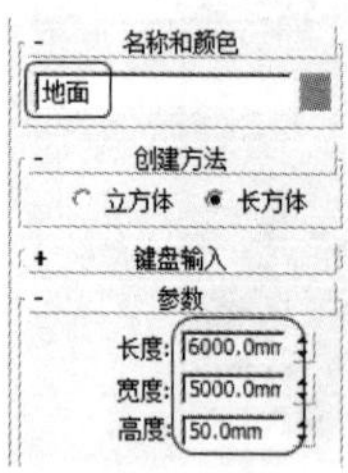

图 5.122

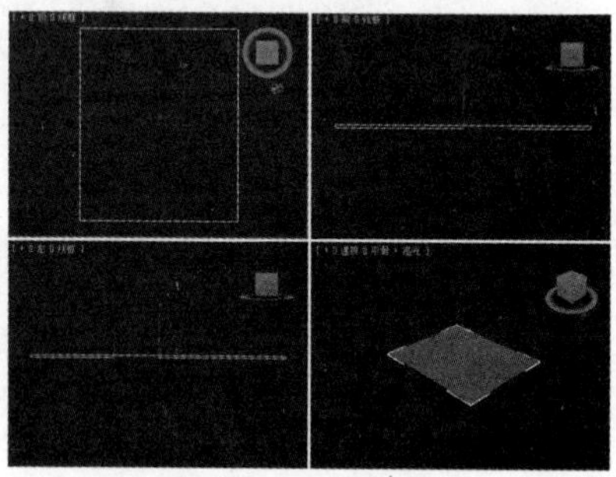

图 5.123

步骤 3：单击(材质编辑器)按钮，弹出【材质编辑器】设置对话框，在【材质编辑器】设置对话框中单击一个空白示例球并命名为“地面”材质。

步骤 4：单击漫反射:右边的按钮，弹出【材质/贴图浏览器】，在【材质/贴图浏览器】中双击位图项，弹出【选择位图图像文件】设置对话框。具体设置如图 5.124 所示。单击打开(O)按钮返回到【材质编辑器】，具体参数设置如图 5.125 所示。

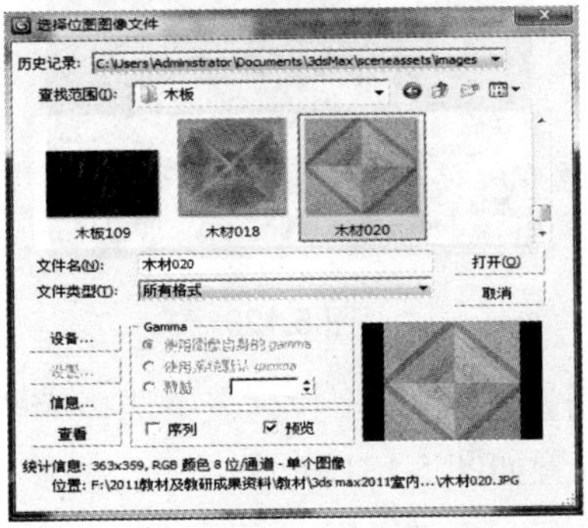

图 5.124

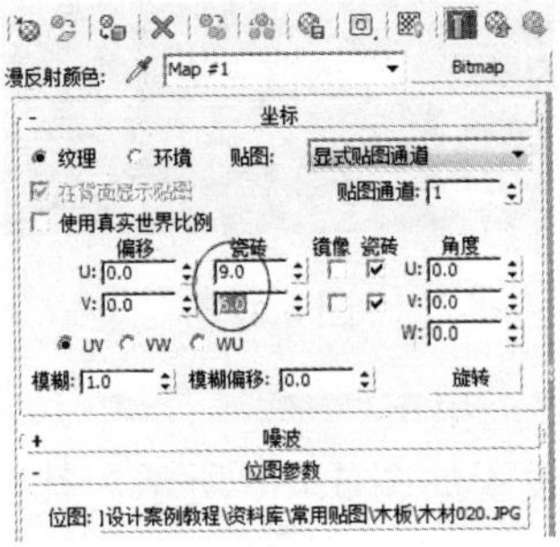

图 5.125

步骤 5：单击(转到父对象)按钮，返回上一级，具体参数设置如图 5.126 所示。

步骤 6：单击贴图左边的+符号，展开【贴图】卷展栏，单击反射右边的None按钮弹出【材质/贴图浏览器】，在【材质/贴图浏览器】中双击光线跟踪项，单击(转到父对象)按钮，返回上一级，具体参数设置如图 5.127 所示。

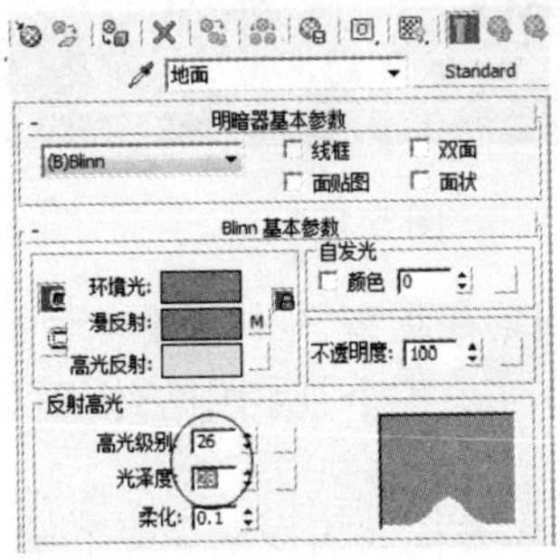

图 5.126

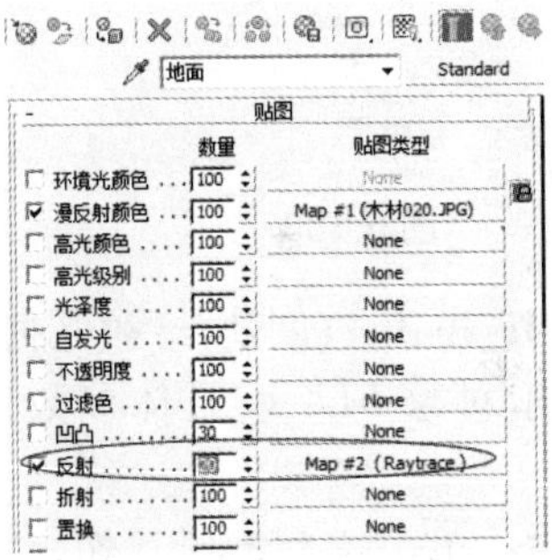

图 5.127

步骤 7：选择“地面”，单击(将材质指定选定对象)和(在视口中显示贴图)按钮即可赋予材质。

2) 创建书房墙体

步骤 1：单击(创建)→(图形)→线按钮，在顶视图中绘制如图 5.128 所示的曲线，命名为“墙体”。

步骤 2： 单击(修改)→(样条线)按钮，在轮廓右边的文本输入框中输入数值“-240”，按 Enter 键进行轮廓处理，如图 5.129 所示。

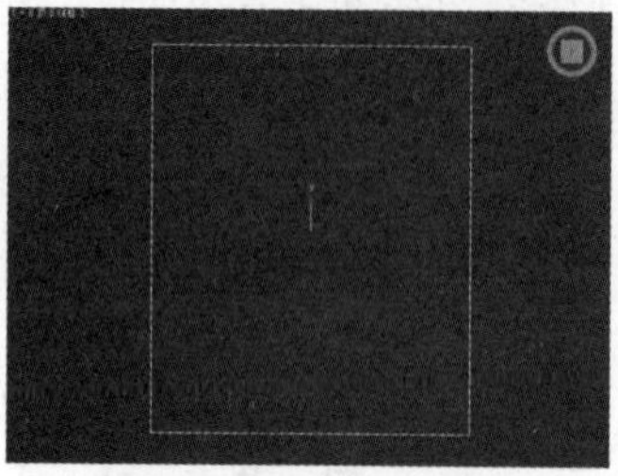

图 5.128

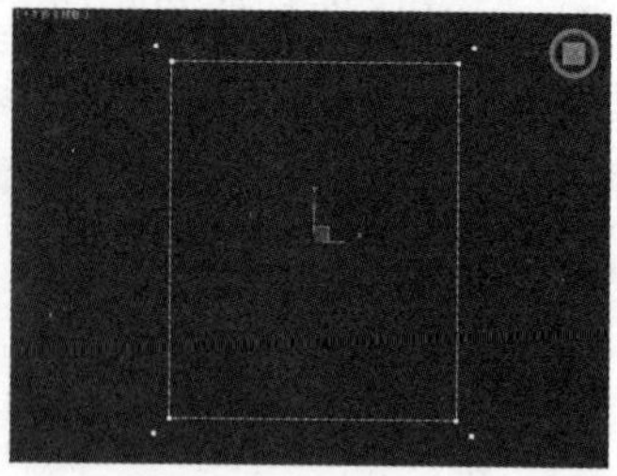

图 5.129

步骤 3： 单击修改器列表右边的按钮，弹出下拉列表，在下拉列表中选择挤出命令，具体参数设置如图 5.130 所示，其在各个视图中的位置如图 5.131 所示。

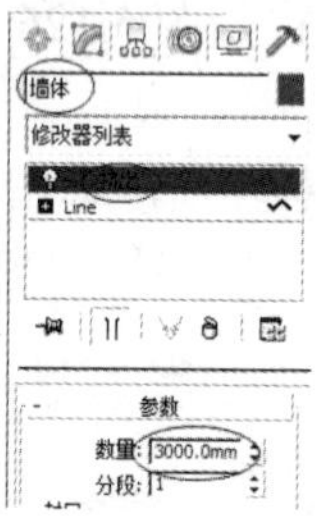

图 5.130

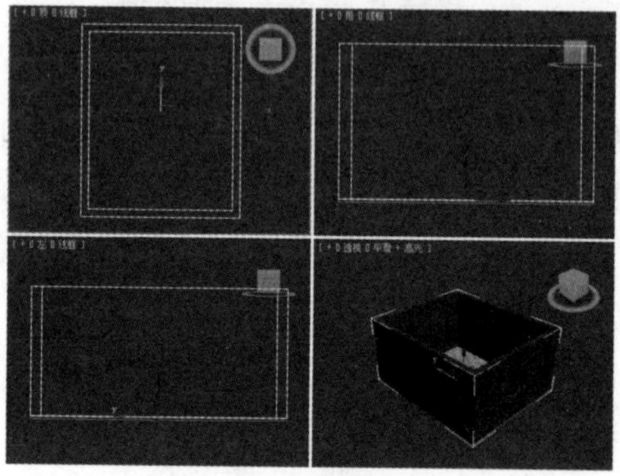

图 5.131

步骤 4： 单击(创建)→(几何体)→长方体按钮，在顶视图中创建一个长方体，命名为“布尔对象 01”，具体参数设置如图 5.132 所示，在各个视图中的位置如图 5.133 所示。

步骤 5： 单击长方体按钮，在顶视图中创建一个长方体并命名为“布尔对象 02”，具体参数设置如图 5.134 所示，其在各个视图中的位置如图 5.135 所示。

步骤 6： 选择“墙体”，单击(创建)→(几何体)，转到【几何体】浮动面板，单击标准基本体右边的按钮，弹出下拉列表，在下拉列表中选择复合对象命令。

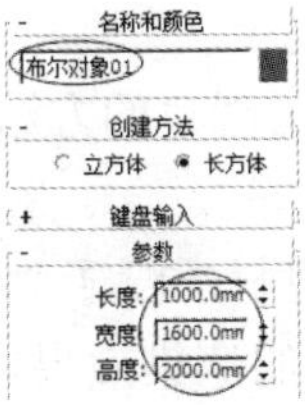

图 5.132

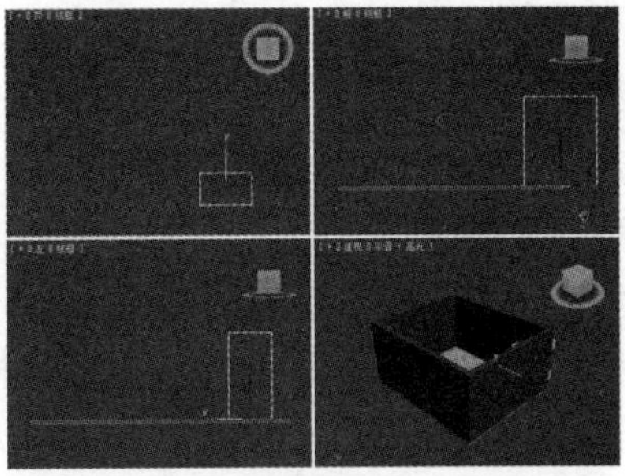

图 5.133

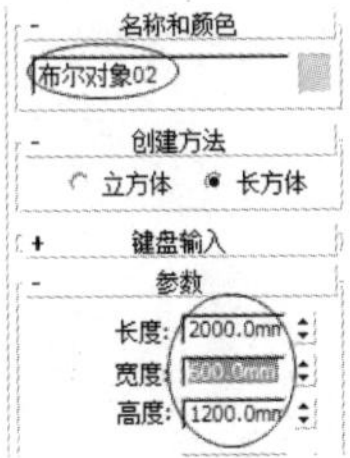

图 5.134

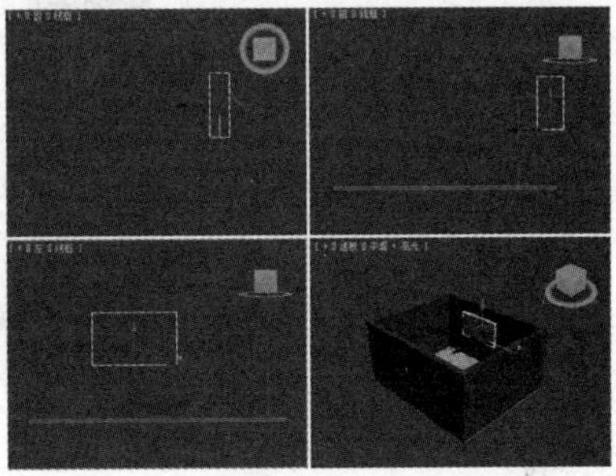

图 5.135

步骤 7：单击 布尔 → 拾取操作对象 B 按钮，将鼠标移到透视视图中的“布尔对象 01”上单击即可进行布尔运算，再单击 布尔 → 拾取操作对象 B 按钮，将鼠标移到透视视图中的“布尔对象 02”上单击即可进行布尔运算，最终效果如图 5.136 所示。

步骤 8：制作墙的脚线。制作方法同墙体的制作方法相同，在这里就不再叙述(注意墙脚线的高度为 250mm、轮廓宽度为 260mm)，最终效果如图 5.137 所示。

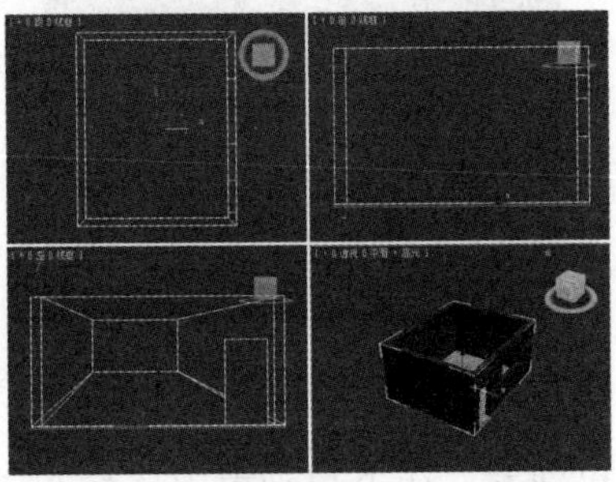

图 5.136

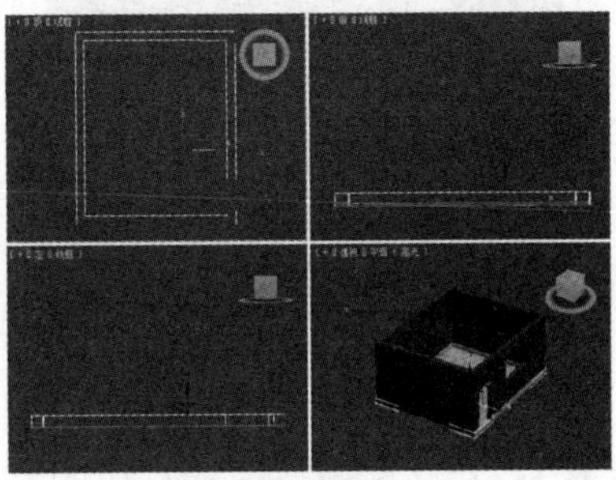

图 5.137

3) 创建墙体和墙脚线的材质

步骤 1：制作“木纹”材质。“木纹”材质的创建的方法与 5.1 节中“木纹”材质的创建方法和参数设置完全相同。

步骤 2：制作“白色乳胶漆”材质。“白色乳胶漆”材质的创建的方法与案例 1 中“白色乳胶漆”材质的创建方法和参数设置完全相同。

步骤 3：给“墙体和地脚线”赋予材质。根据自己的需要将材质赋予“墙体和地脚线”。单击工具栏中的 (渲染产品)按钮，即可得到如图 5.138 所示的渲染效果。

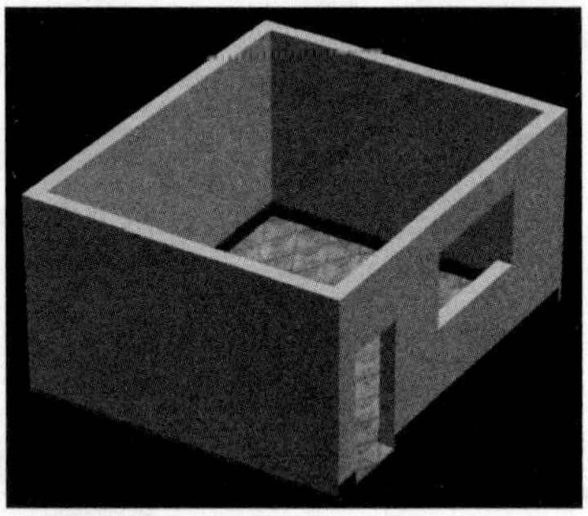

图 5.138

4) 创建书房框架顶面

步骤 1：单击 (创建)→ (图形)→ 线 按钮，在顶视图中绘制如图 5.139 所示的曲线，命名为“顶面 01”。

步骤 2：单击 (修改)→ (样条线)按钮，在 轮廓 右边的文本输入框中输入数值“670”，按 Enter 键进行轮廓处理，如图 5.140 所示。

图 5.139

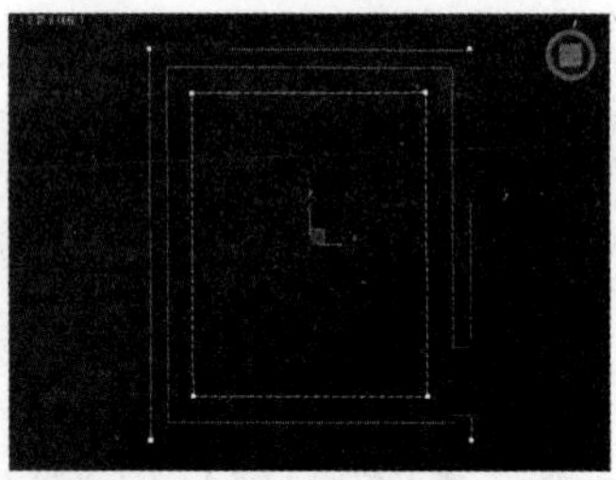

图 5.140

步骤 3：单击 修改器列表 右边的 按钮，弹出下拉列表，在下拉列表中选择 挤出 命令，具体参数设置如图 5.141 所示，其在各个视图中的位置如图 5.142 所示。

步骤 4：再利用创建“顶面 01”的方法，创建一个“顶面 02”，其在各个视图中的位置如 5.143 所示(“轮廓”值为 800、“挤出”值为 80)。

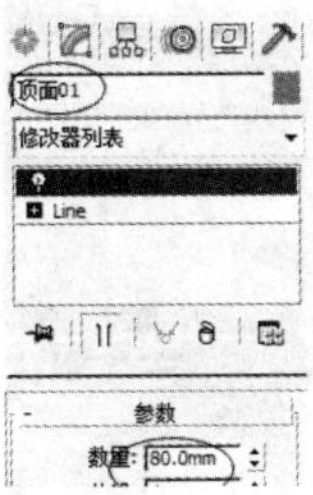

图 5.141

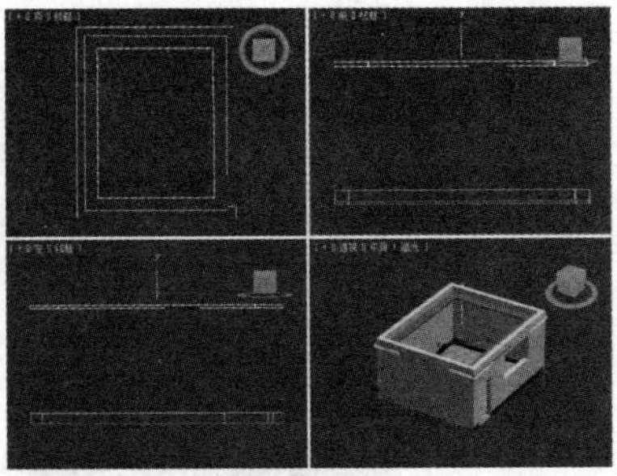

图 5.142

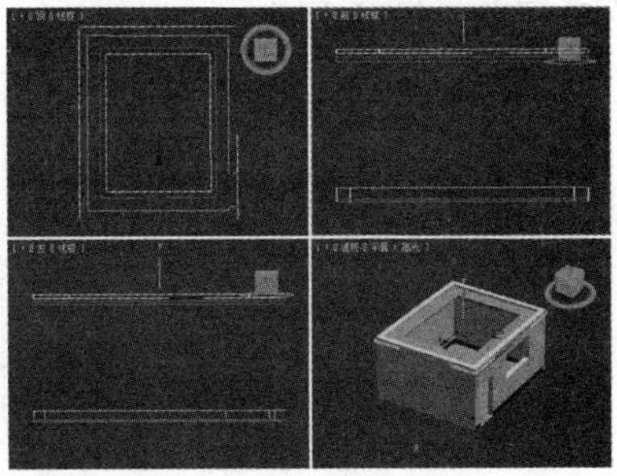

图 5.143

步骤 5：单击(创建)→(几何体)→ 长方体 按钮，在顶视图中创建一个长方体，命名为“顶面 03”，具体参数设置如图 5.144 所示，其在各个视图中的位置如图 5.145 所示。

图 5.144

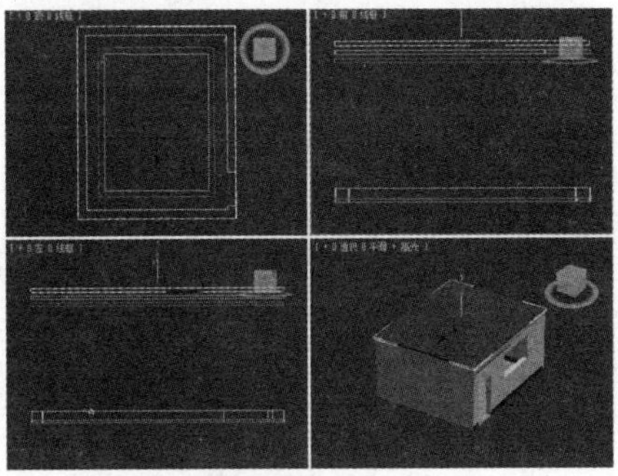

图 5.145

步骤 6：创建“米黄色乳胶漆”材质。“米黄色乳胶漆”的创建与 5.1 节中“白色乳胶漆”材质的创建方法和步骤相同。将【环境光】和【漫反射】的 RGB 值设置为(R：255，G：245，B：174)，【高光反射】的 RGB 值设置为(R：255，G：255，B：255)即可。

步骤 7：给书房框架顶面赋予材质。“顶面 01”和“顶面 02”赋予“白色乳胶漆”，“顶面 03”赋予“米黄色乳胶漆”。

步骤 8：保存文件。按 Ctrl+S 键保存文件。

3. 创建摄影机

步骤 1：在【浮动】面板中单击(创建)→(摄影机)→ 目标 按钮，在顶视图中创建摄影机并命名为“摄影机”，具体参数设置如图 5.146 所示。

步骤 2：在【浮动】面板中单击(创建)→(灯光)→ 泛光灯 按钮，在视图中创建一盏灯光，参数设置采用默认值，将透视视图转到摄影机视图，调整好灯光和摄影机的位置，最终效果如图 5.147 所示。

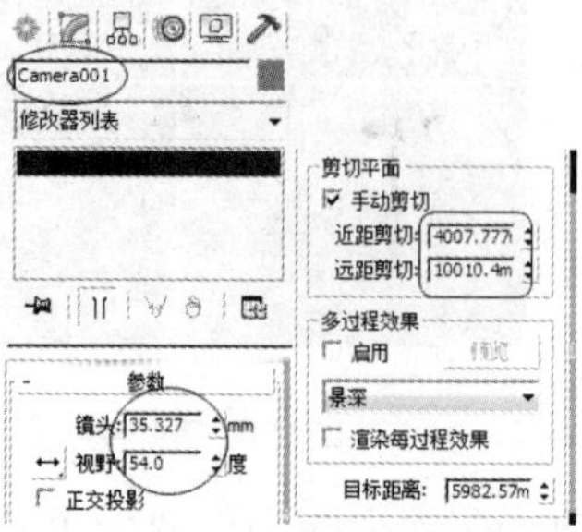

图 5.146

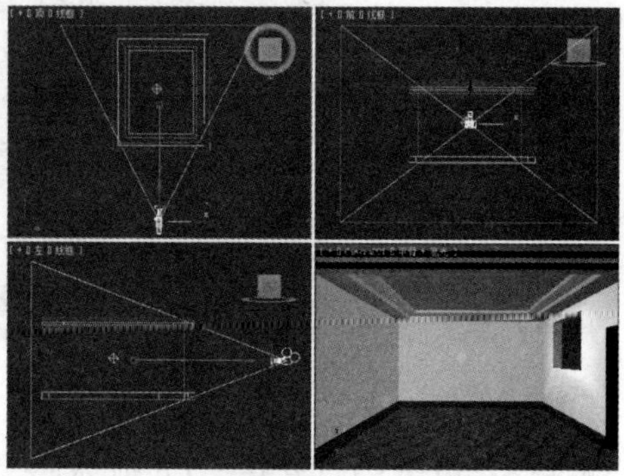

图 5.147

4. 创建书房的窗户和门

书房的窗户和门的创建方法和步骤与第 3 章中窗户和门的创建方法和步骤完全相同，在这里就不再叙述。

窗户和门的贴图材质的创建与第 2 章中的“窗户和门的贴图材质”创建方法相同，读者可参考前面的制作方法。

将创建的材质赋予窗户和门，最终效果如图 5.148 所示。

图 5.148

5. 制作书房的筒灯

步骤 1：单击 (创建)→ (几何体)→ 长方体 按钮，在顶视图中创建一个长方体，命名为“书房装饰柱”，具体参数设置如图 5.149 所示，其在各个视图中的位置如图 5.150 所示。

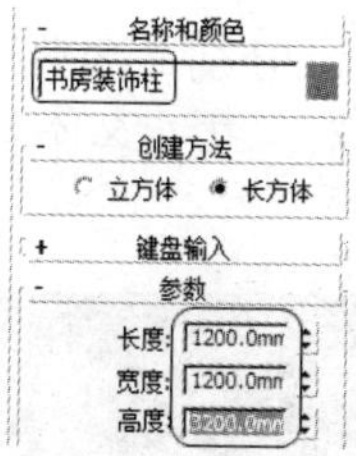

图 5.149

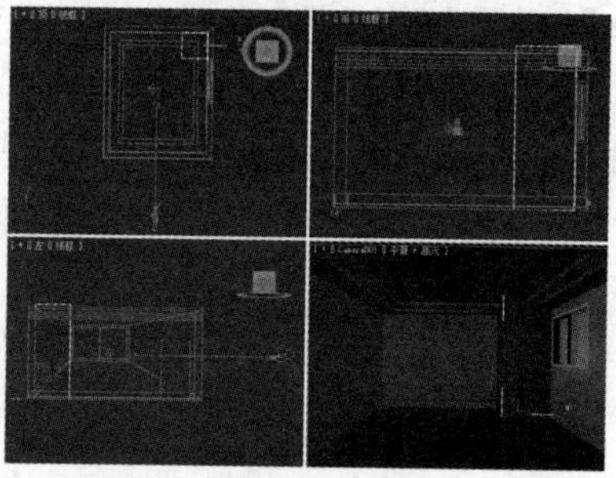

图 5.150

步骤 2：单击(创建)→(几何体)→长方体按钮，在前视图中创建一个长方体，命名为“布尔对象”，具体参数如图 5.151 所示，其在各个视图中的位置如图 4.152 所示。

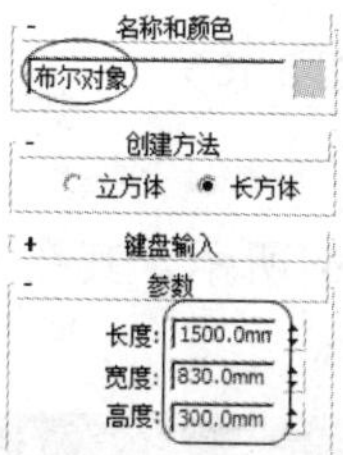

图 5.151

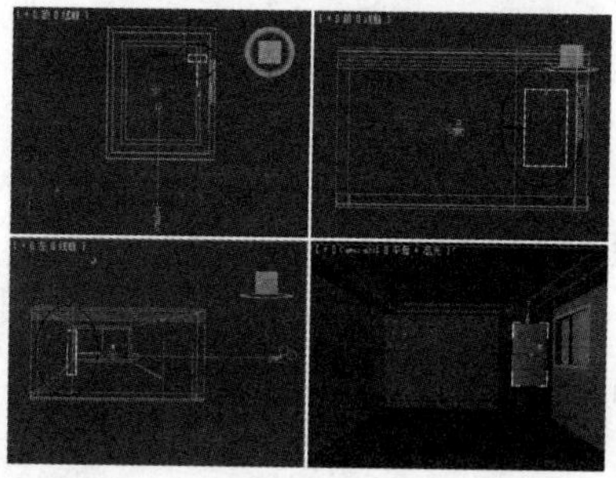

图 5.152

步骤 3：选择“书房装饰柱”，单击(创建)→(几何体)，转到【几何体】浮动面板，单击标准基本体右边的按钮，弹出下拉列表，在下拉列表中选择复合对象命令。

步骤 4：单击布尔→拾取操作对象 B按钮，将鼠标移到摄影机视图中的“布尔对象”上单击即可进行布尔运算，效果如图 5.153 所示。

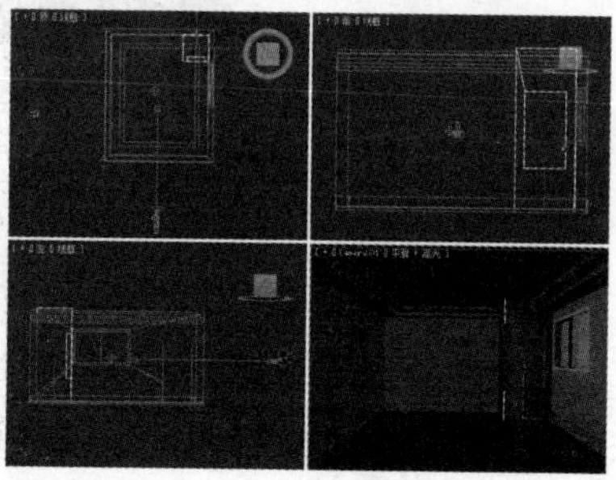

图 5.153

步骤 5： 单击复合对象右边的按钮，弹出下拉列表，在下拉列表中选择标准基本体命令转到【标准基本体】浮动面板。

步骤 6： 单击圆柱体按钮，在顶视图中创建 16 个圆柱体，分别命名为“筒灯 01”、“筒灯 02”、……、“筒灯 16”，具体参数设置如图 5.154 所示，其在各个视图中的位置如图 5.155 所示。

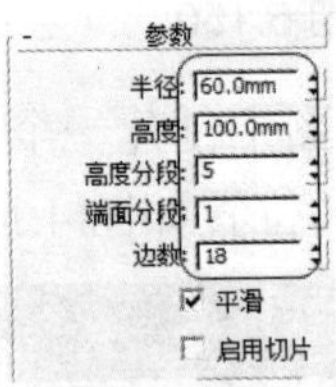

图 5.154

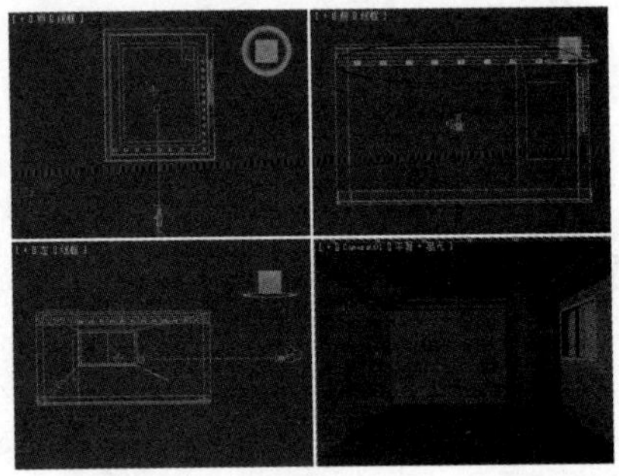

图 5.155

步骤 7： 选择“书房装饰柱”，单击(创建)→(几何体)→长方体按钮，在前视图中创建一个长方体，命名为“装饰画”，具体参数设置如图 5.156 所示，其在各个视图中的位置如图 5.157 所示。

图 5.156

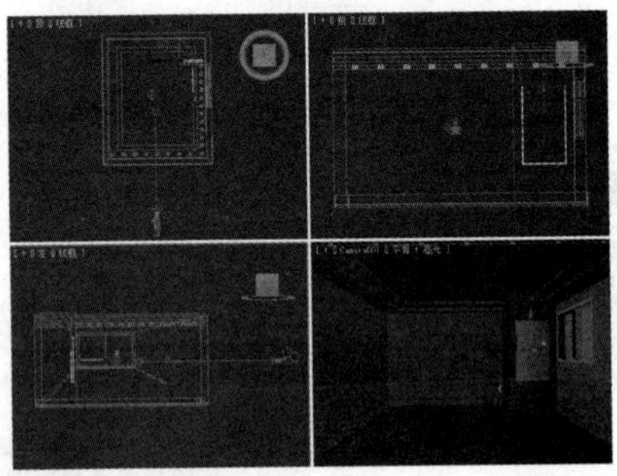

图 5.157

6. 创建材质贴图

1) 创建“自发光”材质

步骤 1： 单击(材质编辑器)按钮弹出【材质编辑器】设置对话框，在【材质编辑器】设置对话框中单击一个空白示例球并命名为“自发光”材质。

步骤 2： 将自发光的颜色设置为“纯白色”，具体参数设置如图 5.158 所示。

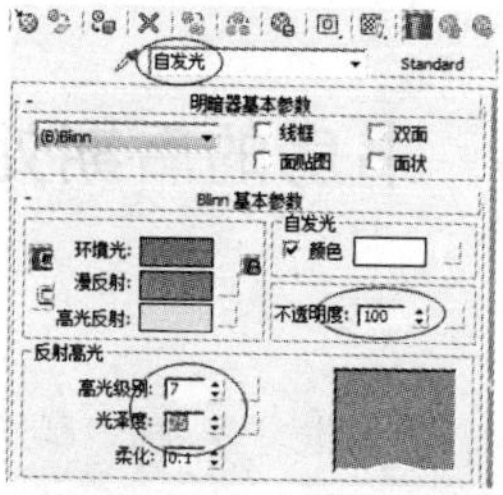

图 5.158

2) 创建“装饰画”材质

“装饰画”材质的创建的方法与 5.1 节中“木纹”材质的创建方法和参数设置完全相同。将【漫反射】中的贴图文件“木纹 011.jpg”换成“字画 267.jpg”即可。

3) 对书房装饰柱和其他装饰进行贴图

给“书房装饰柱”赋予“木纹”材质，给 16 盏“筒灯”赋予“自发光”材质，给“装饰画”赋予“装饰画”材质，最终渲染效果如图 5.159 所示。

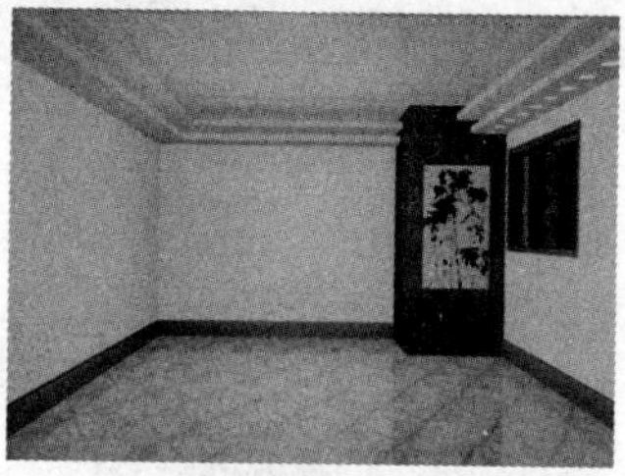

图 5.159

四、拓展训练

制作如下图所示的书房效果。

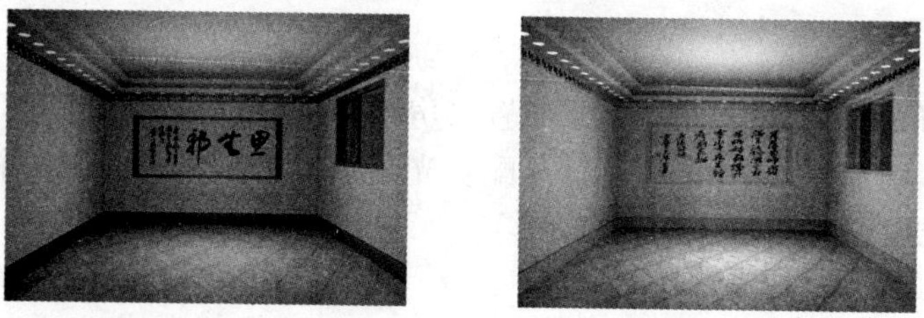

(a)　　　　(b)

案例练习图

5.6 书房的后期处理

一、案例效果

案例效果图

二、案例制作流程(步骤)分析

打开文件 → 书房家具的调用及布置 → 场景灯光的设置 → 利用 Photoshop CS5 进行后期处理 → 设置浏览动画

三、详细操作步骤

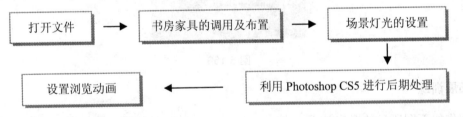

本案例主要介绍书房家具的调用及布置书房家具主要包括“书柜”、“书桌”、“椅子”和“几案”等造型。读者可以直接从配套光盘中调用，也可以根据个人的创意重新建模，从而制作出更具个性的效果图。

1. 打开文件

步骤 1：启动 3ds Max 2011。

步骤 2：打开“书房.max”并保存名为“书房的后期处理.max”的文件。

【参考视频】

2. 书房家具的调用及布置

步骤 1：选择→(导入)→(合并)命令，弹出【合并文件】对话框，具体设置如图 5.160 所示。

步骤 2：单击打开(O)按钮，弹出【合并】选择对话框，选择需要合并的对象如图 5.161 所示。

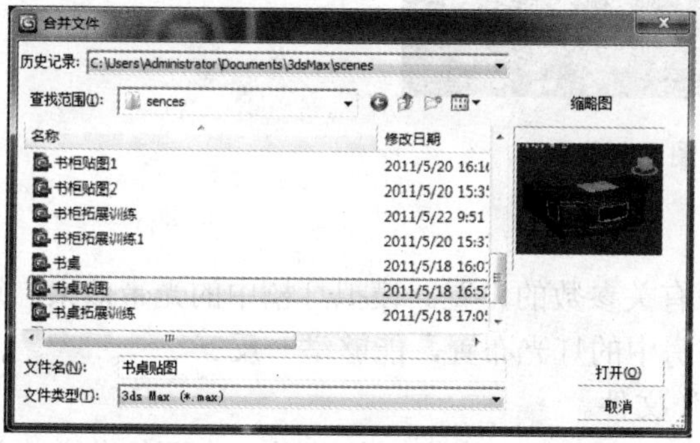

图 5.160

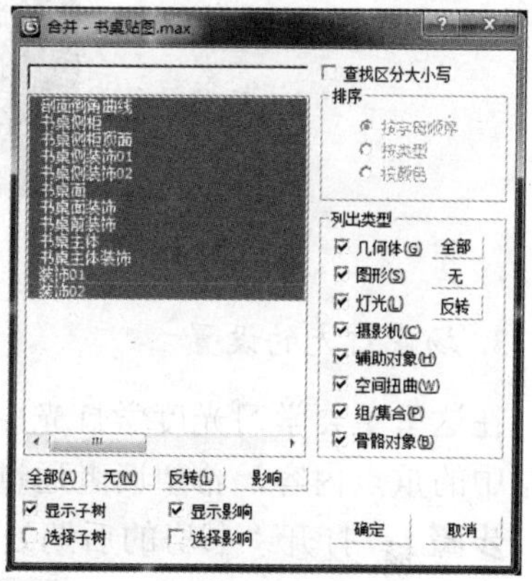

图 5.161

步骤 3：单击确定按钮弹出【重复材质名称】设置对话框，如图 5.162 所示，单击自动重命名合并材质按钮即可将材质合并到场景中。

步骤 4：将合并近来的对象成组为“书桌”。

步骤 5：使用(移动)工具、(选择并移动)和(选择并均匀缩放)工具对合并进来的“书桌”大小、位置进行适当的调整，旋转。最终效果如图 5.163 所示。

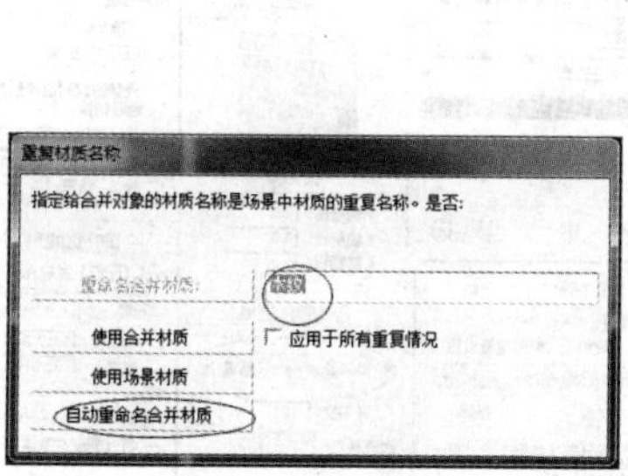

图 5.162

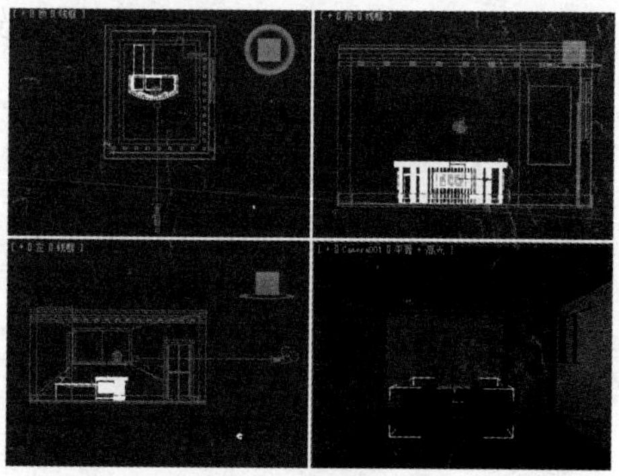

图 5.163

步骤 6：方法同上。将其他家具合并进来并调整好位置。单击 (渲染产品)按钮即可得到如图 5.164 所示。

图 5.164

3. 场景灯光的设置

在这里主要学习光度学灯光中线光源有关参数的设置。模拟灯槽中的光带效果。这是本章中的重点内容，希望读者通过学习书房中的灯光布置，能够举一反三。

步骤 1：打开“书房的后期处理.max”文件。

步骤 2：在工具栏中单击全部右边的按钮，弹出下拉菜单，在下拉菜单中选择L-灯光命令。此时，只能对灯光进行操作而其他对象不受影响。

步骤 3：单击 (创建)→ (灯光)按钮，转到灯光浮动面板，单击浮动面板标准右边的按钮弹出下拉列表，在下拉列表中选择光度学命令，再单击自由灯光按钮，在顶视图中单击即可创建自由点光源，命名为“灯槽线光源”。

步骤 4：在分布(光度学 Web)卷展栏中单击<选择光度学文件>按钮，弹出【打开光域 Web 文件】对话框，具体设置如图 5.165 所示。

步骤 5：单击打开(O)按钮，返回灯光设置浮动面板。具体参数设置如图 5.166 所示。

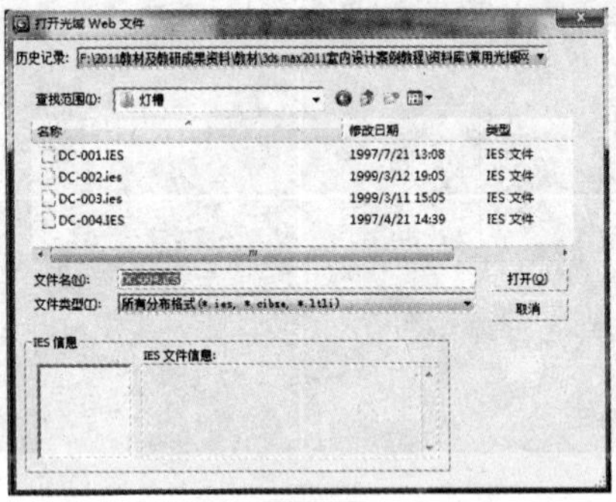

图 5.165

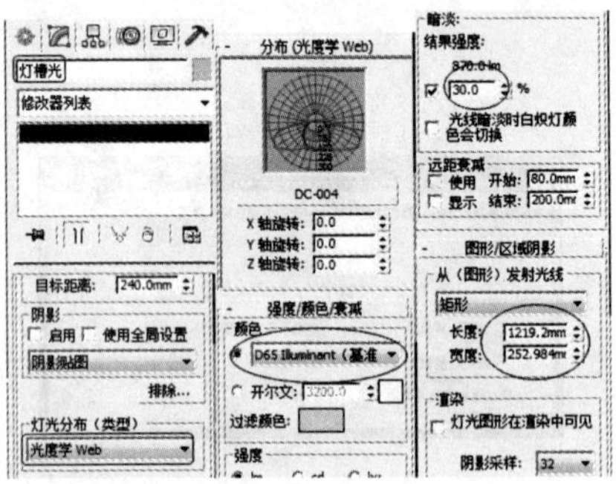

图 5.166

步骤 6： 以实例的方式克隆 13 盏“灯槽线光源”，其在各个视图中的位置如图 5.167 所示。

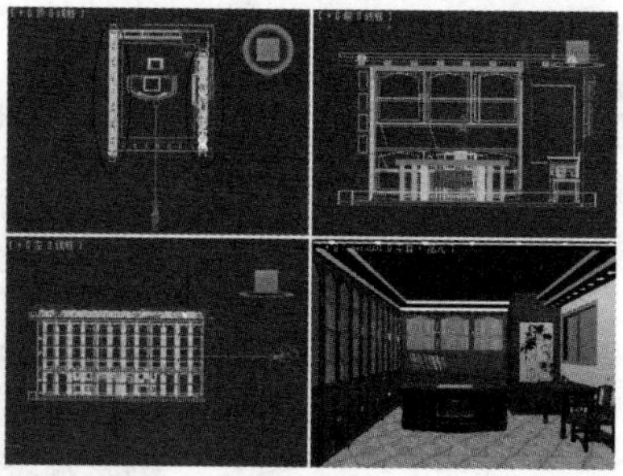

图 5.167

步骤 7： 单击(创建)→(灯光)→泛光灯按钮，在顶视图中创建 12 盏“泛光灯”并命名为“照明灯”，具体参数设置如图 5.168 所示，其在各个视图中的位置如图 5.169 所示。

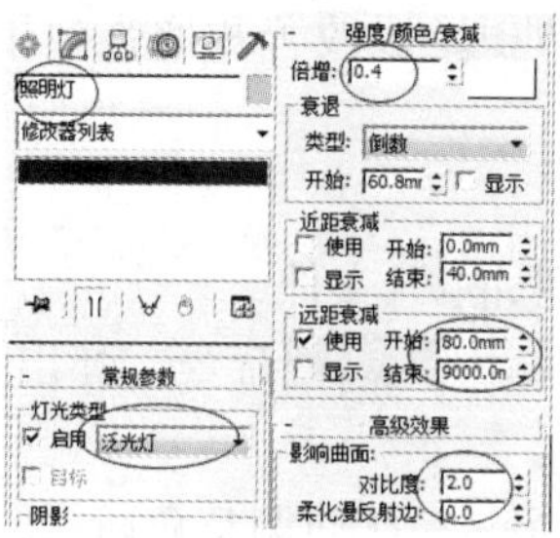

图 5.168

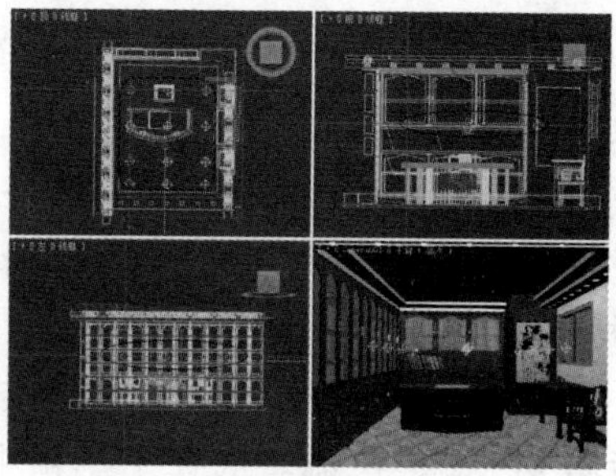

图 5.169

步骤 8： 单击(创建)→(灯光)→泛光灯按钮，在顶视图中创建一盏“泛光灯”并命名为“投影灯”，具体参数设置如图 5.170 所示，其在各个视图中的位置如图 5.171 所示。

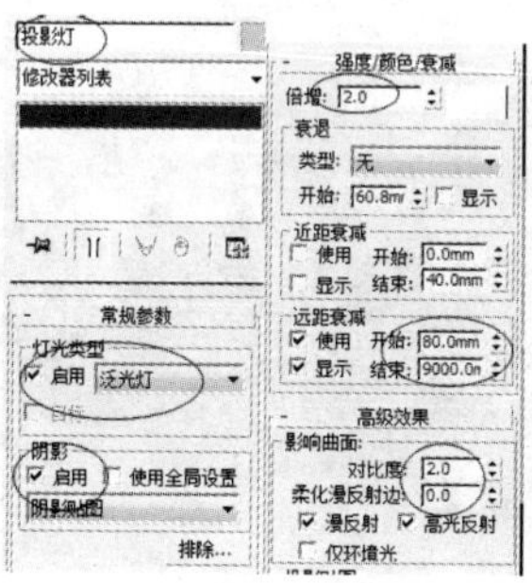

图 5.170

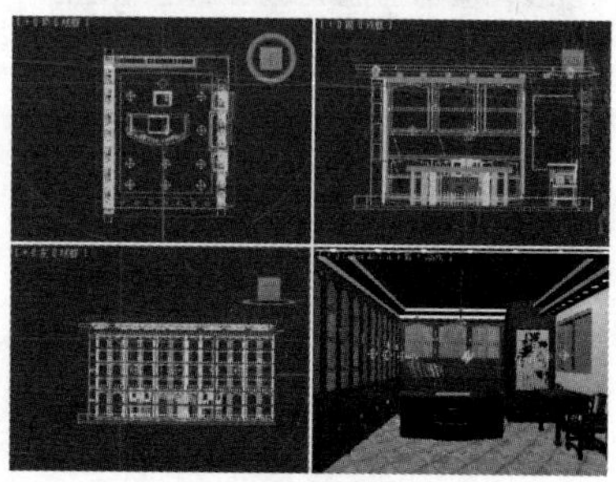

图 5.171

步骤 9：单击排除...按钮，弹出【包含/排除】对话框，具体设置如图 5.172 所示。

步骤 10：单击确定按钮。返回灯光参数设置浮动面板。单击(渲染产品)按钮，最终效果如图 5.173 所示。

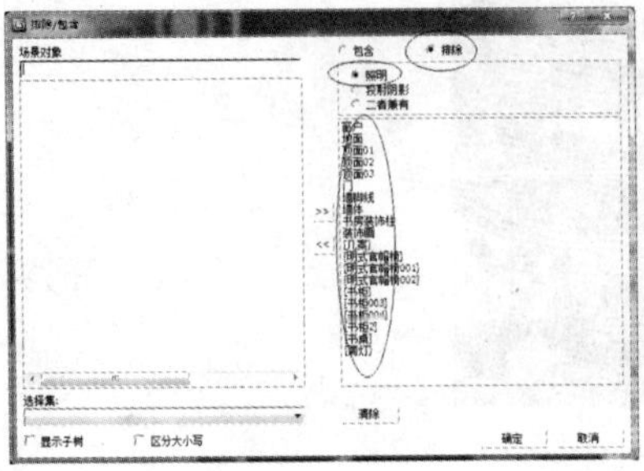

图 5.172

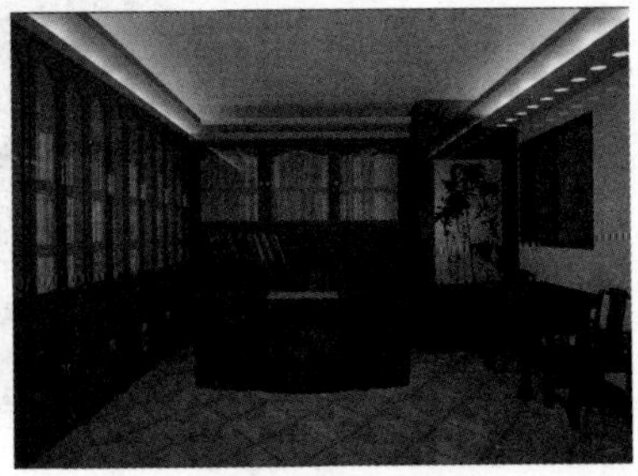

图 5.173

4. 利用 Photoshop CS5 进行后期处理

在本节中主要讲解如何对书房的渲染图像进行后期处理，以改善和增强效果图的品质。具体操作步骤如下。

步骤 1：启动 Photoshop CS5 软件。

步骤 2：打开在前渲染出来的效果图“书房后期处理.jpg”文件。

步骤 3：进行曲线调整。选择工具箱中的图像(I)→调整(A)→色阶(L)...命令，弹出【色阶】对话框，具体调整如图 5.174 所示，单击确定按钮即可。

步骤 4：调整色调。选择工具箱中的图像(I)→自动色调(N)命令，自动调整色阶(如果读者对自动色阶不满意，可以进行手动调节)。

步骤 5：调整对比度。选择工具箱中的图像(I)→自动对比度(U)命令，自动调整颜色对比度，效果如图 5.175 所示(如果读者对自动颜色不满意，可以进行手动调节)。

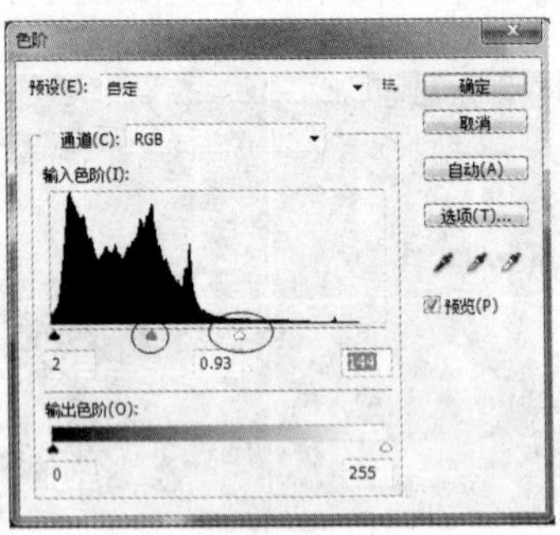

图 5.174

图 5.175

步骤 6：打开两张如图 5.176 所示的图片并拖到“书房后期处理.jpg”文件，使用变形工具和移动工具进行大小和位置调整，最终效果如图 5.177 所示。

图 5.176

图 5.177

5. 设置浏览动画

设置书房的动画浏览的操作步骤和方法与 4.7 节中的操作步骤和方法完全相同。读者可以参考 4.7 节的操作步骤和方法，在这里就不再叙述。

四、拓展训练

制作如下图所示的书房效果。

(a)

(b)

案例练习图

提示：老师可以根据学生的实际情况决定，对于接受能力比较强的学生，可以要求将拓展训练的效果图制作出来；对于基础比较薄弱、接受能力相对比较差的学生，可以不作要求。

本 章 小 结

本章主要讲解了书房中各种家具的设计方法、基础贴图技术、灯光技术和渲染图的后期处理等知识，重点要掌握书房中各种家具的制作方法和灯槽中的光带制作技术。

第6章

餐厅装饰设计

技能点

1. 餐桌椅的制作
2. 餐桌的制作
3. 餐厅模型的创建
4. 餐厅家具的调用及布置
5. 场景灯光的设置
6. 基本贴图技术
7. 环境背景的设置
8. 利用 Photoshop 进行后期处理
9. 设置动画浏览

【素材下载】

说　明

本章主要讲解客厅中各种家具的设计方法、基础贴图技术、灯光技术和渲染图的后期处理等知识，重点要掌握餐厅中各种家具的制作方法和光度学灯光中的 IES 太阳光的使用技术。

教学建议课时数

一般情况下需要 16 课时，其中理论 5 课时，实际操作 11 课时(特殊情况可做相应调整)。

室内效果图是广告与装潢设计公司竞标的重要资料之一，它可以让客户或投标者在第一时间内非常直观地了解到完成装潢后的室内效果。计算机技术的发展、电脑软件功能的增强和房地产业的迅猛发展，极大地推动了我国室内设计水平的提高。目前用于制作室内效果图设计的软件很多，例如 3ds Max、AutoCAD、Lightscape、Photoshop、天正、AutodeskVIZ 等，其中以 3ds Max 和 Photoshop 相结合使用最为流行。

餐厅家具设计的基础造型主要包括餐桌椅、餐桌和空调等。为了方便初学者学习和理解，首先学习单独制作餐桌椅和餐桌等造型并保存为线架文件，再来学习制作餐厅的模型，最后将它们合并、渲染输出即可。

6.1 餐桌椅的制作

一、案例效果

案例效果图

【参考视频】

二、案例制作流程(步骤)分析

启动 3ds Max 2011，设置单位 → 使用 3ds Max 中的相关命令制作餐桌椅模型 → 给餐桌椅模型添加材质贴图

三、详细操作步骤

1. 设置单位

步骤 1： 启动 3ds Max 2011，保存文件为“餐桌椅.max”。

步骤 2： 设置单位。单位的设置同 2.1 节中的单位设置完全一样。

2. 制作餐桌椅模型

步骤 1： 单击浮动面板中的(创建)→(图形)→线按钮，在前视图中绘制如图 6.1 所示的闭合曲线，命名为“餐桌椅后脚 01”(最高度为 1000mm、宽 60mm)。

步骤 2： 单击(修改)按钮，转到【修改】浮动面板，单击修改器列表右边的按钮，弹出下拉菜单，在下拉菜单中选择倒角命令，具体参数设置如图 6.2 所示。

步骤 3： 以实例方式克隆 1 个“餐桌椅后脚 01”，系统会自动命名为“餐桌椅后脚 02”，调整好位置如图 6.3 所示。

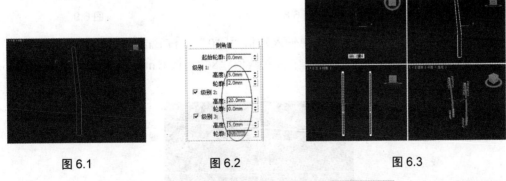

图 6.1

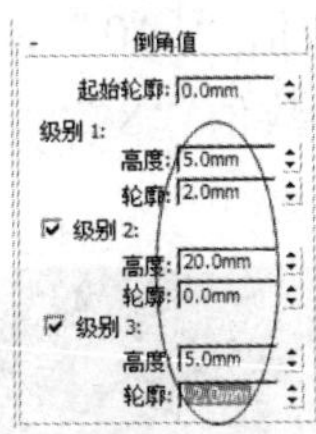

图 6.2

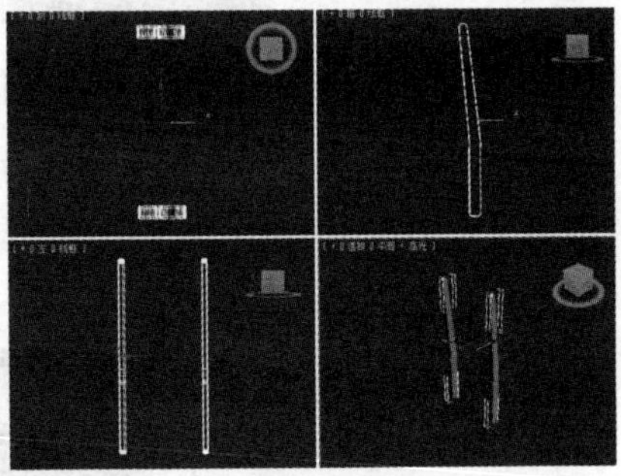

图 6.3

步骤 4： 单击【浮动】面板中的(创建)→(图形)→线按钮，在顶视图中绘制如图 6.4 所示的闭合曲线，命名为“餐桌椅面 01”(最大宽度为 500mm、最大长度为 450mm)。

步骤 5： 单击(修改)按钮，转到【修改】浮动面板，单击(顶点)按钮，在顶视图中选中如图 6.5 所示的顶点，在圆角按钮右边的文本输入框中输入数值“45”，按 Enter 键，即可得到如图 6.6 所示的效果。

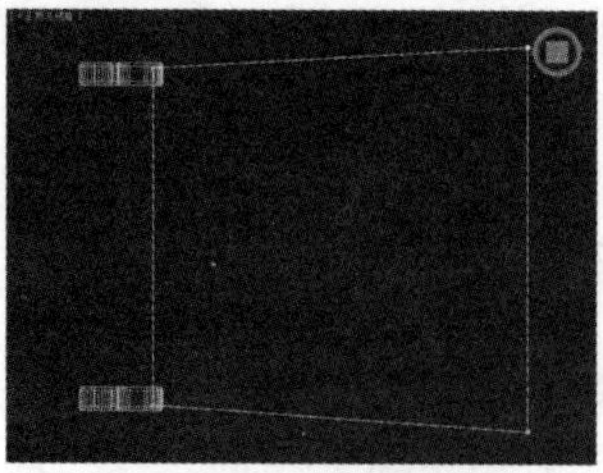

图 6.4

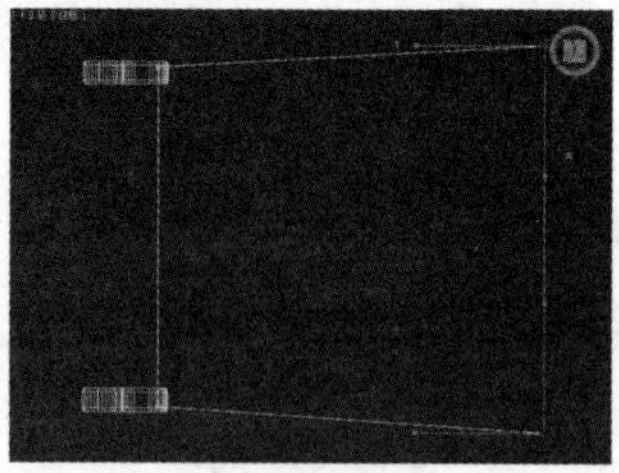

图 6.5

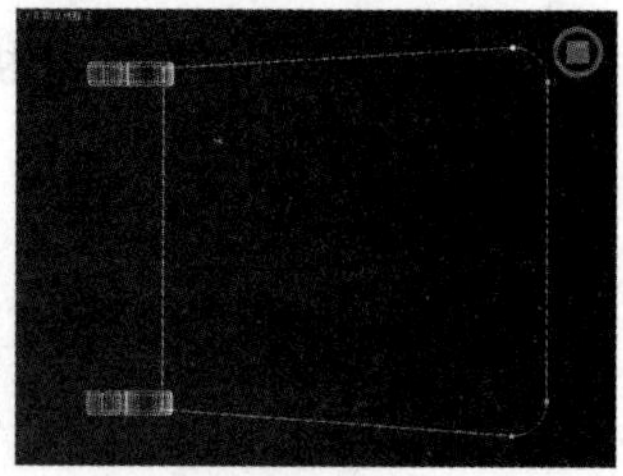

图 6.6

步骤 6：单击修改器列表右边的按钮，弹出下拉菜单，在下拉菜单中选择倒角命令，具体参数设置如图 6.7 所示，其在各个视图中的位置如图 6.8 所示。

步骤 7：单击修改器列表右边的按钮，弹出下拉菜单，在下拉菜单中选择编辑网格命令，在【浮动】面板中单击■(多边形)按钮，其在顶视图中选择如图 6.9 所示的面。

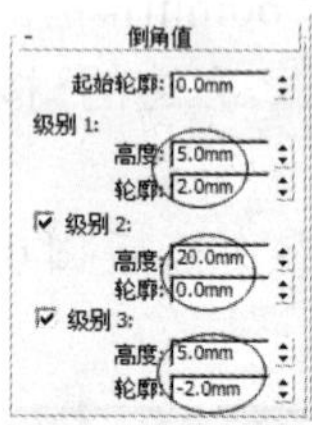

图 6.7

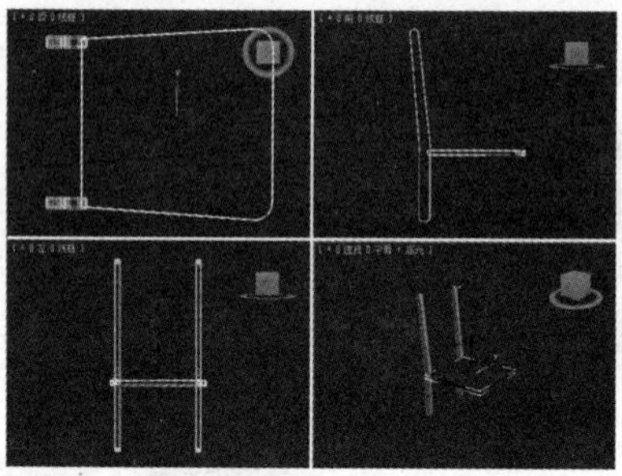

图 6.8

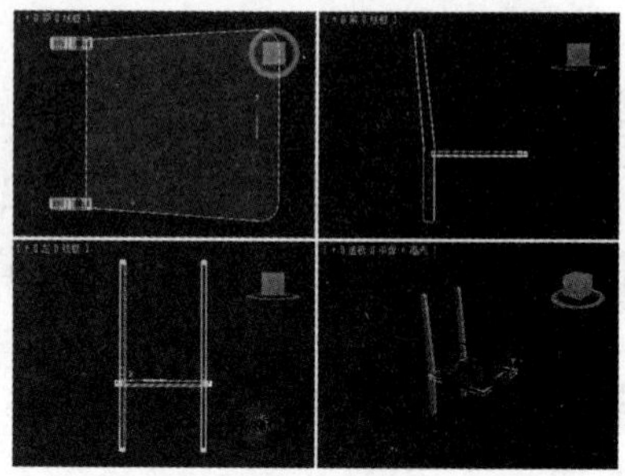

图 6.9

步骤 8：在倒角右边的文本框中输入数值“-10”，按 Enter 键。

步骤 9：在挤出右边的文本框中输入数值“8”，按 Enter 键。最终效果如图 6.10 所示。

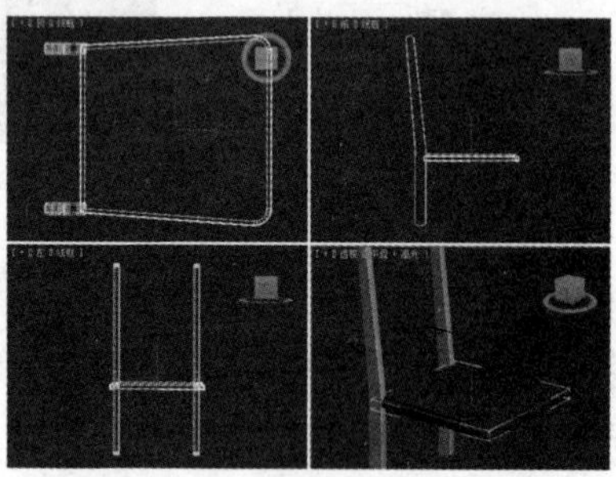

图 6.10

步骤 10：利用步骤 4 和步骤 5 的方法，在顶视图中绘制如图 6.11 所示的曲线，命名位“餐桌椅面 02”。

步骤 11：单击(修改)按钮，转到【修改】浮动面板，单击(样条线)按钮，在轮廓按钮右边的文本输入框中输入数值“-20”，其在顶视图中的效果如图 6.12 所示。

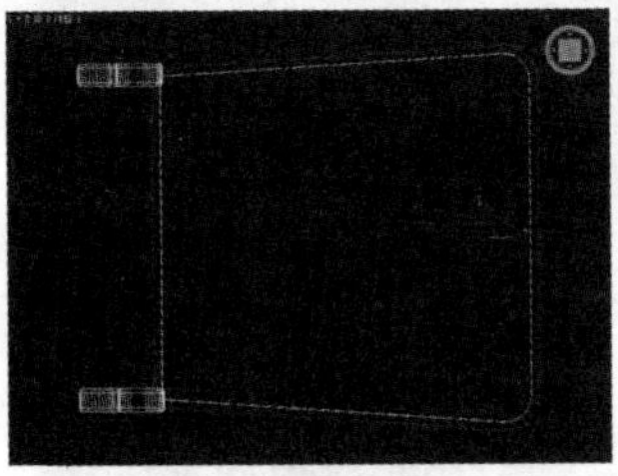

图 6.11

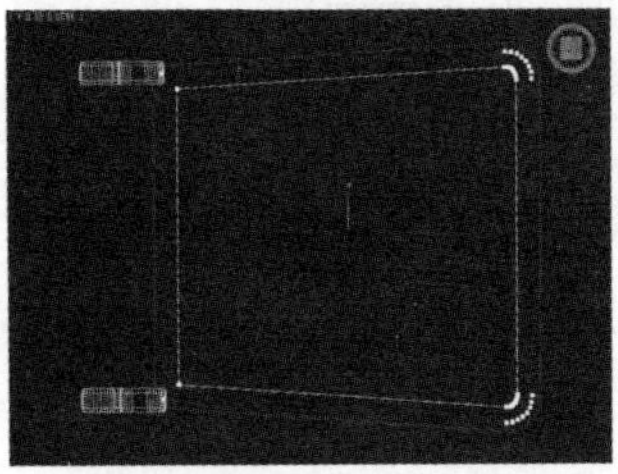

图 6.12

步骤 12：单击修改器列表右边的按钮，弹出下拉菜单，在下拉菜单中选择倒角命令，具体参数设置如图 6.13 所示，其在各个视图中的位置如图 6.14 所示。

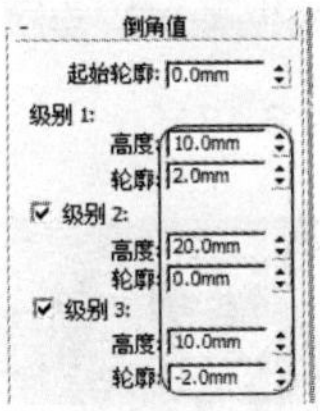

图 6.13

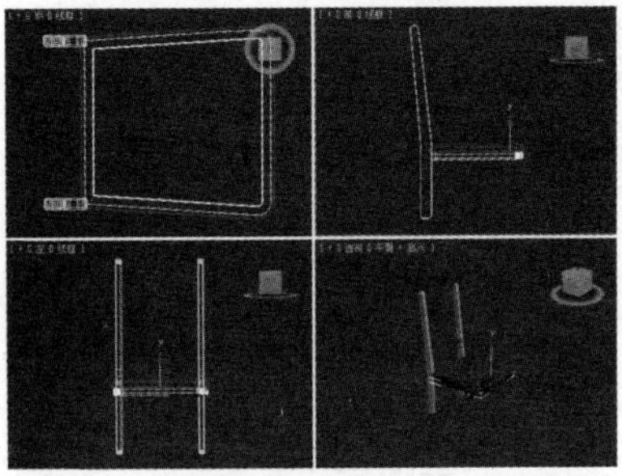

图 6.14

步骤 13：单击【浮动】面板中的(创建)→切角长方体按钮，在顶视图中创建两个切角长方体，分别命名为“餐桌椅前腿 01”和“餐桌椅前腿 02”，具体参数设置如图 6.15 所示，其在各个视图中的位置如图 6.16 所示。

步骤 14：单击【浮动】面板中的(创建)→切角长方体按钮，在顶视图中创建两个切角圆柱体，分别命名为“餐桌椅侧横梁 01”和“餐桌椅侧横梁 02”，具体参数设置如图 6.17 所示，使用(选择并移动)工具和(选择并旋转)工具对创建的对象进行移动和旋转操作，其在各个视图中的位置如图 6.18 所示。

步骤 15：单击【浮动】面板中的(创建)→切角长方体按钮，在前视图和左视图中分别创建 2 个切角立方体，具体参数设置如图 6.19 所示，分别命名为“餐桌椅前横梁”和“餐桌椅后横梁”，其在各个视图中的位置如图 6.20 所示。

图 6.15

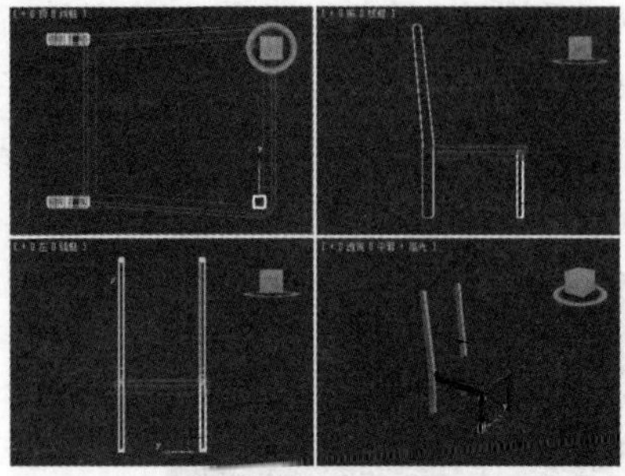

图 6.16

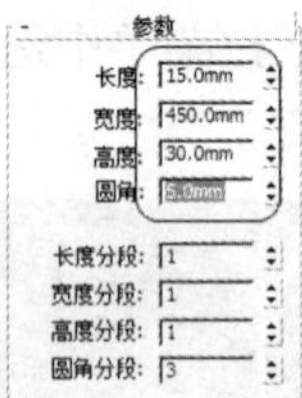

图 6.17

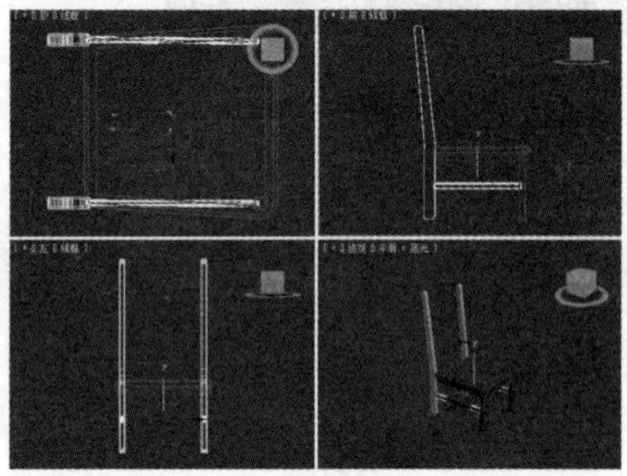

图 6.18

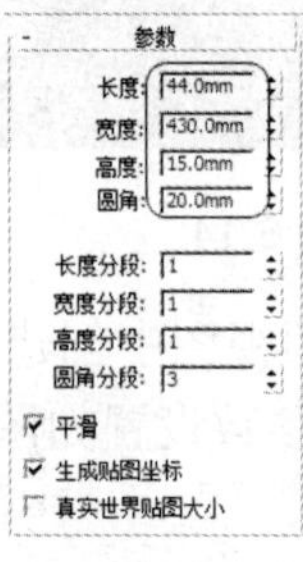

图 6.19

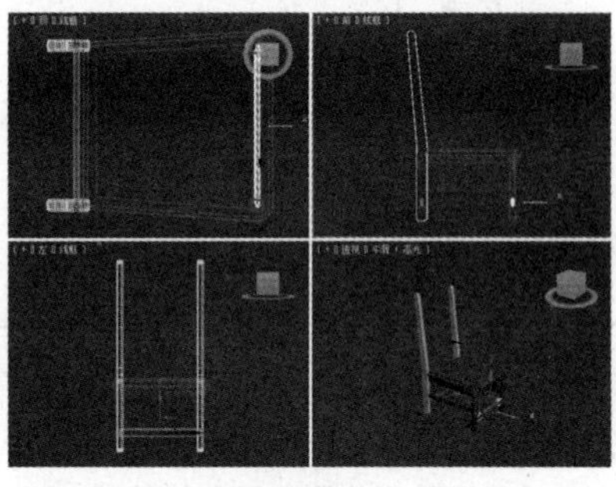

图 6.20

步骤 16：单击浮动面板中的(创建)→(图形)→ 线 按钮，在前视图中绘制如图 6.21 所示的闭合曲线，命名为“餐桌椅靠背 01”。

步骤 17：单击(修改)按钮，转到【修改】浮动面板，单击 修改器列表 右边的按钮，弹出下拉列表，在下拉列表中选择 倒角 命令，具体参数设置如图 6.22 所示，其在各个视图中的位置如图 6.23 所示。

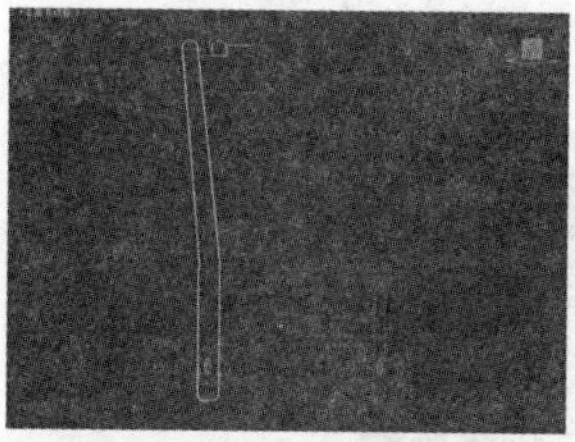

图 6.21

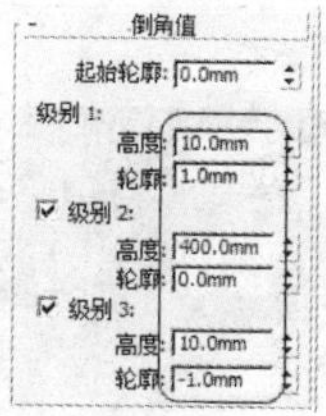

图 6.22

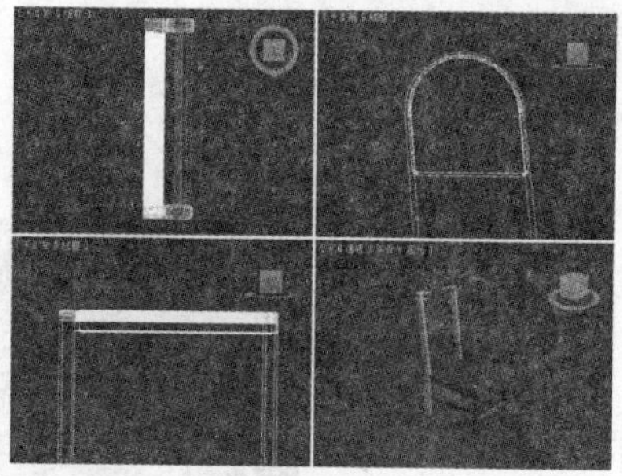

图 6.23

步骤 18：单击【浮动】面板中的(创建)→切角长方体按钮，在前视图中创建 2 个切角长方体，具体参数设置如图 6.24 所示。

步骤 19：单击(修改)按钮，转到【修改】浮动面板，单击修改器列表右边的按钮，弹出下拉菜单，在下拉菜单中选择弯曲命令，具体参数设置如图 6.25 所示，使用(选择并移动)工具和(选择并选转)工具对创建的对象进行移动和旋转操作，其在各个视图中的位置如图 6.26 所示。

图 6.24

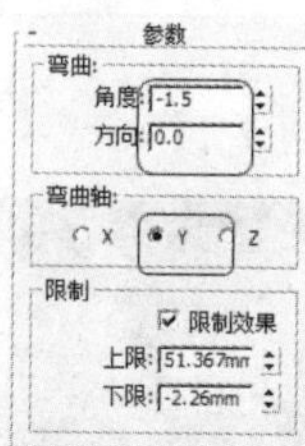

图 6.25

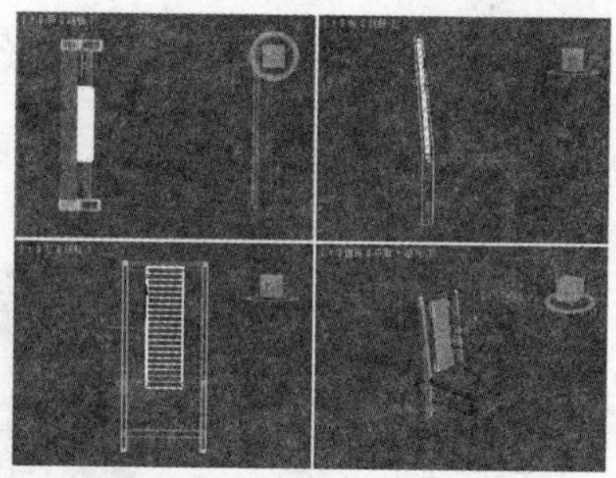

图 6.26

3. 创建餐桌椅材质贴图

步骤 1：创建“木纹”材质。“木纹”材质的创建方法和步骤与 5.1 节中“木纹”材质的创建方法和步骤完全相同，在这里就不再叙述。读者可参考 5.1 节中“木纹”材质的创建。

步骤 2：给餐桌椅赋予材质。利用前面所学知识将“木纹”材质和“皮纹”材质赋予餐桌椅的对应部分。单击工具栏中的(渲染产品)按钮，即可得到如图 6.27 所示的效果。

步骤 3：保存文件。按 Ctrl+S 键保存文件。

图 6.27

四、拓展训练

制作如下图所示的餐桌椅的效果。

(a)

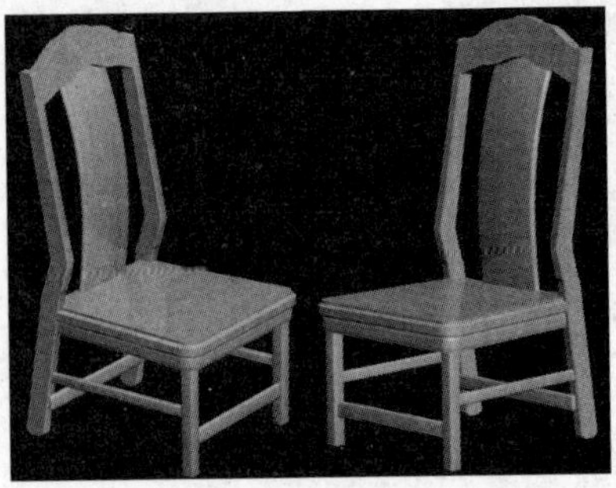

(b)

案例练习图

6.2 餐桌的制作

一、案例效果

二、案例制作流程(步骤)分析

启动 3ds Max 2011，设置单位 → 使用 3ds Max 中的相关命令制作餐桌模型 → 给餐桌模型添加材质贴图

【参考视频】

三、详细操作步骤

1. 设置单位

步骤 1： 启动 3ds Max 2011，保存文件为“餐桌.max”。

步骤 2： 设置单位。单位的设置同 2.1 中的单位设置完全一样。

2. 制作餐桌模型

步骤 1： 单击【浮动】面板中的(创建)→(几何体)按钮，转到【几何体】浮动面板，单击[标准基本体]右边的按钮，弹出下拉列表，在下拉列表中选择[扩展基本体]命令转到【扩展基本体】浮动面板。

步骤 2： 单击[切角长方体]按钮，在顶视图中创建一个切角长方体，命名为“餐桌面”，具体参数设置如图 6.28 所示，其在各个视图中的位置如图 6.29 所示。

步骤 3： 将顶视图转到底视图，单击(修改)按钮转到【修改】浮动面板，单击[修改器列表]右边的按钮，弹出下拉菜单，在下拉菜单中选择[编辑网格]命令。

步骤 4： 单击(多边形)按钮，在底视图中选择底面。

步骤 5： 在[挤出]右边的文本输入框中输入数值“30”，按 Enter 键。

步骤 6： 在[挤出]右边的文本输入框中输入数值“20”，按 Enter 键。

步骤 7： 在[倒角]右边的文本输入框中输入数值 20，按 Enter 键。

步骤 8： 在[挤出]右边的文本输入框中输入数值 30，按 Enter 键。

步骤 9： 将底视图转到顶视图。“餐桌面”在各个视图中的位置如图 6.30 所示。

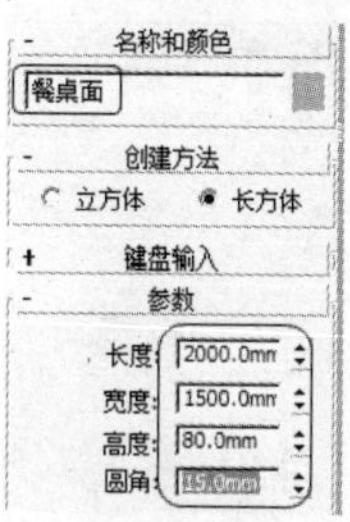

图 6.28

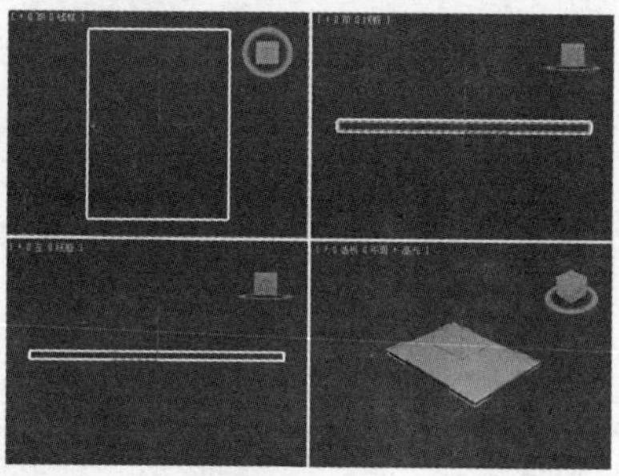

图 6.29

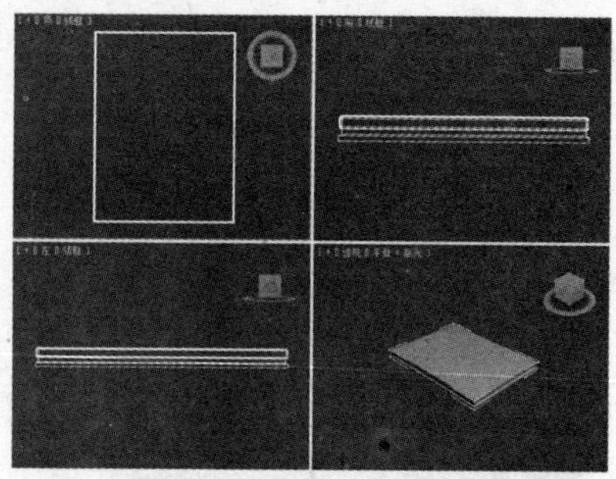

图 6.30

步骤 10： 单击【浮动】面板中的(创建)→(图形)→[线]按钮，在前视图中绘制如图 6.31 所示的曲线，命名为“餐桌脚 01”(最高度为 800mm、宽 50mm)。

步骤 11： 单击(修改)按钮转到【修改】浮动面板，单击[修改器列表]右边的按钮，弹出下拉菜单，在下拉菜单中选择车削命令，单击车削浮动面板中的最小按钮即可车削出需要的效果。

步骤 12：再以实例的方式克隆出 3 个“餐桌脚 01”对象，其在各个视图中的位置如图 6.32 所示。

图 6.31

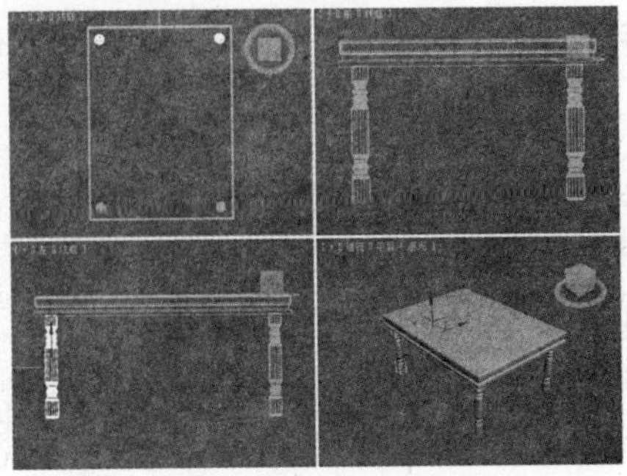

图 6.32

步骤 13：单击【浮动】面板中的(创建)→(图形)→线按钮，在前视图中绘制如图 6.33 所示的曲线，命名为“餐桌横梁 01”。

步骤 14：单击(修改)按钮转到【修改】浮动面板，单击修改器列表右边的按钮，弹出下拉菜单，在下拉菜单中选择倒角命令，具体参数设置如图 6.34 所示。

步骤 15：将“餐桌横梁 01”以实例的方式复制 1 个，调整好位置，其在各个视图中的位置如图 6.35 所示。

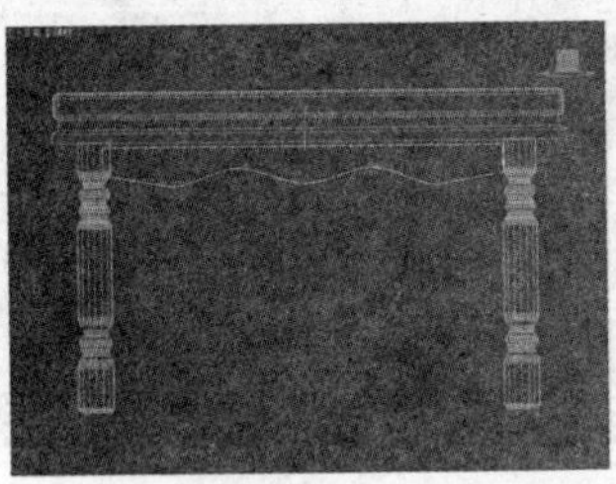

图 6.33

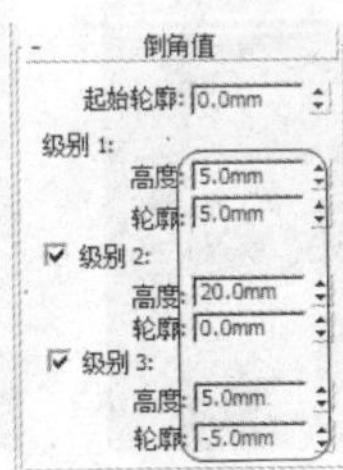

图 6.34

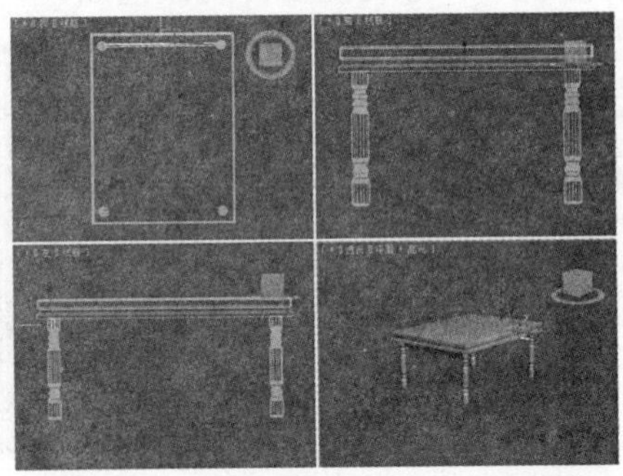

图 6.35

步骤 16：方法同第 13 步至 16 步。再制作两条“餐桌横梁 03”和“餐桌横梁 04”，调整好位置，如图 6.36 所示。

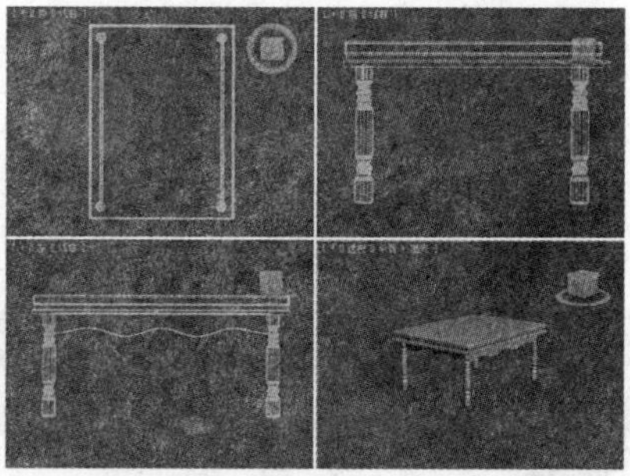

图 6.36

3. 给餐桌赋予材质

步骤 1：创建木纹材质。“木纹”材质的创建方法和步骤与 5.1 节中“木纹”材质的创建方法和步骤完全相同，在这里就不再叙述，读者可参考 5.1 节中“木纹”材质的创建方法。

步骤 2：给餐桌赋予材质。利用前面所学知识将“木纹”材质赋予餐桌。单击工具栏中的(渲染产品)按钮，即可得到如图 6.37 所示的效果。

图 6.37

四、拓展训练

制作如下图所示的餐桌的效果。

(a)　　(b)　　(c)

案例练习图

6.3　餐厅的制作

一、案例效果

案例效果图

二、案例制作流程(步骤)分析

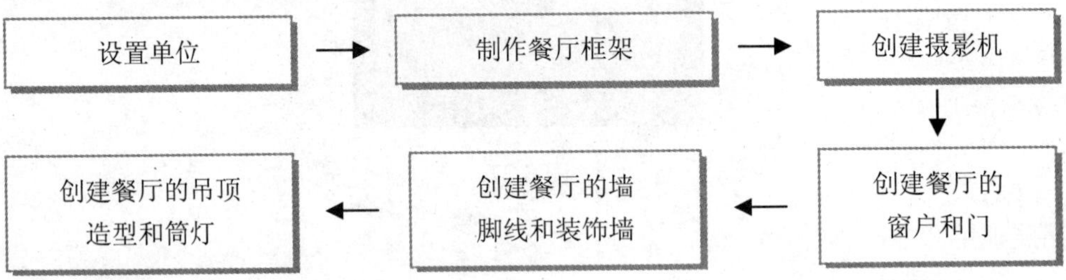

三、详细操作步骤

餐厅模型的创建主要由餐厅框架、吊顶和墙面装饰造型等构成。在建模时，可以将餐厅模型拆分为地板、墙体、吊顶、家具等，其中家具主要通过合并线架文件的方式调入，灯光主要运用标准灯光和光度学灯光对餐厅太阳光进行模拟。

1. 设置单位

步骤 1： 启动 3ds Max 2011，保存文件为“餐厅.max”。

步骤 2： 设置单位。单位的设置同 2.1 节中的单位设置完全一样。

【参考视频】

2. 制作餐厅框架

餐厅框架主要由地板、墙体和顶面构成。下面详细介绍这 3 个部分的制作过程。

1) 创建餐厅地面

步骤 1：单击【浮动】面板中的(创建)→(几何体)→ 长方体 按钮，在顶视图中创建一个立方体，命名为“餐厅地面”。具体参数设置如图 6.38 所示。单击视图控制面板中的(所有视图最大化显示)按钮即可得到如图 6.39 所示的效果。

图 6.38

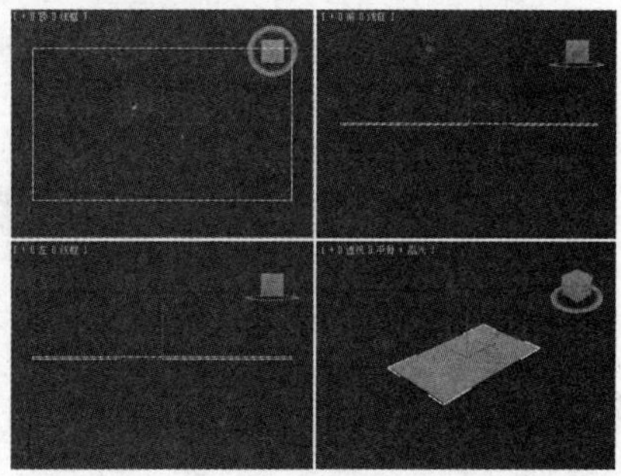

图 6.39

步骤 2：单击(材质编辑器)按钮弹出【材质编辑器】设置对话框，在【材质编辑器】设置对话框中单击一个空白示例球并命名为“地面”材质。

步骤 3：单击 漫反射: 右边的按钮弹出【材质/贴图浏览器】，在【材质/贴图浏览器】中双击 位图 项，弹出【选择位图图像文件】设置对话框，具体设置如图 6.40 所示。单击 打开(O) 按钮，返回到【材质编辑器】，具体参数设置如图 6.41 所示。

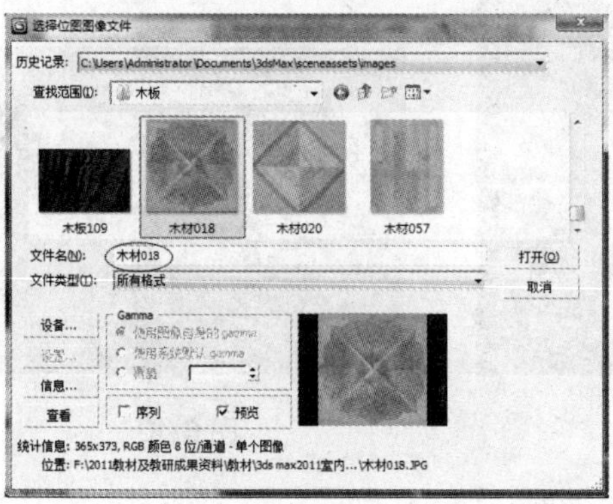

图 6.40

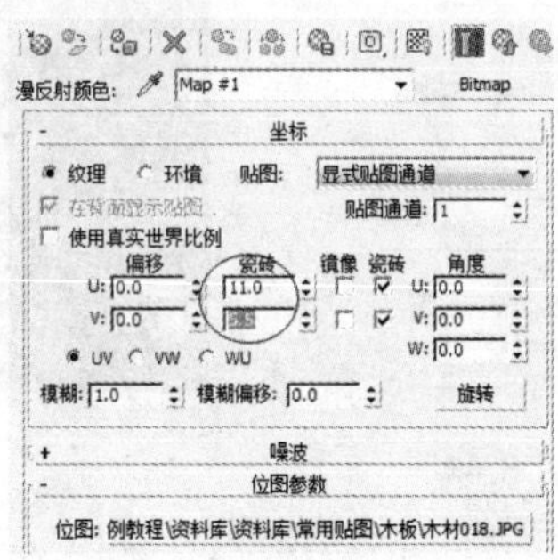

图 6.41

步骤 4：单击(转到父对象)按钮，返回上一级，具体参数设置如图 6.42 所示。

步骤 5：单击贴图左边的+符号，展开【贴图】卷展栏，单击反射右边的 None 按钮，弹出【材质/贴图浏览器】，在【材质/贴图浏览器】中双击光线跟踪项，单击(转到父对象)按钮，返回上一级，具体参数设置如图 6.43 所示。

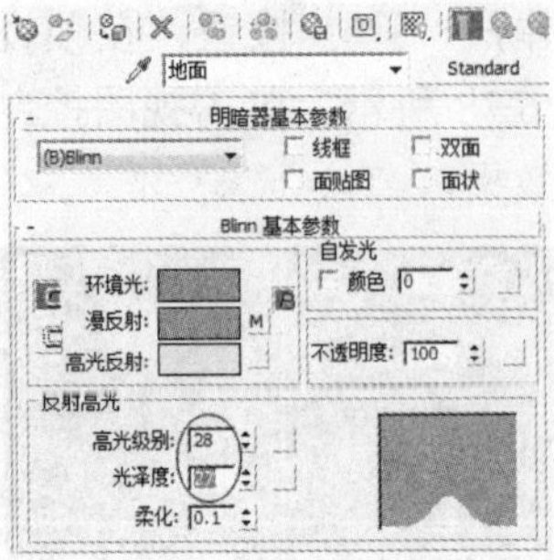

图 6.42

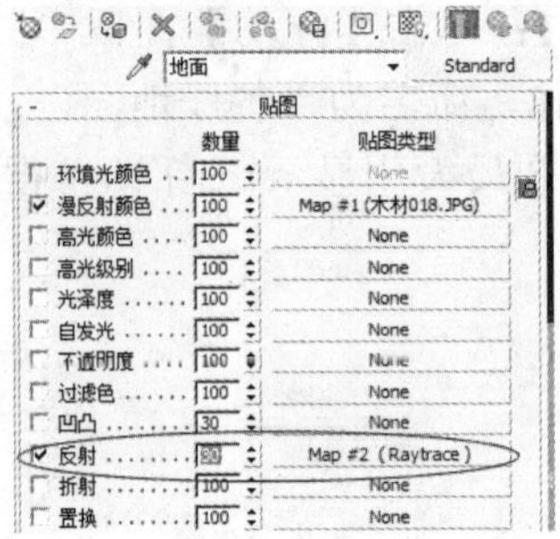

图 6.43

步骤 6：选择“地面”，单击(将材质指定选定对象)和(在视口中显示贴图)按钮即可赋予材质。

2) 创建餐厅墙体

步骤 1：单击(创建)→(几何体)→长方体按钮，在顶视图中创建两个长方体，命名为“墙体 01”和“墙体 02”，具体参数如图 6.44 所示，其在各个视图中的位置如图 6.45 所示。

步骤 2：单击【浮动】面板中的(创建)→(图形)→线按钮，在左视图中绘制如图 6.46 所示的闭合曲线，命名为“墙体 03”。

图 6.44

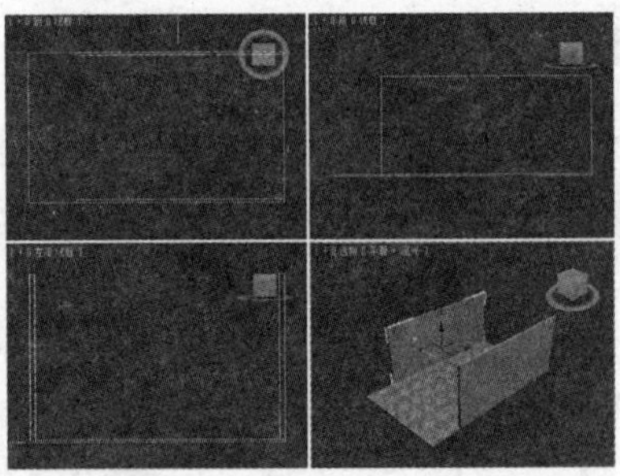

图 6.45

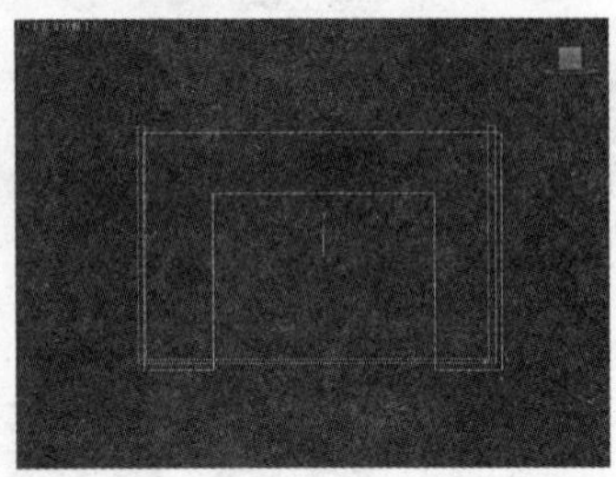

图 6.46

步骤 3：单击(修改)按钮，转到【修改】浮动面板，单击修改器列表右边的按钮，弹出下拉菜单，在下拉菜单中选择挤出命令，具体参数设置如 6.47 所示，其在各个视图中的位置如图 6.48 所示。

图 6.47

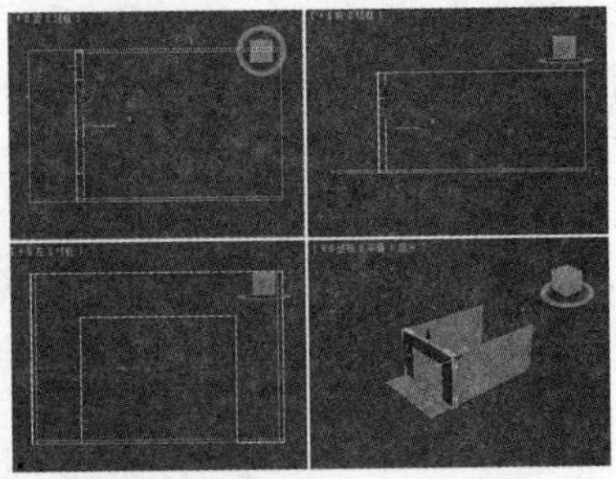

图 6.48

步骤 4：单击(创建)→(几何体)→长方体按钮，在顶视图中创建一个长方体并命名为“墙体 04”，具体参数如图 6.49 所示，其在各个视图中的位置如图 6.50 所示。

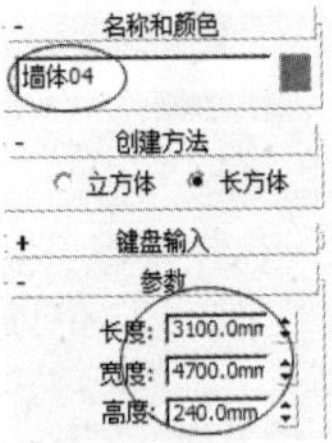

图 6.49

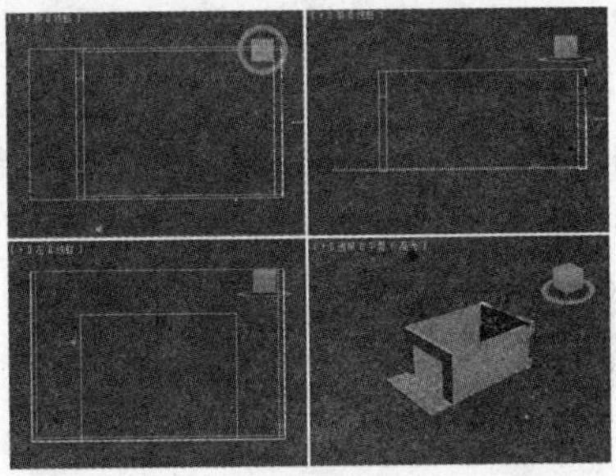

图 6.50

步骤 5：单击 长方体 按钮，在顶视图中创建一个长方体并命名为“布尔对象”，具体参数设置如图 6.51 所示，其在各个视图中的位置如图 6.52 所示。

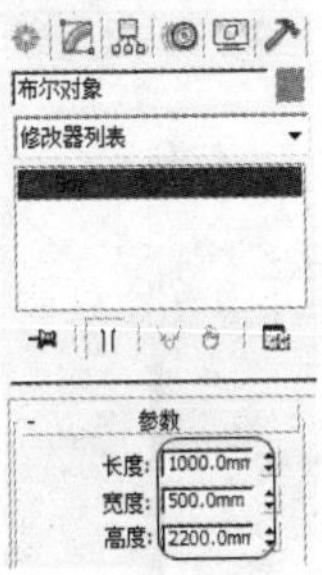

图 6.51

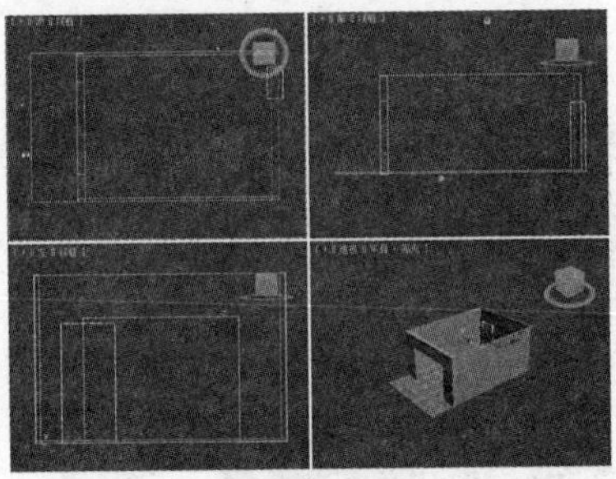

图 6.52

步骤 6：选择“墙体 04”，单击(创建)→(几何体)转到【几何体】浮动面板，单击 标准基本体 右边的按钮，弹出下拉列表，在下拉列表中选择 复合对象 命令。

步骤 7：单击 布尔 → 拾取操作对象 B 按钮，将鼠标移到透视视图中的“布尔对象”上单击即可进行布尔运算，效果如图 6.53 所示。

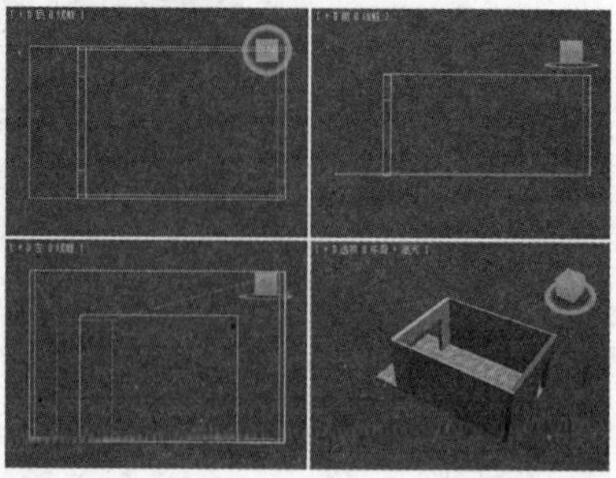

图 6.53

步骤 8：制作“白色乳胶漆”材质。“白色乳胶漆”材质的创建的方法与 5.1 节中“白色乳胶漆”材质的创建方法和参数设置完全，在这里就不再叙述。

步骤 9：将“白色乳胶漆”材质赋予墙体。

3) 创建阳台护栏

(1) 创建阳台护栏模型。

步骤 1：单击【浮动】面板中的 (创建)→ (图形)→ 线 按钮，在顶视图中绘制如图 6.54 所示的闭合曲线，命名为“阳台护栏路径”。

步骤 2：单击 (几何体)转到【几何体】浮动面板，单击 复合对象 右边的 按钮，弹出下拉列表，在下拉列表中选择 AEC 扩展 命令。

步骤 3：单击 栏杆 按钮，在顶视图中从上往下绘制栏杆。在【浮动】面板中单击 拾取栏杆路径 按钮，在顶视图中单击“阳台护栏路径”曲线。栏杆的具体参数设置如图 6.55 所示。

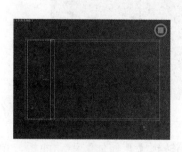

图 6.54

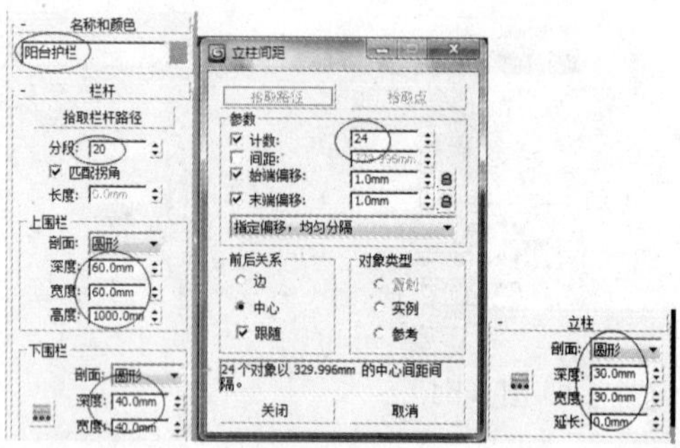

图 6.55

(2) 给阳台护栏赋予不锈钢材质。

步骤 1： 单击(材质编辑器)按钮，弹出【材质编辑器】设置对话框，在【材质编辑器】设置对话框中单击一个空白示例球并命名为“不锈钢”材质。

步骤 2： 单击 Standard 按钮，弹出【材质/贴图浏览器】对话框，在该对话框中双击 光线跟踪 按钮，返回【材质编辑器】。具体设置如图 6.56 所示。

步骤 3： 单选“阳台护栏”。将“不锈钢”材质赋予“阳台护栏”，单击单击工具栏中的(渲染产品)按钮，即可得到如图 6.57 所示的效果。

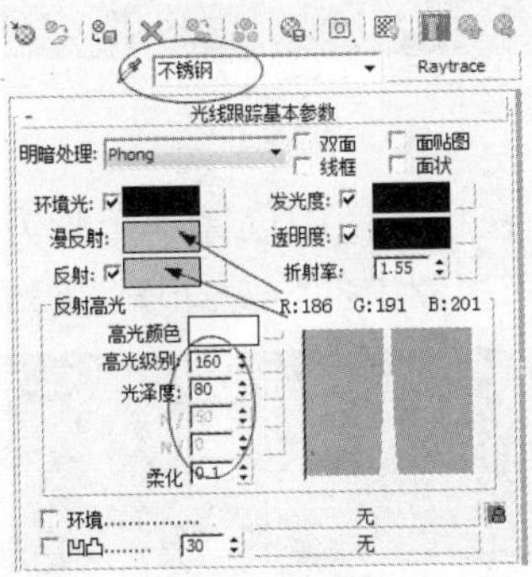

图 6.56

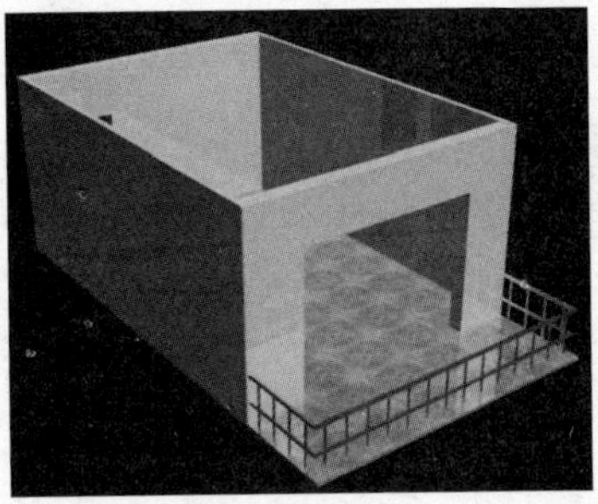

图 6.57

4) 创建餐厅框架顶面

步骤 1： 单击【浮动】面板中的(创建)→(图形)→ 线 按钮，在顶视图中绘制如图 6.58 所示的闭合曲线，命名为“顶面 01”。

步骤 2： 单击(修改)按钮，转到【修改】浮动面板，单击(样条线)按钮，在 轮廓 按钮右边的文本输入框中输入数值“700”，其在顶视图中的效果如图 6.59 所示。

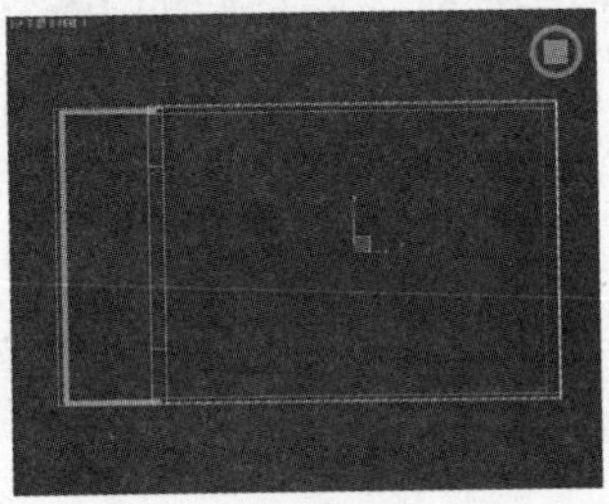

图 6.58

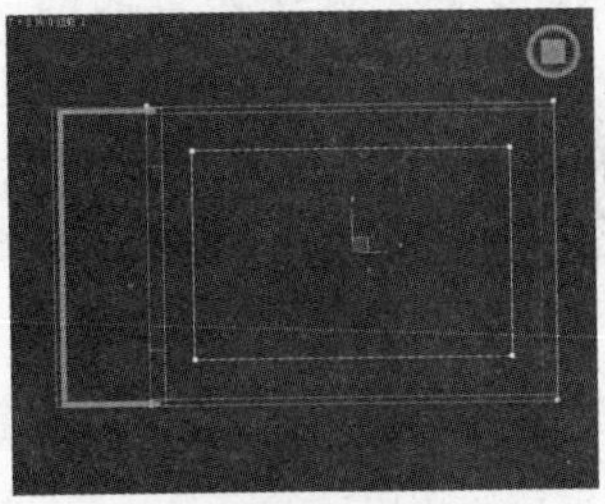

图 6.59

步骤 3： 单击 修改器列表 右边的按钮，弹出下拉菜单，在下拉菜单中选择 挤出 命令，具体参数设置如图 6.60 所示，其在各个视图中的位置如图 6.61 所示。

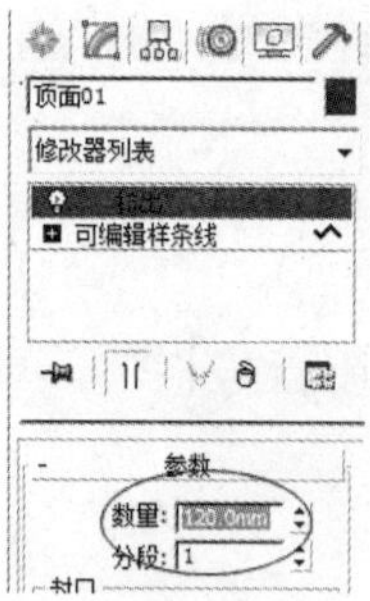

图 6.60

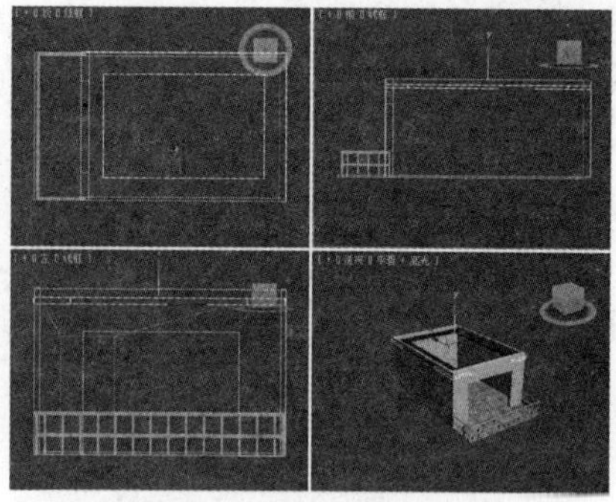

图 6.61

步骤 4：单击(创建)→(几何体)→ 长方体 按钮，在顶视图中创建一个长方体并命名为“顶面 02”，具体参数设置如图 6.62 所示，其在各个视图中的位置如图 6.63 所示。

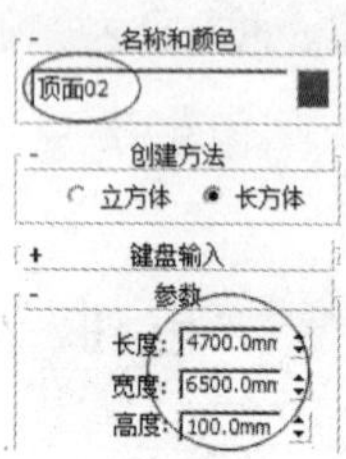

图 6.62

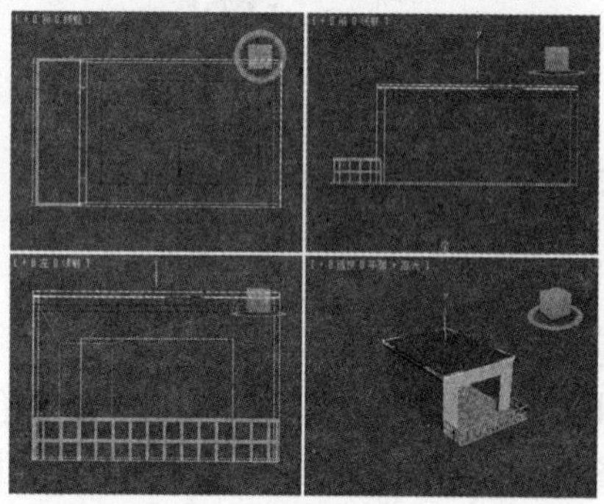

图 6.63

步骤 5：创建“米黄色乳胶漆”材质。“米黄色乳胶漆”材质的创建的方法与 5.1 节中“白色乳胶漆”材质的创建方法和参数设置完全相同。将【环境光】、【漫反射】和【高光反射】的 RGB 值分别设置为(R：255，G：245，B：174)和(R：255，G：255，B：255)即可。

步骤 6：给餐厅框架顶面造型赋予材质。将“米黄色乳胶漆”材质赋予“顶面 02”，“白色乳胶漆”材质赋予“顶面 01”。

步骤 7：保存文件。按 Ctrl+S 键保存文件。

3. 创建摄影机

步骤 1：在【浮动】面板中单击(创建)→(摄影机)→ 目标 按钮，在顶视图中创建摄影机并命名为“摄影机”，具体参数设置如图 6.64 所示。

步骤 2：在【浮动】面板中单击(创建)→(灯光)→ 自由灯光 按钮，在视图中创建一盏灯光，参数设置采用默认值，将透视视图转到摄影机视图，调整好灯光和摄影机的位置，最终效果如图 6.65 所示。

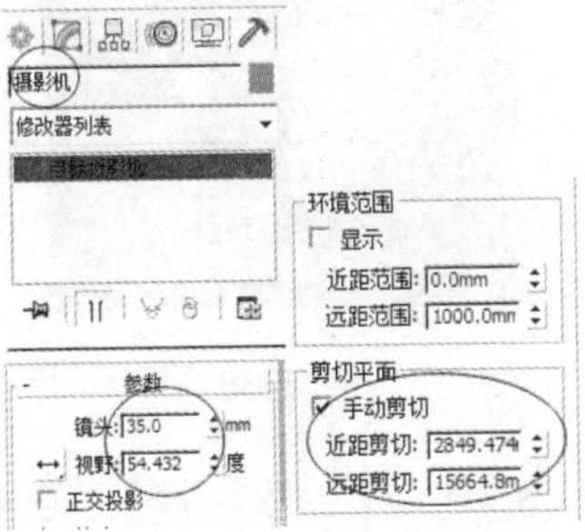

图 6.64

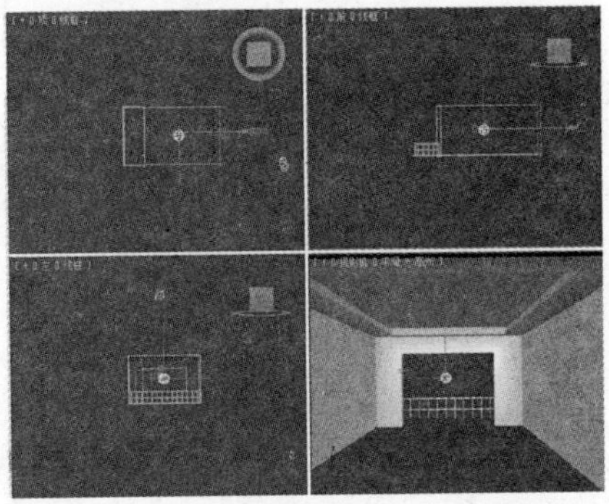

图 6.65

4. 创建餐厅的窗户和门

步骤 1： 客厅的窗户和门的创建方法和步骤与第 3 章中窗户和门的创建方法和步骤完全相同，在这里就不再叙述。

步骤 2： 窗户和门的贴图材质的创建与第 2 章中的“窗户和门的贴图材质”创建方法相同，在这里就不再叙述，请读者参考前面的制作方法。

步骤 3： 将创建的材质赋予窗户和门，最终效果如图 6.66 所示。

图 6.66

5. 创建餐厅的墙脚线和装饰墙

1) 创建餐厅的地墙脚线和装饰墙模型

步骤 1： 单击【浮动】面板中的 (创建)→ (图形)→ 线 按钮，在顶视图中绘制如图 6.67 所示的闭合曲线，命名为“墙脚线 01”。

步骤 2：单击(修改)按钮，转到【修改】浮动面板，单击(样条线)按钮，在轮廓按钮右边的文本输入框中输入数值“-20”，其在顶视图中的效果如图 6.68 所示。

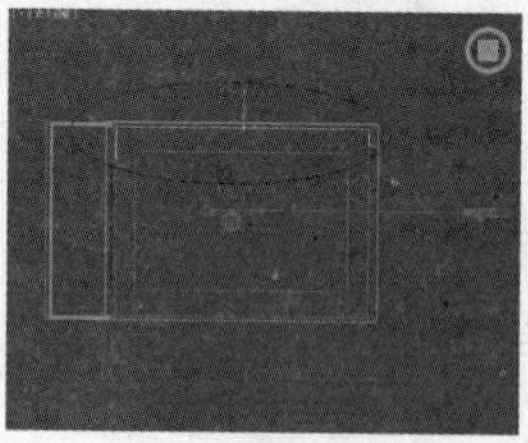

图 6.67

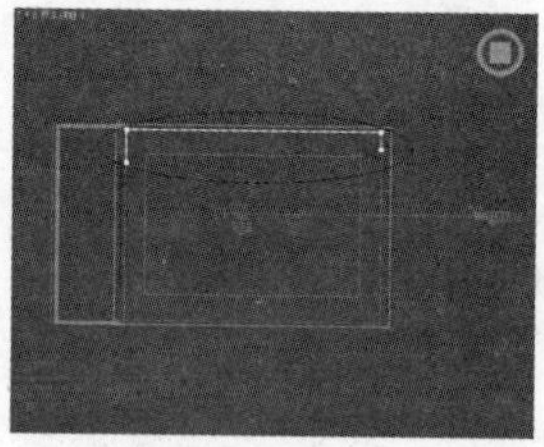

图 6.68

步骤 3：单击修改器列表右边的按钮，弹出下拉菜单，在下拉菜单中选择挤出命令，具体参数设置如图 6.69 所示，其在各个视图中的位置如图 6.70 所示。

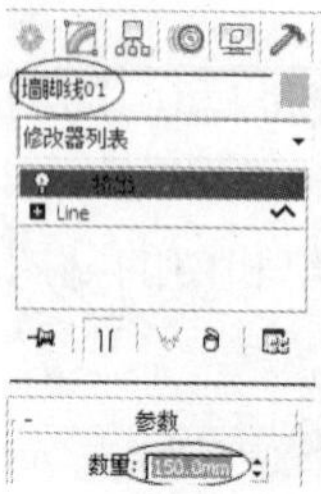

图 6.69

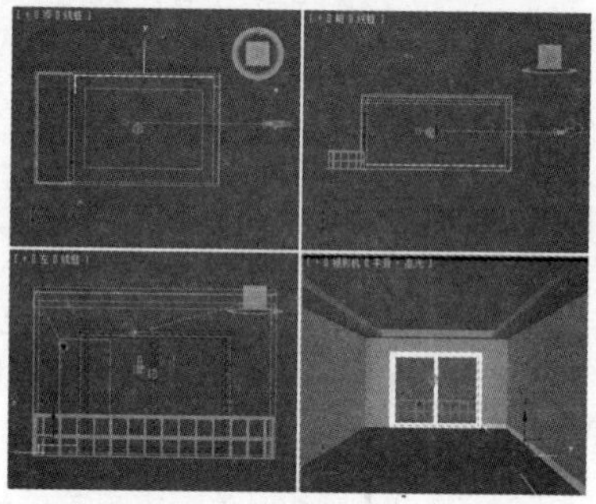

图 6.70

步骤 4：将“墙脚线 01”复制两个，命名为“墙脚线 02”和“墙脚线 03”，“墙脚线 02”和“墙脚线 03”的【挤出】参数面板设置如图 6.71 所示，在各个视图中的位置如图 6.72 所示。

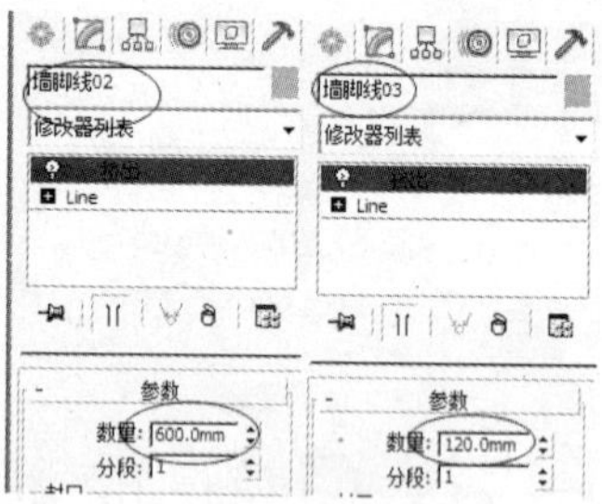

图 6.71

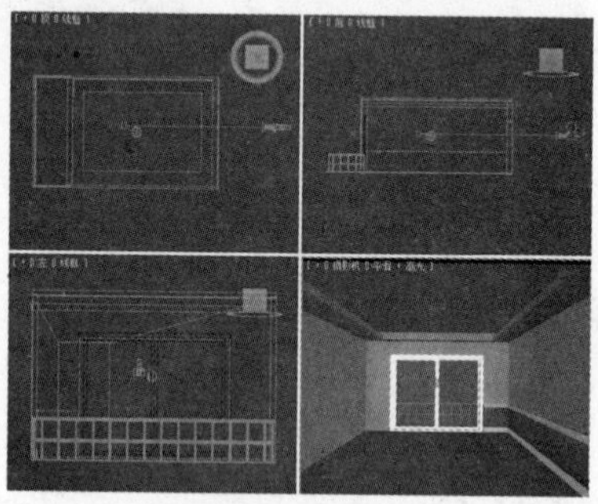

图 6.72

步骤 5：使用步骤 1～4 的方法再创建另一边的墙脚线。最终渲染效果如图 6.73 所示。

图 6.73

2) 创建餐厅的墙脚线材质和装饰墙模型的材质

(1) 创建“大理石 01”材质。

步骤 1：在工具栏中单击(材质编辑器)按钮，弹出【材质编辑器】设置对话框，在【材质编辑器】设置对话框中选择一个空白的示例球，将其命名为“大理石 01”材质。

步骤 2：单击漫反射:右边的按钮，弹出【材质/贴图浏览器】设置对话框，在【材质/贴图浏览器】设置对话框中双击位图命令项，弹出【选择位图图向文件】设置对话框，具体设置如图 6.74 所示，单击打开(O)按钮，具体参数设置如图 6.75 所示。

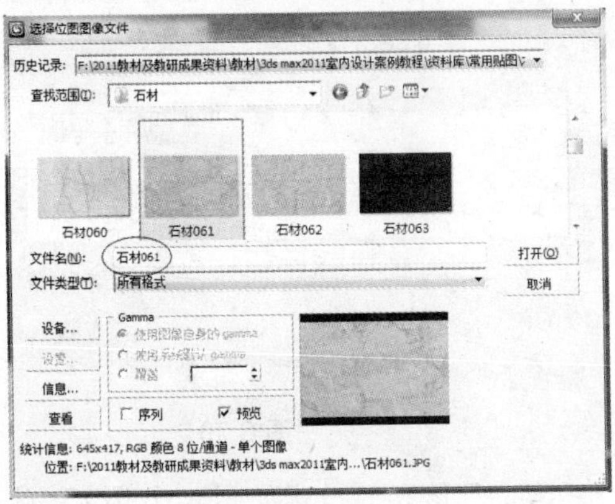

图 6.74

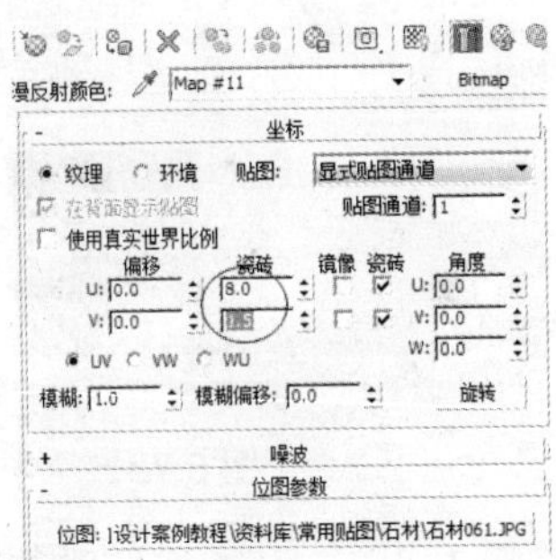

图 6.75

步骤 3：单击(转到父对象)按钮，转到上一级，具体参数设置如图 6.76 所示，单击贴图左边的+符号，展开【贴图】卷展栏，单击反射右边的None按钮，弹出【材质/贴图浏览器】，在【材质/贴图浏览器】中双击光线跟踪项，单击(转到父对象)按钮，返回上一级，具体参数设置如图 6.77 所示。

图 6.76

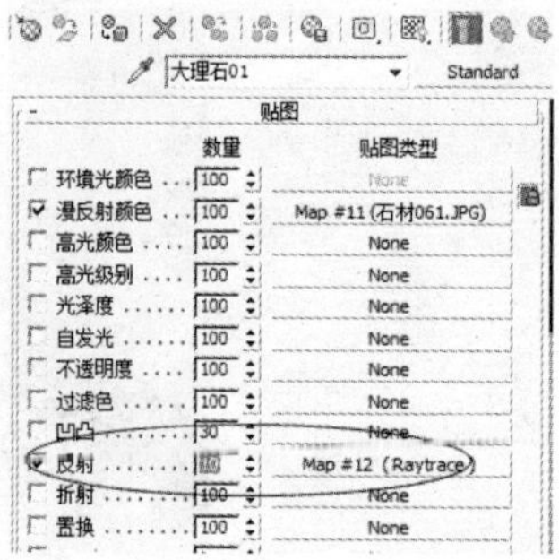

图 6.77

(2) 创建“大理石 02”材质。

步骤 1：在工具栏中单击(材质编辑器)按钮，弹出【材质编辑器】设置对话框，在【材质编辑器】设置对话框中选择一个空白的示例球，将其命名为“大理石 02”材质。

步骤 2：单击漫反射:右边的按钮，弹出【材质/贴图浏览器】设置对话框，在【材质/贴图浏览器】设置对话框中双击位图命令项，弹出【选择位图图像文件】设置对话框，具体设置如图 6.78 所示，单击打开(O)按钮，具体参数设置如图 6.79 所示。

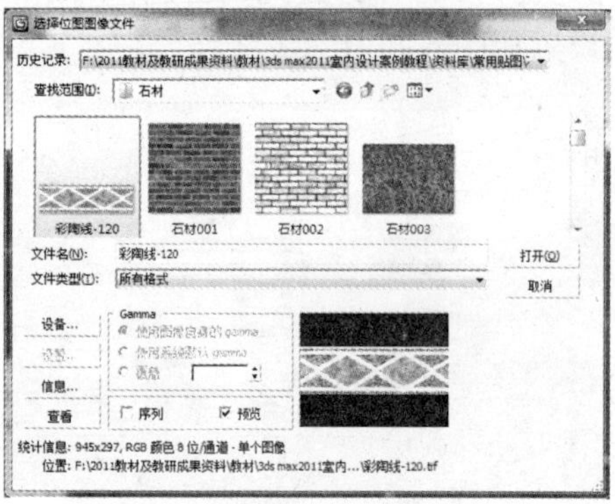

图 6.78

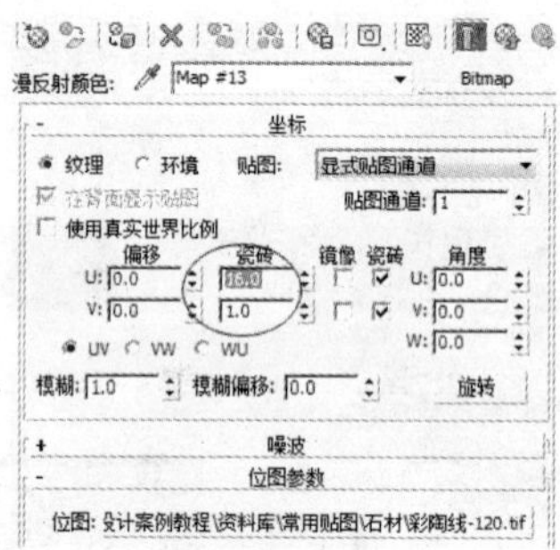

图 6.79

步骤 3：单击(转到父对象)按钮，转到上一级，具体参数设置如图 6.80 所示，单击贴图左边的+符号，展开【贴图】卷展栏，单击反射右边的None按钮，弹出【材质/贴图浏览器】，在【材质/贴图浏览器】中双击光线跟踪项，单击(转到父对象)按钮返回上一级，具体参数设置如图 6.81 所示。

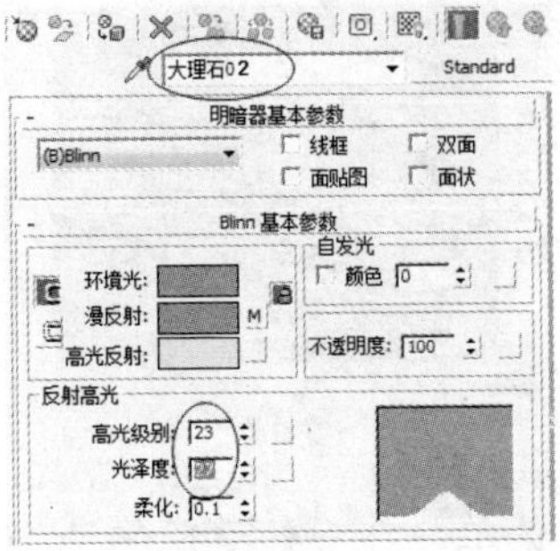

图 6.80

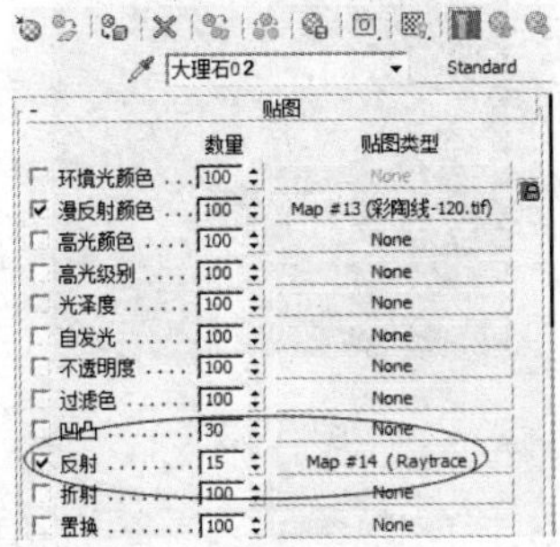

图 6.81

(3) 创建“木纹”材质。

“木纹”材质的创建方法和步骤与 5.1 节中“木纹”材质的创建方法和步骤完全相同，在这里就不再叙述。读者可参考 5.1 节中“木纹”材质的创建方法。

(4) 给墙脚线材质和装饰墙模型赋予材质。

将“木纹”材质赋予“墙脚线”和“墙脚线 06”，“大理石 01”赋予“墙脚线 02”和“墙脚线 04”，“大理石 02”赋予“墙脚线 03”和“墙脚线 05”。最终渲染效果如图 6.82 所示。

图 6.82

6. 创建餐厅的吊顶造型

1) 创建装饰花纹

步骤 1：单击【浮动】面板中的(创建)→(图形)→ 线 按钮，在前视图中绘制如图 6.83 所示的曲线，命名为“装饰花纹”。

步骤 2：单击(修改)按钮，转到【修改】浮动面板，单击(样条线)按钮，在 轮廓 按钮右边的文本输入框中输入数值“20”，其在前视图中的效果如图 6.84 所示。

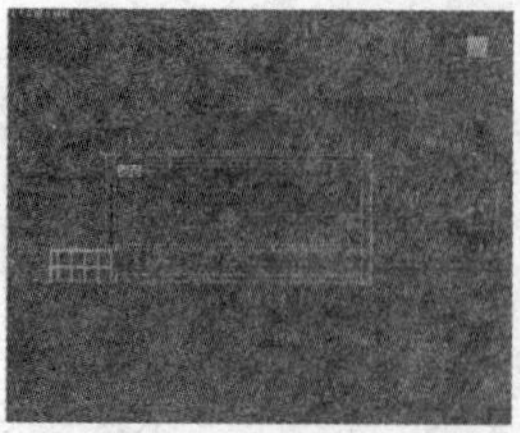

图 6.83

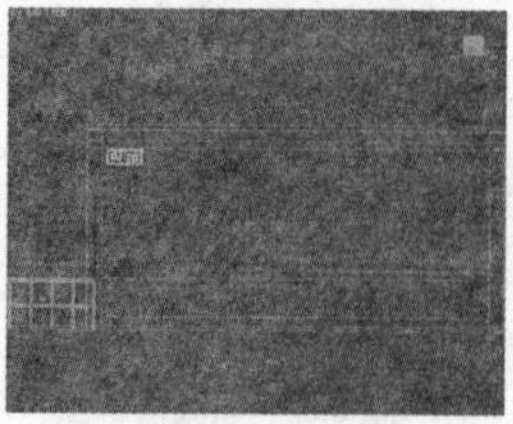

图 6.84

步骤 3：单击修改器列表右边的按钮，弹出下拉菜单，在下拉菜单中选择挤出命令，具体参数设置如图 6.85 所示，使用(选择并均匀缩放)按钮进行适当的缩放操作，其在各个视图中的位置如图 6.86 所示。

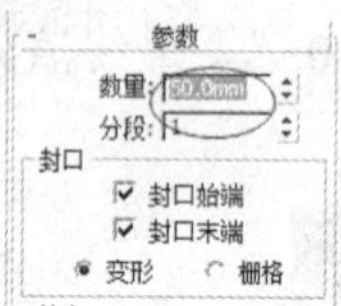

图 6.85

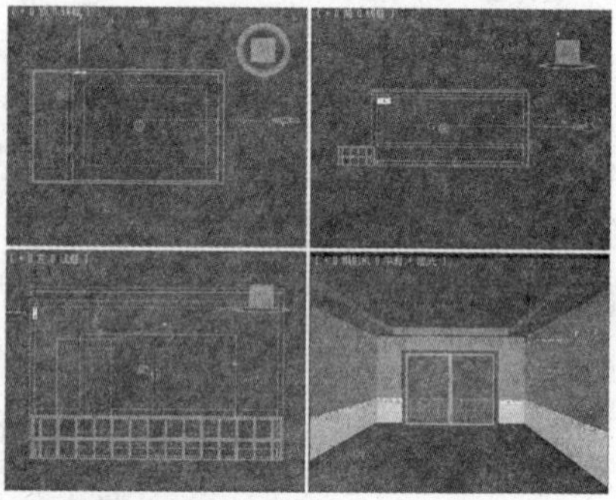

图 6.86

步骤 4：将“装饰花纹”以实例方式克隆 37 个，其在各个视图中的位置如图 6.87 所示。

步骤 5：将“木纹”材质赋予“装饰花纹”。最终渲染效果如图 6.88 所示。

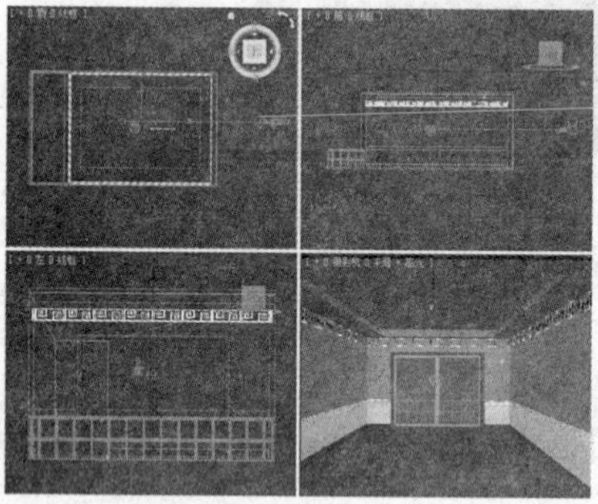

图 6.87

图 6.88

2) 创建筒灯

步骤 1： 单击(创建)→(几何体)→ 长方体 按钮，在顶视图中创建一个长方体并命名为“筒灯 01”，具体参数如图 6.89 所示，其在各个视图中的位置如图 6.90 所示。

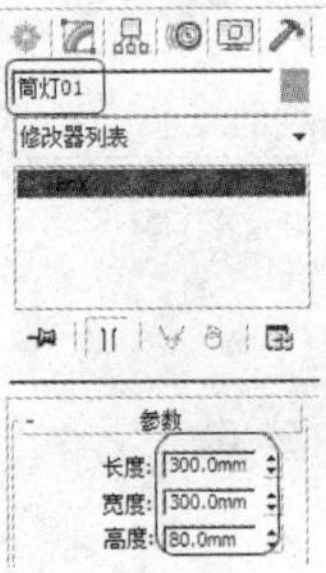

图 6.89

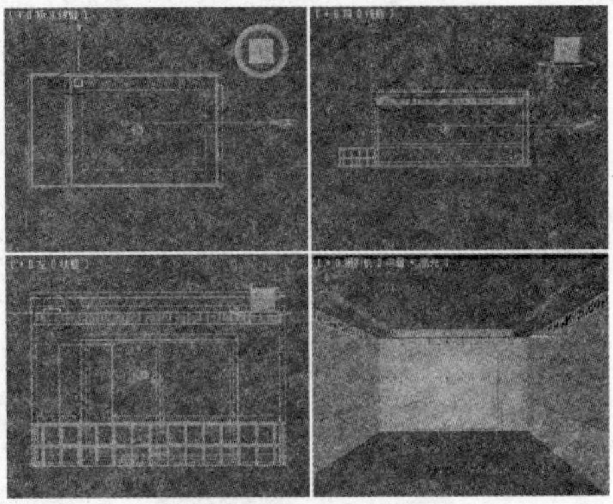

图 6.90

步骤 2： 单击 圆柱体 按钮，在顶视图中创建一个圆柱体，命名为“筒灯_自发光 01”，具体参数设置如图 6.91 所示，其在各个视图中的位置如图 6.92 所示。

图 6.91

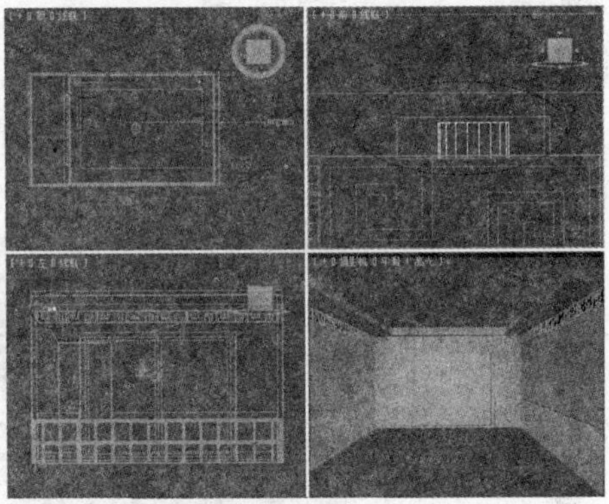

图 6.92

步骤 3： 选中“筒灯 01”和“筒灯_自发光 01”两个对象，实例的方式克隆 19 个。

3) 创建材质

步骤 1： 在工具栏中单击(材质编辑器)按钮，弹出【材质编辑器】设置对话框，在【材质编辑器】设置对话框中选择一个空白的示例球，将其命名为“自发光”材质。

步骤 2： 将【自发光】颜色的 RGB 的数值设置为(R：255，G：255，B：255)，其他参数设置采用默认值，具体设置如图 6.93 所示。

步骤 3：将“自发光”材质赋予“筒灯_自发光 01”、“筒灯_自发光 02”、……“筒灯_自发光 019”，将“木纹”材质赋予“筒灯 01”、“筒灯 02”、……“筒灯 019”。最终渲染效果如图 6.94 所示。

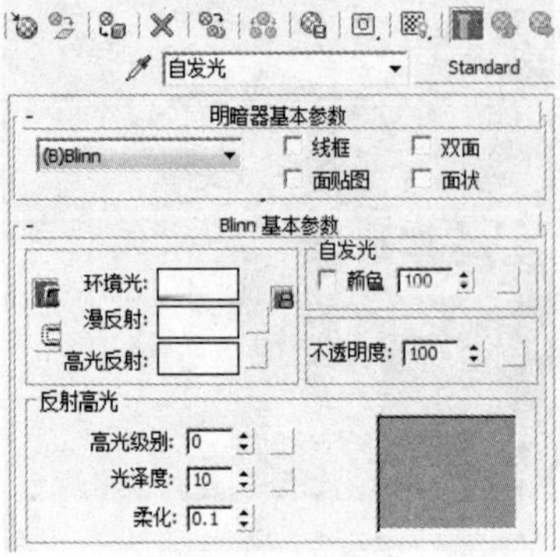

图 6.93

图 6.94

四、拓展训练

制作如下图所示的餐厅的效果。

案例练习图

6.4　餐厅的后期处理

一、案例效果

案例效果图

二、案例制作流程(步骤)分析

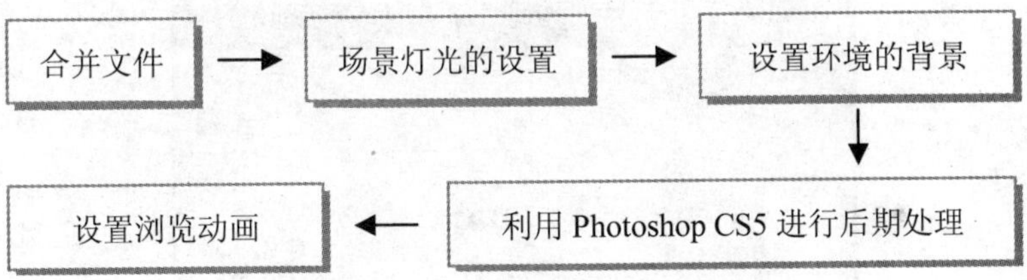

三、详细操作步骤

这里主要介绍餐厅家具的调用及布置餐厅家具，主要包括“餐桌椅”和“餐桌”等造型。读者可以直接从配套光盘中调用，也可以根据个人的创意重新建模，从而制作出更具个性的效果图。

1. 合并文件

步骤 1：打开“餐厅制作.max”的文件并另存为“餐厅后期处理.max”文件。

【参考视频】

步骤2：选择→→(合并)命令，弹出【合并文件】设置对话框，具体设置如图6.95所示。

步骤3：单击打开(O)按钮，弹出【合并】选择对话框选择需要合并的对象，如图6.96所示。

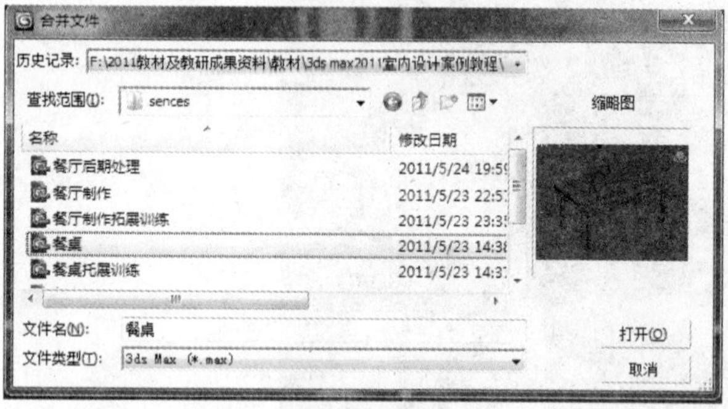

图6.95

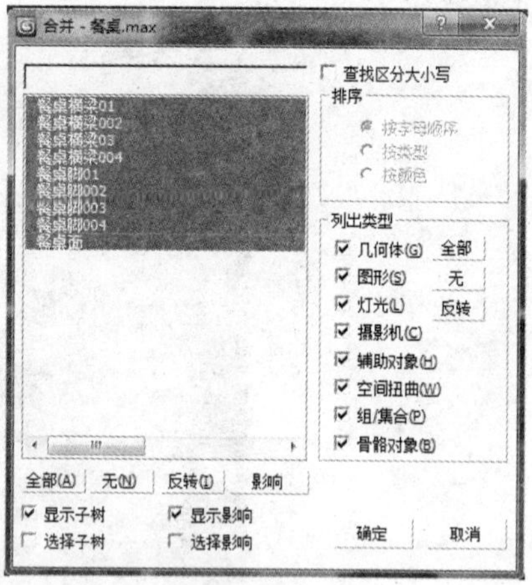

图6.96

步骤4：单击确定按钮弹出【重复材质名称】设置对话框，如图6.97所示，单击自动重命名合并材质按钮即可将材质合并到场景中。

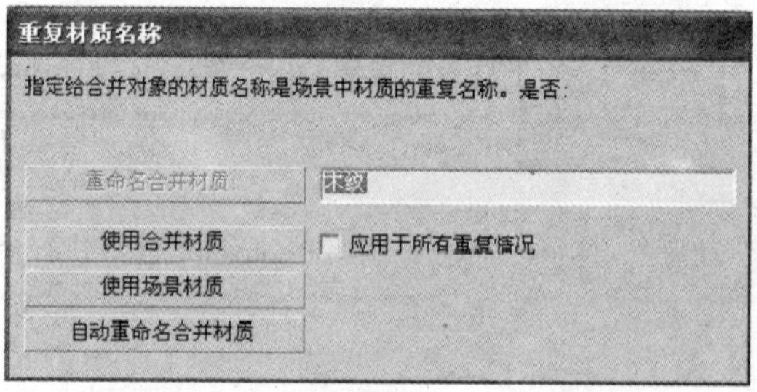

图6.97

步骤5：使用(移动)工具、(选择并移动)和(选择并均匀缩放)工具对合并进来的“餐桌”大小、位置进行适当的调整、旋转，最终效果如图6.98所示。

步骤6：方法同上将，其他家具合并进来并调整好位置。单击(渲染产品)按钮即可得到如图6.99所示。

步骤7：保存文件。按Ctrl+S键保存文件。

图 6.98

图 6.99

2. 场景灯光的设置

在这里主要学习模拟太阳照射效果，希望读者通过学习餐厅中的灯光布置，能够举一反三。

步骤 1：打开“餐厅后期处理.max”文件。

步骤 2：在工具栏中单击 全部 右边的 ▾ 按钮，弹出下拉菜单，在下拉菜单中选择 L-灯光 命令，此时，只能对灯光进行操作而其他对象不受影响。

步骤 3：单击 (创建)→ (灯光)→ 自由灯光 按钮，在顶视图中单击即可创建自由灯光并命名为“射灯”。

步骤 4：在 灯光分布（类型）卷展栏中单击 统一球形 右边的 ▾ 按钮，弹出下拉菜单，在下拉菜单中选择 光度学 Web 命令即可将自由点光源转变为 Web 灯光。

步骤 5：在 分布（光度学 Web）卷展栏中单击 <选择光度学文件> 按钮，弹出【打开光域 Web 文件】设置对话框，选择合适的“光域网”，如图 6.100 所示，单击 打开(O) 按钮即可。

步骤 6：“射灯”的具参数设置如图 6.101 所示。

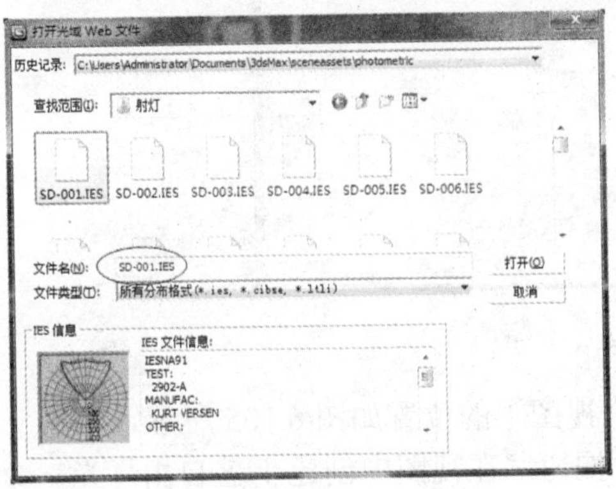

图 6.100

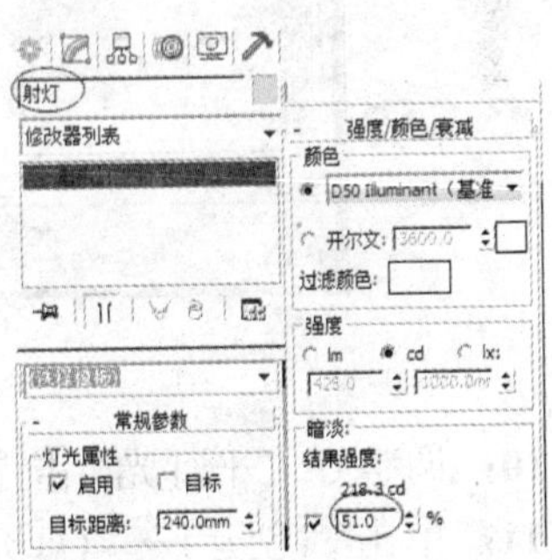

图 6.101

步骤 7：以实例的方式克隆 20 盏“射灯”，其在各个视图中的位置如图 6.102 所示。

步骤 8：单击 目标平行光 按钮，在顶视图中单击即可创建“目标平行光”并命名为“太阳光”，具体参数设置如图 6.103 所示。

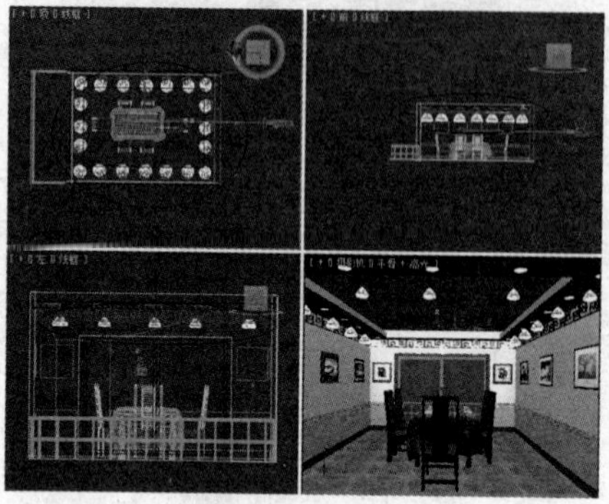

图 6.102

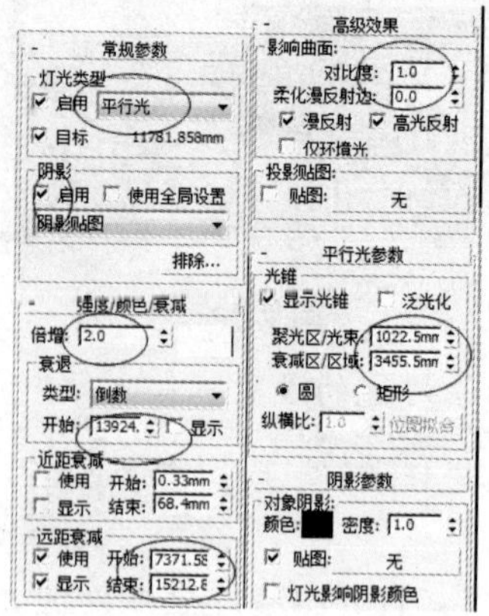

图 6.103

步骤 9：单击 排除... 按钮，弹出【排除/包含】设置对话框，具体设置如图 6.104 所示，单击 确定 按钮即可将“窗户”排除不受“平行光”的影响。

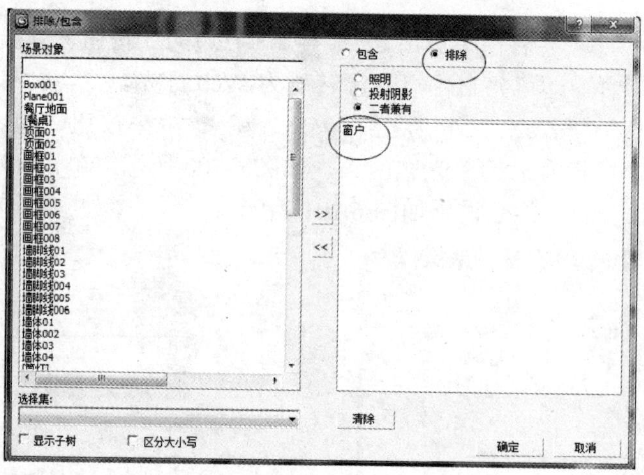

图 6.104

步骤 10：调整好“平行光”位置，其在各个视图中的位置如图 6.105 所示。

步骤 11：单击(创建)→(灯光)→ 自由灯光 按钮，在视图中创建 1 盏自由灯光，命名为“照明灯 01”，具体参数设置如 6.106 所示。

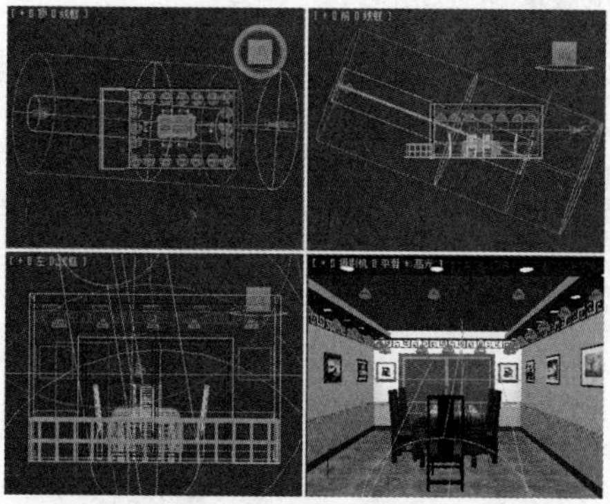

图 6.105

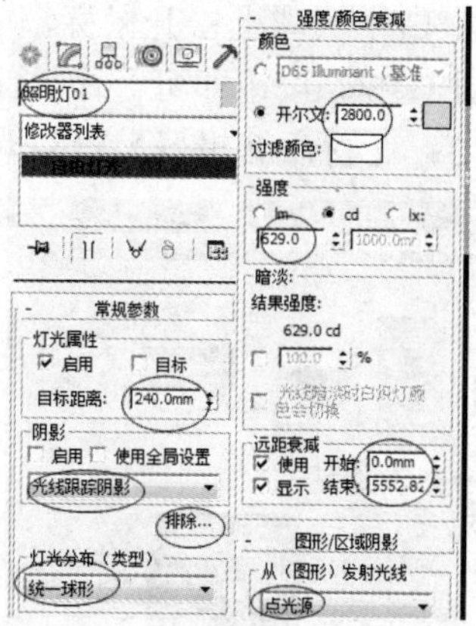

图 6.106

步骤 12：再以实例方式克隆 7 盏，调整好位置，其在各个视图中的位置如图 6.107 所示。

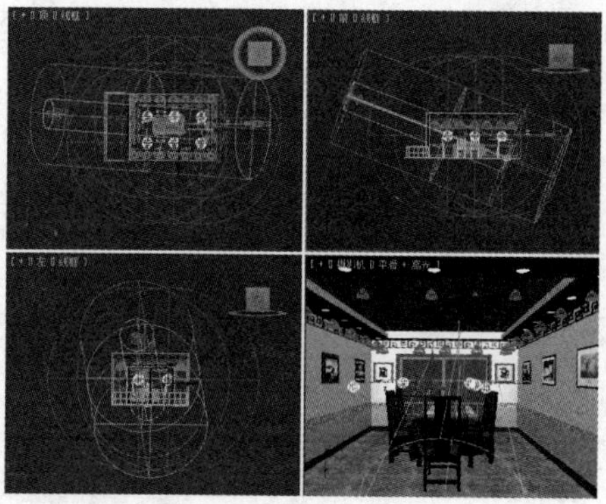

图 6.107

步骤 13：保存文件。按 Ctrl+S 键保存文件。

3. 设置环境的背景

步骤 1：选择 渲染(R) → 环境(E)... 命令，弹出【环境和效果】设置对话框，在【环境和效果】设置对话框单击 无 按钮，弹出【材质/贴图浏览】设置对话框，在该对话框中双击 位图 按钮，弹出【选择位图图像文件】设置对话框，具体设置如图 6.108 所示，单击 打开(O) 按钮即可返回【环境和效果】设置对话框。

步骤 2：打开【材质编辑器】设置对话框，将鼠标移到【环境和效果】设置对话框中的 Map #39 (天空001.JPG) 按钮上，按住鼠标左键不放的同时拖到【材质编辑器】设置对话框中的一个空白示例球上松开鼠标，弹出【实例(副本)贴图】设置对话框，具体设置如图 6.109 所示，单击确定按钮即可，命名为“环境背景设置”。

步骤 3：【材质编辑器】设置对话框的具体设置如图 6.110 所示。

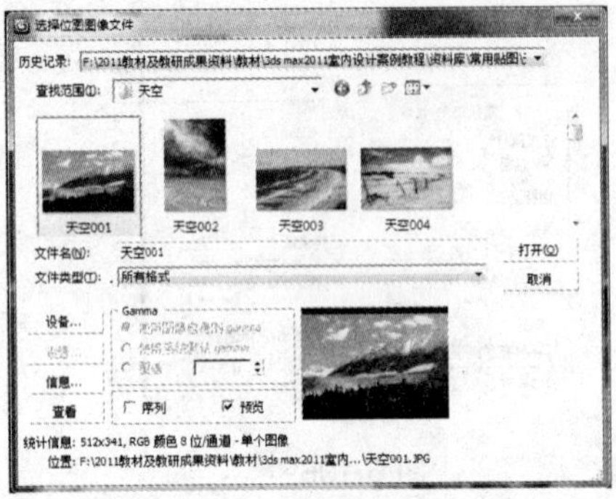

图 6.108

图 6.109

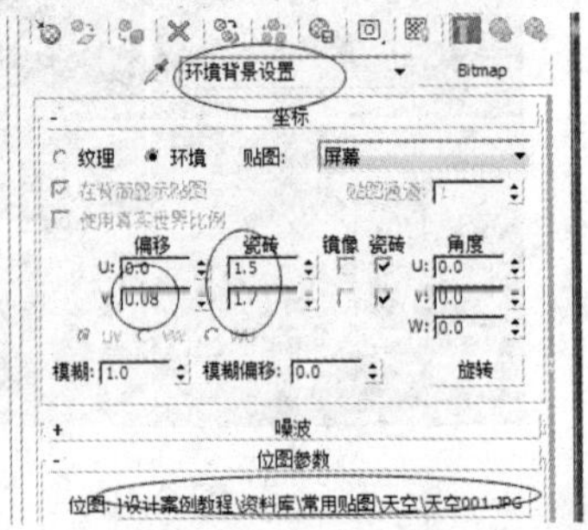

图 6.110

步骤 4：单击工具栏中的(渲染设置)按钮，弹出【渲染设置】对话框，具体参数设置如图 6.111 所示。

步骤 5：单击渲染按钮，即可渲染出如图 6.112 所示的效果。

图 6.111

图 6.112

步骤 6：保存文件。按 Ctrl+S 键保存文件。

4. 利用 Photoshop CS5 进行后期处理

这一部分主要讲解如何对餐厅的渲染图像进行后期处理，以改善和增强效果图的品质。

具体操作步骤如下。

步骤 1：启动 Photoshop CS5 软件。

步骤 2：打开在 6.3 节中 3ds Max 渲染出来的效果图“餐厅后期渲染图.jpg”文件。

步骤 3：进行色阶调节。选择工具栏中的图像(I)→调整(A)→色阶(L)...命令，弹出【色阶】对话框，具体设置如图 6.113 所示。单击确定按钮完成色阶调节。

步骤 4：进行曲线调整。选择工具箱中的图像(I)→调整(A)→曲线(U)...命令，弹出【曲线】调整对话框，具体调整如图 6.114 所示，单击确定按钮即可。

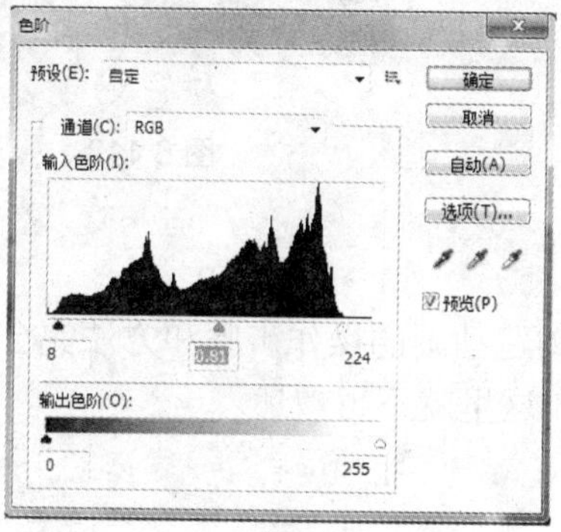

图 6.113

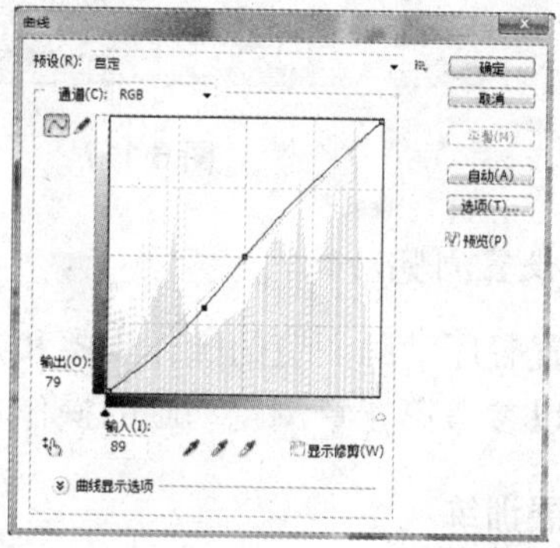

图 6.114

步骤 5：调整色调。选择工具栏中的图像(I)→自动色调(N)命令，自动调整色调(如果读者对自动色阶不满意，可以进行手动调节)。

步骤 6：调整对比度。选择工具箱中的图像(I)→自动对比度(U)命令，自动调整对比度，效果如图 6.115 所示(如果读者对自动颜色不满意，可以进行手动调节)。

步骤 7：调整颜色。选择工具箱中的图像(I)→自动颜色(O)命令，自动调整颜色，效果如图 6.116 所示(如果读者对自动颜色不满意，可以进行手动调节)。

图 6.115

图 6.116

步骤8：打开6张如图6.117所示的图片并拖到“餐厅后期渲染图.jpg”文件，使用变形工具和移动工具进行大小和位置调整，最终效果如图6.118所示。

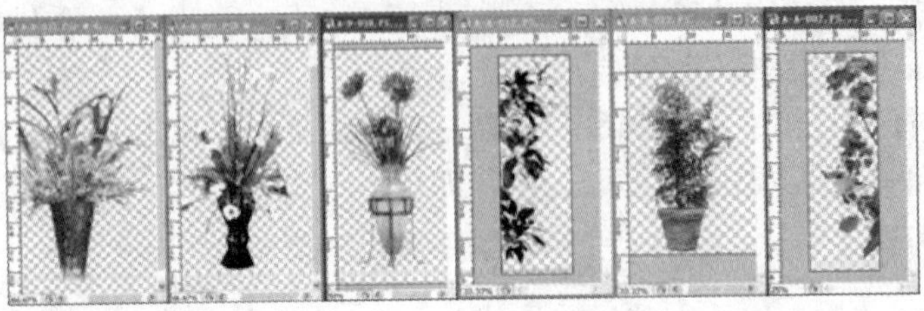

图6.117

图6.118

5. 设置浏览动画

设置餐厅动画浏览的操作步骤和方法与第4章浏览动画的操作步骤和方法完全相同，读者可以参考第4章浏览动画的操作步骤和方法，在这里就不再叙述。

四、拓展训练

制作如下图所示的餐厅的效果。

(a)

(b)

案例练习图

提示：老师可以从学生的实际情况出发，对于接受能力比较强的学生，可以要求将拓展训练的效果图制作出来；对于基础比较薄弱、接受能力相对比较差的学生，可以不作要求。

本 章 小 结

本章主要讲解了餐厅的各种家具的设计方法、基础贴图技术、灯光技术和渲染图的后期处理等知识，重点要掌握餐厅中各种家具的制作方法和光度学灯光中的 IES 太阳光的使用技术。

参 考 文 献

[1] 王琦，元鑫辉，李成勇. Autodesk 3ds Max 9 标准培训教材[M]. 北京：人民邮电出版社，2007.

[2] 高峰. 3ds Max 8 建筑与室内设计经典 108 例[M]. 北京：中国青年出版社，2006.

[3] 雷波. 3ds Max 7 室内设计表现[M]. 北京：中国青年出版社，2005.

[4] 朱仁成，刘继文. 3ds Max 7 中文版室内装潢艺术与效果表现[M]. 北京：电子工业出版社，2006.

[5] 全国计算机信息高新技术考试教材编写委员会. 3ds Max 8.0 中文版职业技能培训教程[M]. 北京：科学出版社，2007.

[6] 全国计算机信息高新技术考试教材编写委员会. 3ds Max 8.0 试题汇编[M]. 北京：科学出版社，2007.

[7] 刘岳，马珀. 3ds Max 5 中西式室内外工程特效设计[M]. 北京：海洋出版社，2003.

[8] 鼎翰科技，尹新梅. 抽丝剥茧——3ds Max 7/Lightscape 3.2 室内装饰效果图设计[M]. 北京：人民邮电出版社，2005.

[9] 袁紊玉，李茹菡. 3ds Max 9+Photoshop CS2 园林效果图经典案例解析[M]. 北京：电子工业出版社，2007.

[10] 贾云鹏. 3ds Max in Animated Films/Tvs 三维动画制作基础[M]. 北京：海洋出版社，2006.